自序

　　如何撰寫一份成功的創新研發計畫書，是許多技術創新研發所面對的最大挑戰。創新研發計畫書不但是創新研發的藍圖，同時也是創新研發向外籌資的重要依據。

　　許多創新研發擁有優勢的技術與創新的產品構想，但因欠缺事業創新研發撰寫的經驗，下場多半是在事業創新研發遭遇挫折，而資金短缺無以為繼，最後只能含恨結束營業。

　　現代創新研發行為大多是屬於高度的創新型態事業，創新研發家除了需要擁有好的技術與產品構想，資金、市場、專業管理都是創新研發成功的必要資源條件。此時一份好的創新研發計畫書，對於創新研發行為就顯得非常關鍵。

　　創新研發需要很明確的說出事業創新研發的構想與策略、產品市場需求的規模與成長潛力，同時創新研發也要證明他對市場、財務的分析預測，是有具體事實的根據。這份高品質且內容豐富的創新研發計畫書，就是創新研發企業向(SBIR）(SIIR)（CITD）產業創新研發委員傳達上述訊息的關鍵媒介。

　　創新研發計畫書不同於所謂的事業遠景規畫書，內容架構完整與具體可行是基本的要件。事實上，沒有經過相當深入的市場分析與專業企業管理訓練，一般人是很難寫出一份夠水準的創新研發計畫書。而創新研發者又大多是技術背景出身，較欠缺市場行銷與管理經驗，因此往往困難提出令人滿意的創新研發計畫書。

　　創新研發計畫書雖然也可做為創新研發者事業發展規畫的自我參考藍圖，但本書撰寫創新研發計畫書最主要的目的應該還是做為向各視政府補助產業創新研發委員溝通的工具。

　　因此，對於本書特點而言，一份理想的創新研發計劃書必須具備下述三種功能：

1. 縮短決策時間：

　　一份理想的創新研發計劃書要能夠提供(SBIR）(SIIR)（CITD）產業創新研發委員評估時所需的資訊，使其能自眾多創新研發家所提出的創新研發計劃書中，進行有效率的篩選分析，迅速挑選出適合的創新研發案，以縮短在評估決策所需花費的時間。

2. 清楚告知產業創新研發委員有關事業創新研發與發展的過程與結果：

　　創新研發計劃書必須要能夠明確指出**公司內部競爭優劣勢與外部機會威脅**、公司的營運策略、可能遭遇到問題、以及預期的創新研發結果。

3. 提供(SBIR）(SIIR)（CITD）產業創新研發委員詳細的分析：

　　產業創新研發委員最關心的是創新，因此一份事業創新研發的構想與策略，是產業創新研發委員所迫切需要的。所以創新研發計畫書的最主要目的還是為吸引(SBIR）(SIIR)（CITD）產業創新研發委員的注意，藉由提供充分的事業創新研發資訊與創新機會，滿足創新研發委員在評估與投資決策上的資訊需求。總之，如果創新研發計畫書內容不能滿足產業創新研發委員關注的焦點問題，那

麼獲得親睞的機會恐怕就很低。

創新研發家在撰寫創新研發計畫書往往最容易犯的毛病是，過份強調自己所熟悉的業務而刻意忽略不熟悉的部份。一位技術背景出身的創新研發家，可能花費一半以上的篇幅描述技術功能，**而只用不到一頁來說明市場行銷**。在一份向創投公司提出的創新研發計畫書中，創新研發者很自豪的指出將運用營業額的 25%來從事研究開發，這個比例較同業平均水準高出 10 倍。

對於市場佔有率做大而化之的粗略假設，也是創新研發家經常犯的另一項毛病。在創新研發計畫書中分析產業與市場活動時，最好先做一些市場調查研究，並引證官方或學術研究機構的客觀統計資料，同時對於目標市場消費特性的描述，也要有確實的證據。**如果已有具體產品原型(Prototype)，應考慮先進行消費者使用測試**，以及取得專家檢驗意見，這樣會有助於提高創新研發計畫書的品質與可信度。

另外委員較關心，而卻常被創新研發家忽略的議題是：**如何保證這份創新研發計畫書能被有效的執行。有效執行的關鍵在於創新研發團隊的組成，如果創新研發家能延攬經驗豐富的經理人加入創新研發團隊**，對於(SBIR)(SIIR)(CITD)產業創新研發委員而言將是一項有利的保證。創新研發團隊擁有一位聲譽卓著的專家，也會有助於增加產業創新研發委員對於計畫實現機會的信心。創新研發計畫書應有詳細的預測分析與研發投資報酬的預估，這些分析必須依據具體的市場預測資料，同時還要包括敏感度與風險分析在內。

一份好的創新研發計畫書必須要呈現競爭優勢與產業創新研發委員的利基，同時也要具體可行，並提出許多**可供佐證的客觀數據**。內容必須能完整的包括所有重要的**創新研發功能**，對環境變化的假設與**預測**也必須一致，以充分顯現創新研發者對於企業內外部環境的熟識，以及實現創新研發計畫的信心。

不管是創新研發或創新有效的執行，其本身核心仍是創新。對創新來說，"靈感"通常是必要的。個別的技術者和研究人員在各自的專業領域像是化學、機械、電腦科學等上面去累積他們的知識與經驗。但就在累積的同時他們往往也逐漸失去了他們的創新能力。那麼，我們該如何才能夠幫自己增加"創新能力"呢？好像除了各種不同領域裡的資優生教育之外，我們其實並不知道有關如何讓我們更有創新力的各種方法。我們該如何獲得"靈感"，除了從智力課程與 know-hows 之外，我們很少學習到具體的方法論。本書以專篇介紹 TRIZ 創新方法與 QFD、DOE、ANOVA、RG 和 FMEA 工具，增加讀者在(SBIR)(SIIR)(CITD)產業創新研發方法撰寫時的方法論的援助。

再者，創新研發計劃不僅要將資料完整陳列出來，更重要的是整份計劃書要呈現出具體的競爭優勢，並明確指出產業創新研發的利基所在。而且要顯示創新研發者創造利潤的強烈企圖，而不僅是追求企業研發而已。要儘量展現創新研發團隊的事業**創新研發能力與豐富的經驗背景**，並顯示對於該產業、市場、產品、技術，以及未來營運策略的已有完全的準備。要認知利潤是來自於市場的需求，沒有依據明確的市場需求分析，所撰寫的創新研發計畫將會是空泛的。

因此創新研發計畫應以市場導向的觀點來撰寫，並充分顯示**對於市場現況掌握與未來發展預測的能力與具體成就**。整份創新研發計劃書前後基本假設或預估要相互呼應，

也就是前後邏輯合理。例如預估必須要根據市場分析與技術分析所得的結果，方能進行做各種報表的規劃。一切數字要儘量客觀、實際，切勿憑主觀意願的估計。通常創新研發容易高估市場潛量或報酬，而低估創新研發成本。在創新研發計畫書中，創新研發應儘量陳列出客觀、可供參考的數據與文獻資料。要明確指出企業的市場機會與競爭威脅，並儘量以具體資料佐證。同時分析可能的解決方法，而不是含糊交代而已。另外，要明確說明所採用的預估方法，同時也應說明市場需求分析所依據的調查方法與事實證據。應完整含括事業創新研發的各功能要項，儘量提供(SBIR）(SIIR)（CITD）產業創新研發委員評估所需的各項資訊，並附上其他參考體的佐證資料。但內容用詞應以簡單明瞭為原則，切勿太專業繁瑣，對於非相關的資料勿將之陳列，以免過於冗長。

「好的開始是成功一半」，有人說完成一份成功的事業創新研發計畫書，即等於已獲得創新研發所需的半數資金的保證。但是撰寫一份 50 至 100 頁厚度的創新研發計畫書，內容詳細包括研發各功能的發展計畫、企業內外部環境分析、研擬競爭策略、還要進行大量的市場調查分析，這對於創新研發家確實是一項不輕的工作負荷。過去創新研發行為較多是屬於一種摸索的過程，行動多於規畫，問題解決多於研究預防，創新研發經常是在失敗的教訓中，才學習到事業創新研發的經驗，因此創新研發投資被稱為是一種高風險的投資。

在知識與資金密集的高科技產業競爭時代，緊迫的時間與高昂的代價已很少讓技術創新研發擁有一再嘗試錯誤的機會。今天的創新研發必須要有充分的準備，才能有效降低高昂的失敗風險代價，**而一份完整規畫的創新研發計畫書，正代表創新研發家對創新研發成功的強烈企圖與充分準備**，也代表創新研發對政府資金提供者的負責態度。我國目前正面臨產業結構大幅度轉向高科技事業，創新與創新研發行為將是驅動經濟增長的最關鍵要素。未來的創新研發行為將是知識性的高風險活動。面對即將掀起的另一波高科技創新研發熱潮，本書介紹(SBIR）(SIIR)（CITD）產業創新研發計畫書的撰寫原則、重點、以及應有的內容架構及 TRIZ 工具和方法來支撐企業的研發創新能量，目的就是希望能提供技術創新研發一個可以參考的規劃典範。

目錄

第一章 計劃其實如同一齣劇情片

第一節 講在前頭，計劃其實如同一齣劇情片
第二節 擬定計劃案（書）的步驟
第三節 創新研發評估準則

第一節 講在前頭，計劃其實如同一齣劇情片

撰寫計劃書時要以模組化的章節撰寫技巧來進行，章節之間彼此的連接上也不要太強，這樣才能方便分工及編排。

計劃其實如同一齣令人可以發揮無限想像空間的劇情片，計劃撰寫者是編劇導演，而計劃案（書）即為劇本計劃也是一種策略的規劃，它包含了構思、分析、歸納、擬定、付諸實行與評估。計劃就是為了實現某一目標或解決某一問題，所產生的奇特想法或良好構想。

計劃就是企業的策略規劃，企業針對某特定目的或整體性。目標規劃出的策略，包括構思、分析、歸納、判斷，擬定。無論是計劃案或是其他種類文案，事實上其共通之內涵均為：一個創意，永遠來自靈感。所有靈感，必須有那份心。策略、方案實施、事後追蹤與評估過程。它是企業完成目標的一套程序。故計劃即有效地運用手中有限的資源，激發出創意，選定可行的方案，達成某一目標或解決某一難題。計劃即描繪期望。

商品創新一般由公司內部的某一部門、團隊或個人所撰寫，可能為委託式或非委託式的。

非委託式的優點是有助於瞭解公司的需求；管理層級溝通較容易，和外來的客戶相比，決策過程迅速許多。

非委託式的缺點是萬一該客戶的投標決策過程無效的話，他們則可能耗盡珍貴資金在調查、撰寫及提交計劃案上，卻不能贏得這項計劃案。

一份計劃案（書）的完成必須具備的原則有：資源有限－人力、財力與時間，創意無限－有嶄新、有方向的創意。計劃撰寫者與文書最具價值之處就是可行且具體之方案－創意無限，方案須可行，附加價值高。因此以下各點，讀者在閱讀時務必體會。

一、 先從凝聚公司內部共識開始

在進入提案撰寫之前，建議提案單位先從凝聚內部的共識開始，不要把提案只當作是某個幹部的工作，因為，計畫成功的必備條件包括：計畫的主軸得到充分的認同，計畫架構得到充分的討論，提案通過後，執行期間的種種挑戰也需要充分的支持、投入。

現有部分執行計畫，因為在提案之初沒有經過公司充分的討論與共識的凝聚，所以，社員對該項計畫的認同度不高，參與度也低，造成經營團隊好像在「孤軍奮戰」，缺乏充分的後援。相反的，提案時經過公司內部充分討論的計畫，執行時就能夠得到公司在

專業人力、社會人際網絡、行銷管道上的協助，因此，整個計畫不但能夠得到獲得較多的資源支持，而且能夠使得公司隨著計畫的執行不斷的學習、成長。培育公司的永續成長是計畫重要的基本目的之一。

所以，為了確立提案必須獲得公司整體會（社）員充分的認同與支持，因此，在提案計畫書必須附上公司召開理監事會議討論提案的相關記錄，藉以證明公司對此方案的關注與共識。最重要的是透過這樣的要求能夠讓公司瞭解凝聚內部共識的重要性。

結論 - 計畫提出前心中有個原則：擴大參與，凝聚共識！
* 三個臭皮匠勝過一個諸葛亮
* 思考可以找到哪些人來參與與討論
* 先找到核心的人討論 - 領導人、幹部、可能的執行者
* 再找可能的資源討論 - 人力、物力、財力

通常，經營主題的表達只有短短的一行字，可是它卻是整個案子的關鍵。許多計劃書並沒有把經營的主題說清楚，讓評審委員很容易懷疑，提案者是否清楚自己究竟要做什麼？

也有許多經營團隊，雖然提案通過了，但在執行中，卻發生了方向上的猶豫，對於經營的重點，好像不是很清楚，就這樣，日子常很快的過去。耽擱久了，很容易影響績效。所以，提案者究竟想要做什麼？**一定要界定得清清楚楚。選擇好的經營主題，才能夠掌握一個有潛力的未來。**

過去許多主題稱不上太好，所以，儘管執行者努力，但卻不一定會有很好的成果。建議您，不必急著進入撰寫企畫書後面的部分，好好的想一個超棒的主題，思考主題也可以從「需求面」出發：提醒您，找出自己的獨特性、不可取代性。

二、 創新概念

現代企業競爭日益激烈，企業賴以在市場上存活發展的最佳利器，除了技術產品之研發外，就是其經營創新能力了。

企業經營創新方法（或模式）之論述，最早於1912 年由德國經濟學者熊彼德（J. Schumpeter）提出創新定義，並於1934 年提出創新的分類，其評定創新的五種基準為：（1）新產品（2）新生產流程（3）新市場之開拓（4）為原料及半成品創造新的供應來源（5）建立獨占或打破獨占。

此創新觀念提出後，引起學術界與企業界的高度重視，成為企業與國家競爭力提升的主要利器。

創新的架構包含四個構面：

（1）新的服務概念（New Service Concept）；

（2）新的客戶介面（New Client Interface）；

（3）新的服務傳遞系統（New ServiceDelivery System）；

（4）技術選項（Technological Options）。

1. 新的服務概念

製造業的創新，如推出新產品或新的生產方式是非常具體顯現的，然而服務的創新方式，有的是明顯可見的（如物流運送、ATM等），有的卻是抽象的，是一種感覺或特別的約定（如構想、觀念及問題的解決方式等）。有些概念在某一市場（或行業）可能已被普遍採用，但是在某些市場（或行業）還是屬於新穎的；或是將某些服務項目給予重新組合。這一切需仰賴企業內之服務智能（能量）來引發。

服務概念創新與其他三個構面有密切的啟發性與關連性，例如，各種概念之執行必須仰賴電腦與科技來支援，它必須藉此引導出創造新服務流程的方法，同時將客戶捲入於這服務供應流程中。

服務概念創新之實例：送貨到府之宅配服務、金融保險公司幫客戶利用理財方法（如儲蓄、購買保險、基金等）來避稅的方法、人力派遣公司之短期派工服務、電子商務之規畫運用等。

2. 新的客戶介面

客戶介面創新越來越多如互聯網。

企業之服務創新概念，例如針對現有客戶或潛在客戶之需求特性，透過行銷活動安排（如客戶服務的選擇、客製化服務、售後服務支援、家庭配送－宅配等）來呈現服務內容。其中部份運用到IT 的支援（如ATM、會計帳務管理、客戶資料管理、訂單處理…等）。

並非所有的創新都需要仰賴IT 技術，有些大型運輸業運用到先進GPS 系統，但是有些行業的宅配，仍使用傳統的電話（手機）及摩托車。但無法避免的是IT 的運用領域將越來越廣，使用依賴度會越來越高。

新的客戶介面之實例：網路銀行及ATM 之使用，大幅減輕銀行櫃員之業務量、利用Call Center（電話務服務中心）提供客戶服務、Electronic Data Interchange（EDI，電子資料交換）之使用，大量節省書面文件之重複傳遞與避免發生錯誤等。

3. 新的服務傳遞系統

這類創新如經由組織的安排與訓練，激發員工潛能，使員工更有活力發展與提供創新服務，以便執行與傳遞更為正確的服務。新的服務需要新的組織型態，人與人之間的溝通能力與技巧，以創造新的服務傳遞系統。

在服務傳遞系統創新方面，有些人提出矛盾論點的看法，一方面要求建立標準化管理，以取得顧客的期待與信賴，另一方面又希望員工能顯現創新的能力，例如有些連鎖服務系統需要擬定一套作業流程，要求各分支單位確實依循執行，並提供標準品質的產品給客戶，以取得客戶的信任；但是另一方面，特別是專業服務（如廣告、電腦服務及設計等）則需要員工的活力以產生創新，並提供他們富彈性的試驗空間。

新的服務傳遞系統之實例如：居家購物服務（如電子商務、網路購物），對服務提供者與顧客之關係上將產生極大的改變；傳統零售業延長開店的時間，將影響顧客的吸

力與供銷產品型態，可立即有效的提升業績。

4. 技術選項

技術並不是服務創新的必要選項，如超市與自助式餐廳等並不需要高科技的使用，它僅需要使用到購物推車、倉儲系統或烹飪工具、慎選食材等。但在實務上，現代化的服務創新與技術（或科技）有非常密切的關聯性，藉由技術的提升或科技的使用，可大大提高服務品質及明顯提升行政效率。有些技術在服務功能上相當具有說服力，IT 經常被服務業使用為技術改良的工具，所以IT 投資是創新的主要來源。

技術（科技）運用於創新服務之實例如：ATM、網路銀行、GPS、RFID、Data Mining、物流倉儲管理系統、MIS 系統...等。

三、計劃案（書）的條件與功用

目的：讓計劃實現（讓企業商業化）。

用意：讓研發評委了解計劃的必要性。

功能：讓研發評委了解計劃的優點，正確地表達費用與利潤，並具體傳遞實現的方法與可能性。

結構：清楚呈現計劃的結構。

表達：將計劃的內容整理成簡單易懂的型式。

題材：增強研發評委對計劃的興趣與熱忱。

依照計劃的對象不同，計劃書的體裁和構成內容也有所差異。因此撰寫的重點在於是否能說服別人。一個計劃者應有的基本認知是，其賣點就是「計劃」本身，而不是計劃書，這就像製作報告或為專題所擬的計劃書一樣，重點在最後是否能將專題按圖索驥執行，達成結果，而不是在專題計劃書本身。

閱讀時反覆回味以下步驟：

第二節 擬定計劃案（書）的步驟

1. 前置作業

(1) 前置作業；

(2) 界定問題；

(3) 蒐集現成資料；

(4) 市場調查與分析；

(5) 把資料整理成情報；

(6) 產生創意（發生創意）；

(7) 選擇可行的方案（評估方案）；

(8) 著手撰寫計劃案（設計架構，動員分工）；

(9) 計劃案的格式與撰寫內容；

(10) 提案的技巧；

(11) 佈局實施與檢討評估。

　　當計劃主持人找到足夠的創意之後，他必須仔細評估手中方案的優劣，然後從中選擇一個可行的方案，選擇包含三個意義，這個方案的確可行：可行的創意往往比最好的創意還要好，故要考量人力、物力、財力、時間等等，高階主管的信任與支持。

　　由於計劃部是幕僚單位，影響是間接的，計劃能否順利執行，與主管的信任與支持程度有很大的關係。其他部門的全力配合：擬定計劃案時，不但須說服高階主管，還要獲得人事、總務、業務、財務、生產等有關部門之認同首肯後，才能順利推展。要擬定計劃案，從界定問題開始，經過蒐集現成資料、市場調查、把資料整理成情報、產生創意，一直到選擇可行的方案，前後共有多個步驟，接下來再把概念文字化，即將構想寫成計劃案，撰寫計劃案，即設計一個工作架構，即將創意找一個切入點表達出來。並思考你手中的人力、時間和環境條件，把工作架構落實。

　　準備動筆前參考下圖並察看你資料庫裡以下條件具足了嗎？

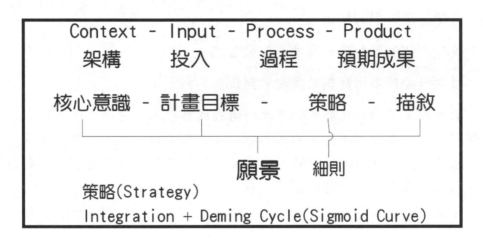

接著看看書寫的要點。

2. 研究領域的了解

(1) 基礎的知識

　　所屬研究室的研究成果、創意。

(2) 準備

　　是否符合給定的標準？研究性質或是商業性質？

3. 計劃書內容格式

(1) 摘要

　　提供讀者足夠訊息判斷是否要繼續閱讀下去。透過一開始的摘要，讓繼續閱讀下

去的讀者可以更容易了解計畫本文的資訊。摘要必須把計畫中提供的所有資訊全部寫入：現狀、問題、目的、方法、結果、結論。

(2) 研究方法與步驟

整篇計畫書最重要的部分。如果沒有正確提供研究方法和步驟，將無法讓讀者理解為何可以得到預期結果，更可能被質疑計畫的可行性。

如果方法和步驟很複雜，就更必須注意撰寫上的細節，才能正確的傳達想要表達的資訊。

(3) 系統架構

儘量使用眾所皆知的設備與架構；除非你是創新的架構，要不然不易使人相信。

(4) 成果

合理的推論，提供可能得到結果的方法。如何證明本研究的優越處：模型證明、模擬、實作、提供比較對象。

第三節 創新研發評估準則

在（SBIR）（SIIR）（CITD）產業創新研發計畫書評估階段所考慮的評估準則，主要可歸納為產業創新研發計畫書、創新團隊、市場行銷、產品與技術等構面重要準則。

這些準則是評估產業創新研發計畫書與查證研發方案的主要重點，也可做為創新研發的規畫方向。以下我們分別說明評估準則的內容：

1. 在產業創新研發計畫書構面主要考慮兩項評估準則

（1） 產業創新研發計畫書有無呈現出競爭優勢與研發利基：產業創新研發計畫書不僅是要將營運方案完整的展現出來，更重要的是要**市場導向，並呈現出能創造大量利潤的競爭優勢**。關心的重點是這個計畫是否具備成功的條件，以及成功後所能夠帶來的研發利益。

（2） 創新計劃書整體邏輯合理程度：一份能吸引研發者注意的產業創新研發計畫書，內容架構必須完整，**前後假設與邏輯必須合理，預測必須有實際的事實依據**，過分誇大或含混不清，將會降低產業創新研發計畫書的可信度。一致、實際、明確、完整將是評估產業創新研發計畫書品質所考量的原則。

2. 在創新團隊中主要考慮的評估準則

（1） 主要創新者的經歷與背景：創新者的學經歷會影響其決策判斷，以及處理事務的態度與能力。**同時檢視其過去的成功失敗經歷，可以作為創新能力的重要參考依據。另外對於創新背景與財務狀況，也要進行深入的瞭解與查證。**

（2） 創新團隊的專長能力與管理能力：會十分重視**創新團隊成員的專長能力**

以及承擔創新的適任性，並希望創新團隊能由包括生產、行銷、財務、研發等不同經驗專長人士組成，且具備有豐富的經驗與輝煌的成功記錄。創新團隊的組織管理與人力資源發展運用的能力，也是另一項的評估重點。

（3）創新團隊的創新理念：由創新理念可看出創新團隊對於企業創新的態度，以及未來企業發展的方向與組織運作的方式。會注意研發案公司的創新理念與本身的創新理念是否相契合，因為這會影響輔導創新管理的效果。

（4）創新團隊對營運計劃的掌握程度：公司會與創新團隊就營運計畫的內容做法進行深入的討論，目的是為瞭解創新團隊成員對於營運計畫的認知程度與認同程度。

3. 在市場行銷構面主要考慮四項評估準則

（1）市場規模：所謂市場規模是針對現有市場需求大小，進行評估。產業創新研發必須能將目標市場的範圍與顧客對象明確定義，否則難以獲得支持。

產業創新研發計畫書如果沒有提出具體的市場分析與明確的數據佐證，勢將無法確認市場需求的估計，是否真實能夠支持企業成長與創造足夠的利潤，因此研發將存在很大的不確定風險。

（2）市場潛量：市場成長潛力與規模和企業生存發展的機會密切相關，**市場潛量大的研發案，採取長期研發比較有可能獲得高額的回報利潤。**將自技術、產品、產業、消費趨勢等角度，來評估研發案產品的未來市場潛量規模大小，同時也需要諮詢專家的意見。

（3）市場競爭優勢：包括分析市場主要**競爭對手的產品、競爭對手的資源優劣勢，市場進入障礙，以及替代性產品的競爭威脅**等。將評估研發案的核心資源能力與市場競爭力，並判斷創新團隊提出的競爭策略是否能有效創造市場優勢。

（4）行銷策略規畫：主要評估創新計畫中有關行銷管理與策略規畫方案的可行性與有效性。評估的範圍包括，銷售與促銷計畫、定價策略、行銷網路規畫、以及有關顧客服務的構想方案。由行銷策略規畫的評估，可以判斷研發案實現預期的銷售量與市場佔有率的可能性。

4. 在產品與技術構面主要考慮評估準則

（1）技術來源：將需要深入評估研發案公司是否具備開發與生產製造產品所必要的技術能力，以及這些技術能力的來源與水準程度。如果技術是來自於外部引進，則移轉與學習能力以及繼續獲得技術的可能性，這都是必須要先加以深入瞭解的。產業創新研發必須顯示能夠明確掌握開發與製造產品的技術來源，才容易通過評估與獲得研發者的信心。

（2）技術人才與研發能力：技術團隊素質的良莠直接影響產品開發能力與核心技術能力的品質，同時也決定企業體未來繼續開發新產品的能力。對高科技產業而言，**技術人才與研發能力是企業競爭力的關鍵**，如無法以創新技

術持續推出新產品，恐怕很快就會被市場淘汰。

（3） 專利與智慧財產權問題：高科技產業的智慧財產權糾紛問題日愈頻繁，許多公司開發新產品之初，未曾留意侵權問題，而致日後蒙受巨大損失。因此對於擁有專利與引進技術的研發案，都會特別注意有關智慧財產權的問題。如未來決定研發，專利的價值與技術定價等問題，也是必須事先加以評估的。當然對於未能澄清專利與智慧財產權問題的研發案，一般都不會考慮研發的。

（4） 產品附加價值或獨特性：主要評估產品所具備的技術功能優勢，並且自其對顧客所創造附加價值的顯著性，來判斷產品的市場競爭力。具有獨特性功能的產品，一般容易在特定市場區隔創造很高的佔有率，同時也比較可能在短時間內打開市場。因此對於**具有高附加價值與獨特功能產品的研發案**，較具有研發興趣，但同時也會深入評估市場對於這種產品附加價值與獨特性功能的需求，以及可能帶來的經濟效益。

（5） 生產製造計畫可行性與週邊產業配套情形：包括產品製造系統、製造設備、人力規畫、物料需求、生產計畫、品質管制之掌握與控制，以及各項製造成本、自製率、良品率等假設是否合理可行，均是評估的重點。另外對於製造策略與週邊產業配套情形也會加以評估。

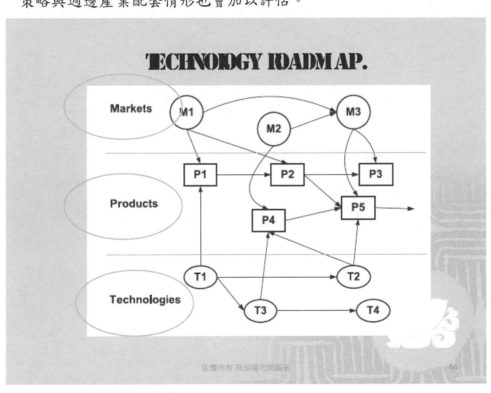

上圖是有關市場、產品、技術關聯診斷架構

5. 在財務計畫與研發報酬構面主要考慮評估準則

（1） 研發案公司的財務狀況：可藉由分析研發案公司**過去與現在的財務狀況**，並與同業比較，來評估其營運績效與創新體質，以及企業未來可能遭遇的財務上問題。

（2） 研發案的股東結構：由研發案公司目前與未來可能的股東結構與股東背景，

可以判斷該公司資金結構與資金來源的穩定性，同時股東的素質與能力，也會影響企業創新方向以及對於創新者的支持程度。因此股東組成的結構，會對是否參與研發，產生關鍵性的影響。

（3）申請案公司財務計劃合理程度：包括申請案公司財務計劃上的現金流量、投銷貨收益、各項成本估計、資產負債表、損益表等的預估合理程度。

第二章 計畫撰寫技巧與審查原則

> **第一節 計畫審查作業流程**
>
> **第二節 業者創新研發計畫、異業結盟聯合研發計畫、加值創新應用計畫**

第一節 計畫審查作業流程

　　SBIR 申請之研發計畫屬性分為「創新技術」與「創新服務」，並依申請階段分為「先期研究/先期規劃」（Phase 1）、「研究開發/細部計畫」（Phase 2）與「加值應用」（Phase 2+），再依申請對象區分為「個別申請」與「研發聯盟」。

- **SBIR 計畫審查作業流程**

  一、 申請階段

  1. 索取資料、參加說明會或上本計畫專屬網站查詢，並詳讀本申請須知。

  2. 備妥本須知中「肆、申請應備資料」所列項目，提出書面申請。

  二、 審查階段

  1. 資格審查

     (1) 由本計畫所成立之計畫辦公室，對申請案件進行資格審查。

     (2) 通過資格審查之申請案件，將逕行發審，未通過者則核駁之。發審後，申請人不得再要求修正計畫書。

  2. 書面審查

     (1) 由審查委員資料庫中，依專業隨機妥適指派評審委員。

     (2) 由評審委員就申請人所提書面資料，進行審查。

- **計畫審查會議**

  1. 由計畫辦公室依申請案之特性及屬性，邀集相關評審委員召開計畫審查會議逐案進行審查。

  2. 經計畫辦公室通知，申請案之計畫主持人應親自出席會議並簡報，如有技術移轉單位或諮詢輔導單位，均應列席備詢。申請異業結盟聯合研發計畫者，所有聯盟成員應指派至少 1 位代表出席。若未派員出席，則視同放棄申請。

  3. 所有申請案經審查完成後，彙送召集人聯席會議決審，核定補助名單。

- **簽約階段**

  1. 函文通知申請人審查結果。

2. 獲補助計畫須依會議決議修正計畫書，簽約前，應經評審委員或分組召集人確認修正後計畫書之內容。

3. 獲補助業者須於期限內完成簽約作業，未完成者喪失其獲補助資格。

計畫採隨到隨受理，專案辦公室於正式收件日起 2 個月內完成審查並函覆審查結果為原則，必要時得延長 1 個月。

- **審查作業流程：**

申請審查流程	流程圖	申復審查流程
- 符合申請資格之廠商，備妥申請應備資料，並依計畫書格式撰寫計畫書，各項經費編列應符合會計科目與編列原則，送件至本計畫專案辦公室。 - <u>前案不通過後於核定日起半年內送件，須經委員審查修正通過後，才可進入資格文件檢查階段。</u> - 專案辦公室初步檢查申請資料，若有缺漏或錯誤，請依通知於1週內補齊或修正，逾期則退件。 - 備齊應備資料且經專案辦公室確認無誤後，除以電子郵件通知，另以專函通知正式收件日。 - 廠商準備計畫簡報資料，並視需要準備補充資料(註)出席計畫審查會議進行簡報。 - 註：計畫審查會議結束後，恕不受理任何補充資料。 - 將計畫審查會議建議結論送交指導會議確認。 - 依據指導會議確認審決議進行計畫重審。 - 確認後之結果送交經濟部核定。 - 俟經濟部核定後，正式函知廠商審查結果。 - 核定通過之廠商請依「肆、計畫簽約與執行」辦理計畫簽約作業。	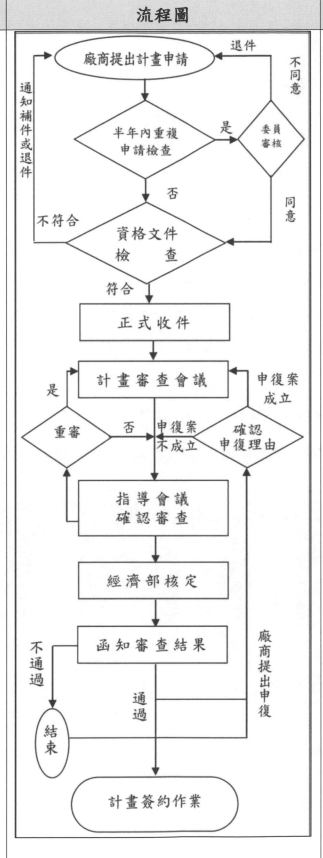	- 廠商收到審查結果通知函，對於計畫審查結果如有不服，得於文到次日起30日內以正式函文向專案辦公室提出申復。 - 由召集委員依據計畫審查資料及廠商申復理由與佐證資料(註：等相關文件，判斷該申復案是否成立。 　1. 申復案成立：組成申復重審會議，並依計畫審查流程重新審查該申請案。 　2. 申復案不成立：由指導會議確認廠商申復理由及召集委員判斷申復案不成立之適當性。 　指導會議確認審查後之流程同「申請審查流程」惟每申請案僅 得提出申復 1 次。 　註：佐證資料型式不拘，惟限為支持所提申復理由之相關資料，且範圍僅限於原計畫審查前即存在之事實，如數據、參考文獻或分析資料等。

- 計畫審查原則

審查工作分資格審查、書面審查及計畫審查會議三階段辦理,各階段審查原則說明如下:

一、 資格審查:由計畫辦公室負責審查申請業者資格、申請標的、計畫書格式、所附文件及經費編列是否與規定一致。

二、 書面審查:由審查委員資料庫中,依專業隨機妥適指派評審委員,再由評審委員就業者所提書面資料,進行審查。

三、 計畫審查會議:依申請案之特性及屬性,邀集相關評審委員召開計畫審查會議逐案進行審查,所有申請案經審查完成後,彙送召集人聯席會議決審,核定補助名單。

- 召集人聯席會組成及任務

1. 針對計畫審查小組推薦之個案計畫,確定其補助順位及金額。

2. 針對個案計畫及審查小組之審查個案品質,進行考核評鑑。

3. 通過計畫審查會議,具爭議個案之裁定。

4. 計畫執行中,重大違約個案計畫之裁定。

5. 針對計畫未來之發展及策略,提供改進意見。

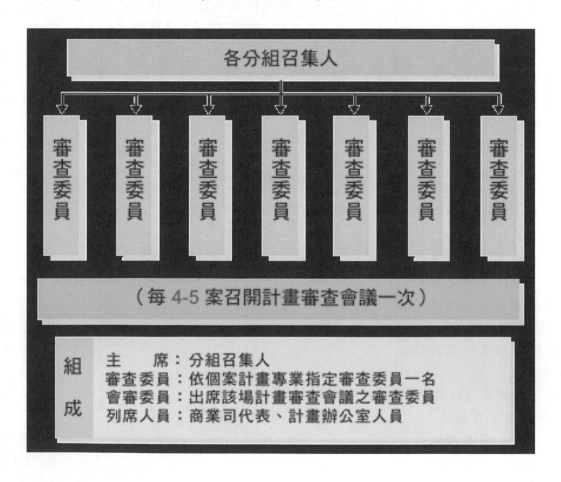

- 計畫審查會議之任務如下：
  1. 審查研發計畫之內容，建議研發計畫評等及金額。
  2. 建議研訓諮詢補助名單。
  3. 審核研發計畫之重大變更案。
  4. 研議研發計畫審查之細部規定。
  5. 其他依本辦法應經審查小組審查之事項。
  6. 每 4-5 案召開計畫審查會議一場；每場次審查委員約 5-8 人。

- 計畫審查重點

  創新概念構想
  1. 計畫創新性、完整性與競爭力。
  2. 諮詢單位合適性及合作機制。
  3. 計畫實施方法、時程及可行性（含智慧財產引進與轉委託）。
  4. 人力、經費等投入資源合適性。
  5. 節能減碳與促進就業。

  業者創新研發
  1. 計畫創新性、完整性與競爭力。
  2. 研發團隊實績與執行能力。
  3. 計畫實施方法、時程及可行性（含智慧財產引進與轉委託）。
  4. 計畫風險評估完整性及有效性。
  5. 人力、經費、使用設備等投入資源合適性。
  6. 預期效益（是否具產業效益）。
  7. 節能減碳與促進就業。

  異業結盟聯合研發計畫
  1. 聯合研發動機必要性。
  2. 計畫創新性、可行性與競爭力。
  3. 研發團隊實績與執行能力。
  4. 實施方法、時程、計畫可行性（含智慧財產引進與轉委託）。
  5. 計畫風險評估完整性及有效性。
  6. 人力、經費、使用設備等投入資源合適性。
  7. 聯盟成員分工協議與權利義務明確性。
  8. 預期效益（是否具合作綜效）。
  9. 節能減碳與促進就業。

  加值創新應用計畫
  1. 前期研發成果加值應用延續性、可行性與競爭力。

2. 研發團隊實績與執行能力。

3. 實施方法、時程、計畫可行性（含智慧財產引進與轉委託）。

4. 計畫風險評估完整性及有效性。

5. 人力、經費、使用設備等投入資源合適性。

6. 預期效益（是否具國際化及產業發展效益）。

7. 節能減碳與促進就業。

二、計畫簽約及執行

創新概念構想規劃計畫

一、 經召集人聯席會議核定補助之研發計畫，應依會議決議修正計畫書，簽約前，應經評審委員或分組召集人確認修正後計畫書之內容。若於期限內未簽約作業者，取消其獲補助資格。

二、 於簽約期限內，業者應依核定函所列備妥下列文件辦理簽約：

1. 依審查決議修正之計畫書及業者已用印契約。

2. 諮詢輔導單位同意接受委託輔導意願書（含諮詢輔導單位及負責人章）。

3. 諮詢輔導單位訪視報告書。

三、 會計作業：

1. 政府補助經費限用於專職研發人員之人事費、諮詢顧問單位之技術移轉費，以及國內差旅費，其款項採先核銷後撥付方式支用，並於完成結案後一次撥付。

2. 政府補助經費應設專帳管理，並按月結帳。各會計科目之支出，應以政府補助款及公司自籌款 1：1 之比例核銷，核銷費用採未稅基礎，不含營業稅。

3. 計畫應指定專責之會計人員（專、兼職皆可）負責計畫相關會計作業事宜，該人員並須參與本計畫會計作業說明會。

4. 各項經費支出之憑證、發票等，其品名之填寫應完整，並與計畫書上所列一致，勿填列公司代號或簡稱。

5. 計畫經費之會計科目應符合本計畫「會計科目、編列原則及查核要點」（附件 3）之規定。

四、 計畫執行期間，諮詢輔導單位應每月進行諮詢訪視並作成記錄，以備查驗。

五、 業者應於計畫結案日前兩週，檢送結案報告書及業者創新研發計畫等書面資料各 2 份、電子檔 1 份、經費分攤表 1 份及各原始憑證影本（請加蓋公司及負責人印章，並加註「與正本相符」之字樣）1 份至計畫辦公室，辦理結案及核銷作業。

第二節 業者創新研發計畫、異業結盟聯合研發計畫、加值創新

一、應用計畫

（一） 經召集人聯席會議核定補助之研發計畫，應依會議決議修正計畫書，簽約前，應經評審委員或分組召集人確認修正後計畫書之內容。若於期限內未簽約作業者，取消其獲補助資格。

（二） 於簽約期限內，業者應依核定函所列備妥下列文件辦理簽約：

1. 依審查決議修正之計畫書及業者已用印契約。

2. **全程計畫政府補助款第一期款等額之銀行履約保證書，其保證期間須至計畫截止日後 3 個月。**

3. 全程計畫政府補助款第一期款之領據。

4. 如有技術移轉單位或延聘顧問者，應檢附契約或同意書。

5. 如為異業結盟聯合研發計畫者，應檢附異業結盟聯合研發協議書。

（三） 計畫執行期間，參與本計畫研發工作之主要人員，應依規定登錄研發紀錄簿。

（四） 會計作業：

1. 專戶之設置：業者應在銀行開立以公司為戶名之活期存款帳戶。

2. 本專戶係屬專款專用，款項採先撥款後核銷方式支用。

3. 計畫應指定專責之會計人員（專、兼職皆可）負責計畫相關會計作業事宜，該人員並須參與本計畫會計作業說明會。

4. 各會計科目之支出，應依年度預算之政府補助款及業者自籌款比例核銷，核銷費用採未稅基礎，不含營業稅。

5. 各單位之專戶金額提款，應於每月月底結帳後，依研發計畫書中政府經費分攤部分核銷金額由專戶內提領或轉帳。

6. 各項經費支出之憑證、發票等，其品名之填寫應完整，並與計畫書上所列一致，勿填列公司代號或簡稱。

7. 補助款應專戶儲存專帳管理，結餘及扣稅前孳息毛額須繳回國庫。

8. 應結案之研發計畫其核銷事宜，須在當年 11 月 30 日前辦理完畢。

9. 計畫經費之會計科目應符合本計畫「會計科目、編列原則及查核要點」（附件 3）之規定。

- ## 撰寫技巧

  ### (1) 從概要開始

  整個計畫的開頭就是以概要開始述說,每章、每節開頭都必須提到接下來所要提的東西的概要。讓撰寫者時時了解自己所寫的東西,在文中排除不必要的資訊。主題在前根據在後,可以邊看根據邊檢查是否有輔助主題。如果根據在前主題在後,那麼邊看主題邊回頭確認根據是否有輔助到主題。

  ### (2) 資料整理清楚

  只提供需要的資料。分類與集中。 相關資料要與所寫的議題充分呼應。資料的排放順序要合適。問題 A 至問題 A1、A2、A3 要有條理與依據。少了重要的資料或是提供不要的多餘資訊,容易將整個段落的邏輯打亂。同類型的資訊分散在文章中,易使讀者混亂。如果提供資訊的順序不對,輕微使讀者對所提供的資訊跟論點沒有印象,重者將使整個段落邏輯混亂。

  ### (3) 從已知導向未知

  從傳統的東西開始,導向介紹近來研究。提供讀者更容易了解已知的東西和未知的東西的關聯性。防止跳躍性的邏輯撰寫。

  ### (4) 遵守對句法

  同種類,同結構的東西盡量用相同形式撰寫,讓讀者可以預知接下來所要撰寫的東西較容易讓讀者留下深刻印象。對於撰寫的人來說,可以防止漏寫。對於撰寫的人來說,較易撰寫。

  ### (5) 一個句子只表達一件事情

  讓句子的論點明確,句子變短,讓讀者更易理解。

  ### (6) 簡潔的表達每一件事

  排除任何模糊、曖昧、迂迴的字眼;模糊、曖昧、迂迴容易讓讀者誤會;盡量使用肯定句語法,注意修飾辭句,注意句點、逗點的位置。

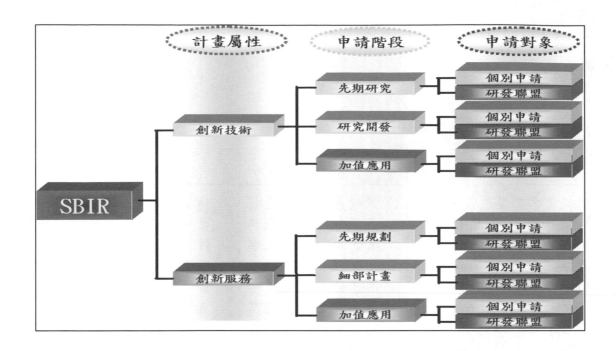

　　SIIR計畫依申請之研發計畫屬性分為「創新概念構想規劃計畫」、「業者創新研發計畫」、「異業結盟聯合研發計畫」與「加值創新應用計畫」等4種補助類型，其申請適用範圍如下：

補助類型	創新概念構想規劃計畫	業者創新研發計畫	異業結盟聯合研發計畫	加值創新應用計畫
申請資格	1. 依公司法設立之公司。 2. 須從事批發、零售、物流、餐飲、管理顧問、國際貿易、電子商務、會議展覽、廣告、商業設計、商業連鎖加盟服務或其相關之業務。 3. 每1企業每梯次限申請1類且1案為原則。			
申請對象	1. 限單一企業申請。 2. 申請時須委託單一諮詢輔導單位（註1）協助研提計畫。	限單一企業申請。	至少3家企業共同申請，但得另聯合大專院校、法人或國內、外機構等單位，惟以1家為限。	1. 限單一企業申請。 2. 須曾獲政府相關研發計畫補助（註2），並完成結案者。
申請標的	1. 針對四新標的（註3）之創新構想研究。 2. 其水準須超越目前同業提供之水準。	1. 針對四新標的（註3）之具體可行計畫。 2. 其水準須超越目前同業提供之水準。	配合產業發展政策，以四新標的（註3）為基礎，且須針對加強鏈結服務業之上中下游體系或產業聚落共同關聯性大之研發議題。	以四新標的（註3）為基礎，研提前期補助計畫之加值延續方案，並以商業營運測試及品牌、展銷推廣為研發主軸，且其目標市場以海外為優先。

註1：「諮詢輔導單位」係指中華民國教育部核准設立之公私立大專院校、經濟部管轄之34家財團法人研究機構（附件5）及管理顧問業等單位，並應依申請企業需求，配合協助研提計畫書。

註2：「曾獲政府相關研發計畫」係指曾獲得下列計畫之補助，如：A.新傳四-協助傳統產業技術開發計畫、B.小型企業創新研發計畫（SBIR計畫）、C.協助服務業研究發展輔導計畫（SIIR計畫）、D.其他研發計畫等（請說明計畫類型，如：技術處業界開發產業技術計畫、創新科技應用與服務計畫、工業局主導性新產品開發計畫、提升傳統工業產品競爭力計畫、科學工業園區創新技術研究發展計畫、新聞局、文建會或其他政府單位補助計畫...）。

註3：「四新」係指新服務商品、新經營模式、新行銷模式及新商業應用技術（附件4）

一、（CITD）申請規定

申請資格

1. 依公司法設立之民營公司。

2. 申請類別規範

產品開發	研發聯盟	產品設計
1. 傳統產業：製造業或其相關技術服務業開發之標的不屬「新興重要策略性產業屬於製造業及技術服務業部分獎勵辦法第五條第一項『附表』表列項目」者。 2. 製造業請檢附工廠登記證（技術服務業則免）。	1. 傳統產業：製造業或其相關技術服務業3家（含）以上業者，開發之標的不屬「新興重要策略性產業屬於製造業及技術服務業部分獎勵辦法第五條第一項『附表』」表列項目」者。 2. 製造業請檢附工廠登記證（技術服務業則免）。	1. 傳統產業：製造業委託設計之標的不屬「新興重要策略性產業屬於製造業及技術服務業部分獎勵辦法第五條第一項『附表』表列項目」者。 2. 本補助案須導入兩技術移轉單位協同推動： (1) 委託設計單位：設計相關技術服務業者或法人機構。 (2) 顧問諮詢單位：經濟部所屬具設計專業之法人單位。 上述兩單位不能為同一單位，且委託設計單位受託設計每年補助以三案為限。

註：技術服務業係指對製造提供研究發展、設計、資訊、生技、檢驗、測試、改善製程、資源回收等公司，且屬該公司證照上登記之營業項目（適用 ZZ9999 得經營法令非禁止或限制之業務者限為目前正常營業之項目）。

申請補助之開發標的

產品開發	研發聯盟	產品設計
1. 開發之新產品(標的)應超越目前國內同業之一般技術水準。 2. 計畫執行期程以一年為原則。	1. 須符合工業局公告當年度之重點傳統產業。 2. 新產品之開發須具市場性、且為量產前之研發聯盟案。 3. 須針對共通性、關鍵性及關聯性大之研究開發議題。 4. 開發之新產品（標的）應超越目前國內同業之一般技術水準。	1. 係指所開發之新產品（標的）於設計美學之強化,包括新功能、新造型、新材料、新色彩之運用,以產品設計營造創新性及獨特性之競爭優勢。 2. 前項補助開發（標的）含：產品設計、人機介面、人因工程、機構設計、模型製作、模具設計、生產技術、工業包裝、綠色設計及通用設計等。 3. 計畫執行期程以六個月為原

產品開發	研發聯盟	產品設計
	5. 計畫執行期程以一年為原則。	則。

資料來源：（經濟部 SBIR 申請須知，SIIR 申請須知，CITD 申請須知）
經濟部協助傳統產業技術開發計畫
http：//www.citd.moeaidb.gov.tw/CITDweb/Web/Default.aspx
經濟部協助服務業創新研發計畫
http：//gcis.nat.gov.tw/neo-s/Web/Default.aspx
經濟部小型企業創新研發計畫
http：//www.sbir.org.tw/index

二、（SBIR）（SIIR）（CITD）產業創新研發計畫計畫書撰寫說明

1. 請以 A4 規格紙張直式橫書（由左至右），並編頁碼。

2. 表格長度如不敷使用時，請自行調整。

3. 請依計畫書格式之目錄架構撰寫計畫書，請勿刪除任一項目，遇有免填之項目請以「無」註明。

4. 各項市場調查資料應註明資料來源及資料日期。

5. 各項資料應注意前後一致，按實編列或填註。

6. **金額請以（新台幣）0000 為單位，小數點下四捨五入計算。**

7. 編號於計畫申請時暫勿填寫。

8. 申請 SBIR 計畫之公司若係再次申請（結案、退件、不推薦、公司自行撤件等），請提供歷次計畫差異說明資料。

NOTE

【契約書暨計畫書膠裝順序說明】

請至計畫網站下載計畫書規定格式，其中若部分表格未有使用，請將該欄位空白即可，請勿刪除。

封面

- 計畫書封面格式是否正確（請至計畫網站下載最新封面格式）。

- 計畫名稱確認正確或已依據委員意見修正。

計畫申請表

- 計畫名稱請與封面一致，倘委員意見彙總表中有建議變更名稱，亦請修改。

- 計畫主持人、聯絡人及會計人員資料填寫完整。

- 依本年度商業司核准公文之政府補助款金額及委員核准之自籌款金額填列。

- 技術移轉單位及金額更正。

- 通訊地址完整填列。

- 簽名、用印（請以紅色印泥用印，不可複印）。

申請公司基本資料表

- 各欄均填寫完整。

- 建議迴避之人員清單各欄均填寫，無則免填。

計畫書摘要表

- 計畫期間為 99 年 4 月 24 日至核定計畫截止日。

- 年度經費與核准獲補助公文一致。

- 各欄均填寫完整（預期效益務必進行填寫）。

- 計畫書目錄。

- 請依計畫書各項次內容編列頁碼。

- 須經委員及會計師事務所「同意修正通過」之版本。

- 逐頁編填頁碼。

- 技術來源分析表比例及來源填列清楚。

- 查核點人月數與人員簡歷資料相符。

- 經理級以上主管人月數合理填列（一般不超過 4 人月）。

- 每季至少需要一個以上的查核點、查核點均填列明確之量化指標。

- 經費編列請注意前後之一致性。

- 自籌款大於政府補助款。

- 人事費低於計畫總經費之 70%。

- 待聘人員占研發投入人數 30% 以下。

- 耗材是否低於總經費之 25%。

- 技術移轉費低於總經費之 60%（若已簽訂技轉合約者，不得再編列顧問費）。

- 技術與智慧財產權購買費低於總經費之 30%。

- 研發設備使用費低於購置成本之 30%。

- 研發設備維護費低於購置成本之 5%。

- 首次行銷廣宣費低於總經費之 20%。

- 差旅費編列得宜（僅支付 貴公司至技轉單位之來回差旅費，其它差旅費用不得列入）。

- 所有經費項目均為核定之七大會計科目。

- 請詳填各期政府補助款金額分配表。

計畫書附件

- 附件均以影本檢附並加蓋公司大小章即可。

- 公司登記證、營利事業登記證，此文件亦可至商業司下載。

- 顧問及國內外專家願任同意書/任職單位同意函。

- 技術移轉雙方用印之合約書（委託勞務超過十萬元以上需出具合約，含工作內容與經費之編列，其餘委託研究、技術及智慧財產權購買皆須附上合約）。

- 用印原則：上述資料請加蓋獲補助公司之公司大小章或與正本相符章（正本）。

- 專利證書。

- 其它參考資料。

補助款契約書

- 建議填寫一份，其餘可用影印方式。

- 確認各欄均已填寫。

- **專戶（請提供專戶存摺影本核對帳號），若有分行請務必填入。**

- 用印原則：

   1. 每一頁須加蓋騎縫章或公司章。

   2. 最後一頁須加蓋負責人章。

   3. 有修改部分請於修改處加蓋公司大章或小章。

   4. 每一份補助款契約書請用紅色印泥用印，不可複印。

補助款契約書附件

- 附件均以影本檢附並加蓋公司大小章即可。

- 商業司核准公文。

- 委員意見彙總表。

- 委員意見回覆表。

- 經費編列審查結果彙總表。

第三章 計畫審查意見

第一節 突顯其創新性與重要性

　　一個好的研究計畫應該要有效的突顯其創新性與重要性，有限的研究資源是用來探索新知的，而不是重複浪費在找尋已知到答案的研究問題上。撰寫研究計畫等於在作一個行銷工作，不是僅站在自己的角度來撰寫計畫，應該要站在讀者的角度－特別是審查者的角度來寫計畫，比較能成功的爭取到研究經費。如果計畫因為背景資訊不足或太多、邏輯不清楚導致計畫內容深奧難懂，對於計畫的通過都不會有加分的效果。在可行性上，如果能提供先導試驗（pilot study）的結果來加強，對於計畫的通過將有加分效果。對於如何能寫出成功的研究計畫，參考研究計畫審查表格上的評分項目來加強計畫內容是比較務實的方式。寫計畫的第一步-瞭解研究計畫是如何被評量的。評量主要是評鑑這個研究計畫寫的好不好，是否可以解決自己想要解決的重要問題；另外是用判斷計畫申請人是否有具有足夠的學術能力完成計畫，而不致於浪費研究資源。

一、 研究主題之創新性或重要性、或應用上之價值或影響

　　研究的本質為「提供新知」與「創造發明」。因此，對於研究計畫最重要的評量標準為「創新性」。這個道理非常容易被理解，國家有限的研究經費沒有必要重複浪費在調查已經知道答案的問題上。現在網路資訊相當發達，許多問題在網路上的一些資料庫是可以找到答案的。為了協助審查者了解研究計畫的重要性與潛在價值，計畫申請人應明確告訴審查者，在研究計畫完成後，是否能直接或間接增進該領域之科學新知或開發新的研究方法或新的應用科技。主題「重要性」的評估並不是完全沒有客觀指標。計畫申請人有時可以藉由提供一些重要數據，來佐證自己所提的研究主題是社會重要議題，或有助於社會解決當前人類的重要問題。撰寫計畫時必須特別注意，過多的資訊介紹也將可能模糊焦點，影響審查者對於研究主題重要性的判斷。

二、 計畫之合理性、研究方法與執行步驟之可行性

　　在研究的問題與目標已確立後，下一個邏輯性的步驟就是陳述「研究方法（Methods）」來說明主持人如何來執行該計畫以達到目標，以為自己想要瞭解的研究問題找到答案。審查委員通常會針對計畫的理論架構、研究設計、實驗及分析方法等，評估計畫是否具體可行，以及瞭解計畫執行時的限制，及其解決方式等。（郭家驊教授，如何成功的撰寫研究計畫）

研究題目擬定

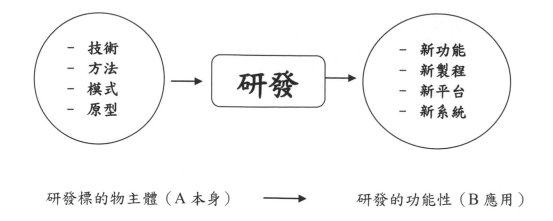

研發標的物主體（A 本身）　⟶　研發的功能性（B 應用）

簡單說研究題目擬定的內含應該考慮

- 研究計畫的目標（做什麼？）

- 研究目標的特性（特殊？）

- 特殊的話題（創新？）

- 新的做法（達成？）

而研發題目訂定的難易比較也有層次

- 主體（A）：容易 – 明顯表達研發內容；

- 應用（B）：次要 – 說明應用技術的創新性；

- 整合（C）：難 – 必須說明整合後的效益。

最後再問一下自己，您公司的創新是社會大眾需要的嗎？可以 MAKE MONEY 嗎？商業化價值有多少？

您公司的能力是否掌握關鍵技術？或是要花大把銀子買技術呢？

1. 計畫書書脊（側邊）格式

（僅簽約裝訂時使用，申請時免附本頁）

計畫編號：

計畫名稱：創意ＸＸ餅田口技術研發

計畫執行期間：自99年月01日至100年月30日止

餐飲股份有限公司

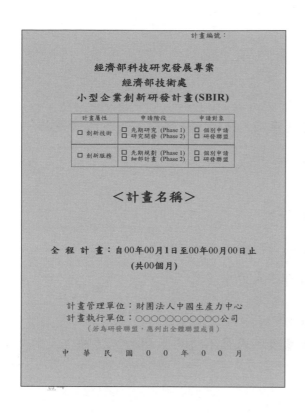

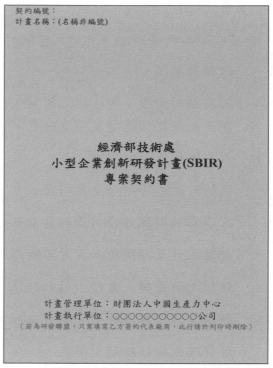

書背(側邊)格式

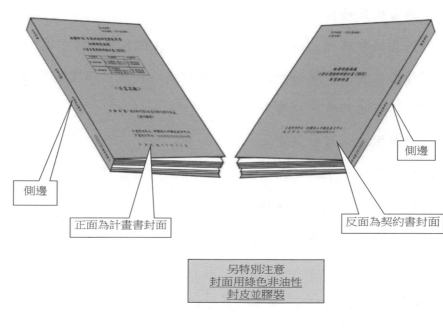

側邊

正面為計畫書封面

側邊

反面為契約書封面

另特別注意
封面用綠色非油性
封皮並膠裝

光是標題可能就夠你狐疑許久。

2. 計畫書常見的缺失

讀者在閱讀時請體會，你一定要避免。

- 創新性不足。

- 所謂創新是指目前在國內同業並無此產品、技術、服務模式，或技術規格、服務模式之改良領先超越同業許多。

- 人力編列與規定不符。

- 待聘人力不得超過全部研發人力 30%。

- 人事費編列應為公司正職員工且直接投入研發之人力。

- 兼職人力及顧問投入人月不能列入研發人力中。

- 顧問之費用與人力投入編列錯誤。

- 顧問費不得與委外研究重複編列，且投入人月不得列入研發人力中。

- 經費編列錯誤或超出規定。

- 人事費編列超出規定。

- 人事費上限 60% ，軟體、生醫產業及服務導向計畫酌予提高至 80%為原則。

- 差旅費編列超出規定。

- 國內差旅費編列上限為 20 仟元/人年，且應有使用說明資料。

- 國外差旅費限於有編列國外引進技術或委託國外研究始得編列。

- 運費不宜編列至差旅費中。

- 材料費用編列超出規定。

- 材料費每人年 150 仟元為上限。

- 材料費中，各項耗材規格應詳加敘述。

- 辦公室事務用品不得編列為材料費。

你的標題是否能避掉以上事情，不行的話，重想一個並復習一下 TRIZ 主要方法與工具、TRIZ 的創新等級、TRIZ 方法分析、理想性關係式、S 曲線分析、資源限制-九宮格運用、物理矛盾的分離原理演化趨勢、知識/效應、具體流程。

建議迴避之人員清單。（無則免填）

公司名稱：

資料日期：

姓名	任職單位	職稱	具體應迴避理由及事證（請務必填寫）

公司印鑑：

負　責　人：　　　　　　　　簽章

第二節 計畫審查意見及回覆說明

考古審查意見歸為以下六大點，共50項條列意見，計劃審查在50項要求下如沒有問題應該就達到創新研發的目標效益了。

※若申請計畫未曾進行審查，免填本表※

計畫名稱：＿＿＿＿＿＿＿＿＿＿＿＿＿＿＿＿＿＿＿＿＿＿＿

公司名稱：＿＿＿＿＿＿＿＿＿＿＿＿＿＿＿＿＿＿＿＿＿＿＿

審查意見1

1. 研發團隊具有**XX**背景的人員產品的**規格功能及可靠度說明**不夠明確，需詳細之補充說明
2. 研發**xxx**之實驗方法與步驟說明
3. 專利之限制，
4. 智財權方面之檢索請補充說

25

審查意見2

•研發費用過於膨脹，應適度修正。
•過去三年之營業額、研發經費、與本案計畫總經費顯不成比例，請說明其財務規劃。
•材料費編列**XX**千元，依規定上限原則應為**XX**千元（**150**千元/人年），請調整。

26

審查意見3

- 自主研發須強化。
- 清楚競爭優勢及核心能力。
- 提出風險評估與因應對策分析。
- 定價宜調整。
- 價格及競爭優勢為何請明確比較並說明
- **phase 1**請說明。

27

審查意見4

- 沒有執行步驟方法與研究方法
- 查核點非具體量化指標，請具體修正。
- 開發之商品，沒有實用性上的創新
- **公司沒有工廠及實驗室**，所有的製造及驗證都是委外，究竟掌握何種核心技術?

28

審查意見5

- 核心技術、專業能力及經驗，所列之顧問之專長無直接關聯。
- 計畫轉委託單位未敘明委託內容。
- 所聘顧問應提供顧問合約、草約或備忘錄，顧問任職單位同意函等。

29

審查意見6

- 智慧財產權檢索過程及結果缺漏
- 研發團隊內成員專長與負責工作並不對應
- **5**位待聘人員之學歷、專精領域及參與本案之工作項目，宜詳述。
- 請說明開發產品技術現況
- 有產品差異性，並說明須突破技術瓶頸。

30

一、 以下是真實用條列審查後，文章式要求投案廠商說明與回覆的範例，請仔細閱讀審查委員的要求內容。

1. 審查意見與待廠商補充資料或說明之事項

審查意見與待廠商補充資料或說明之事項	回覆說明
1. 本計畫擬採用矽酸鹽來研製黃色-橙黃光的 xxx。預計效能提升 10-20%，但其產品的規格功能及可靠度說明不夠明確，需詳細之補充說明；另提升 10-20%是基於何種規格而言，請明確定義。	1. 規格功能及可靠度： (1) xxx 需待產品研發完成後與 LED 搭配方能進行可靠度測試，本計畫欲選擇粒徑更小之原物料，於生產過程中保持其平均粒徑及結晶狀態，確保其可靠度。 (2) 本計畫將委託 SGS、工研院進行產品相關檢驗，故品質、效率、可靠度等較無疑慮。 2. 提升效能之基準： 　　本計畫所提之效能提升乃是指轉換效率提升，其數據比較之基準為美國大廠英特明光能股份有限公司。
2. 本計畫的研發團隊具有材料背景的人員僅為一人，宜增加陶瓷材料專長之研發人員。	已於研發計畫增加 2 位陶瓷材料專長之研發人員。
3. 本計畫研發 xxx 之實驗方法與步驟說明極為簡略，須有較詳細的補充說明，方可判斷計畫之可行性。	就本計畫而言，該實驗方法與步驟說明之陳述已屬完整，並已將本計畫所有關鍵之處提及，故請再次參閱和指教。謝謝!
4. 本計畫所擬研發之 xxx 是否已有專利之限制，在智財權方面之檢索請補充說明。	1. 已申請專利，煩請參閱企劃書 P.48。 2. 專利申請之內容，乃為本計畫之研發核心，故並無侵權之疑慮。
5. 本計畫預期產品與商用品比較，其價格及競爭優勢為何請明確比較並說明。	已於企劃書 P.41 進行修改，煩請參閱和指教。
6. 本計畫中提及催化劑，正確名稱應為添加劑（dopants），其提及 xxx 性能的機制為何，請說明。	1. 催化劑與添加劑的定義不同，催化劑會參與反應，但成分到最後還是保留，添加劑則否，故就本計畫而言，以催化劑命名之較為合宜。 2. 本計畫所提及之催化劑，最主要之機制為降低合成時間及加工溫度，其游離距離縮短，合成時間自然縮短，使其合成困難度降低並提升效能。
7. 計畫書未提及 phase 1 之執行成果，請補	本公司已有申請專利，且具備經驗豐富之

審查意見與待廠商補充資料或說明之事項	回覆說明
充說明。	專業研發人員，本計劃將按照預定進度與各部門人員相互配合以順利執行。 *要 phase1 record*
8. 本計畫以調控製程溫度及氣氛為重點，同時選擇合適之催化劑及使用量，<u>創新性不足</u>，請加強說明。	1. 降低成本 　　本公司欲研發黃色-澄黃色矽酸鹽單劑 xxx，奇未來售價預訂為 10 萬/公斤，相較於市面上之雙劑 xxx，約可節省 50%之價格。 2. 效能提升 　　本計劃採用矽酸鹽，對產品初使亮度高，演色性也會提升，預計效能將提升 10~20%（轉換效率）。 *答非所問* 3. 穩定度提升 　　雙劑 xxx，當操作電流增加時藍光會大幅增加導致 CIE 色標飄移現象，而本計劃欲提供使用該矽酸鹽 xxx 之暖白色發光半導體，不會有顏色偏移現象，增加產品使用穩定性。
9. 該公司所宣稱之專利係顧問蔡 XX 先生所發明，並非公司所擁有，其間之權利義務關係應予釐清。	專利所屬之所有人乃為計畫負責人之配偶，因此未來在技術方面之使用並不會有權益劃分之問題。 *答非所問*
10. 該公司近三年之營業額每下愈況，從 95 年的 6,930 仟元到 97 年 1,321 仟元，顯示經營上出現問題，而該公司在台灣並無廠房或營業場所、設備投資與產能（見 12 頁），如何達到計畫預期效益應予說明。	1. 檢視 95 年至 97 年，本公司年度營業額有長足的進步，年度研發費用則持平。96 年與 97 年相較，年度營業額呈現衰退。原因為下半年受全球性金融風暴影響，企業用戶節樽開支。為因應此一現象，公司人員年度獎金也較以往縮減，所以年度研發經費也同步呈現下滑狀態。

審查意見與待廠商補充資料或說明之事項	回覆說明
	2. 產品銷售方式、銷售據點及分佈於全球封裝廠未來預計在台灣設產房或營業場所。 廠房或營業場所、設備投資
11. 預期效益如增加就業機會、研發費用、發明專利等均過於膨脹，應適度修正。	預期效益皆經過市場觀察合理預估，已做適度修正，煩請委員參考企劃書 p.38。

審查意見與待廠商補充資料或說明之事項	回覆說明
1. 該公司過去三年之營業額、研發經費、與本案計畫總經費顯不成比例，請說明其財務規劃。 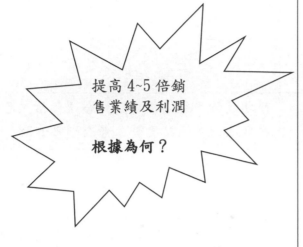	1. 檢視 95 年至 97 年，本公司年度營業額有長足的進步，年度研發費用則持平。96 年與 97 年相較，年度營業額呈現衰退。原因為下半年受全球性金融風暴影響，企業用戶節樽開支。為因應此一現象，公司人員年度獎金也較以往縮減，所以年度研發經費也同步呈現下滑狀態。 2. 本公司目前為有限公司之模式經營，未來市場及既有客戶之需求與日俱增，本公司預計近兩年內將增資，提高資本額六佰萬至八佰萬元，改以股份有限公司方式經營。並與國內知名相關產業採取合作結盟，預估可提高 4~5 倍銷售業績及利潤，因此可提供使用者更專業以及更便利之服務。
2. 本計畫所聘任之顧問 xxxx 先生，請廠商提供顧問合約、草約或備忘錄並敘明委託內容、經費、期間，同時提供原任職單位同意函。	請參考附件中的合約。
3. 材料費編列 6,686 千元，依規定上限原則應為 1,575 千元（150 千元/人年），請予以說明或調整。	• 材料費編列僅為 3,930 千元 　消耗性器材及原材料費*說明：xxx 研發製程需要不斷測試，方能得到效率最好且品質一致之產品，且需要小批量產用以確定製程中所有的細節，因此消耗性器材及原材料費超過上限特此說明。

先看一下審查意見與待廠商補充資料或說明之事項，常因計畫書常見的缺失提出，如下案例。

2. 待廠商補充資料或說明之事項

編號	計畫審查綜合意見	修正回覆說明	修正頁碼
1	如何接觸客戶應具體說明，通路掌握之自主性應加強。	藉由媒體、網站、教育體系等八大合作通路建置，善用他人既有通路之優勢。	P.25
2	對競爭者之分析與彼此之間優劣勢分析須再加強。	目前國內業者未見有類似本計畫理財之涵蓋教育認證、軟體、網站三方面產品或服務。	P.32
3	研發人員之自主研發能力須強化。	理財教育系統：公司自有理財顧問專家群，統籌各程度課程之規劃，從初期的課程大綱，到教材、案例、教具都自行研發，配合本計畫所開發的平台與軟體，可緊密黏住客戶群。 資訊軟體方面：因此程式開發部分多採委外研發方案，類似跨國公司的委外製造（或研發）機制，可節省公司人力養成成本，並有效降低外部研發風險。	P.11
4	宜清楚說明本計畫之競爭優勢及核心能力。	本公司競爭優勢及核心能力有以下五項：深入產業具專業度、符合一次購足之便利性、擁有理財顧問產業 Know-How、嚴謹規劃營運內容及兼具專業的夥伴團隊。	P.10
5	需提出清楚之風險評估與因應對策分析。	採用 XX 分析並補充其他可能之風險。	P.35
6	商品與服務之定價前後不一致，宜調整。	已調整，感謝委員指導。	P.29
7	參與專案之人力配置前後不一致，宜調整。	已調整，感謝委員指導。	P.38

計畫書內容修正意見：　　　　　　　　　　　　　年　　　月　　　日

註：1. 請依書面審查意見彙總表之意見（含計畫辦公室初步審查意見），請於計畫審查會議中補充 書面資料說明。

　　2. 計畫審查會議簡報重點含本表之審查意見及回覆說明；本表若不敷使用，請自行加行列出。

註：1. 請將本表按審查時間先後順序，附加於計畫書目錄前。

　　2. 計畫書內容有修正處，請將已修正文字以粗體+底線表示。

審查意見收到後，約一到二周的時間，您必須填好意見回覆，並準備製作 20 業內的 PPT 做回覆口述說明，請掌握時間扼要說明，說明時間含統問統答約 30 分鐘，回答具體要領為：

1. 具體；

2. 有自信；

3. 切中問題；

4. 謙虛；

5. 有內容。

如涉及技轉、規格上專業問題切勿敷衍強答，可請專家陪同一起答詢，執行的決心很重要，你的態度一定程度代表計畫執行的可信度。

3. 前次因退件、不推薦或企業自行撤件之原因及目前原因解除之說明：

（請填寫前次申請資料；CITD 及 SIIR 計畫免填此欄）

前次申請未獲核准之原因	原因解除說明
☐退件： ☐撤件： ■不推薦： 本案擬採用矽酸鹽及氯化鋇等來研製單色系 xxx 及效能提升催化劑，為計畫書內容不夠具體且實施方法及查核點皆不明確。該公司一向以機械五金製作為主，未有 xxx 體相關研發之實例，亦無螢光研發人員之聘任。 若高級 xxx 採外購，則成本過高，失去實用性及創新性。	本案已於企劃書修正實施方法及查核點，此次送件將計劃改以 Phase1 申請，期程改為 6 個月。 本公司主要以五金照明開發製造為主，對於 LED 照明市場已相當熟悉，並深覺此市場未來將帶來廣大效益，本公司研發將有效提高發光效能 15%以上之暖白光單劑 xxx，有鑑於 LED 為台灣光電產業中最具競爭力的產品之一，本計劃若研發成功，將有效提升台灣 LED 產業之競爭力。本公司之計畫主持人及顧問具有共同研發之專利，其專利內容為此次計劃之核心技術。 本計畫產出之暖白光單劑 xxx 所需之主要原料：矽酸鹽，在取得方面相當容易，而產出之 xxx 則為本公司之創新研發。

二、 本次申請主要計畫內容與前次申請之差異：

	前　次	本　次
計畫名稱	提升 LED 暖白光效能 15%以上之單劑 xxx 研發計畫	提升 LED 暖白光效能單劑 xxx 研發計畫
計畫內容	本計畫旨在研發一高效黃色-橙黃發光矽酸鹽 xxx，其可實質提升材料輻射光效率，且不會有顏色偏移現象，故可增加產品使用穩定性。 本計劃所提出之 xxx 特徵在於其具有立方石榴石架構，在綠色、綠-黃色、黃-橙黃色光譜區域輻射，並採用固相合成法進行合成。本發明所提出材料與（Y，Gd，Ce）3Al5O12 基質 xxx 形成混合物，保證產生暖白色輻射，並具有色溫 T<4000K，具有高發光強度以及高發光效率，LED 顏色控制較容易。 本計劃研發之單劑 xxx 預定為 10 萬/公斤，成本約可節省 50%。 本計劃採用矽酸鹽，透過配方尋找及調配，將對產品初使亮度高，演色性也會提升，預計效能將提升 10~20%。	本次計劃內容提及之核心技術，與前次大致相同，唯本次申請將針對前次送件提出之質疑加以說明，故本計劃加強以下內容： 可行性分析： 技術可行性：包含先期研發經驗及研發能量之分析，可解除對於研發人員之疑慮。 市場可行性：由台灣及全球市場之需求探討本計劃之可行性。 實施方法及查核點：本計劃之內容已適度修正查核點，包括：長時間光衰試驗、長時間高低溫測試、長時間高低濕測試、CIE 量測、與全波段晶配比對測試、CRI 測試，相關量測方法以補充。

註：

1.　「計畫內容」欄請註明計畫書章節（如：技術目標、預期效益、計畫架構……等）。

2.　若技術項目不同，請概述本次及上次申請之技術內容，若相似，請說明計畫書之主要差異。

編號	計畫審查綜合意見	修正回覆說明	修正頁碼
1	1. 本計畫執行應於 X 年 11 月 30 日前完成。	計畫期間：自 X 年 3 月 24 日至 X 年 11 月 30 日止	1、2、11

編號	計畫審查綜合意見	修正回覆說明	修正頁碼
2.	各分項計畫工作項目須明列權重。	已修正分項計畫工作權重、查核點預計完成時間。	54、55、61、64
3.	本計畫結案時，應完成以下績效指標：	增加產值（營業額）：2,700仟元；額外投入研發經費：600仟元； 促成投資額：600仟元；增加就業人數：10人。 P.14 （一）量化效益（申請加值應用類別者，前期計畫效益必填） | 項目		本計畫
---	---	---
1. 增加產值		2,700仟元
2. 產出新產品或服務		4項
3. 衍生商品或服務數		2項
4. 額外投入研發費用		600仟元
5. 促成投資額		600仟元
6. 降低成本		0仟元
7. 增加就業人數		10人
8. 成立新公司		0家
9. 發明專利		2件
10.新型、新式樣專利		4件
11.期刊論文（刪除）		2篇
12.研討會論文（刪除）		3篇
13.員工教育訓練課程（新增）		5場 | 本計劃原量化效益部分，需有部分調整，如下： 1. 第9項發明專利2件，希能併入第10項新型、新式樣專利，因此第10項數量將由原先2件提高為4件（而發明專利則取消）。 【說明】本公司以毛巾商品開發為專業，以新型、新式樣的產品開發，較發明能更符合公司商品研發特質。 2. 第11項期刊論文2篇及第12項研討會論文3篇，希能調整為員工教育訓練（系統教學、顧客關係管理、物流管理、文創商品研發、創意行銷等課程內	14、49

39

編號	計畫審查綜合意見	修正回覆說明	修正頁碼
		容）共 5 場。 【說明】本公司期望能加強員工專業知識與能力培訓，以達到系統化、標準化的加盟連鎖經營目標。而基於專案執行期程限制，期刊論文及研討會論文需要較長的時間與成本進行學術研究及探討，希望列為未來長期目標。P.49 3. 企業內部 （1）就業機會增加 3 個。 （2）成立連鎖加盟運籌總部。 4. 企業外部 （1）因本計畫提升營業額 2,700 仟元。 （2）連鎖店增加就業機會 7 個。 （3）投入研發經費 600 仟元。	
2	連鎖店之定位宜再明確，包括送禮及自用之相關策略應再明確訂定與說明。	5. 研發策略 將蛋糕毛巾小舖（iicake）概念店的服務整合後，以連鎖加盟的策略進行市場行銷主軸，其產品及服務內容如下： 1. 提供數百種持續創新設計推出的蛋糕毛巾與造型毛巾小物。 2. 純正台灣生產製作的全系列毛巾產品。 3. 分為三層次（5、15、30 分鐘），讓客戶 DIY 手工實作之禮品小物的創新服務。 4. 企業贈品設計服務的經銷通路。 5. 透過區域連鎖加盟展店的新市場行銷策略，快速擴大市場佔有率與提高公司的品牌價值。 計畫書修正內容： 6. 連鎖店需負責所屬商圈客層經營，配合總部於每年有送禮需求的節日做聯合廣告促銷，其餘時段除個人特殊紀念日的禮品需求外，亦可接洽機關團體或學校單位到店做 DIY 體驗服務（微型觀光工廠概念），順便宣傳公司堅持推出高品質 MIT 毛巾的品牌理念，深化顧客對品牌毛巾的接受度，進而刺激購買自用的需求。 7. 協助連鎖店與婚紗業者或喜宴餐廳洽談合作方案，	25

編號	計畫審查綜合意見	修正回覆說明	修正頁碼
		並積極參加各區舉辦的聯合婚紗展,宣傳公司的婚禮小物及結婚會場配合布置服務。 8. 企業客製化禮品服務,亦可由連鎖店主動拜訪有潛在需求的企業,進而提高單店的業績。	
3	經營者有該產業界之創新經驗,但仍需強化後續研發方向。	公司後續產品研發方向說明如下: (1)提升蛋糕毛巾及毛巾小偶的精緻度,使製作技術持續領先同業,加大市場競爭門檻。 (2)結合時尚、文創等創新因子,研發設計融入新創產品中。 (3)持續研發並包裝行銷品牌毛巾,計畫逐年提高品牌毛巾的市占率。	
4	本案對於連鎖總部功能、SOP 及人員訓練方面,應再補強說明	本計畫主要是提供加盟主一個完整的加盟平台,並拓展毛巾市場,其研發重點內容如下: (1) 建立蛋糕毛巾小舖連鎖加盟店的各項標準作業流程 (2) 總部人員教育訓練計畫 (3) 建立總部輔助銷售管理系統 (4) 品牌行銷計畫 (5) 加盟市場行銷計畫 計畫書修正內容: (1) 建立蛋糕毛巾小舖連鎖加盟店的各項標準作業流程。 　a. 商品管理:訂貨管理、進貨驗收、商品陳列。 　b. CIS 及裝潢定位:包含企業標誌、直招、橫招、立招、店卡、名片、資料袋、制服、海報規範、顧客意見卡、提袋、工作證等。 　c. 連鎖企業組織規劃:包含總部及單店的組織架構及人員編制。 　d. 單店投資分析:包括單店設備投資、人員及管銷費用、單店損益平衡點、投資回收報酬預估。 　e. 門市管理辦法。 　f. 採購及物流配送。 　g. 開店標準流程。 　h. 加盟管理規章及契約。	39

編號	計畫審查綜合意見	修正回覆說明	修正頁碼
		i. 加盟店招攬管理辦法。 (2) 總部人員教育訓練計畫 藉由本教育訓練計畫，規劃完整教材，並建立各項標準作業手冊，包括裝潢標準化、商品陳列標準化、產品操作標準化、服務流程標準化等。主要教育訓練重點如下： a. 企業客製化服務設計人員教育訓練。 b. DIY 實作體驗服務現場教學人員訓練。 c. 蛋糕毛巾小舖加盟輔導人員教育訓。 d. 蛋糕毛巾小舖情境氛圍設計。 (3) 建立總部輔助銷售管理系統 a. 整合各家連鎖店服務需求資訊，如顧客（VIP）資訊、商品（促銷）資訊、管理（補貨）資訊、可提供即時的收銀交易系統（option）、提供會員立即更新服務、如即時積點的管理、會員即時儲值作業、POS 銷售分析等功能。 b. 總部與遠端連鎖店間可以透過 internet，達到系統安裝、維護及設定等功能，可簡化展店與設櫃時的作業，並大幅縮減維護人力成本。	
5	本案需強化總部功能及創新研發內容，並確保各預期效益得於結案前確實完成	計畫書修正內容 6. 研發目標 (1) 完成總部設立加盟輔導平台及建立 E 化加盟網站 總店的加盟平台可提供加盟主完整的教育訓練、資訊管理、完整的展店團隊輔導及全方位的後勤支援、立地條件評估，完整商圈評估及規劃、促銷活動及行銷方式統一規劃、店鋪經營管理督導、專業的產品研發及客製化產品研發支援等。	24

三、 將面臨的挑戰

看完這些計畫書創新撰寫重點再對照一下可能的評論，用力想像以下將面臨的挑戰，然後開始吧。

- 產品/技術/服務創新程度；
- 商品化價值程度；
- 前瞻性的程度；
- 未來發展性；
- 對公司所創造的實質貢獻；
- 銷售效益情形（合約或客戶）；
- 專利檢索/專利申請；
- 客戶滿意程度；
- 市場區隔/差異性；
- 是否具有利基市場；
- 專職研發組織/團隊；
- 研發人力素質（證照）；
- 對公司未來成長貢獻；
- 專利或發明實績；
- 研發管理/專案管理制度；
- 品質管理機制；
- 人才培訓制度；
- 品牌建立；
- 行銷與服務策略；
- 申請標的與公司經營模式；
- 研發記錄；
- 後續服務與管理機制。

四、 委員得回覆有時也會有勉勵與待加強部分，請注意待加強部分，幾個重要詞句歸納
為以下幾點：

1. 創新性；

2. 規格；

3. 查核點；

4. 可行性；

5. 步驟、方法；

6. 技術門檻；

7. 市場潛力；

8. 零組件來源。

請加強說明這 8 個關鍵字詞。

- **可能的評論**

指標	正面鼓勵	勉勵待加強
技術 創新	☺本計畫之創新重點為 ……，具有創新性。 ☺本計畫所研發之……具創新性且有競爭力，值得鼓勵。 ☺本計畫研發技術為……產業多項重要元件之關鍵，且具競爭優勢。 ☺技術指標明確，應可順利開發完成。 ☺導入整合……與……，尚未見發展，構想創新，值得鼓勵。	☹廠商陳述之創新重點為引進……技術加以應用，屬產品量產，創新性略嫌不足。 ☹本計畫屬於現有功能的提升與產品的改良，創新性不足。 ☹所提關鍵技術在國內已相當成熟，無技術創新性。 ☹國內（外）已有類似產品或雛形開發中，目前進行的重點……之前瞻或創新比例不高，不符合創新之精神。 ☹計畫書中之技術指標、規格、功能與查核點不夠明確，應清楚說明，例如……須列入查核點，所述……應標示出規格，以利查核。 ☹研發……技術不具特殊創新，且目前 open source 資源可供參考應用。

指標	正面鼓勵	勉勵待加強
技術效益	☺本計畫對……產業有所助益，具產業效益及競爭力。 ☺本計畫研發之產品具新穎性，且有具體市場策略規劃，頗具市場潛力 ☺……為……必用之組件，國內目前使用者皆為進口，市場性良好。且計畫所提的製造方法有新穎性。	☹本案產品訴求穩定性質，唯現有產品穩定性良好，看不出本案產品的市場競爭力。 ☹本計畫產品之應用不具市場性，技術研發門檻不高，技術競爭力不高。

指標	正面鼓勵	勉勵待加強
實施方法	☺自行設計且有專利產出，並已進行雛型機驗証，技術已可行。 ☺開發時程合理，查核點明確。 ☺本計畫值得支持，惟研發時間應縮短為……，方符合市場需求。	☹計畫書不詳細，描述過於簡略，整體人事經費編列亦不合理，建議廠商改為先期研究，俟市場、競爭優勢、專利權等資料澄清後，再進行研究開發之研究。 ☹查核點及規格、功能有待計畫執行時嚴加查核，建議執行6個月後安排實地查訪。 ☹計畫書中經費編列有諸多互相矛盾之處，無法判斷其正確合理性。 ☹本案專利檢索不夠確實，未來產品上市有侵權糾紛之虞。

指標	正面鼓勵	勉勵待加強
其他鼓勵原則	☺本計畫具綠色環保概念，對資源再利用有實質效益，值得鼓勵。 ☺本計畫開發之……技術，可提升產品附加價值，開發此技術有益於傳統產業轉型。 ☺本計畫之先期研究有具體成果，並確認技術可行性，值得進一步支持。	☹本計畫仍使用……材料（溶劑），不符合現階段清潔製程之發展趨勢。

資料來源：經濟部技術處創新科技應用與服務計畫

推廣行銷預期產值務必清楚量化說明，並且要有依據，回歸分析推論是個簡單有說服力的方法，文獻類比亦可，總之，KPI 的說明務必盡到量化推論的過程說明。

期中報告審查意見及回覆說明

公司名稱：**XX 國際實業有限公司**

計畫名稱： **3D列印教育系統與設備安裝整合開發計畫**

期中報告內容修正意見： 10X 年 X 月 14 日

審查意見	回覆說明
1. 目前執行之困難及配合廠商意外狀況應在期中及期末報告中補充說明。	感謝委員指導。
2. 後續推廣規劃及行銷方案須補充在期中報告中，以便在結案時達成原訂 KPI 目標值。	迴歸分析（Regression Analysis）因變數 Y 與自變數 X 或稱獨變數，之間關係的模型。 展店規畫： 本公司初期透過縝密的市場評估，仍以伴隨通路商的營銷機制，針對教育機構推廣商品。目的在於，將營運成本資源聚焦，提高最大經濟效益。 預估產值： 依據本公司透過預測分析法，統計出員工教育訓練課程 20 堂：創意商品創意設計、創意商品 DIY 課程、加盟輔導管理課程、商店陳列與設計、加盟網站規劃管理。合作經銷商經過本公司推廣計畫，估計願意購買人占 10 分之一，所以每一人花 10,000 元 = 100,000*300=3,000,000。 所以預計民國 104 年（計畫執行第一年），旗下商品於國內教育機構試行課程和相關軟硬體規劃及建置，104 年預計間接與直接營業額為 300 萬元。
3. 期末時各項 KPI 認列，須以 XX 公司為認列基準，包括產值及新增員工數等，若未達成期末 KPI 目標值時須依規定扣款。	執行之困難及配合廠商意外狀況應在期中及期末報告中將補充說明尊重委員 KPI 認列，須以粹智公司為認列基準感謝指導。

46

審查結果：
□同意通過。 ■同意通過，但請先回覆審查意見並依審查意見修正期中報告。 □不同意通過，需回覆審查意見並依審查意見修正期中報告。 □其他（請說明）：

審查委員：（簽名）	審查日期：10X 年 X 月 14 日

第三節 計畫書摘要表

一、摘要表

金額單位：0000

計畫名稱	創意 XX 餅田口技術研發			計畫書編號：	
公司名稱	XX 餐飲股份有限公司		通訊地址	桃園縣中壢長春一路 225 號	
計畫別	創意 XX 餅田口技術研發推動計畫		※創新技術 □創新服務		
計畫起訖時間	99 年 8 月 1 日 ～ 100 年 5 月 30 日 （共 10 個月）				
計畫主持人	姓名	孫 xx	電話	03-2654404	傳真
	職稱	總顧問	電子信箱	jcjiang@cycu.edu.tw	

年度經費	政府 補助款	公司 自籌款	計畫 總經費	計畫 人年數
第一年度	1,800	2,000	3,800	4
第二年度	-	-	-	-
合計	1,800	2,000	3,800	4
占總經費比例	52.63%	47.37%	100%	

計畫聯絡人	姓名	孫 oo	電話	0938803641	傳真	（02）25xx-xxxx
	職稱	顧問	電子信箱	paul0938803@hotmail.com		

填表說明：
1. 「公司名稱」欄，應全部列明。
2. 請使用 12 點字撰寫本表。

EXAMPLE

計畫名稱	提升 LED 暖白光效能單劑 xxx 研發計畫		計畫書編號：	
公司名稱	有限公司	通訊地址	台北縣 xxx 路 x 段 50 巷 x 弄 5 號 3 樓	

計畫別	☐協助傳統產業技術開發計畫 （適用法令：傳統工業新產品開發輔導辦法）	☐產品開發　☐產品設計　☐聯合開發
	☐協助服務業研究發展輔導計畫 （適用法令：促進商業研究發展輔導辦法）	☐新服務商品 ☐新經營模式 ☐新行銷模式 ☐新商業應用技術
	☑小型企業創新研發補助計畫 （適用法令：經濟部促進企業研發補助辦法）	☑創新技術 ☐數位內容 ☐創新服務 ☐設計　☑先期研究/先期規劃（Phase 1） ☐研究開發/細部計畫（Phase 2） ☐加值應用（Phase 2⁺）　☑個別申請 ☐研發聯盟

計畫起訖時間	自 XX 年 06 月 01 日　　至　　XX 年 11 月 30 日　（共 6 個月）				
計畫主持人	姓名	張 xx	電話	（02）2982-xxxx	傳真	（02）2981-xxxx
	職稱	總經理	電子信箱	Lux-leds@lux-xxxxxx		

年度經費	政府補助款	公司自籌款	計畫總經費	計畫人年數
第一年度	826	827	1,653	7
第二年度	0	0	0	0
合　計	826	827	1,653	7
占總經費比例	50%	50%	100%	

計畫聯絡人	姓名	張 xx	電話	（02）2982-xxxx	傳真	（02）2981-xxxx
	職稱	總經理	電子信箱	Lux-leds@lux-xxxx		

二、何謂「好」的提案？

　　一般認為中小企業創新能力優於大型企業，主要原因就是他們的包袱較少，組織制度較彈性，可以有很大的創新發展空間。大企業則因過於制度化，並過於依賴制度管理，所以彈性較小；再加上大企業內部資源雄厚，成員多將眼光放在內部資源的分配與爭奪，因此忽略外部顧客需求的變化。更何況許多創新都是由小地方開始，而這些機會相較大企業現有的事業利潤實不成比例，以致大企業主管多不屑一顧。所以，資源弱勢與市場競爭力不足，有時反而成為驅使中小型企業致力於創新的一大動力。

　　就過去許多個案經驗來看，成功的中小企業在技術創新活動上大都具有以下的特質：

　　　　比較具有冒險犯難之創業精神；

　　　　比較專注於目標市場與技術之開發與創新；

　　　　組織團隊對於創新的共識性強；

　　　　創新的速度與彈性均相對較高；

　　　　企業對於創新發展之前瞻性較高；

　　　　企業對於策略聯盟之排斥性較低。

　　換句話說，中小企業創新提案能力優於大型企業。

「好」的提案列舉：

1. 整合現有技術於新的應用（近海水深量測）；

2. 改善產品的功能，更為安全（端子插入機）；

3. 提昇產品的速度（膠囊藥片泡殼成型包裝機）；

4. 運用現有技術作衍生新產品；

5. 車用多片式輕量化 Flow-Formed 鋁圈製程研究；

6. 生技微槽道應用（以微射出製程代替玻璃片）；

7. 單一零件開發（車用溫度感知器）；

8. 軟體整合（智慧型交換機）；

9. 克服更小直徑的困難（精密型開關）；

10. 改變結構提升應用（超薄鋁門窗）；

11. 尺寸由人工改自動調整（大尺寸全自動折疊式包裝機）；

12. 極小的陶瓷支柱要如何整列？如何防靜電吸附及卡料？如何植入？（LCD 背光模組 Spacer Implant 設備）；

13. 板材易碎裂，膠膜不易與板材平貼，容易產生氣泡（楔型板自動覆膜機）。

理想的計畫提案建議

1. 預算於 500 萬以內，補助款約 250 萬以內。

2. 計畫時程：約一年可完成之計畫。

3. 創新特點：

    有專利構想；

    有競爭優勢；

    有品質改善；

    有環保效果（綠色產品）。

4. 研發人員數：5~10 人左右。

    時程、人員數、品質改善、補助款是四個計畫參數，參考管理領域 TRIZ 矛盾創新參數的比較與使用，看答案會有哪些。

第四章 計劃摘要

第一節 參考一下創新獨特性與差異化專業專有名詞

一、 綜合零售業

1. 服務概念方面

(1) 建立會員制：發行會員卡或聯名卡，登錄會員基本資料，分析會員採購記錄，掌握商品客層特徵，作為未來商品組合或採購之重要參考依循。

(2) 多角化或複合式經營。

(3) 多元通路行銷。

2. 顧客介面方面

(1) 保證提供高品質商品予以無條件的退換貨。

(2) 產品種類齊全、分類清晰，並有良好的動線規劃。

(3) 舒適的購物空間，增加購物之樂趣。

3. 服務傳遞系統方面

(1) 採多元通路或延長服務時間，實施24 小時全年無休服務。

(2) 透過大量進貨或行政管理效率降低成本。

(3) 提供優質服務，提昇品牌形象及其價值。

4. 科技使用方面

(1) 電腦行政系統與POS 系統。

二、 快遞物流業

1. 服務概念方面

(1) 提供最快速、確實可靠的運送維修服務。

(2) 強力後勤支援及物流倉儲管理系統。

2. 顧客介面方面

(1) 快遞物流業的GPS 衛星導航系統與快速電腦處理系統，即能快速查詢到委運包裹之運送流程及維修商品之修復流程。

(2) 服務傳遞系統方面。

(3) 網網相連互相支援，貨物才能快速正確送達。

3. 科技使用方面

(1) 衛星導航與RFID 資訊系統使用。

(2) 自創品牌科技使用方面、電子商務系統。

三、 軟體工程研究

- 快速軟體雛形法。

- 概念模型之軟體與軟體工程環境。

- 物件導向方法與服務導向軟體工程。

- 資料工程研究。

- 資訊分析技術及應用。

- 數位學習技術與研究。

- 資料探勘和倉儲技術的構建及應用。

- 資訊庫系統技術及生醫資訊處理技術。

- 網路工程研究。

- 先進網路通訊技術的研發。

- 新世代網路應用的開拓。

- 密碼學理論的構建及應用。

- 全方位資訊安全技術研發及構建。

- IOT多媒體工程研究。

- 視訊監控及汽車安全視覺研究。

- 虛擬實境及人機互動。

- 影像處理及視訊編碼技術。

- 醫學影像處理及多媒體資料庫。

- 系統工程研究。

- 復健科技。

- AI機器人應用研究。

- 人機介面及互動技術。

- 嵌入式系統及軟硬體整合設計。

- 計算理論與應用研究。

- 大數據演算法。

- 圖論與最佳化。

- 網格計算及雲端計算。

- 人工智慧及計算型智慧。

第二節 計畫書摘要表

計　畫　摘　要

一、公司簡介（均應分別填列）

（一）公司名稱：XX 餐飲股份有限公司

（二）創立日期：民國 87 年 10 月 08 日

（三）　負責人：

（四）　主要營業項目：食品飲料相關業

二、計畫摘要（請說明執行目標、創新重點）

　　計畫摘要這裡先提供一個文章簡短的架構，文創業、服務業、商品設計、技術創新升級皆可以此模組撰寫，內容務必富邏輯性、層次與結構化，期能達到一目瞭然，讓閱讀者快速明白本計畫究竟為何種研發，既有基礎為何，使用了何種工具、方法，改變了哪些參數、服務水準，修正或提昇或解決了哪些問題或功能，參考以下範例，你會抓到部分鏗鏘的節奏感。

摘要公式

A xxx 既有之技術為基礎，輔以創意活動及行銷技術，建立具有地方色彩與國際競爭力的創意 XXxxxxx。

B 製程採用 xxxx 方法並以 xxxx 進行實驗，由 xxxx 製程及預備試驗。

C 設計出控制因子和水準：如食鹽濃度（18%、24%、30%）、揉麵時間（分鐘）、煎烤時間（小時）及溫度，再測定其成品。

EXAMPLE

　　台灣屬於海島型經濟，過去是製造業出口導向，現今服務業佔全體GDP 已超過70%，未來服務業應接續擔任經濟永續發展的角色。在服務業中台灣美食的國際化一直是具有發展服務業貿易的潛力。然如何結合創意、文化與觀光，厚植地方特色營造及提升區域經濟復甦，並結合農業產品技術之提升，進而達到「文化觀光」及「永續經營」的願景，是目前落實經濟產業政策的重要課題。

　　餐飲產業為國家發展觀光之重要競爭力，而現今餐飲相關產業之經營面對眾多挑戰，包括消費者對食品之需求，客戶對產品品質提升之要求，政府機關對於食品安全之規範趨嚴，經營者對於經濟效率增加之期許，再加上食材原料上漲、人力及營運成本上揚，造成利潤降低及通路經營等問題，在在增加餐飲相關產業經營之壓力。因此，食品產業與餐飲休閒產業，在供應鏈勢必配合此趨勢的發展而有所因應。

　　再者，由於科技的精進與經濟的快速發展，台灣各產業間的競爭也日益劇烈，面對全球化與創新知識經濟的趨勢，如何提升產業之競爭力，即成為產業永續經營的關鍵，而產業發展的關鍵則在於其研發、管理與創新能力之建立。二十一世紀是創意產業的時代，台灣多為中小型企業，研發部門的成立可能造成企業之沉重負擔，因此結合發展具實用技術，整合現有的設備共同研發具競爭力之技術，不但可強化產業之技術研發能力，對參之實務經驗增進與整體競爭力之提升亦有實質的幫助。

　　本計畫旨在以本校在飲食方面既有之技術為基礎，輔以創意活動及行銷技術，建立具有地方色彩與國際競爭力的創意XX餅產品，製程採用田口方法並以直交表進行實驗，由製程及預備試驗設計出控制因子和水準：如食鹽濃度（18%、24%、30%）、揉麵時間（分鐘）、煎烤時間（小時）及溫度，再測定其成品，運用回應圖表與信號雜音比（S/N）即可找出最適條件，並選取出最適組合配方，再進一步進行確認試驗，驗證是否為最適組合，再用加重數來綜合五種品質特性的最適組合，得到總最適組合條件。進而將研發成果藉由合作或專利技轉的方式移轉，以達「產學雙贏」的目的。

　　此外為幫助創意XX餅產品最適條件的試產能以最省時、省力的方式取得最精確的可靠度預估值，試產流程利用失效模式與效應分析（FMEA）、失效樹 （FTA）等方法，建立系統化之運作架構。以期在最短前置時間內完成試產，掌握並優化重要的物料與製程參數，驗證產品品質。

EXAMPLE

服務與應用整合平台

一、 計畫內容概述

1. 本計劃透過對物品的分享和喜好，建立起以物品為核心價值的同好社交網路。

2. 將目的網站為中心的模式，延伸轉化為去中心化之分散式應用。

二、 計畫前瞻、創新或示範性說明

1. 物品平台由使用者協力產生內容；

2. 使用者低門檻高價值之內容分享；

3. 物品平台能與不同服務充分進行雙向混搭；

4. 物品平台之產業利用性；

5. 兼容並蓄之開放物品平台。

三、 計畫概況

1. 基礎建設部份，將服務的前端程式進行徹底翻新改寫；

2. 資料庫改寫，使得類別擴充方面更加具有彈性、資料可用性提升；

3. 以分類首頁跟群組，為物品喜好的分眾，提供一個更相關的入口；

4. 提供通用與特定外部服務匯入介面，增加匯出機制；

5. 完成立即升級網站的社交網路服務可攜式模組；

6. 使用者可自行客製的個人頁面，多國語文架構實作；

7. 朝向開放平台的方向前進，創新使用介面的內涵也做出相應調整；

8. 由具有資料採礦研發經驗之開發工程師接續智慧型推薦系統開發；

9. 介面工程師則支援開放平台應用之開發。

摘要的創新性說明簡單扼要說明即可，這裡提供技術關聯圖（魚骨圖）做為參考，原則上大於骨的概述即可，細部關連與實務功能內涵則留待正文圖文詳談，請格外注意魚骨圖架構，仔細研讀範例魚骨，無論你撰寫的是商品創新、文創規劃或技術提昇，一旦魚骨圖結構完整建立後，關於創新部分的撰寫皆可迎刃而解。

計畫初構階段，筆者都要求讀者或學員從魚骨圖入手，如果魚骨圖的魚頭，即計畫名稱，和主幹魚骨都無法建構，概念便無法具象化，而接下來的各部章節你將漫無思緒，撰寫失序。

計畫創新重點：

創新性公式說明(一)

1. 基礎技術說明/介紹
2. 圖表方式呈現(如：系統架構圖)
   a. 說明欲研發之技術或服務模式為何？
   b. 技術或服務模式與現行已有的有何不同？
   c. 此新技術或服務模式可解決什麼問題或帶來什麼？
   d. 新功能
3. 細節說明
   a. 新功能/技術/產品/服務所能達到的目標
   b. 附加價值

(三)文創性公式
圖表方式呈現技術或服務模式

服務場景
- 賽德克裝置藝術
- 傳統服飾展示
- 傳統織具展示

服務傳遞過程
- 創新賽德克餐飲人員制服
- 服務人員文化解說

產品組合創新
- 創新賽德克故事餐具
- 新原住民懷石料理套餐

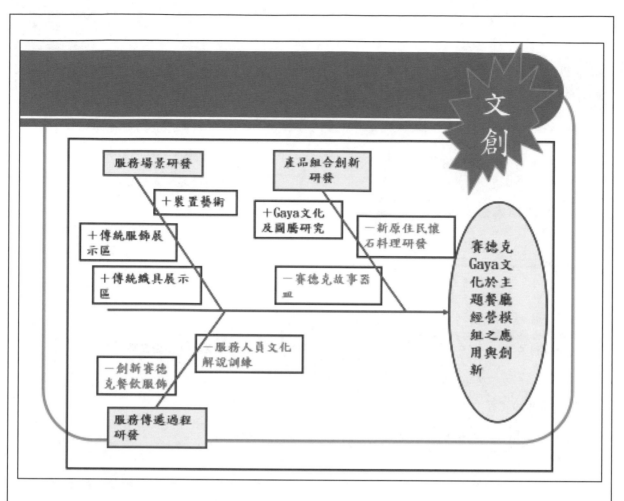

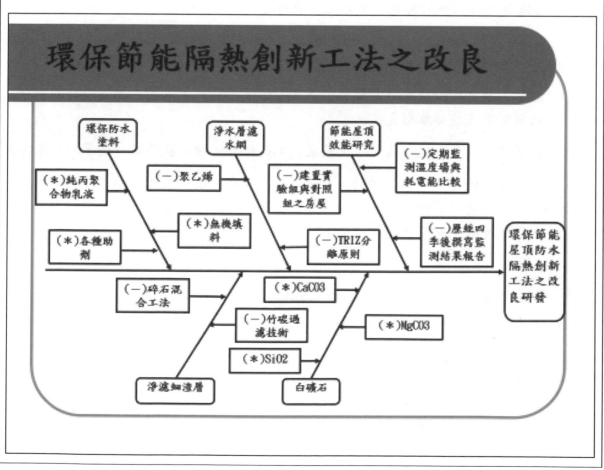

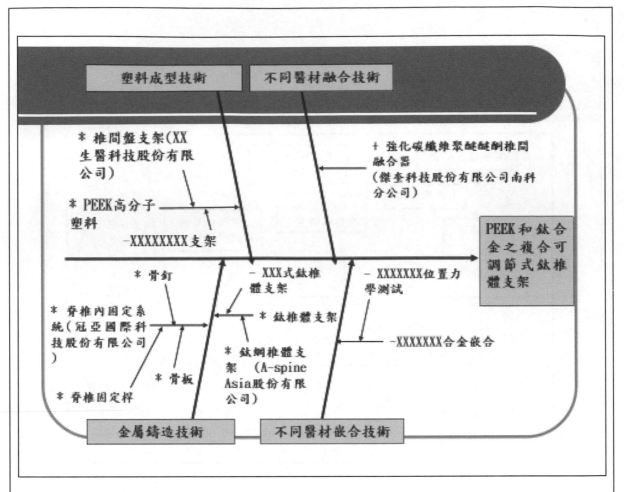

四、 執行優勢（請說明公司執行本計畫優勢為何？）

　　優勢部分談的是對本案執行上優於同業或鄰國的相關資源或本質。本節我們使用公式歸類為五種範圍的寫法，它們分別為：

1. 團隊，談自己公司是否有獨特的專業人才，獨特的領導人，與官學研界有強大的顧問團或技轉聯盟支持。

2. 產業經驗部分則試述品牌、商場或代工的經驗實績，服務執行的累積成果等。

3. 系統強調的是公司內部的服務管理、產品生產流程、品管、物流等相關系統，自動化、雲端管理、同步工程、大數據計算等有助於委員明白公司的智能化系統與現行的創新是相輔相成的。

　　例如：

Two communication stacks in Contiki

uIP – TCP/IP

Communication Stack

　　IPv6 protocol　（uIP）

Rime – low overhead

　　Applications can use either or both

Or none

uIP can run over Rime

Rime can run over uIP

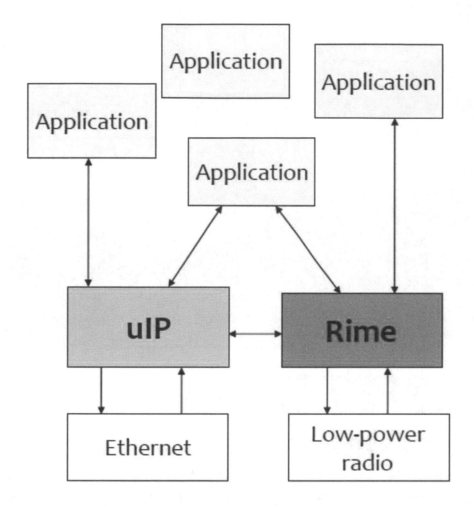

4. 規劃與策略息息相關，談到這又跟本文的策略、步驟、方法論有關，此處優勢我們則強調創新從模組設計、生產、試運轉、金援支持有完整規劃即可，優勢就是說明執行的便利，規劃有前後的準備，當然是便利執行的判斷準則。

5. 行銷多半是撰寫此類計劃容易被忽視之所在，它為何重要呢？它跟預期產值有關，國人會生產無庸置疑，至於賣那就不一定了，參考「微笑曲線」的兩端，本計劃強調了創新的一端，但另一端是現實產值的重要依據，有它當然是優勢中的優勢。

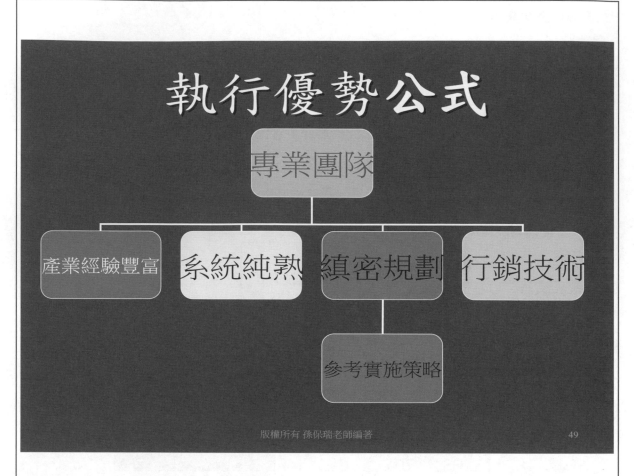

執行優勢公式

專業團隊

產業經驗豐富　系統純熟　縝密規劃　行銷技術

參考實施策略

EXAMPLE

掌握全球運動行銷贊助趨勢的先知：

SIM SPORT 顧問皆來自亞洲及北美地區的高等體育學府，專業學術涵養高，可為本公司擴展國際視野，為客戶提供全方位的先進服務，同時，使得 SIM SPORT 的專業服務達到國際水準。

熱忱快樂的專業團隊：

SIM SPORT 核心成員是由一群熱愛運動，且具運動行銷贊助專業的體育人所組成，因此，在體育概念的正確認知、資訊的搜集分析、與客戶進行意見溝通等各方面，比其他廣告公關公司更有一份熟悉度，更能掌握交辦任務的精髓，而不會有南轅北轍之落差憾誤。對於體育運動之發展，我們更有著一份捨我其誰的責任感，投入運動產業的行列，提供專業服務，便是我們實現運動夢想的具體表現。

運動行銷贊助的豐富執行能力：

SIM SPORT 雖然成立不久，但是整個行銷團隊成員與顧問群曾參與執行之經歷與專案活動眾多，不論是在運動行銷贊助的各類諮詢服務暨執行、體育活動的規劃與執行或是在企業贊助策略分析與評量，以及專案研究的學術能力，皆充分證明我們的堅強實力與經驗。

實際滿足企業與運動的特定需求：

SIM SPORT 可以針對不同企業及運動主體量身訂制專屬的運動行銷贊助服務，確實協助雙方達成既定之行銷目標，取得市場上的競爭優勢。

EXAMPLE

產業經驗豐富：

熟知客戶與財務顧問所需服務，建置標準化流程（SOP）環境，降低人才訓練育成時間，並提高財務服務的水準和品質控管的機制，未來甚至可導入國際認可的理財服務標準流程來做為執業與服務品質的水準考核標準。

教育系統純熟：

軟體與教材視覺化具獨特性，不論是軟體、演講與上課的教材都著重視覺化、圖型化，對於理財投資這類較為硬性的題材，具有提高學習動機及加強學習印象的效果，大量的使用圖表顯示讓使用者一目了然，提高理解與學習的效果，具課程創新研發能力。過去已累積超過 600 場以上的實際經驗值，熟知教學理論與實務，且執行財商教育的課程與出版品的研究乃從使用者出發，減少一般教學的直線式講述，著重在互動與實務操作。

軟體縝密規劃：

針對特定業別的業務流程長期觀察研究，使得流程與工具軟體的設計高度符合該產業的業務特性與流程需求。此創新來自於市場實務，符合目前金融理財產業以中產階級為財富管理服務的重點市場，以及客戶自主性提高，逐漸擺脫產品導向的潮流趨勢。平台功能規劃完善，重視軟體配套服務，包含針對客戶的軟體操作影音教學、專業顧問的財務規劃流程等相互配合。

行銷技術：

顛覆理財講座的置入性行銷思維，從中立客觀立場提供有價值的講題內容，曾到各大金融機構以及各機關團體學校演講的實際經驗，平均會後回收有效資料高達八成以上，客戶滿意度極高並且表示接受服務的意願，累積純熟的說明會行銷技巧，更是開發客戶的利器。由於有與媒體、出版單位、大專院校、大學的成人教育單位、社會大學、演講服務等各類營利或非營利機構之合作經驗，將進一步規劃軟體與網站和這些機構共同行銷的可行性和機制，促進產品通路更加完整。

EXAMPLE

（一）團隊擁有強大藝術設計資源

xxx 入口網站是公司所規劃主要經營的網站，目前已成功累積高質感且豐富的內容

以及充足的會員數，凝聚了超過 2,300 位創作者在此深根活躍，作品數也已經超過 2 萬 5 千件以上，儼然可說是國內具實力的原創網站。此外，在近兩年學生畢業展覽發表的時刻，深入經營各大專院校的設計科系之通路，透過提供免費的線上展覽與網路空間招攬了許多工業設計、商業設計或是美術科系等相關科系的學生，並且予以栽培，為此讓的社群中注入了更多的藝術新血。

目前雖然已經擁有龐大且優質的作品及創作資源，但尚未能將其整合並轉化為有商業價值的運用；然而透過開發原創圖庫系統，可利用平台的整合資源機制將創作作品之各個元件拆開做最精細的分類，並做好完善的圖像授權與配合措施，讓原本只是欣賞或尚未有商業利用價值之作品，做到最有效的使用與曝光度。

（二）產業合作的資源與經驗豐富

由於公司在網路業界中的深耕，目前已累積相當多營運及建置的相關經驗，也因為透過建置服務與合作模式之下，建立相當多不同產業良好的脈絡關係，例如：中華電信 Hinet 相關網站、震旦通訊、微星科技、台灣大哥大等等，上述各大企業及其入口網站，都是公司在發展原創社群的商業行為下所擁有最好的利器。

然而這些大企業以及其入口網站都曾與公司合作舉辦過各種類型的行銷活動，如：各種形式的徵稿活動比賽、形象代言及贈品設計與製作等等，這些活動舉辦的經驗與良好的合作關係都是在推廣新服務上，不管是行銷或企業戶的採購皆是相當具重要意義與實質幫助的指標。

（三）研發團隊有相當的能耐與經驗

公司是以提供資訊軟體服務為主，其在網站建置開發新平台與服務上都具有相當的經驗；內容管理系統、即時資訊倉儲/發布管理系統、前後台技術整合、電子商務（EC）網站金流系統、搜尋引擎 Ultra Search 產品、網站應用程式開發等等，都有數十個成功案例的背書並且獲得客戶的肯定；這些豐富的程式開發經驗足以應付欲開發之圖庫元件平台、電子書 Mydigibook 軟體及個性 DIY 平台所需之能力。

（四）已具備完善的商城平台與網路社群

目前 xxx 入口網已具備了完善的網路商城系統與藝術設計社群的經營，未來在新服務功能上線時，能夠立即且完備的整合所有系統與資源，這對於新服務上線啟用後，初期的即時效益發酵有相當的助力效果；而對於營運上的支出，平台建置所需花費的時間與經費可省下不少的開支，也讓與同類型產業的競爭中佔有絕大的發展優勢。

（五）平台建立使原創者免於承受銷售壓力

創意市集是商業與藝術創作拉扯的作品形式，兼備通路與舞臺兩種性質，讓原創者產生攤主與創作者兩種不同身分，並且彼此拉扯他們對於產品的態度。攤主尋求的是商品交易，需要消費者的實際購買行為；創作者尋求的則是認同，渴望作品被觀眾讚賞。

建立自有品牌或創作均不易，創作者往往面臨商業經營與商品創作的兩難，最大的困擾就是努力創作的同時，會發現沒有時間銷售；或是努力銷售卻發現沒有時間創作，兩者要同時進行很難，創作者必須找到一個折衷點或更有效率的方法。

xxx 入口網的建置則可以解決原創者在創作及銷售間的兩難問題，可讓原創者安心創作而不需承擔銷售方面的壓力。

三、預期效益

(一) 量化效益

　　本節的第 1.4 項在正文中有再說名的地方，其中第一項更在其後須加以演算，請注意服務業的預期效益是必須在本期研發過程實現的（多半委員會要求），所以請小心撰寫，那究竟是寫多少呢？有一項合理的推論值得參考，那就是你向政府申請補助的錢得營業多少產品，開多少發票，政府可從稅收中徵回期補助款。參考一下，也請設想一下，本節欄位不一定有正確或固定答案，端視個案情境而定，但立論要求有一定基礎，簡單說明第一線，其餘例舉參考，學界顧問依情境會給予建議，作者也歡迎詢問或賜教。

EXAMPLE

1.增加產值 250,000,000	2.產出新產品或服務共 1 項	3.衍生商品或服務數共 8 項
4.投入研發費用 10,000,000	5.促成投資額 250,000,000	6.降低成本 20%
7.增加就業人數 3 人	8.成立新公司 1 家	9.發明專利共 1 件
10.新型、新式樣專利共 1 件	11.期刊論文共 2 篇	12.研討會論文共 2 篇

EXAMPLE

新產品

1. 增加產值 250,000,000。

2. 產出新產品或服務共 1 項。

3. 衍生商品或服務數共 8 項。

4. 投入研發費用 10,000,000。

5. 促成投資額 250,000,000。

6. 降低成本 20%。

7. 增加就業人數 3 人。

8. 成立新公司 1 家。

9. 發明專利共 1 件。

10. 新型、新式樣專利共 1 件。

11. 期刊論文共 2 篇。

12. 研討會論文共 2 篇。

EXAMPLE

1.增加產值 <u>30,000,000</u> 千元	2.產出新產品或服務共 <u>6</u> 項	3.衍生商品或服務數 <u>4</u> 項
4.投入研發費用 <u>5,000</u> 千元	5.促成投資額 <u>30,000</u> 千元	6.降低成本 <u>25</u>%
7.增加就業人數 <u>15</u> 人	8.成立新公司 <u>1</u> 家	9.發明專利共 <u>2</u> 件
10.新型、新式樣專利共<u>3</u>件	11.期刊論文共 <u>7</u> 篇	12.研討會論文共 <u>8</u> 篇

EXAMPLE

客服中心

- 客服中心可節省之成本效益 5~10%。

- 系統導入時間成本降低 4~8 人/月。

- 月排班衍生之效益：節省客戶排班師每月排班時間 5~10 人/天。

- 考核排班師的指標：服務水準及人員利用率的離散係數 N <0.15。

- 考核 Agent 的指標：人員遵時率 N >95%。

- 主要市場滲透率 N> 9.5%。

- 班務管理模組單獨銷售（客戶數）。

- 客戶加購客服 QM 產品的 License 數。

(二) 非量化效益（請以敘述性方式說明，例如對公司的影響等），可參考其後格式書所附。

1. 對公司之影響：如研發能量建立、研發人員質/量提升、研發制度建立、跨高科技領域、技術升級、國際化或企業轉型……等。

2. 對國內產業發展之影響及關連性：如替代進口值、提升上下游產業品質及技術、生態環境保護及污染防治、公安衛生防護……等。

3. 其他社會貢獻：如對產業界、學術界、研究機構、公益團體、鄉鎮社區、偏遠地區、弱勢團體…等，增列社會公益之投入、建立平台作創新成果之擴散應用或結合研究機構、公益團體、產業界、弱勢族群、鄉鎮社區、偏遠地區等推廣活動或發表會、與學術界進行交流與研究並提供創新經驗與歷程或於學校講座進行演講…等。

EXAMPLE

1. **企業知名度、商譽與形象**

   從設備供應商的角色轉型為具備顧問銷售與顧問服務能力的公司創造客服產業人資管理與營運管理顧問的形象，國際知名大廠（Aspect）也開始與 WFM8200 的某些模組合作進軍市場。

2. **來加值應用軟體的再銷售機會（Up-Selling）**

   無論透過直銷或經銷方式，建立每個客戶成功的典範，維持高度客戶滿意度，對未來排班系統的加值應用軟體，例如：績效管理系統、線上學習等，能快速再銷售。

3. **公司價值提升，由代理商轉型為產品公司**

   代理商實屬買賣產業，能夠獲得的利潤一般較低，且品牌形象屬於原廠所有，代理商難有很高的價值，若成功轉型為產品公司，除了有形的利潤提高之外，品牌形象、商譽等皆為公司帶來更高的價值。

4. **CSR 滿意度提升**

   因客服人員（CSR）代換班平台可快速讓其找到換班對象，因而提升了 CSR 滿意度，降低離職率與新人培訓成本。

5. **產品替代**

   WFM8200 的推出，使得以週排班為主的進口產品，從此更難在台灣地區行銷。

EXAMPLE

1. **提升大眾理財規劃知能與社會安定效益：**

   藉由民眾理財知能的提升，可讓更多人居安思危，預防陷入財務困境，進而產生社會安定效益。

2. **塑造財顧專業形象與能力：**

   本計畫擁有完整從財顧的訓練養成到就（創）業的輔助措施，藉由軟體、網路的支援，可以加快財務顧問的育成效率，並可以透過管理、行銷工具，拓展客戶的來源。

3. **建構優良財顧創業環境與增員來源：**

   過去財顧必須靠陌生拜訪或機運找尋合作夥伴，主要是因為財務顧問被認定為業

務性質工作，而非專業屬性之工作，因此本計畫透過教育講座讓民眾改變既有之觀念，降低組織增員的困難度，且提供良好的專業理財規劃平台，可協助財務顧問公司朝向專業發展，其他的管理、資訊輔助由本平台來協助。

4. 藉由財顧企業增量與群聚，刺激服務加值與產值提高：

透過同質性企業增加，將產生理財服務的進化，像是顧問的服務品質與內涵、理財商品的項目與組合等，因此將有望帶動社會經濟啟動，讓理財規劃服務更趨向律師、會計師等專業化經營。

填表說明：
1. 本摘要得於政府相關網站上公開發佈。
2. 請重點條列說明，並以一頁為原則。
3. 請使用 12 點字撰寫本表。

EXAMPLE

1. 完成複合式醫材結合之椎體支架之生物力學模式：

生物力學的測試是確保 XX 植入物之相關產品在植入人體後不會造成力學上的傷害，擬對於創新產品的信任度可有效提昇，並可有機會發表力學研究，提供公司之產品信譽與學術之技術知識提昇。

2. 完成新型椎體支架之臨床研究報告分析：

醫療器材產品之臨床研究報告越來越受重視，對於產品申請上市於世界各地是相當有效之證據，對於分類為第三級之醫療器材更是必須之申請上市文件之一，本公司擬研發之產品為第二級之醫療器材，預計完成臨床研究報告後，對產品販賣推廣可謂加分，並可有機會發表臨床研究，使公司之信譽與學術之知識有所提昇。

3. 完成研發產品進口替代和降低醫療費用支出：

若能直接除去代理與進口之費用，預計可提供醫院與病患價位合理且品質優良的骨科器材，進而有效降低病患醫療費用之支出與增加本公司產品之市占率。

4. 提昇台灣醫療器材產業之自主品牌研發能力：

自主品牌藉由創新之研發能力，期望獲得各國之醫療器材產業重視，擬有效提昇台灣醫療器材的品牌知名度，成功打入國際醫材市場，期望帶動可觀的醫療經濟效益和造福社會大眾。

第五章 公司概況（如為多家公司聯合申請，各公司均應分別填列）

壹、公司與經營團隊

第一節 公司概況（均應分別填列）

一、基本資料

1. 公司簡介

略

2. 主要股東及持股比例（列出持股前五大）

EXAMPLE

許多公司有技術持股比例，亦請加括弧填入說明：

主要股東名稱	持有股份	持股比例
黃 xx	100 萬	20%
羅 xx	100 萬	20%
黃 xx 黃 xx 黃 xx	100 萬 100 萬 100 萬	20% 20% 20%
合　計	500 萬	100%

第二節 公司沿革（※曾獲殊榮及認證）

一、文章式寫法

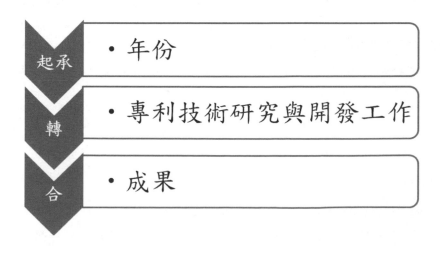

- 起承 ・年份
- 轉 ・專利技術研究與開發工作
- 合 ・成果

EXAMPLE

--xxxxxxxx，成立於 2002 年 3 月份，系由 Mr.Loda 邀請 xxx 化工科學家所成立；積極參與各種光電產品所需高演色性、低光衰、色衰之 xxx 專利技術研究與開發工作。目前所研發冷白光（5,500K-6,000K）、自然光（4,000K-4,500K）、單成分暖白光（2,800K-3,500K）半導體（LED）xxx 的專利技術成果最為卓著；並經臺灣工業研究院、中國上海華東師範大學、中國國務院上海半導體照明辦公室檢測證實，其發光效能已遠遠超過業界之先驅。

Wtech-IPR Ltd 併合並開發用於太陽能電池增效（EVA）xxx，等離子電視（P.D.P）xxx，場發射顯示器（FED）xxx，三波長農膜 xxx....等。至今（2008 年 3 月）Wtech-IPR Ltd 已申請 200 餘篇發明專利，申請地區 xxx。 Wtech-IPR Ltd.團隊期盼能為地球節能與科技研究發展，做最大努力與貢獻。

EXAMPLE

1993 年：XX 圖書成立，主要服務對象為國內大專生及大學生，幫助學生有效學習適應快速變化的環境。

1996 年：特別邀請國內消防權威 xxx 教授為本社消防叢書總督導，集國內專家學者出版了一系列消防叢書，為國內消防教育與消防知識奠定更深厚的基礎，防患公共安全事件於未然，創造更安全美好的社會。

1999 年：成為 XX 消防協會（NFPA）台灣區總代理。

2000 年：投入大專教科書與工具書的經營。

2001 年：繼續加入相關證照類叢書例如：財金類證照（理財規劃、期貨、銀行內控、高業初業）、領隊導遊、語文檢定（全民英檢、日檢）、教師甄試等叢書。

2002 年：由於科技的進步且著眼於出版界未來的發展開始接觸「數位出版：電子書」，與 XX 所推出的「i library 電子書」合作提供數位內容，這是 XX 數位出版之始。

2003 年：增加 POD（Print on Demand）「隨需列印」以及 BOD（Books on Demand）「隨需出版」的業務，讓我們所能提供的服務能更加客制化且滿足讀者的需求。

2005 年：記帳士證照制度公告實施，系列考照用書也於同年度出版；第一套數位教材出版—EMBA 管理學及管理實務影音教材。

2006 年：加入博客來網路書書店成為其供應商之一。

2007 年：增加公職就業考試用書--台電中油、台菸、台水、中華電信、中華郵政等特考系列叢書，讓 XX 能提供大專學生從入學之後到未來的升學與證照、就業考試一連貫完整的服務。

2008 年：現已出版了理、工、商、教育、文學類相關之參考書。期盼未來成為一綜合性的出版集團，讓每一類叢書獨立為子公司運作。

第三節　營運及財務狀況

請說明近 3 年公司主要經營之產品項目、銷售業績及市場占有率。

- 本節本表有 4 個重要指標分別說明撰寫方式，此外先說明 401 報表式審查的重要參考依據，送件時是需檢附的重要文件。

    - 隨著時間的演進，正相關的營業額遞增是加強評審委員對公司營運的良好之持看法。

    - 其次談到研發費用，台灣普遍在此方面的投注偏低，1%到 4%是普遍現象，新創事業未達到損益平衡前，高比例是正常現象，話盡於此，較高的比例對幫助創新政府而言，顯得貴公司的計畫與公司發展是有誠意多了。

    - 銷售額是各類產品項目銷售的加總，分別項目盡量羅列相關產品，其中有和本次創新研發計畫相關連動產品更需列明，且有佐證計劃價值的效果。

    - 市佔率對小企業而言，確實下筆困難，困難之處在於區域無法判定，究竟你想表明的是全球的市佔，抑或是你這家小店所處的某條巷子的市場，不容易吧！

    - 訣竅是先定義出計劃準備擴展市場地域的範圍，勾勒出市場行銷區隔的屬性，然後以市調技術預測或推論出市佔率，請注意，這部分和後頭章節演算預期效應有緊密關聯，前後需一致，表達方式可以用括弧定義說明或加文章在表格下方加註說明。

EXAMPLE

營運及財務狀況可用表

公司主要產品項目	xx年			xx年			xx年		
	產量	銷售額	市場佔有率	產量	銷售額	市場佔有率	產量	銷售額	市場佔有率
聚酯加工絲	5,509	426,485		6,744	466,758		9,787	712,659	
彈性複合紗	1,643	240,615		1,537	214,688		1,257	288,283	
尼龍加工絲				–	–		–	–	
其他	190	140,952		904	67,161			35,635	
合　計	7,342	808,052		9,184	748,607		11,044	1,036,577	
年度營業額(A)		808,052			748,607			1,036,577	
年度研發費用(B)		5,436			3,143			1,858	
(B)/(A)%		0.67			0.42			0.18	

EXAMPLE

公司主要產品項目	民國 103 年			民國 104 年			民國 105 年		
	產量	銷售額	南XX市場占有率	產量	銷售額	南XX市場占有率	產量	銷售額	南XX市場占有率
農具（包含組件）		710	3		800	4			4.5
機具配件		600	2		700	2			3
保養耗材		520	2		500	3			3
手工具		660	3		700	4			4
小五金（螺絲等）		890	4		1,000	3			4
合　計		3,380	14		3,500	16		5,960	18.5
年度營業額（A）		4,000			4,200			5,580	
年度研發費用（B）		40			300			500	
（B）/（A）%									

EXAMPLE

公司經營智慧財產之主要產品/服務項目	104 年營業額	103 年營業額	102 年營業額
GPS 產品（I-TRAC）	11,894	7,398	4,416
小　計（A）	11,894	7,398	4,416
公司其他產品/服務項目	97 年營業額	98 年營業額	90 年營業額
備動元件（電解電容器）	1,978	4,919	5,605
GPS 產品之零配件貿易	21,138	8,369	3,719
小　計（B）	23,116	13,288	9,324
年度總營業額（A）+（B）	35,010	20,686	13,740
年度研發費用（C）	4,500	3,000	2,000
（C）/（A）+（B）%	12.85%	14.50%	14.56%

EXAMPLE

公司主要產品項目	民國 99 年			民國 98 年			民國 97 年		
	產量	銷售額	市場占有率	產量	銷售額	市場占有率	產量	銷售額	市場占有率
企劃顧問	2	200	N/A	6	600	N/A	12	1,260	N/A
合　計	2	200	N/A	6	600	N/A	12	1,260	N/A
年度營業額（A）	200			600			1,260		
年度研發費用（B）	N/A			N/A			N/A		
（B）/（A）%	N/A			N/A			N/A		

NOTE

　　這段重點是創新研發同時也要證明他對市場、財務的分析預測，是有具體事實的根據。這份創新研發計畫書，就是創新研發企業向（SBIR）、（SIIR）、（CITD）產業創新研發委員傳達公司市場潛力訊息的關鍵媒介。

第四節 全公司人力分析

NOTE

　　足夠的人力資源，是計畫能順利進行的根本，尤其是能力部分，注意同仁勞保投保時機與計畫申請的時間點要配合---計畫主持人與關鍵人員的資歷、公司曾獲得榮譽是公司未來是否能夠執行計畫的參考依據之一。

EXAMPLE

職　別	博　士	碩　士	學　士	專　科	其　他	合　計
管理人員		1				
研發人員		1	3			
工程人員		1		2		
其　　他						
合　　計		3	3	2		

NOTE

　　寫到這要注意這項規定，前後須一致。參與計畫之研發人員須為公司正式員工（具有該公司勞保身分者），未具參加勞工保險投保資格者（如年滿 60 歲以上）或公司人數為 5 人（不含）以下，須檢附證明文件（如身分證影本或僱用人數證明）。

各級研究員定義

1. 研究員級：指具有國內（外）大專教授、專業研究機構研究員、政府機關簡任技正、經政府認定之工程師等身份，或具備下列資格之一者屬之：

   (1) 曾任國內、外大專副教授或相當職務三年以上者。

   (2) 國內、外大學或研究院（所）得有博士學位，曾從事學術研究工作或專業工作三年以上者。

   (3) 國內、外大學或研究院（所）得有碩士學位，曾從事學術研究工作或專業工作六年以上者。

   (4) 國內、外大學畢業，曾從事學術研究工作或專業工作九年以上者。

   (5) 國內、外專科畢業，曾從事學術研究工作或專業工作十二年以上者。

2. 副研究員級：指具有國內（外）大專副教授、專業研究機構副研究員、政府機關薦任技正、政府認定之副工程師等以上身份，或具備下列資格之一者屬之：

   (1) 曾任國內、外大專講師或研究機構相當職務三年以上者。

(2) 國內、外大學或研究院（所）得有博士學位者。

(3) 國內、外大學或研究院（所）得有碩士學位，曾從事學術研究工作或專業工作三年以上者。

(4) 國內、外大學畢業，曾從事學術研究工作或專業工作六年以上者。

(5) 國內、外專科畢業，曾從事學術研究工作或專業工作九年以上者。

3. 助理研究員級：指具有國內（外）大專講師、專業研究機構助理研究員、政府機關委任技士、政府認定之助理工程師等以上身份，或具備下列資格之一者屬之：

(1) 國內、外大學或研究院（所）有碩士學位者。

(2) 國內、外大學或獨立學院畢業者，曾從事學術研究工作或專業工作三年以上者。

(3) 國內、外專科畢業，曾從事學術研究工作或專業工作六年以上者。

4. 研究助理級：指具有國內（外）大專助教、專業研究機構研究助理等身份，或具備下列資格之一者屬之：

(1) 國內、外大學或獨立學院畢業，得有學士學位。

(2) 國內、外專科畢業，且從事協助研究工作或專業工作達三年以上者。

(3) 國內、外高中（職）畢業，且從事協助研究工作達六年以上者。

研擬計畫-計畫主持人背景說明，背景說明強調與本案相關之經歷：

* 學歷背景
* 工作經驗
* 獲得榮耀（獎章...）
* 主力為研發人員
* 有領導特質

計畫主持人部分：

1. 最近一期專題計畫研究成果報告之品質？

2. 計畫主持人是否勝任本計畫？（專長、過去研究經驗及發表成果等。請參閱個人資料表、代表性著作）

3. 若有申請共同計畫主持人，請說明其必要性及預期貢獻為何？

執行人力規劃要事先安排：

* 計畫執行任務分工
* 遴選計畫主持人
* 計畫主持人管控研發技術

- 計畫主持人彙編計畫書及管控預算
- 擁有足夠經驗領導研發計畫執行為對象
- 給規劃撰寫計畫人獎勵與支持

EXAMPLE

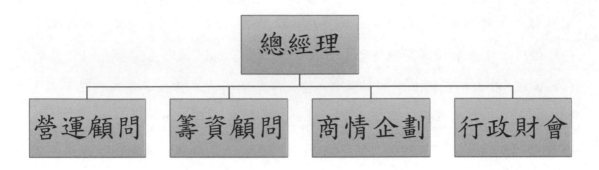

EXAMPLE

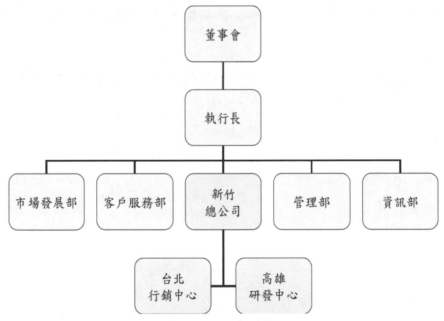

公司分為四個部門：

營運顧問及籌資顧問為對外服務部門，商情企畫及行政財會為支援部門。

1. **營運顧問：**

   (1) 凸顯客戶內部五管的優點，包含智慧資本的評估。

   (2) 改善客戶內部五管的缺點，包含風險控管。

   (3) 整合實體及虛擬行銷。

   (4) 協助企業對內用對人及對外延攬對外圍顧問，以延伸企業核心價值。

(5) 客觀協助客戶訂定及修正定位及策略。

2. **籌資顧問：**

(1) 幫助客戶解讀過去財報，以便深入瞭解客戶在企業管理的習慣性等。

(2) 提供對全球經濟及產業趨勢的獨立看法。

(3) 融合以以上各項，做出財測狀況分析。

(4) 擬訂最佳股債權結構、定價、籌資金額及籌資時機。

(5) 在 6 大類的資方，洽商及斡旋適當投資方。

3. **商情企畫：**

(1) 粹煉各種國內外資料庫精華。

(2) 迅速撰寫中英文營運及籌資企畫案及簡報。

(3) 產業鏈整合策略的整理及更新。

(4) 支援營運及籌資顧問的各項商情需求。

4. **行政財會：**

(1) 支援前三個部門的行政工作。

(2) 聯繫外包資訊等廠商。

(3) 負責一般採購。

(4) 日常會計及稅務。

EXAMPLE

技術顧問研究團隊組成人員之工作職掌：

本計畫職稱	單　位	姓　名	職　稱　工作執掌
計畫主持人	總經理	XXX	掌控總計畫之執行進度，教育訓練計畫管理。
計畫共同主持人	南亞技術學院副教授	XXXX	負責推動總計畫之執行。
計畫共同主持人	創意啟發協會理事長	XXXX	掌控分項計畫之執行。 進度技術資料庫建立。 掌控分項計畫之執行進度。
研究人員	本公司行政人員	XXXX	量產製備與自動化技術。
研究人員	本公司行政人員	XXXX	創意餐飲產品與諮詢推廣技術研發中心。
研究人員	本公司行政人員	XXXX	技術研發中心計畫之執行。

第六章 研發目標、策略、成果、實績

> 壹、 研發目標及策略
> 貳、 策略
> 參、 研發成果、獲得獎項、專利、發表論文

第一節 研發目標及策略

　　這張其實是兩題，如果你把它解拆，他分別是「研發目標」和「研發策略」，在此我們先說明研發目標。

NOTE

必須於計畫書做詳實說明：

　　如果妳有畫出魚骨圖，那研發目標就是**四根主要魚骨帶來的主要市場效益**，它可能從流程說明，可能從品牌演藝，可能從創新展現，也可能從成本降低出發，可能從品質提昇，當然最終都歸結到**總收益增加**作結。

如創新服務的做法：

- 簡化流程的創舉
- 刻版印象的解凍
- 標新立異的接納
- 感性活動的溝通

用有效的標題點出公式是有效的寫作方法。

公式一：

1. 開發 xxx 新系列產品：
2. 開發 xxx 新市場：
3. 建立新行銷模式：
4. 建立 XXXX 科技化之基礎與模式：
5. 建立另一個「XXXX 產業科技化」的典範：

公式二：

1. 製造出高品質且符合國際級 XX 認證的 XX 器材：
2. 積極研發與設計擁有更好功用的 XX 認證器材：

3. 經由自行研發設計的產品，可提供合理的器材價格讓 XX 使用：

4. 提昇技術面和研發產品能力，有效進軍國際 XXX 市場：

EXAMPLE

研發目標創新案例

- **Levi's 導電衣料讓夾克變成任何裝置的觸控介面**

  Levi's 與 Google 合作智慧夾克，專為在城市中騎單車的上班族設計，方便他們在行車途中，不用低頭就能操控手機功能；夾克本身可以摺疊並水洗。（圖片來源／Project Jacquard）

  美國知名牛仔服飾品牌 Levi's 在 2016 年 5 月與 Google 共同發表雙方合作以來的第一件智慧夾克。這件夾克能自動感測穿衣者在衣服上的觸摸動作，來開啟相對應的手機功能，穿的人只須透過用手在衣服袖口處輕敲、按壓，就能將導電衣接收到的電子訊號轉為指令，並透過藍牙連結手機，來完成接聽電話、查看訊息，以及控制 App 等手機功能操作。

- **澳洲蒙納許、墨爾本大學科學家 OK 繃能判別傷口感染**

  澳洲幾所大學成立的研究小組在 2015 年 8 月展示他們開發中的一種智慧 OK 繃貼布，使用了肉眼看不見的奈米感測器，能自行判別傷口感染程度，加以消毒，還能改變貼布顏色來提醒傷者留意。這個智慧 OK 繃預計 2016 年開始臨床試驗。

- **靠 AI 視覺讓盲人和老人安全生活更有保障**

  義大利一家 AI 新創 Horus 推出一款新式的盲人穿戴眼鏡，可利用攝影鏡頭拍下眼前畫面，再透過電腦視覺與機器學習軟體作辨識，不只能看懂圖片還能辨別影像中的人臉、場景與文字，並能用說的方式描述給戴眼鏡的人聽，能幫助這些因視力受損或上年紀看不見的人，來改善他們的生活品質。

EXAMPLE

糕餅系列產品

1. 開發新系列產品：

   開發具健康、養生、機能概念之糕餅系列產品，除豐富之產品線，也提高產品價值，更開拓廣大市場。

2. 開發新市場：

   由於傳統糕餅具高甜、高油之成份，重視健康、養生的客層與傳統糕餅的客層之重疊性極微，開發結合「健康、養生注重者」與「糕餅喜好者」交集之客層，也開發一個新市場。

3. 建立新行銷模式：

   建立一以「知識性行銷」、「教學式行銷」與「體驗式行銷」為主軸之整合性行銷模式，將季刊發行、演講、研討、經驗分享與商品結合，進行整合性行銷。

4. 建立傳統糕餅科技化之基礎與模式：

   傳統產業之昇級須透過科技之運用，目前該公司之科技應用多在「生產」、「管理」、「商務」與「行政支援」方面，為產品注入科技的元素，不僅提高產品價值也建立與學術單位及研究單位合作之模式及傳統糕餅科技化之基礎。

5. 建立另一個「傳統產業科技化」的典範：

   過去在「經營策略」、「產品創新」、「電子化」、「知識化」之成效，被譽為「傳統糕餅業再出發的典範」。透過「科技與餅藝」的結合，建立另一個「傳統產業科技化」之典範。

EXAMPLE

產業人才的培育

一、目標說明

   本規劃基於上述環境發展背景，針對文化創意產業人才的培育工作，研擬出下列發展策略：

(一) 加強培育數位藝術創作的人才，促進國際數位藝術交流，鼓勵數位創作的風氣，同時提升數位創作的質與量，以配合台灣數位內容產業的發展，滿足人力與人才的需求。

(二) 培育地方文化觀光與創意產業行銷人才，加強地方形象設計、地方產業行銷、與地方特色宣傳等規劃與執行能力，以增加旅遊人口與消費金額，創造地方產值。

(三) 加強培育地方工藝與文化產業有關設計、技術及營運人才，推動『工藝士證照制度計畫』，以確保地方工藝創意活力，提昇產業及技術水準。

(四) 爭取藝術創作者參與國際活動的機會，例如國際重要的展覽、藝術節、比賽等，以提昇台灣藝術家的國際視野，增加其在國際社會的曝光程度。

(五) 加強培養具國際經驗的藝術行銷、行政管理、與技術人才，積極將台灣藝術家與藝文團隊，推展至國際舞台。

(六) 注重藝文媒體、策展經紀與藝術評論等文化創意產業中介人才發展，並研擬訂定『藝術經理人管理辦法』，以建立緊密產業網絡關係，藉由傳播、商業、與教育等各項機制，積極將文化藝術與社會大眾生活結合。

(七) 協助與藝術文化相關之基金會、學會、協會等組織健全發展，以專業團體的資源與動力，強化市場行銷功能，厚實台灣文化創意產業的發展能量。

(八) 培育文化創意園區經營管理人才，期於在整備過程及未來營運時，能整合具藝術文化、都市計畫、市場行銷、與經營管理之人力資源，共同建設發展創意園區。

EXAMPLE

LED 發光造型模組招牌

計畫內容，共計涵蓋三大創新研發目標，包括在新商業應用技術部份，延續傳統廣告招牌與企業形象之製作工法，應用 LED 光源彩光可控變色與體積輕薄短小易造型之特性，提出較傳統招牌具更高附加價值與品質之商品。

其次，在新服務商品部份，設計可應用於 3D 立體造型之 LED 發光造型模組，消費者可任意選購模組構件，如樂高積木般快速堆疊組合，成為具有空間裝飾性與企業形象行銷功能的視覺標識作品。

最後，在新行銷模式部份，認知到現今市場的需求並光只是在於產品的模組化，而是應用方式的模組化推廣。除了打破由招牌店製作的通路，而由企業直接銷售、加盟方式與網路平台等新通路之創新行銷模式外，整套行銷系統以中央廚房的概念，由企業提供完整產品套裝、產品規格、設計圖檔、教育訓練及產品物流、安裝售後服務，結合受過完整教育訓練與技術評估之廣告工程公司承包，提供消費市場更迅速之交貨期、更高品質具獨特性產品。

EXAMPLE

運動休閒服飾

過去由於國內業者所生產之機能性布料，在產銷上未能作有效的整合，故長久以來皆以外銷為主，一般民眾在機能運動休閒服裝之選購上，皆以國外進口品牌為主要購買對象，殊不知國內也有「物美價宜」的機能性服飾。

本公司結合『熱舒適工學』及『人因工學』概念，以及新式服裝製程之併縫、熔縫（stitchless）工法，並透過本廠專業數位噴墨印花加工技術，開發出「高爾夫」、「自行車」及「登山」等三大類型之專業機能與印花設計之「運動休閒服飾」。此開發模式係以台灣機能性布料，整合產銷供應鏈、商品開發設計師及自創品牌等能量，進一步形成產業策略聯盟，不但建立了消費市場回饋機制及產銷溝通介面外，開創「台灣製造」的國際新形象，有效地提升國內機能性紡織品在國際的競爭優勢。

部分資料來源：經濟部協助服務業研究發展輔導計畫

EXAMPLE

3D 產業

　　經濟部推動三業四化、服務業發展、中堅企業躍升、深耕工業基礎技術，打造台灣產業核心價值。值此粹智國際實業有限公司轉向配置於附加價值較高的研發與行銷服務部門，使產業的升級與轉型朝微笑曲線的兩端發展，並以發展新產業服務來活化產業與生活。換言之，從跨越國界的資訊全球化思考，台灣應將傳統產業納入知識服務之內涵，加強市場訊息及相關 IT 技術的應用，促使傳統產業領域獲得多元發展的空間。堅實的產業基礎做後盾，才有促投資、拼出口、增就業。

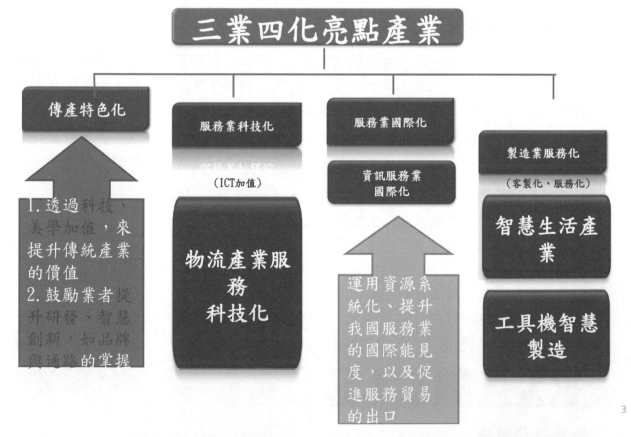

　　面對時代的進步，科技高度的精進，資訊快速的發展，為使傳統產業能夠在這時代的巨輪中脫胎換骨，再創企業的另一高峰，企業更應積極的將產業轉型升級，運用 3D 產業科技技術振興傳統產業、注重研發提升品質、新產品擴大市場基礎、求新求變。

　　所以本計劃實認為公司有必要導入製造、勞力、硬體、效率、管理、服務、創新等，

配合創新觀建模組化方法，將全球市場接納入其思考範圍與經營腹地在全球化競爭的時代，才能在貿易自由化的衝擊下，穩立於不敗之地。

策略

第二節延續目標之後談入研發的策略，策略中重點有動態的研究進程和靜態的描述，而重點在資源，說資源太抽象，所以這裡具體協助執筆人得到著力的根據，提供二張公式圖，我們點出了6個重點，分別是「組織」、「規劃」、「人才」、「技術」、「能力」、「聯盟」，這6點具象化的結果是動態中嵌寫靜態資源，這便是研發策略的真正意含。

起承	·次級資料研究，深入訪談方法：QFD、FMEA、TRIZ
轉	·模式進行系統化之研究與驗證，並開發一套建立模型
合	·完成一套最合理的○○○○○○○○

表之內容請重點條列說明。

6個重點，分別是「組織」、「規劃」、「人才」、「技術」、「能力」、「聯盟」。

5 ASSTD+SBIR 研發策略公式

Need something solid
1. 提高組織的創新傾向：
2. 強化技術的策略規劃：例：展開(1)
3. 重視研發人才的延攬與養成：
4. 形成持續的技術開創能力：例：展開(2)
5. 重點發展核心能力：
6. 主動發展策略聯盟：

112

　　最後把企業模式的目標類（Goal）的模式、資源類（Resource）的模式、以及流程類（Process）的模式，概念讀通了應該會寫的不錯。

策略寫作方向

針對我國中小型科技企業之技術創新與技術資源管理，提出一些策略寫作方向上的建議，如下：

1. **提高組織的創新傾向：**

   提高組織創新傾向可採行的方法包括，創新人性化的管理、以及形成重視創新的企業文化。

2. **強化創新技術的策略規劃：**

   建構競爭大未來的策略企圖，研擬短、中、長期之創新技術發展藍圖，以引導技術資源流向重點核心能力的發展。我國中小企業過去以彈性靈活見長，較欠缺長遠發展的眼光，因此未來有必要強化創新技術上的策略規劃能力。

3. **重視研發創新人才的延攬與養成：**

   專業人才是創新知識經濟時代企業最寶貴的資源，中小企業必須重視創新研發團隊的發展。

4. **形成持續的創新技術開創能力：**

   雖然自外部獲取技術的成本效率較高，運用保護創新手段也可帶來相當利益，但形成持續的技術開創能力對於企業才是拉開競爭差距最有效的策略。

5. **重點發展創新核心能力：**

   形成創新自主的核心能力，才能在價值網絡中佔有優勢的地位，並分享較多的創新利潤。

6. **主動發展策略聯盟：**

   在擁有核心競爭力的前提下，中小企業應採取合作雙贏的積極策略，主動與顧客、供應商、周邊配套廠商、以及競爭者發展策略聯盟關係，以創造資源的槓桿效果，並大福提昇技術創新的綜效。

強化技術的策略規劃攻勢：

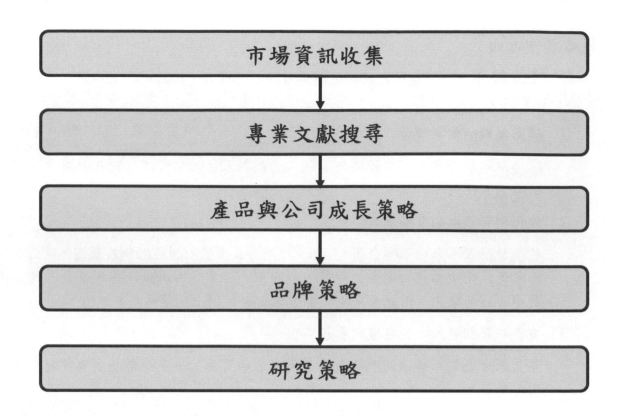

商業模型商業策略

　　它包含大量的商業元素及它們之間的關係，並且能夠描述特定公司的營運模式。它能顯示一個公司在以下一個或多個方面的價值所在：客戶，公司結構，以及，以營利和可持續性盈利為目的，用以生產，銷售，傳遞價值及關係資本的客戶網。

　　營運模式的概念化有很多版本，它們之間有著不同程度的相似和差異。

　　在綜合了各種概念的共性的基礎上，提出了一個包含九個要素的參考模型。這些要素包括：

1. 價值主張（Value Proposition）：

　　即公司通過其產品和服務所能向消費者提供的價值，價值主張確認了公司對消費者的實用意義。

2. 消費者目標群體（Target Customer Segments）：

　　即公司所瞄準的消費者群體，這些群體具有某些共性，從而使公司能夠（針對這些共性）創造價值。定義消費者群體的過程也被稱為市場劃分（Market Segmentation）。

3. 分銷渠道（Distribution Channels）：

　　即公司用來接觸消費者的各種途徑，這裡闡述了公司如何開拓市場，它涉及到公司的市場和分銷策略。

4. 客戶關係（Customer Relationships）：

　　即公司同其消費者群體之間所建立的聯繫，我們所說的客戶關係管理（Customer

Relationship Management）即與此相關。

5. 價值配置（Value Configurations）：

即資源和活動的配置。

6. 核心能力（Core Capabilities）：

即公司執行其營運模式所需的能力和資格。

7. 合作夥伴網絡（Partner Network）：

即公司同其他公司之間為有效地提供價值並實現其商業化而形成的合作關係網絡。這也描述了公司的商業聯盟（Business Alliances）範圍。

8. 成本結構（Cost Structure）：

即所使用的工具和方法的貨幣描述。

9. 收入模型（Revenue Model）：

即公司通過各種收入流（Revenue Flow）來創造財富的途徑。

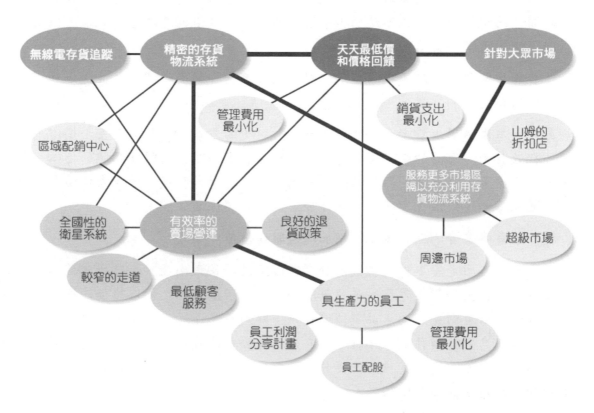

營運模式的設計是**商業策略（Business Strategy）**的一個組成部分。

而將營運模式實施到公司的組織結構（包括機構設置、工作流和人力資源等）及系統（包括 IT 架構和生產線等）中去則是商業運作（Business Operations）的一部分。這裡必須要清楚區分兩個容易混淆的名詞：**業務建模（Business Modeling）通常指的是在操作層面上的業務流程設計（Business Process Design）；而營運模式和營運模式設計指的則是在公司戰略層面上對商業邏輯（Business Logic）的定義。**

現在提到的營運模式很多都是以網際網路和移動網際網路為媒介，整合傳統的商業類型，連接各種商業渠道，具有高創新，高價值，高盈利，高風險的全新商業運作和組織架構模式。簡單來說就是公司是怎麼賺錢的。

EXAMPLE

1. 避開冗長的銷售通路，直接與消費者做一對一的溝通

以往衛浴產業的通路模式都是透過總經銷至經銷商再販售產品給最終消費者。通路結構過於冗長，導致資訊回饋慢。無論公司傳達資訊或消費者傳達訊息給公司，都會因為通路過長而欠缺時效、降低正確性。因此，透過此方案，可突破以往的模式，縮短通路結構，直接與消費者做一對一的溝通。

2. 以體驗行銷的方式來教育消費者，強化顧客關係

消費者決定購買的考量點不只取決於價格，同時並包括品質鑑別、工程難易度與整體設計搭配等因素。但由於以往的銷售模式導致廠商與廠商、消費者與廠商之間的資訊不對稱，導致消費者的決策成本過高，在達到購買行為之前，往往要花很長的時間。同時，由於資訊不透明，市場上的比價、競價也造成售價混亂，致使各家廠商無法貫徹價格策略。

消費者實地參訪過工廠後，能加強對產品與工程合適度的認知，並透過和成網站獲取所需要的相關資訊。

另外，本案透過消費者至和成以親身參訪體驗的方式以及和成對安全衛浴的宣導，可有效將衛浴用品的生活常識傳達給消費者，進而建立對國產品牌的信心。此外，本案推出多項互動性的行銷活動，可建立起消費者與和成、消費者與消費者之間的溝通網絡，達到活化市場，並提升公司對顧客關係的管理。

3. 提升水電專業者的施工水準，增加週邊服務價值

過去數起浴廁危安事件，造成消費者對國產品以及東南亞、大陸等劣質進口品的信心不足，甚至於劃上等號，導致無法安心購買國產品牌之衛浴設備，而透過參訪，消費者可以看到完整的產品製造過程，了解到產品通過安全檢驗測試的標準，且安全使用訊息的持續強調，不僅可以有效提升公司品牌形象，也能提高消費者購買國產品牌的意願，增加其信心。提升水電對於安裝施工的責任感與技術水平，也可以增加產品週邊的服務價值。

EXAMPLE

研發策略

依據研發目標，發展本計畫之研發策略，經過資料收集研究發展出理想的創新服務模式。

1. 資料研究及技術需求分析

蒐集國內外有關電子商務之發展現況及未來趨勢分析，了解供應商及消費者需求，從中找出服務供給與需求的落差，並朝填補落差之可行性分析研究，了解為填補此落差所需之技術及資源，以期能設計符合此一需求之模式。

2. 展一套模式進行成本效益分析及系統開發研究與驗證

主要針對供應商需求所設計之合作模式，分析所需之各項技術及行銷資源，包括線上訂購平台及後台的網頁與程式設計人力、各項網路行銷活動費用及人力成本，並預估產值做出成本效益分析。依此為基礎籌措資金或增聘所需技術人力，完成系統開發的研究與驗證。

3. 完成一套合理的創新服務模式

互補性合作模式說明如下圖：

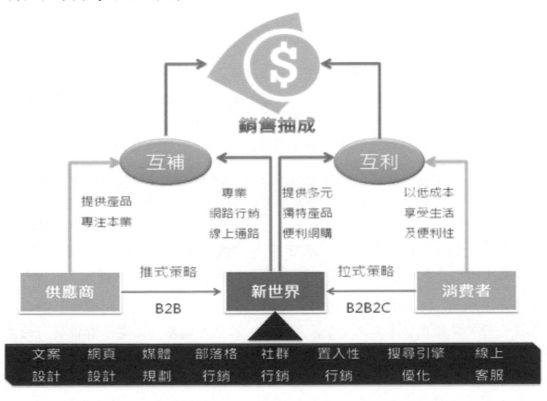

EXAMPLE

一、 新商業應用技術

目前 LED 封裝光源已大量應用於許多日常生活用品上，然而在 CIS 的應用卻相當有限，多半仍然侷限在室內、外之發亮看板、發光字體上的應用。細究原因主要是現階段 LED 光源應用於 CIS 受限於背光燈箱或電子看板的作法，需有其他替代方法突破。

此外，在廣告招牌市場所導入的 LED 光源，但仍處於嘗試將白光 LED 模組部分取代傳統光源，而 LED 光源價格仍遠高過傳統光源，因此發展上受到很大的限制。為了突破上述阻礙市場發展的限制，企業提出「新型組合式單色或全彩 LED 視覺標識系統」，研發設計一套可應用於 3D 立體造型之 LED 發光造型模組，透過設計及製作一系列不同幾何造型之 LED 發光造型模組，方便使用者如同樂高積木般地快速堆疊組合，快速選擇構件、連接直流或交流電源，並固定於室內外選定的位置，成為具有空間裝飾性與企業形象行銷功能的視覺標識作品。

此外，企業也延續傳統廣告招牌與企業形象之製作工法，應用 LED 光源彩光可控變色與體積輕薄短小易造型之特性，提出較傳統方式更精緻之廣告招牌與企業形象產品，共計透過新商業應用技術完成五組「新型 LED 企業視覺標識」產品，不但有助提高產品市場價值與競爭力，同時刺激 LED 光源於廣告市場之發展與應用，順應全球環保趨勢，帶動國內節能光源之普及。

二、 新服務商品

檢視企業視覺系統的發展史，從過去只強調視覺設計表現的設計政策時期，演進至今建構系統化、標準化的整體設計系統，而企業欲傳達的訊息，也從過去告知大眾經營內容與強調產品特性，提昇為傳達經營理念、表現精神文化的高層次認知走向，為了快速吸引消費者目光，如何能設計出符合現階段消費者之視覺效果則為重要之考量因素。

企業導入新的創意，以吸引消費者的注意力，期望在短時間內透過符號承載訊息的手法，傳達易於明瞭的訊息，爭取（企業）客戶的認同與喜好。同時為進一步實現結合企業標誌圖案設計與 LED 光源之構想，提出「本身為發光體的新型 CIS」的創新製作方法，提出「新型組合式單色或全彩 LED 視覺標識系統」，研發設計一套可應用於 3D 立體造型之 LED 發光造型模組，用以改善 3D 立體 CIS 製作可選擇產品及推廣方式。

新型 LED CIS 模組的市場定位乃企圖區隔傳統招牌做法。市場主要競爭者為傳統廣告看板公司，以及光電專業的電子看板公司。其中光電專業的電子看板公司的產品主要是以印刷透光版面（壓克力或透光帆布）搭配螢光燈或高亮度 LED 背光製作燈箱，為近年逐漸廣泛應用的方法。至於企業投入 LED 於照明設計、應用及設計平台的整合與研發屬於創新服務商品，突破一般使用 LED 不易組裝之缺點，開發組裝容易、省時、交貨迅速、價格中、高階，卻又能發揮 LED 優點特性之新式表現法。價位上雖然較傳統光源貴，但省電、壽命長、不須維修的商品特色，可為客戶做整體總成本分析，並依特定大小規劃出中、高區隔價位之產品。

為開發能達到上述條件的創新服務商品，企業首先針對目前台灣企業的 CIS 現況進

行調查、分析與歸納，確認國內企業標誌偏好使用英文字體，以及 CIS 視覺造型由複雜轉為精簡；從靜態轉到動態；色彩由簡單轉到豐富的設計發展趨勢，並透過專業研判此趨勢發展將有利於 LED 投光技術導入企業標誌之視覺呈現。此外，企業也根據調查結果歸納出文字造型表現、具象造型表現、抽象造型表現與綜合造型表現的四種基礎 CIS 設計模式，作為創新計畫產品製作之參考依據，詳細調查結果可參見企業內部文件「現有 CIS 企業識別系統市場案例調查報告」。

事實上，包覆 LED 封裝光源之立體發光造型在市面上已可見到，但是以組合方式連接不同 3D 造型是創新的構想。企業所提組合式幾何造型模組除了可應用於 CIS 視覺標識系統中之商標，亦可衍生到其他的應用方向。其中最顯著的應用當以空間美化裝飾為主，指標、標示及小型點綴性裝飾等功能為輔。由於其組合及色彩變化的任意性，此種發光立體可組成大、小型裝置藝術，放置或固著於公共場所，美化或強化情境氛圍。原則上除了發揮其照明應用，只要有強化商品外觀新鮮感及視覺、聽覺衝擊效果者，都可加以應用。基於此原則，LED 的特性除了對企業形象及商品之行銷有正面的助益，亦可衍生額外有助於提升生活空間及使用物件美感之效果。本計畫已完成三組立體造型之「新型組合式 LED 企業視覺標識」產品樣本，並驗證產品機構的生產可行性，使消費者得以依需求選購模組構件，如積木般堆疊，任意組合成具有空間裝飾性與企業形象行銷功能的視覺標識作品。

三、 新行銷模式

企業認知到現今市場的需求不應該只侷限在於「產品的模組化」，而是在於「應用方式的模組化」推廣。基於如此，除了新服務商品開發與新商業應用技術之外，行銷方向亦應有突破傳統的創新調整，特別是除了打破由招牌店製作的通路，而由企業直接銷售、加盟方式與網路平台等新通路之新行銷模式。此外，整套行銷系統以中央廚房的概念，由企業提供完整產品套裝、產品規格、設計圖檔、教育訓練及產品物流、安裝售後服務，結合受過完整教育訓練與技術評估之廣告工程公司承包，提供消費市場更迅速之交貨期、更高品質具獨特性產品。

（部分資料來源：經濟部協助服務業研究發展輔導計畫）

第二節 研發成果、獲得獎項、專利、發表論文

NOTE

1. **期刊論文：**

   指在學術性期刊上刊登之文章，其本文部份一般包括引言、方法結果及討論，並且一定有參考文獻部份，未在學術性期刊登上之文章（研究報告等）與博士或碩士論文不包括在內。

   研討會論文：指參加學術性會議所發表之論文，且尚未在學術性期刊上發表者。

   專著：為對某項學術進行專門性探討之純學術生作品。

2. **技術報告：**

   指因從事某項技術之創新、設計及製程等研究發展活動所獲致的技術性報告並未公開發表者。

3. **技術移轉：**

   指技術由某個單位被另一個單位所擁有的過程。我國目前之技術移轉包括下列三類：一、技術輸入。二、技術輸出。三、技術擴散。

4. **技術輸入：**

   藉僑外投資、與外國際技術合作、投資國外高科技事業等方式取得先進之技術引進國內者。

5. **技術輸出：**

   指直接供應國外買主具生產能力的應用技術、設計、顧問服務及專利等。我國技術輸出方式包括整廠輸出、對外投資、對外技術合作及顧問服務等四種。

6. **技術擴散：**

   指政府引導式的技術移轉方式，即由財團法人、國營事業或政府研究機構將其開發之技術擴散至民間企業之一種單項移轉（政府移轉民間）。

7. **技術創新：**

   指研究執行中產生的技術且有詳實技術資料文件者。

8. **技術服務：**

   指對受輔導廠商提供製造技術、品質、設計、自動化、污染防治、工業安全及經營管理等技術服務。

(一) 知識內容編輯：

在知識內容的廣度、深度及後續報導的可讀性考量下，知識內容編輯部份，廣泛蒐

集文章、書籍、學刊等資料，已完成平埔族簡介、簡介、文化概述、文化創意產業等四部份之編輯。

(二) 商品與商業模式設計：

以高纖、高機能性、低糖、低脂、低鹽、低熱量及低膽固醇等構想，規劃開發出「減低油量的酥餅」、「降低甜度的麻糬」進行商品設計；另以「思考全球化、行動在地化」為商業創新之原則，以文化為創意核心，運用大甲地區的歷史、鄉鎮意象、社區居民等元素、以身心靈健康為目標，建構「文化創意商業模式」。創意商業模式將以「xx 食品股份有限公司」為核心，結合形成「xx 文化創意產業」。養生教室/社群（實體/虛擬）」服務提昇建立與社會大眾、當地客戶及觀光客的互動，奠基顧客關係。再透過商業體系，分別針對不同客層的特性及屬性，進行潛移默化的訊息傳遞及宣導；讓顧客在愉快的消費經驗中，能從中體驗綠色工坊寓教於樂的互動模式。不僅將產品賣給顧客，更希望能透過健康宣揚、活化在地文化歷史及相關創意知識的產出，建立企業在地關懷、回饋社會的形象。同時，走入社區的訴求，將加強與顧客的感動分享及情感互動、強化在地及社區的客戶關係管理、喚起社區居民的生活文化記憶，以提供更多無形的產品服務來提高社區認同度。

(三) 品牌設計：

品牌擬人年輕化的方式進行設計，用畫冊、圖書的方式推廣，並建立產品形象，創造出一個活著的綠色工坊品牌定位，工坊品牌形象系統規劃，初步將會以「文本故事、插畫發展、文案撰寫」來設計，未來的週邊產出包括：企業象徵造型物設計、小紙袋、手提袋規劃設計，禮盒規劃設計，內包裝袋規劃設計，產品 DM 規劃設計（文案撰寫，插話發展），品牌應用規劃設計。

EXAMPLE

研發成果、獲得獎項或專利

2005 年至 2004 年創意產品開發，如：台灣地景系列 DVD、杜忠誥書藝卡、感恩卡、花鳥大圖卡、茶花工藝、台灣之美萬用卡、合歡山戀曲。

2005 年 11 至 2003 年 8 月策展（大、中、小型）計 30 場以上。

2004 年 交通部中華電信公共藝術最高分。

2004 年 全國公共圖書館博覽會執行。

2004 年 線上英語專家諮詢平台系統。

2003 年 台北市教育局數位化終身學習博覽會。

2003 年 知識管理－線上課程認證平台。

2003 年 台北市市民終身學習網平台系統。

EXAMPLE

研發成果、獲得獎項或專利

2005 年 經濟部工業局長頒發推廣 GMP 食品有功獎章。

2004 年 臺北市衛生局邀請加入為「臺北市健康城市合作夥伴」。

2004 年 台北市政府評選本公司為「營造大安區社區健康營造點」。

2003 年 工研院邀請加入為「遠距居家照護服務產業聯盟」。

2003 年 經濟部中小企業處創業楷模獎。

EXAMPLE

已研發出初段的系列產品　都是自己得專利

1. 穿插機：新型專利申請案號 100203234 『有價證券驗偽及堆疊裝置』。

2. 智慧型金融事務機：新型專利 M 401821 號 （已通過）。

3. 曾經參與政府相關研發計畫之實績。

第三節　曾經參與政府相關研發計畫之實績

EXAMPLE

　　本公司由於中小企業出身，本身的研發資源並不雄厚，因此企業主持人對於技術資訊與發展趨勢的掌握十分重視，並充分運用技術引進、技術合作、技術移轉等手段，來創新、更新、豐富化本身所有的技術能力。為使研發投資能有效回收，本身研發團隊主要在強化設計實踐與工程驗證的能力，而對於較複雜技術的研發，較多的以向外委託引進，或與研究機構合作方式來達成。

　　本公司善於運用外部公共資源，如工業局對於關鍵零組件開發的補助、政府對於研發的稅賦優惠獎勵、工研院與大學的技術資源等。在委託光電所開發光碟機組軸馬達一案，本公司自付僅約一億台幣的經費，但也獲得工業局五千萬元的補助，同時經由技術移轉，在人力培訓、學習成長、與企業形象上，更有不可言予的收穫。未來光碟機市場的利益規模，將高達數十百億元，因此這項運用外部資源所進行的開發案，對於本公司是絕對有益的。

　　本公司近期與外部研究機構合作的個案有：

　　與光電所合作開發「光碟機主軸馬達」，移轉費用 2,000 萬元，另支開發費用 1 億元，其中半數 5,000 萬元由工業局主導性產品計畫中補助。

　　與光電所合作開發「風扇馬達組裝之自動化生產線」，共計支出開發費約 6,000 萬元。

　　另外還有「光碟機主軸馬達使用的晶片組」、「光碟機光機組使用之 3 相馬達」、「筆記型電腦使用之光碟機之超薄型主軸馬達」等開發案，正在委託成功大學進行研發之建教合作。

EXAMPLE

　　請註明近 3 年曾經參與之下列計畫：(A)新傳四-協助傳統產業技術開發計畫；(B)小型企業創新研發計畫（SBIR 計畫）；(C)協助服務業研究發展計畫；(D)其他研發計畫等（請說明計畫類型，如：業界開發產業技術計畫、創新科技應用與服務計畫、工業局主導性新產品開發輔導計畫、提升傳統工業產品競爭力計畫、科學工業園區創新技術研究發展計畫、新聞局、文建會或其他政府單位補助計畫…）。

核定日期	計畫類別	計畫名稱	計畫執行期間年度	年度計畫經費						計畫人年數
				96		97		98		
				政府補助款	計畫總經費	政府補助款	計畫總經費	政府補助款	計畫總經費	
	A	94 年度商業 e 化體系輔導推動計劃 體系應用類提案計畫書《藝術創意行銷平台》	2	無	無	無	無	150 萬元	150 萬元	7
	B	商業 e 化體系輔導推動計劃 體系應用類提案計畫書	2	150 萬元	150 萬元	無	無	無	無	10
	C	94 年度商業 e 化體系輔導推動計劃 體系應用類提案計畫書《社區生活館電子商務平台》	1	150 萬元	150 萬元	無	無	無	無	22
	D	抗 SARS 專案 社區健康服務電子化示範計劃書	1	150 萬元	150 萬元	無	無	無	無	10

註：1. 計畫類別請以 A B C D 標明。

2. 請確實填寫曾參與政府相關研發計畫及補助經費，資料如有不實臺北市政府產業發展局得撤銷追回已核撥之補助款。

第七章 背景、需求、問題、方案 方向、利益及策略優勢 比較

第一節 背景與說明：

計畫緣起，如面臨問題、環境需求、市場問題分析、解決方案說明（若需更詳細說明，請另以附件補充）。

NOTE

一、研究背景與目的

對於為何選定這個研究主題的背景與其研究目的必須做詳細的說明，尤其可以突顯本議題在貢獻與定位的地方必需加以描繪。不僅如此，與研究主題相關的重要文獻需做深入的評述，這樣可以顯示出計畫主持人對於目前既存技術已做到何種地步有良好的掌握，從而讓審查委員感覺到計畫主持人對本研究議題有成竹在胸的印象。

二、模型的描繪

基本模型設立一定要清楚地敘述，並以此模型描繪延伸與修正面臨問題、環境需求、市場問題分析、解決方案相關議題，這樣不僅可以突顯連結與持續性，而且可以顯示計畫主持人對本研究主題有良好的掌握。

三、研究方法與執行步驟

審查委員在寫作上經常要求嚴謹的研究方法與執行步驟，所以必需條列式地敘述每一研究步驟，及可以突顯模型特色的研究方法，這樣可以顯示出計畫主持人對研究主題的掌握性。（張文雅 輔仁大學經濟系講座教授）

計畫目標可用以下綱要條列說明

產品技術評估指標：

- 使用材料特性（生物相容性，強度，...）；
- 產品設計（外觀，結構，...）；
- 產品製造（方式，包裝，...）；
- 產品生物相容性（體內，體外，...）；
- 產品技術創新比較；
- 產品創新-連續監控技術研發。

另外，本節撰寫計畫書請注意以下易犯的毛病：

- 對於市場佔有率做大而化之的粗略假設。

- 在分析產業與市場活動時，最好引證官方、學術研究機構或市場調查研究的客觀統計資料。

- 開發產品之技術突破及利基點不夠明確。

- 應突顯該產品技術之特色、突破點，與其他公司不同之處在哪？以彰顯技術之困難性。

- 查核點缺乏量化且明確指標。

- 查核點指技術可達成之程度，故需訂定明確可查核之效能指標，以便未來期末驗收產品功能。

- 技術移轉項目說明不清。

- 技轉單位開發之項目、雙方權利義務，以及技轉經費如何訂定常交代不清，難以判斷技轉單位負責哪些內容。

- 難以看出開發產品技術對公司研發能量提升及產業帶動的效益性。

- 應強化開發之產品關鍵技術，對公司及整體產業有何重大影響。

NOTE

公式如下：

（**SIIR**）**應用趨勢與發展**背景從全球經濟發展的趨勢大觀出發寫起，下圖架構可供參考。

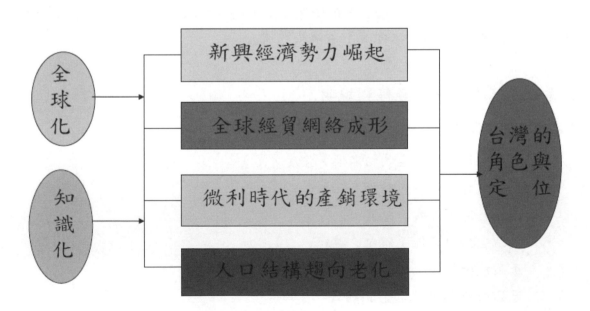

（CITD）台灣傳統產業應用趨勢與發展發展面臨的技術創新管理挑戰，下圖架構可供參考。

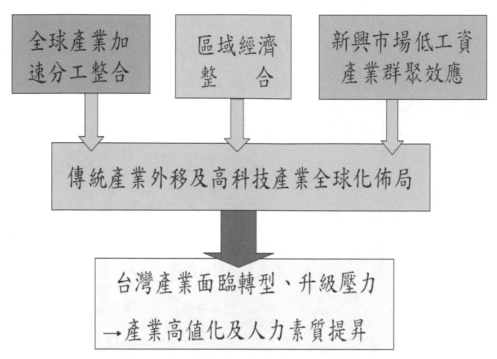

（SBIR）台灣產業應用趨勢與發展發展面臨的技術創新管理挑戰，下圖架構可供參考。

技術創新管理主因是要提高企業附加價值掌握核心優勢，參考下圖微笑曲線創新（Innovation）和行銷可自由發揮。

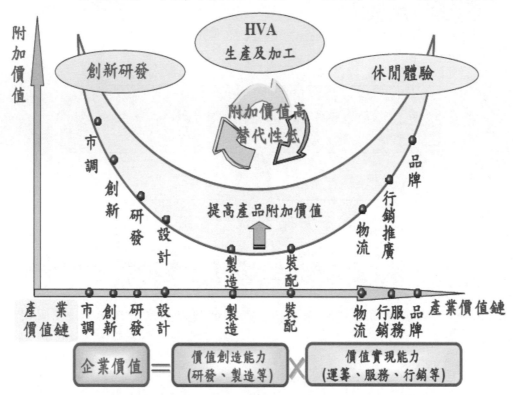

接著，談技術創新供需的影響因素 ---需求面---

- 國際競爭---全球化趨勢與區域經濟整合。

- 產業結構調整---高值化與服務業主導經濟體。

- 區域經濟發展---均衡發展與在地特色產業。

- 科技進步與生產力---自動化、知識化與資訊化衝擊。

- 勞動運用與法規鬆綁---國際化與彈性化變革。

公司背景寫法（經營理念、策略）

餐飲類的範例

一、 經營理念

美式餐飲在台灣會成功，靠的是經營理念與制度，不是商品。就像麥當勞，外行人看它賣漢堡，其實，麥當勞在市場崛起，靠的是 Q.S.C.V.的理念即快速（Quickness），服務（Service），清潔（Cleaning）、價值（Value）等理念。台灣寬達公司於民國 73 年將之引進，也是因為這套 know how，才在國內外食市場迅速發展連鎖帶動速食產業風潮。實業股份有限公司自創立「池上飯包」品牌以來，即便致力於實踐「服務、品質、衛生、價值」的用心經營理念，讓國內的消費者可以隨時吃到貨真價實、口味一致、回憶無窮的古早味正宗池上飯包。

99

創辦人堅持「文化只能傳承，不能創新」。執行長先生遵照的指示，把傳統的池上飯包中木盒包裝及特製醬料保存下來，但也不斷調整米食口感和增加新菜色，希望能增加便當的新選擇。傳承了文化中，最具保存價值的一面。另為因應時代潮流，雖然經營的是古早味的傳統東方快餐，所用的是現代化的經營方式，期使東方的米食文化推廣到世界各地去。因此，現階段的經營理念就是「中國米食標準化，創造東方麥當勞」，以期永續傳承。

　　本公司具有六十多年的歷史，在品質管理體系、產品品質與衛生方面以及每家店的衛生及用餐環境，要走在市場的尖端，因此民國 89 年起陸續申請了 IS9001：2000 年版國際品質驗證及經濟部 GSP 服務品質認證。

二、　經營策略

　　公司的經營願景是「讓人人都有好米吃」，在定位市場的時候，瞄準的不再只是傳統飯包市場，更是龐大外食市場。包括住家及商務人士，有外食或有休憩、洽談公事場所需求，注重健康或習慣傳統米食，個性講求簡單、便利的顧客都是行銷對象。經營策略就經營型態與產品研發而言，歸納如下：

1. 「家業」型態轉變成「企業」型態

　　目前的中餐外食人口對傳統便當店的印象依舊保留在家庭經營的簡單方便但衛生及用餐環境欠佳的情況中，而且傳統的便當店在下午兩點至四點期間均不營業，造成這期間的用餐顧客均選擇麵食及點心做為主要用餐方式。為突破此困境，除了改善經營體質以達「營養、美味、衛生、便捷」的經營理念外，為了開拓市場，改變消費者觀念，將著手於都會區嘗試經營複合式的健康米食館。

　　此外，過去飯包專賣店，結合咖啡、飲料及其他產品的行銷方式，漸漸的改變了消費群對池上飯包的刻板觀念。現在客人會在健康米食館裡點一份飯包套餐與朋友聊天達幾個小時之久，下午兩點到四點期間以及晚上八點以後更是有許多客人陸續在店中用餐，享用美食。由此以來不但抓住了傳統飯包餐飲市場，更加吸引到了以前非食用飯包的消費族群。此外針對此經營型態的改變，產品研發策略除開發新世代米種外，有關以米食為主體的輕食、甜點、飲品及餐點亦為未來發展重點。

2. 用品牌方式經營，並注入現代化管理

　　連鎖事業的傳統經營模式，一般祇靠不斷延攬加盟主，擴充店家數並收取加盟金，而不以品牌方式來經營，以塑造企業形象及加深消費者的消費印象，將無法在競爭激烈的飯包業中開創自己的藍海。公司之品牌定位為「創新的健康米食文化」，為實踐此目標，首先在台東池上鄉池上飯包老店設立了『池上飯包博物館』忠實的紀錄了池上飯包 70 年來的演變史，讓下一代可以體會早期台灣餐飲文化的轉變及提升對東方米食文化的認同，並同時強化了體驗行銷的功能。

　　其次，有鑒於中餐之所以不能像西方快餐（例如麥當勞、肯德基）大範圍地推廣，主要的原因是因為中餐的製作流程繁鎖，技術含量偏高，導致同樣的菜在不同的地方有不同的口味，不同的人有不同的做法。中國人的傳統又是以師傅帶徒弟的

方式來傳承其技術，教授方式皆以經驗為準則，沒有一個固定的標準。因此，為了將產品規格、原材料驗收、製作流程、廚房作業、店面管理作業、加盟店流程及品質認證等制度化、標準化及規範化。於民國 89 年起陸續申請了 IS9001：2000 年版國際品質管理系統驗證及經濟部 GSP 服務品質認證。此外，連鎖門市的數量愈來愈多時，企業 e 化的迫切性就愈高。公司的據點分佈在全國各地，全國北中南東總共 186 家分店，銷售方式採門市經營，客源以外送、外帶、門市客人及大宗訂單為主。公司採用連鎖店經營模式每一家分店都有標準的廚房設備及營運設備，每家分店自行生產飯包在其門市銷售，擁有完善的後勤支援，行銷企劃及教育訓練系統，且與多家日本知名便當及餐飲公司策略聯盟，不斷研發創新滿足市場之需求，為所有連鎖加盟門市提供強有力的市場競爭力。目前公司總共有 210 家店，總設備投資額超過 8,900 萬新台幣，年產能達 2,300 萬個飯包。為改善公司的整體管理水平，提高總部對門市的服務及營運的掌控，公司全面推動管理 e 化，包括門市網路採購、店面管理 e 化、B2C 行銷通路、客戶資源管理、門市成本控管、財務人事管理及輔助決策及金流相關帳務處理 e 化。

金融機構類範例

一、 經營理念

1. 公司成立背景：

IBM 商業價值研究院認為許多金融機構將財富管理視為一個整合的產品組合；包含：現金管理、資產管理、退休金規畫及稅務規劃。當財富管理是用「產品導向」的方式來進行時，業者就無法提供客戶與競爭者差異化的服務。IBM 商業價值研究院並提供五種做到差異化以提高客戶忠誠度的方法：

   (1) 理財顧問與客戶關係（advisory relationship）。

   (2) 整合的資訊（integrated information）。

   (3) 多重存取通路（multichannel access）。

   (4) 品牌認知（perception）。

   (5) 個人化服務（personal touch）。

2. 經營理念：

XX 財商顧問公司是由一群從事金融服務與財商教育多年的夥伴所創立，順應前述財富管理潮流趨勢，及大眾對於金融理財知識的需求，運用財務規劃流程發展出大眾財商教育系統及工具及財務顧問專業訓練＆媒合，目的在於透過財商知識的學習及財務規劃技術的運用，提昇大眾財務智商及理財決策品質，保障家庭經濟健全與富足。

二、 經營策略：

1. 定位：為財顧教育暨顧問服務公司，以理財產業為主要目標市場，著重於理財顧問服務人才育成與財商教育推廣。致力於研發相關知識系統、運用工具和平台，

提供大眾與財顧雙方能更有效獲得財務規劃的實務知識與支援。分為以下兩個方向：

（1） 一般投資理財大眾--讓每一個家庭學習建立財富計畫，並擁有實踐財富計畫的知能及行動。因而能理性消費、儲蓄與投資。進而保障家庭財務安全，實現理想生活。

（2） 財務規劃服務專業人士--協助有志於提供客戶優質財務規劃服務的財務顧問（1）增加客戶/增員來源；（2）降低行銷與經營成本；（3）提升專業能力與形象；（4）贏得客戶的信任。

2. 目前公司主要的經營發展重點為「營運管理」、「創新管理」與「顧客管理」：

- 營運管理：

  - 申請專利、保護智財和市場。

  - 確認各合作單位合作模式/目標市場/價目/制度/促銷計劃。

  - 規劃技術授權經營策略。

- 創新管理：

  - 完成產品建置。

  - 完成標準化銷售流程/話術/輔銷工具/訓練計劃。

  - 完成業務人員/財顧作業相關配套內容。

- 顧客管理：

  - 儘速啟動與金融專業教育訓練單位合作計畫。

  - 儘速啟動通路系統。

  - 啟動財顧團隊合作計劃。

  - 啟動媒體合作行銷、開拓市場與強化品牌。

  - 啟動與大學成人推廣教育單位合作案。

一、背景與說明公式

A公司概況(具實以告)
公司概況 經營理念----【展開】
B背景(因緣際會)應用趨勢與發展
- 環境變化劇烈
- 顧客需求變動
- 企業競爭嚴峻)----【展開圖】
C解決方案技術水準的傳統製程提升
- 實認為有必要導入

EXAMPLE

食品新產品產業背景（因緣際會）應用趨勢與發展

一、 公司概況（具實以告）

由了解顧客的需求，分析顧客資料與消費傾向，從何開發吸引消費者興趣下手，就台灣市場而言,食品市場更是一個成熟的市場,必須發展高附加價值產品強調產品特質,以創造末端產品的新價值，擴張市場佔有率。食品新產品開發最重創意,所謂創意來自消費者的需求,藉由行銷資訊系統的建立可以幫助業者了解顧客的需求,分析顧客資料與消費傾向，從何開發吸引消費者興趣的食品。

二、 背景（因緣際會）應用趨勢與發展

著眼於技術面,餐飲產業為國家發展觀光之重要競爭力,而現今餐飲相關產業之經營面對眾多挑戰,包括消費者對食品之需求,客戶對產品品質提升之要求,政府機關對於食品安全之規範趨嚴,經營者對於經濟效率增加之期許,再加上食材原料上漲、人力及營運成本上揚,造成利潤降低及通路經營等問題,在在增加餐飲相關產業經營之壓力。

三、 解決方案

因此,食品產業與餐飲休閒產業,在製程之最適條件,提升 XX 創意 XX 餅技術水準的傳統製程發展而有所因應。

EXAMPLE

醫材產業背景（因緣際會）應用趨勢與發展

- **環境變化劇烈**

　　製藥及醫材產業產品攸關人命與民眾的醫療品質，因此各國都訂立嚴謹的法規確保產品的安全性及效能。由於生技產品涉及專業醫療行為、與醫療系統及法規制度關連高、技術複雜、需投入高成本從事研發工作，才能以領先的技術、產品取得各國主管機關認證。可見得其進入障礙高、市場具封閉性、法規要求嚴格，屬於高度整合跨領域的產業。

- **顧客需求變動**

　　有鑑於我國生技產業規模較小，唯有跨入國際市場才能有效增加營收、壯大規模、健全產業。但我國無論製藥產業或醫療器材產業，占全球市場的比重仍低於 1%，顯示我國投資在生技相關學研機構長期累積的研發能量，尚未順利由下游廠商承接，並逐漸向產業界擴散，使得無法商品化、並帶動產業的發展。因此，如何突破目前產業價值鏈上的關鍵缺口，由下一棒順利承接國內的基礎研發能量，進而向產業界擴散，實為影響生技業發展的重要關鍵。從研發成果到商業化應用的階段涉及的層面甚廣，從成果商品化可行性、釋放成果移轉方式、國際法規認證等均需妥善規劃，每個階段都是影響生技業發展的重要關鍵。

- **企業競爭嚴峻**

　　我國製藥產業的價值鏈面臨的關鍵缺口包括：

（1）**新藥探索階段：**

　　各研究單位缺乏足夠以產業為目標的研發能量，導致可商品化的研發成果數量有限。

　　缺乏專業團隊為可能的新藥發展進行篩選與專案佈局。

　　產業界普遍缺乏新藥探索的能力。

（2）**臨床前試驗階段：**

　　缺乏有經驗之團隊為藥品發展設計規劃與管控整體流程。

　　缺乏足夠之上游案件以維持完整測試之體系。

　　相關測試能量建置不完整（無穩定之常規需求）。

（3）**臨床試驗階段：**

　　缺乏足夠誘因引導專業臨床研發人才參與臨床試驗。

　　臨床試驗計畫、設計能力不足。

　　缺乏足夠案源支撐常設的研發團隊。

（4）**上市申請階段：**

缺少符合國際規格的生技藥品製程設備及製造能力。

新藥審查法規尚未與國際同步、接軌。

醫藥品審查人才、品質及透明度仍待加強與提升。

（5）銷售階段：

國際行銷能力不足。

國內市場占有率不高。

EXAMPLE

一、　公司概況（具實以告）隨著個人行動影音時代的來臨

隨著 Web 2.0 的興起

隨著工業 4.0 的興起

網路的內容加值應用上，隨著 Web 2.0 的興起讓參與及分享的網路活動逐漸發燒。如最近被 Google 以約合新台幣 560 億元所併購的 Youtube 就是以多媒體影音分享的 Web 2.0 技術快速累積使用人口與內容，並在網路上造成一股旋風。

二、　背景（因緣際會）應用趨勢與發展

而隨著個人行動影音時代的來臨，學習已不再限於書桌前或電腦螢幕前，對於學習者更方便，而不限於時間地點的行動學習模式已逐漸成形。

本計畫旨在導入建置最新 Web 2.0 應用的 Podcast(播客)系統平台，並透過 Podcast 來發佈 PDF 、語音、影片等媒體文件，同時透過訂閱的方式來自動接收上述多媒體文件；同時除了在個人電腦上隨時聆聽外，也可以透過 iPhone、iPod、MP3 等行動載具讓學習資源隨身攜帶，建立一個無所不在的學習模式 。

三、 解決方案

目前在國外許多名校早已積極導入 Podcast 應用，並受到各校普遍的認同與肯定，也因此帶動校園數位行動學習的應用新趨勢為因應這樣的行動學習應用趨勢與發展，實認為有必要導入 Podcast 相關的網路與行動學習技術與應用，藉以運用累積多年的教學資源，融合本土在地特性，將學習科技應用的成就推向國際。

第二節 國內外產業現況、發展趨勢

NOTE

國內外產業現況

- 了解自己所要開發的是屬於哪一個產業類別（資安、LED、網通、金屬加工）。

- 說明這個產業類別目前在國內外所面臨到的問題與市場對這個產業的看法。

- 引據相關研究的報導、數據與圖表。

- 說明目前國內對於這產業的發展措施、方針為何。

- 導引出公司本身是做什麼、為什麼要投入這個產業。

- 點出公司因為遇到什麼樣的困難，或者外部有怎樣的需求，所以公司才要來開發這項技術或服務。

EXAMPLE

物聯網跨界平臺與製造業服務化趨勢

由於物聯網時代硬體毛利會越來越低，因此有許多硬體廠商也開始跨界平臺，走入軟體與系統管理等服務。

如本業在工規行動電腦的精聯電子奠定在其硬體裝置布局上，開發行動裝置與應用軟體管理平臺 Mobolbink，提供雲端應用管理介面供其他廠商做跨系統整合，並與微軟合作提供大數據服務；除了進行物流管理，未來也希望能做到預防性維修。

電腦與工業自動化設備大廠研華科技，目前除了有各種溫室監控方案，也推出智慧農業解決方案，建構專為高檔魚類養殖的漁菜共生養殖溫室，透過對引進室內養殖 池的海水進行溶氧、氨氮、PH 值與水溫等監測，管理者能以行動裝置隨時監看養殖場狀況；而當數據出現異常時，系統也會自動發送簡訊通知負責人，以便讓養殖溫室始終處於最適狀態。此外，也結合光電、建築及農畜牧業等跨界合作，打造 LED 植物工廠。

跨界智慧醫療提供無線醫療服務，推出可插在插座上的 2net Hub 健康追蹤器與行動版 2net Hub，用戶不用任何操作或資通訊知識，2net Hub 就可以自動收集配戴者身上的血糖、血壓和心跳等健康接收器，發送到專業醫療平臺。醫護人員可監控用戶狀況，隨時提出警告或建議。數據範圍除了從患者端傳來的即時生理數據，還整合患者的家族病史與病歷紀錄等，提高遠端診斷與追蹤的準確度。

商業服務智慧互動化趨勢

物聯網在商業服務的應用上，主要在提升消費者體驗、供應鏈優化與創造新的通路與商機。

在消費者體驗方面，透過微定位技術，並結合消費者個人特性與歷史消費資訊，可以更準確地推播客製化商品訊息、折扣或禮品兌換卷，或根據待購清單帶領消費者直接走向標的，在消費者經過螢幕時顯示消費者可能有興趣的商品，並直接掃描螢 QR Code 購買商品等；消費者也可透過虛擬裝置試穿衣服或掃描商品資訊，了解更多商品成分、履歷或其他樣式顏色等。而商家則可透過消費者動線、商品與廣告停留時間 調整商品擺設，透過智慧裝置監控商品存量或食物新鮮度，動態調整商品售價，或是依據人潮櫃臺開放數量，並引導消費者動向等。

此外，結合家電製造、智慧裝置業者與零售平臺，也可在日常用品如洗衣精或食品存量低時，自動通知商家送貨，提高消費者購物便利性與忠誠度。智慧物流則是支援智慧零售重要的一環。

物聯網的使用使得物流業者更能掌握全球貨物資料、貿易資料與物流追蹤，降低存貨存量，並提高貿易風險控管能力。目前有許多大型百貨與零售業者如 Tesco、Walmart，以及我國的 101 百貨、全家便利商店、燦坤與特定商圈小型商家等，都已開始利用物聯網以提升服務體驗與效率。在智慧應用趨勢下，消費者將更追求獨特與個性化的消費體驗，具特色的中小型商家將更容易被看見。小型商家除了能藉由物聯網服務平臺的平價服務，導入數據分析，也可以聚落或商圈方式，合作提供特色與優惠地圖推播。此外，也可藉由與大型零售百貨合作，提供更多元的商品，達到雙贏效果；譬如高雄夢時代百貨曾與資策會合作實驗計畫，在虛擬購物牆輪流推播會員商家商品，消費者可透過智慧型手機掃描，預約相關會員商家的商品與服務。

餐飲業產業國內外產業現況

(1) 產業關聯性大

(2) 營業有明顯的尖峰時間

(3) 商品腐蝕性高

(4) 座位是商品的一部份

(5) 地區的適中性

(6) 產銷在同一時地進行，且時限極短

(7) 勞力密集

發展趨勢

PLC 產品生命週期可參考談論寫入

產品生命週期（Product Life Cycle，簡稱 PLC）係一條 S 型的曲線，常可分成四個階段：

一、 導入期（Introduction Stage）：導入期係指一產品被導入市場的時期，此時的銷售成長呈現緩慢的情形。

二、 成長期（Growth Stage）：成長期為產品已迅速獲得市場接受的時期；此時，產品的利潤已顯著增加。

三、 成熟期（Maturity Stage）：成熟期是銷售成長趨緩的時期；因為，此時產品已獲得大部份潛在購買者的接受。同時，產品利潤也在此一時期達到最高峰而後轉趨下降；產生這種情形的原因，係為了對抗競爭，維繫其市場地位，須大量提高其行銷費用。

四、 衰退期（Decline Stage）：衰退期係銷售情形顯趨滑落的時期，而其利潤，則從此時劇減。

發展趨勢分析公式(1)

1. 明確界定產品的目標市場，包括銷售對象與銷售區域
2. 過去、現在、以及未來的市場需求與市場成長潛力

·過去、現在、以及未來的市場價格發展趨勢
·說明市場上主要的競爭者，包括競爭者的市場佔有率、銷售量、排名，彼此的優劣勢與績效、以及因應的競爭策略(包括價格、品質、或創新等)。若尚無競爭者，則分析未來可能的發展與競爭者出現的機率
·說明其他替代性產品的情形，以及未來因新技術發明，而威脅到現有產品的可能性與後果，並提出因應對策

發展趨勢分析公式(2)

3. 發展措施、方針為何。

4. 導引出公司本身是做什麼、為什麼要投入這個產業。

5. 點出公司因為遇到什麼樣的困難，或者外部有怎樣的需求，所以公司才要來開發這項技術或服務。

發展趨勢分析公式(3)

6. 目前國內外廠商已掌握什麼樣的技術。

7. 已達到的程度。

8. 最後說明擬開發之技術或服務在整個大環境面臨的問題與挑戰有哪些主要是解決什麼樣的問題。

9. 對比提出「什麼問題」是很少人去做。或者說明哪一類的技術門檻較高，所以有投入的必要性。

EXAMPLE

有機農業業國內外產業現況、發展趨勢概況

有機農業是發展永續農業經營之一種方式，其宗旨不外為維護生態環境與確保農產品之安全性，以促使農業生產之永續性。有機農業為不使用或避免使用化學合成農藥及肥料，利用農業自然循環機制，依循土壤性質及配合輪作制度，發揮農地生產力，儘可能降低環境負荷所採取栽培管理之生活方式；而達成農作物栽培生產之重要手段，包括施用有機肥料、適當輪作、非農藥防治病蟲害及水土保育等。

有機農業的發展在國外起源較早，1924 年德國人 Dr. Rudolf Steiner 首先提倡農作物有機栽培法，希望以耕作技術來取代化學物的使用，另日本岡田茂吉先生於 1935 年倡導自然農法，以尊重土壤為基本，倡導永續性的農業生產體系。惟當時世界農業發展趨勢為追求農業工業化、商品化，以提高產量，所以有機栽培法並未受到重視。

早期有機農業主要是為維護土壤之生產環境，而隨著生活水準之提昇，消費者對農產品消費型態轉向多樣化、精緻化，也特別關注農產品的健康性與安全性；由於有機農業是一種禁止或避免使用化學合成資材（如農藥、肥料、殺草劑、生長素及抗生素等）的生產方式，重視環境保護、生態平衡及維護生產者與消費者之健康與安全，故已成為近來世界各國農業發展之新趨勢。

EXAMPLE

驗鈔機產業國內外產業現況、發展趨勢概況

一、 市場特性與規模

(1) 大陸為台灣驗鈔機產業之重要市場

經歷過全球金融危機之後，隨著恐慌慢慢減小，資產價格開始變得穩定、形勢開始反轉。盡管發達國家的復甦仍很脆弱，但發展中國家似乎已經度過了這場危機。中國正在增長、印度經濟正在反彈，巴西的增長也很明顯，發展中國家的貿易正在恢復到危機前水平。盡管發展中國家的經濟復甦向好，但是，在今後的日子里，發達國家的不受規制的金融體制以及金融體系的不穩定性需要受到重視。需要各國政策合作以減少不穩定性，這必須要重建信心。

發達國家的增長或許將停頓一陣子，但它們的修正代表了它們吸取經濟危機的教訓。發展中國家的內部貿易將會擴張，將會很快重新增長。在應對"後危機時代"的過程中，中國政府再次強調要進一步做好利用外資工作，並制定出更為細化的措施。

中國已經成為全球經濟體系的重要組成部分，外資企業在華投資發生的新變化也將對全球經濟產生積極影響。2010 年 5 月 13 日，期待已久的《關于鼓勵和引導民間投資健康發展的若干意見》（簡稱"新 36 條"）由國務院正式發

布，此舉為中國民營經濟發展帶來極大的想象空間。

(2) 講求創新驗偽技術為全球金融市場大趨勢

目前市場上的驗鈔機主要針對人民幣的一些特性，通過檢驗螢光、磁性、測水印等方式檢驗假幣。人民幣專用紙張不會反射螢光，一些部位所用油墨中混有磁粉，某些低端驗鈔機就通過檢驗熒光和磁性來檢驗真偽，這些點鈔機、驗鈔機往往價格低廉。可目前一些假幣也在紙漿中添加磁粉，有的甚至將小面值真幣粉碎後，印制大面值假幣，這就讓低端驗鈔機無能為力了。針對目前號稱"高仿真"的編號"HD"開頭的百元假幣，各銀行都要求點鈔機生產企業對設備進行了升級，點鈔機技術正在加快發展。在電子信息技術相互融合發展的大趨勢下，中國電子產業融合創新、發展的勢頭越來越明顯。在全球市場響應速度加快的背景下，驗鈔機行業也迎來了新的發展良機。

本公司有鑑於多年來，每到了年節，電視新聞、報紙在報導 ATM 提款機固障的消息真是層出不窮，因為千元鈔券上的光影防偽薄膜，不利於對民眾提供新的千元鈔券來兌領時ATM提款機使用，常造成ATM 提款機固障的消息，民眾領不到新鈔，抱怨連連的事件。這種情況原因有二：一是新印的新鈔有濕度，容易產生沾粘；二則是光影防偽薄膜是多層印刷，增添了金鑭鋁膜塑料等層，以來阻喝利用彩色印刷機印製偽鈔的困難，但也因此增加了鈔券上的厚度，以千元新臺幣正面為例，右邊有光影防偽薄膜處厚度是 0.12 m/m，左面無光影薄膜處是 0.1m/m，因此當無數多張堆疊在 ATM 提款機內部時，兩邊的高度差異，又增加操做的另一個困難。所以每到年節時，銀行都需要派行員用人手去張張反向交互排列堆疊，耗損人力成本甚大。

本公司研發了創新的雙槽式驗鈔機 可以有效的穿插鈔票並且交互排疊光影薄膜面，同時具有完整的驗鈔機功能，此獨一無二的 MIT 產品可開創世界及多國商機。

第三節 國內外發展方向、利益及發展策略分析說明

NOTE

1. **國內外發展方向、利益及發展策略分析朝創意的應用思維**

   (1) 傳統產業界新產品開發

   (2) 高科技專利的發明

   (3) 前衛精品的創作與展示

   (4) 行政公務服務流程的精緻

   (5) 藝術文化界新作品發表

   (6) 觀光休閒活動的設計

   (7) 日常生活問題解決

   (8) 危機事件的妥善處理

2. **餐飲業國內外發展方向、利益及發展策略分析的經營管理，有其潛在問題方向**

   (1) 餐飲連鎖化的經營方式持續增加

   (2) 速食餐飲仍銳不可當

   (3) 營業坪數較大的平價家庭式餐廳有發展空間

   (4) 講求精緻服務的餐廳

   (5) 大飯店的自助式餐廳蔚為風潮

   (6) 餐飲服務人員的年齡逐漸年長

   (7) 公司內部組織改變，全職人員減少，而兼差人口增多

   (8) 多功能的餐飲服務人員

   (9) 電腦化的點菜系統

   (10) 網路咖啡的經營將具開發潛力

   (11) 策略聯盟創造競爭力

   (12) 環保意識日益高漲

   (13) 經營走上企業化與國際化的餐飲市場

   (14) 冷凍或半成品的食品大行其道

3. **國內外發展方向、利益及發展策略分析全球醫療趨勢**

   依據聯合國世界衛生組織（WHO）的定義，當一個國家65歲以上的老年人口超過14%時，稱為高齡化社會（Aged Society）。其調查數據指出，109年全球65歲以上的高齡

人口數比率於99年達到13.9%，並自100～118年邁向高峰期，改變人口的金字塔結構。因此在醫療上有以下幾項趨勢：

(1) 伴隨人口年齡逐漸老化，慢性病患人口逐年增加，整體醫療與健康支出占GDP的比率年年提升，將造成國家社會重大負擔，迫使現有的醫療體制朝向提高保費、降低給付、提高自付額比例的方向變革。

(2) 科技進展日新月異，新藥品、新療法、新器材紛紛相繼問市，未來，諸如：糖尿病、高血壓等需長期用藥的慢性疾病，都將可能獲得治癒或降低用藥量，以提升患者的生活品質。

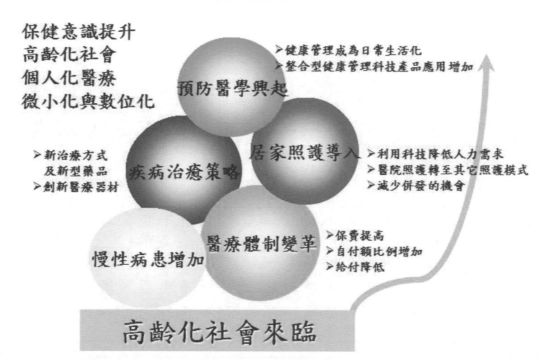

全球醫療趨勢圖

(3) 為降低國家社會資源的負擔，疾病照護的方式由集中式的醫院照護走向分散式的社區照護、居家照護，經由結合資通訊技術（Information and Communication Technologies, ICT）之電子化、行動化方式，來降低人力需求及病患於醫院併發感染的機率。

(4) 在慢性病的威脅下，個人的健康保健意識提升，了解許多疾病可因事前預防或事後控制而獲得良好效果，人類對於醫療的要求將由「疾病治療」轉變為「健康維持」，進而帶動預防醫學的興起。

4. 市場需求與市場成長潛力國內外發展方向、利益及發展策略分析

(1) 明確界定產品的目標市場，包括銷售對象、銷售區域。

(2) 過去、現在、以及未來的市場需求、市場成長潛力與價格發展趨勢。

　　說明過去、現在、以及未來的公司銷售量、市場成長情形、市場佔有率變化

情形。主要市場顧客的特徵，其接受公司產品的事實證據，以及該產品對顧客的具體利益與價值。

說明市場上主要的競爭者，包括競爭者的市場佔有率、銷售量、排名，彼此的優劣勢與績效、以及因應的競爭策略（包括價格、品質、或創新等）。若尚無競爭者，則分析未來可能的發展與競爭者出現的機率。

說明其他替代性產品的情形，以及未來因新技術發明，而威脅到現有產品的可能性與後果，並提出因應對策。

EXAMPLE　　　作表總結

分析項目	國　　內	國　　外
發展方向	目前財顧軟體的發展已由過去的基本個人或家庭的統計功能，逐漸增加深度到了解消費者長遠...	較國內市場發展先進數年，且充分運用資訊化系統整合銀行、信用卡與券商甚至如電信、水、電、瓦斯等。
利益	大多為銷售軟體或收取網路廣告費部分則搭配教育訓練課程販售。	與國內類似，目前朝向帳單整合分析商機發展，試圖了解消費者投資儲蓄、消費習慣後，由系統分析建議消費者可能購買的金融、保險、信用卡等產品。
發展策略分析	【XX公司】推動整個產業供應鏈的體系，從提高消費者理財意識、建立財顧業務發展與管理工具、財顧組織增員規畫等，讓財務顧問產業能夠緊密連結	系統平台業者提供消費者更為廉價(甚至免費)的服務，而利益部份則由各種策略聯盟、商品銷售機制回收。

EXAMPLE

分析項目	國內	國外
發展方向	褐藻酸、明膠、羧甲基纖維素、卡拉膠、聚乙烯、及基丁質等素材的製造技術亦已成熟，加上國人在中藥材上的研發基礎，使產業發展趨向以這類材質去做載體。	1. 保持傷口濕潤性及可吸附滲出液的濕性敷料。 2. 抗菌性敷材。
利益	降低成本，使利差產生，利益即有此而生。	一種傷口可能會需要兩種以上產品，且單一產品的功能接為一種，產品利益就有此產生。
發展策略	結合醫療器材、生技產業和紡織業，創造出一新式產品，朝高附加價值醫護保健紡織品領域邁進。	發展兩段式的創傷傷口敷材。

EXAMPLE

分析項目	國內	國外
發展方向	目前幫浦的發展已由過去的傳統水電裝配，逐漸轉變為由個人直接操作使用。我司幫浦商品則降低操作門檻，使人們方便操作，並結合雲端控制，讓幫浦更加生活化。	了解國外幫浦消費市場結構。
利益	除了幫浦單體的營業收入，消費者在操作上選配的功能及配件，也是收入來源。	分析當地水電與顧客間的商業行為。
發展策略分析	1.透過完整的教育訓練積極培訓經銷商與安裝人員。2.在全國各地廣設經銷據點，使消費者短時間改變幫浦使用習慣。	利用國外消費市場網站所公佈的消息與數據，模擬出進入國外市場所需之成本與顧客需求，為前進國外市場作好準備。

第八章 競爭力分析與優勢比較

- 說明擬開發之技術或服務在整個大環境面臨的問題與挑戰有哪些（可列表）。

- 目前國內外廠商已掌握什麼樣的技術、已達到的程度、主要是解決什麼樣的問題。

- 對比提出「什麼問題」是很少人去做，或者說明哪一類的技術門檻較高，所以有投入的必要性。

第一節 競爭力分析

SWOT 分析屬於企業管理理論中的策略性規劃。包含了 Strengths、Weaknesses、Opportunities、以及 Threats，意即：優勢、劣勢、機會與威脅。應用於產業分析主要在考量企業內部條件的優勢和劣勢，是否有利於在產業內競爭；機會和威脅是針對企業外部環境進行探索，探討產業未來情勢之演變。

在進行 SWOT 分析後，Weihrich 在 1982 年提出將組織內部的優、劣勢與外部環境的機會、威脅以矩陣（matrix）的方式呈現，並運用策略配對的方法來擬訂因應策略。

學者 Weihrich 所提出的 SWOT 矩陣策略配對（matching）方法包括：SO 策略表示使用強勢並利用機會，即為"Maxi-Maxi"原則；WO 策略表示克服弱勢並利用機會，即為"Mini-Maxi"原則；ST 策略表示使用強勢且避免威脅，即為"Maxi-Mini"原則；WT 表示減少弱勢並避免威脅，即為"Mini-Mini"原則。

SWOT 分析程序常與企業策略規劃程序相結合，利用 SWOT 分析架構，將企業之 S、W、O、T 四項因素進行配對，可得到 2×2 項策略型態，茲說明如下：

一、 爭取機會（SO）策略：

此種策略是最佳策略，企業內外環境能密切配合，企業能充分利用優勢資源，取得利潤並擴充發展，企業要專注此策略，大量投入資源創造競爭優勢。

二、 減低威脅（ST）策略：

此種策略是在企業面對威脅時，利用本身的強勢來克服威脅。

三、 爭取機會（WO）策略：

此種策略是在企業利用外部機會，來克服本身的弱勢。

四、 減低威脅策略（WT）：

此種策略是企業必須改善弱勢並降低威脅，此種策略常是企業面臨困境時所使用，例如必須進行合併或縮減規模等。

EXAMPLE

中小企業物聯網發展

　　雲端服務平臺，快速開發技術與商品，結合臺灣硬體製造優勢，將物聯網導入傳統安全監控市場，解決安控市場人力與效率問題。由案例技術可以發現，人工智慧、影像科技與機器學習均為物聯網發展的主要科技項目。

　　機電產業解決城市能源使用問題，掌握行動裝置、物聯網與大數據等科技趨勢，並結合臺灣的製造、設計與軟硬體整合優勢，將物聯網創新導入傳統機電產業，提供個人化服務。

　　快速創新與商品化是掌握市場的關鍵，快速從錯誤與商品反饋中學習，並嘗試各種平臺提供的模組與技術，合作夥伴是這些企業能快速掌握物聯網發展契機的必要條件。

　　除了利用物聯網平臺，以及與第三方服務、品牌或硬體製造商的策略聯盟，也都因為其創新服務與產品，獲得國發會、國內外創投或企業投資者的投資，解決資金問題，而能快速研發生產，領先進入市場布局。

一、 優勢

　　物聯網趨勢下中小企業發展的契機：

1. 平臺協助中小企業快速進入物聯網生態圈；
2. 促進中小企業與大企業的合作；
3. 創新服務與商品尚待開發；
4. 挑戰即是商機所在。

二、 劣勢

　　物聯智慧與行動經歷競爭壓力，而利用物聯網轉型；因為物聯網概念在臺灣尚未普及，沒有可參考的商業模式或成功案例，而面臨尋找客戶、夥伴或人才的困境。

　　因國內企業客戶對採用新科技或投資觀念較保守，顯示除了法規制度，國內創新創業文化與投資環境仍須加強。

三、 機會

　　由於物聯網是建立在互聯網的思維上，本質即為開放與合作。物聯網下許多產品或服務需要客製化，有少量多樣的趨勢，適合中小企業的規模與彈性。分析即指出物聯網趨勢使得中小企業能加入大企業的生態系，增加與其他企業合作的機會；物聯網的應用與創新服務，也造就許多新創企業的發展契機。利用物聯網平臺快速導入服務，與客戶共同研發以解決問題為導向開發利基市場，提供客製化小而精緻服務，以及獲得大企業投資或組成策略聯盟等共通性。

四、 威脅

　　歸納各文獻調查結果，影響企業使用物聯網的阻礙包括：

1. 管理階層不了解物聯網價值，缺乏願景與領導能力；

2. 缺乏足夠的標竿商業模式以供參考；

3. 不清楚科技現況，且科技快速變化影響企業投資意願；

4. 前期需要大量資本投資，不確定投資報酬率；

5. 製程或商業模式需要改變；

6. 基礎設施不足，且缺乏應用開發工具；

7. 缺乏足夠人才。這些阻礙對中小企業而言，都是極大的挑戰，亟需政策協助。透過訪談，發現除了上述共通性的障礙，基於臺灣產業發展歷史與企業文化，有些挑戰需要特別注意。

由於過去硬體代工產業的成功，目前許多臺灣企業雖然已經開始接觸物聯網，但許多思維仍從硬體與技術出發，希望透過大量聯網裝置獲利；然而，物聯網的核心價值是在透過這些硬體收集的數據，提供創新的服務以及商業模式，也就是應用服務那一塊。臺灣雖然也有很好的軟體人才，但較缺乏軟硬整合的人才。雖然傳統觀點認為，物聯網的發展是由大企業帶動，但大多數大型企業內部的產品開發過程過於笨重且透過投資報酬率驅動開發產品，這種方式不適合開發大量物聯網商品。

臺灣投資風氣較為保守，天使投資者不多，中小企業多依照客戶要求或市場需求調整，也就是被動式創新。

EXAMPLE

	O（機會） • 仍是固定消費群的喜愛 • 消費者的年齡層寬廣 • 代工市場未飽和	T（威脅） • 出現同樣模仿競爭者 • 同類性質店眾多 • 原物料的上漲
S（強勢） • 區域性的低價策略 • 以高品質留住消費者 • 代工市場的穩定 • 首先開發市場 • 原料成本與銷售平衡的技巧	• 開發新的市場客戶。 • 追求 XX 創意 XX 餅第一品牌形象塑造。 • 往南部及大陸市場銷售。 • 推廣 XX 創意 XX 餅禮盒銷售及研發。	• 多做廣告宣傳。 • 對成本與庫存量加以控管銷售。 • 研發創新商品，創造差異性及獨特性，品牌優越性。
W（弱勢） • 版圖不夠熟悉 • 員工銷售速度 • 只區售在北部地區	• 加強員工 EQ、耐心度與職前訓練來改善顧客等待時間過久。 • 持續改善的品質與上相關課程，試圖改善顧客不好的印象。 • 可試著往南部行銷。 • 獎懲制度。	• 創新包裝穩定市場。 • XX 餅需要一種新穎、優雅、輕鬆而且免除繁文縟節的飲食新體驗。

EXAMPLE

深入探討分析台灣汽車電子零組件業本身的優劣勢，以及未來的機會與威脅點。

一、優勢

1. 台灣與目前全世界看好的市場大餅—中國大陸具有相近的語言與文化，有助於台灣與世界大廠的合作，以共同開拓大陸市場；同時基於兩岸分工的觀點，台灣在資金、管理兩方面皆有優勢。

2. 國內汽車零組件業者近來紛紛成為外國汽車的原廠零組件衛星廠，如包括有原本的國產汽車與聯城公司，以及新加入的三星五金與台灣保來得等兩公司，皆成為美國通用汽車的原廠零組件衛星廠，這表示國內零組件之技術水準漸獲國際上的認可。

二、劣勢

1. 台灣汽車工業長期以來依賴日本零組件供應，使得零件國產化困難重重。

2. 台灣汽車市場規模有限，且漸趨飽和，即使到了公元兩千年，頂多也只能成長到六十萬輛的規模，平均分攤到各車廠或單一車型，這樣的數量對投資額大的電子零組件而言，無法達經濟生產規模。

三、機會

1. 據日本汽車專家於兩年前的預測，近幾年汽車電子零組件約會佔整車價值系統的 20%，且此一比例將持續成長。

2. 在國際分工策略的驅使下，美國通用、福特、日本豐田、日產及法國雷諾、雪鐵龍及德國福斯等車廠，目前正以台灣做為進攻亞太地區，或中國大陸市場的零組件供應及整車輸出中心。

3. 世界級車廠近來展開亞太地區零組件分工的工作，而第一站就是台灣。舉例而言，全球最大汽車製造集團—美國通用汽車已在台灣展開亞太地區零組件分工的第一步，台灣已成為通用在東南亞地區的第一個製造基地。

四、威脅

1. 目前有汽車零組件的關稅低於國內原料的情形，導致台灣零組件廠商生產成本比日本進口高，使廠商喪失生產上的優勢。

2. 依據ＷＴＯ的規範，台灣為因應入關因而將取消汽車自製率的規定，且考慮將汽車零組件名目進口關稅稅率逐年下降，其中，較重要或關鍵性零組件者，原則上調幅會較小。另一方面，台灣未來加入 GATT 時，外國車有可能將要求整車輸入台灣。

3. 東南亞汽車新興國如泰國、馬來西亞兩個國家，其汽車生產技術水準及品質皆已達平均水準，雖技術尚不如台灣成熟，但若世界零組件大廠到東南亞利用當

地廉價勞工，則低成本就可能威脅到台灣零組件廠的外銷。

EXAMPLE

也可用列表比較方法，這是一種具體的競爭力比較方法，使用此類表格可加深委員對此計畫的信賴度。例如：

	本　公　司	A 單位	B 單一	C 公司
主要經營服務項目	文化創意商品、博物館文化營運、文化服務	花蓮創意文化園區	單一博物館營運（石雕博物館）	旅遊觀光服務
功能與應用	1.文創商品研發及產業鏈垂直整合、跨界聯盟。 2.博物館餐飲賣店營運及數位通路經營之整合行銷。 3.文化展覽活動策辦。 4.藝術創作經紀業務開發。 5.開放型文創營運平台。	1.文化創意的觀光園區。 2.花東藝文展演平台。	1.教育推廣。 2.賣店、餐廳營運。 3.博物館活動宣傳。	1.觀光旅遊紀念品販售。 2.住宿旅遊服務。 3.交通運輸服務。
國內外既有水準之比較	1.具文化資產與戶外景觀雙重地域優勢。 2.可開創花蓮文化觀光缺發博物館/文化園區資源整合之不足。 3.可開創國內博物館/文化館舍之市場研發及營運模式。 4.國內外均無「文化館舍（藝文園區）升級文化觀光產業夥伴」之經營模式。	1.具國家政策支持之創意園區營運及宣傳優勢。 2.具花東在地人才專業領域營運優勢。 3.欠缺市場營運整合行銷機制。	1.具花蓮公有博物館之宣傳優勢。 2.欠缺市場經營配套彈性機制。 3.欠缺文創商品開發營運機制。 4.欠缺資源整合行銷能力。	1.觀光行銷量體大，已具一定經濟規模。 2.欠缺豐厚多元的文化資產讓遊客體驗文化藝術。 3.欠缺吸引消費者再度造訪的魅力行程。

五力分析適用於傳統產業的競爭比較說明，如果寫的是大型計劃案，尤其是有關供應商獨佔特質，涉及到技術門檻能使替代品難以進入市場，或潛在進入試場者有絕對困難，而且該計劃已準備好對策，那這類五力分析是強而有力的補充寫法。

EXAMPLE

一、 競爭者分析

Porter（1980）認為產業的結構會影響產業之間的競爭強度，便提出一套產業分析架構，用以瞭解產業結構與競爭的因素，並建構整體的競爭策略。影響競爭及決定獨占強度的因素歸納為五種力量，即為五力分析架構。本公司利用五力分析架構來闡述競爭強度，如下圖所示：

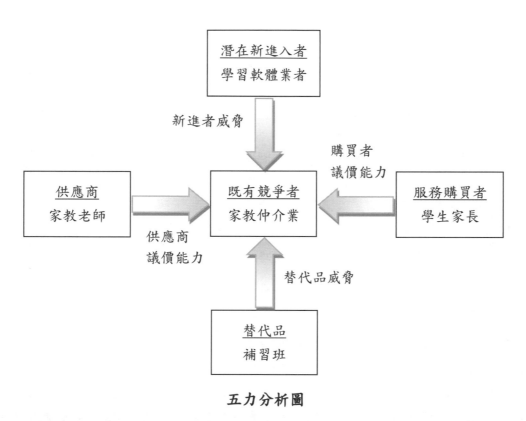

五力分析圖

(1) 與供應商議價能力

家教市場的供應商即是提供教學服務的家教老師，一般家教老師的人數多過於尋找家教的家長人數，所以家教資訊變得比較珍貴，因為家教仲介業者掌握了家教資訊，有權力將家教資訊提供給某位老師，掌握了稀有資訊者就有較強的議價能力，所以家教老師議價能力不高，只能遵循家教仲介業者訂定的遊戲規則。

(2) 消費者議價能力

家教市場的消費者即是學生家長，一般家教仲介業者對家長免費提供仲介服務，所以沒有議價能力可言。不過本公司逆向操作改向家長收取介紹費，目前僅有本公司提供家教仲介並結合診斷服務，家長無從比價，在望子成龍、為子心切的心情下，本公司的議價能力較家長強。

(3) 既有競爭者威脅

既有競爭者包括「家教仲介業者」和「個別指導補習班」，本公司與以下既有競爭業者進行服務價格、服務價值、老師素質、品牌效益、通路進行比較，以期瞭解本

公司在此產業之優勢為何。如下分析所示：

本公司與既有競爭者之比較：

	榜首家教	名師家教中心	全國菁英家教中心	拓人
服務價格	跟家長收取S級老師介紹費5,500元。A級老師介紹費3,500元。	跟家教老師收取依照老師的週薪介紹費在800~1,700元左右。	跟家教老師收取依照老師的月薪介紹費在1,000~2,000元之間。	跟家長收取學費隨不同年級、不同時數不一樣的收費標準，費用介於3,900~13,700元。
服務價值	診斷試教、售後保固、售後服務。	家教仲介	家教仲介	學習診斷個別指導
老師素質	透過甄選機制、面試，替老師向家長爭取行情以上的時薪，所以肯定師資最優。	師資齊全，但不保證優良。	師資齊全，但不保證優良。	雖然根據ETS檢測和面試，但老師時薪僅100~200元，充其量只能找到輔導老師。
品牌效益	高（榜首贏家已建立知名度）	高	高	高
通路	網路（北部）業務員	網路（全省）	網路（全省）	實體店面（北部）

(4) 潛在新進入者威脅

家教仲介產業其潛在新進入者的威脅相當高，因為所需資金和技術程度不高，所以進入障礙低，個別公司不具絕對競爭優勢。除了教育、出版業者可能為潛在新進入者，也可能為開發診斷軟體之資訊業者，例如：諾亞數位教育科技有限公司，該公司的利基在於已具備軟體研發技術，若是結合家教仲介的服務，勢必會對本公司帶來威脅。不過本公司除了提供診斷服務，還可以提供榜首贏家學習產品和線上教學等售後服務，使競爭對手不容易模仿。

(5) 替代品威脅

替代品包括補習班、家教班等補教業者，其最大的優勢是擁有完善的教學系統和豐富的教學資源，學費相較家教便宜，可是隨著少子化時代的來臨，越來越多的家長希望得到客製化、專人個別指導的教學服務，所以替代品的威脅是逐年下降當中。

二、 競爭策略分析

總結上述的競爭者分析，家教仲介是屬於低進入障礙和高度競爭的市場，為了因應既有競爭者威脅，本公司採用差異化策略，為了找到最好的師資，本公司不像其他仲介業者跟家教老師收取仲介費，而是透過為學生提供診斷服務，介紹最合適的優良師資，向家長收取較高的介紹費。本公司定位為「家教顧問」，除了提高家教仲介的進入障礙，也是順著少子化、個人化的潮流趨勢。為了因應潛在新進入者威脅，本公司必須要加快拓展事業版圖，提高品牌知名度，建立進入障礙，採取的方式是

到新竹和桃園成立分部，並設立直營店和加盟店，不僅提供家教顧問的服務，還提供多元化的學習服務。

EXAMPLE

本公司目前在市場上的競爭者主要分為兩類：線上購物商城廠商及專營網路行銷廠商。線上購物商城廠商競爭分析主要分為服務面、加值面與系統面，比較服務項目與費用。網路行銷廠商競爭分析主要分為置入性行銷方法與網路技術，比較服務項目涵蓋範圍。本公司與此兩種廠商之競爭分析以圖示說明如下：

線上購物商城競爭分析

商城/費用	Yahoo	PChome	新世界
開辦費	15000	36000	銷售抽成
月租費	12000/36000	10000	銷售抽成
成交手續費	2.5%~5%	2%	銷售抽成
產品曝光	首頁活動頁曝光一天 商城分類頁曝光七天 電子報	EDM 電子報	部落格行銷 社群行銷 入口網站廣告 搜尋引擎優化
後台管理	訂單管理系統 付款系統 客服系統	訂單管理系統 付款系統 客服系統	訂單管理系統 付款系統 客服系統

（服務面、加值面、系統面）

結論：新世界優勢

1. 廠商須先行付出的成本及風險極小。

2. 整合行銷模式完整。

一、 研發標的

提供中小企業廠商低風險、低成本的產品線上銷售管道，本計畫提供從前端客服、產品包裝、文案設計、網路行銷規劃到後端進銷存管理，本公司優先鎖定了中小企業廠商資金有限，以致風險承擔能力也有限的缺點，使得廠商對開發線上通路與砸下大筆行銷費用卻步，針對此需求缺口，本計畫可完整供應廠商的各項線上銷售需求，故此研發標的可行性極高。

二、 市場潛力分析

台灣曾經參與網路購物經驗的民眾比例高達90%以上，其中女性網購比例高於男性，主要消費年齡層都是在20歲至39歲之間，佔整體比重約為80%。

以 2009 年來說，台灣網路購物市場規模只佔零售業的 2%。因此，未來台灣電子商務的市場規模仍有非常大的成長空間，因此，經由本計畫所提供的創新服務，能促進廠商投入電子商務。

　　而即使蓬勃發展的電子商務，其銷售平台與合作模式仍多數侷限在入口網站的購物平台，自行上傳商品，行銷活動要搭配購物平台，額外廣告需付費購買等等，對廠商來說，尤其是資金與規模皆有限的中小企業主，最大的困擾仍是產品曝光量不足，難以引起銷售熱潮，不論是已從事或欲從事電子商務的廠商皆是共同面臨的問題。

　　因此，由電子商務成長的速度與規模來看，對網路行銷的需求只會越來越龐大，故能提供產品銷售平台及產品網路整合行銷之服務，同時又能降低中小企業主產品線上銷售成本的服務模式，符合廣大市場需求，並有助於台灣電子商務市場的擴張，市場成長潛力龐大。

三、 執行團隊優勢分析

1. 豐富背景優勢

- 執行長-大型策展及行銷活動規劃經驗，包括 2002 年台北冰雕展媒體總策劃。

- 行銷總監-十年以上行銷企劃及公關經歷。

- 營運長-擔任過銀行業多項大型專案 IT PM 及行銷專案之 IT 負責人。

- 資訊長-專長於系統優化、各類資料庫維護管理操作、WEB 系統人機互動介面開發與 Ajax 整合運用開發。

- 設計總監-曾任 Hounddesign 設獵多媒體複合設計工作室總監、美國服裝廠商 RODEO DR.、MYRA 特約美術設計師。

2. 媒體優勢資源支持

- 社群網站-生活、美妝、美食、運動等各式粉絲團，總計已有 25 萬粉絲，形成社群行銷的口碑傳遞利器。

- 部落客-生活、美食、美妝等各類型合作的部落客，包含了具千萬流量的部落客，利於口碑行銷。

- 新聞媒體-Nownews、TVBS、華視、中時電子報、Yahoo、愛評網等，不定時新聞議題曝光，產品推廣的的同時造成的新聞效益，也會吸引不同媒體的公共報導，等同做了免費宣傳。

網路行銷廠商分析

廠商	AAMS	環球網路	新世界
EDM行銷	V	V	V
部落格行銷	V	V	V
社群行銷	V	V	V
SEO	V	V	V
關鍵字行銷		V	V
網站建置	V	V	V
電視媒體			V

（置入性行銷：EDM行銷、部落格行銷、社群行銷、SEO；技術：關鍵字行銷、網站建置、電視媒體）

結論：新世界優勢，(1)擁有網路行銷各式專業技術；(2)電視媒體資源。

　　根據以上外部環境分析，加上本公司之優劣勢呈現出 SWOT 分析，如下所示：

Strength	Weakness
1. 專業網路整合行銷技術及知識。 2. 豐富的媒體資源與背景。 3. 執行團隊背景經歷完整。 4. 快速反應市場的能力。 5. 自有客服團隊。 6. 已具與供應商合作經驗。	1. 執行行銷活動資金需求高。 2. 公司知名度不足。 3. 公司人力不足。 4. 客服資訊系統建置成本高。 5. 倉儲管理系統建置資金需求高。
Opportunity	**Threat**
1. 中小企業廠商對網路行銷需求大。 2. 電子商務快速成長且潛力大，至 2009 年台灣電子商務市場只佔零售業的 2%。 3. 消費者越來越能接受線上購物。 4. 政府政策支持。	1. 競爭者模仿。 2. 網路惡意攻擊問題。 3. 詐騙問題多，影響消費者線上購物信心。

SWOT

　　依據 SWOT 分析可知，利用本公司現有優勢抓住目前外部環境之機會，加上政府政策之支持，有效改善線上購物環境與詐騙問題，使得不論是產品供應端或是消費者需求端，皆能更有意願且更有效率地投入電子商務，並成為本計畫創新服務經營模式的獲利來源。

第二節 技術/產品/服務競爭優勢比較

- 這部分格式書已準備好 7 到 9 個比較讓你和其他同業做具體分析，我們先分別說明它們。

品牌及其策略

一、 品牌

是指「一名稱或名詞、標識、符號、設計或它們的合併使用，其目的乃藉以區別某依銷售者群銷售的產品或服務，使不致與競爭者之產品或服務發生混淆。」

二、 家族品牌決策

製造商決定產品應使用自己的品牌，他們至少尚有四種品牌策略有待選擇：

（一） 個別品牌策略：即每項產品均使用不同品牌，鹼公司（如 Tide, Bold, Dash, Cheer, Gain, Oxydal & Duz）和 Genesco 公司（如 Jaarman, Mademoiselle, Johnson , Murphy & Cover Girl）。

（二） 單一家族品牌策略：即公司的所有產品均使用同一家族品牌，Heinz 公司和奇異公司（General Electric）均採取此種策略。

（三） 整個家族品牌：分別用於不同類的產品如 Sears 公司即採取此種策略（它的家用電器名牌是指楷模 Kenmore，女用服飾是 Kerry brook 品牌，而主要家庭用品則是 Homart 品牌）。

（四） 公司名稱加個別產品名稱策略：即每一個個別產品名稱之前一律冠上公司名稱，Kellogg's 公司即採取此項策略（如 Kellogg's Rice Krispies & Kellogg's Raisin Bran）。

三、 品牌延伸政策

成功的品牌可用之為延伸策略。品牌延伸策略的定義如下：「品牌延伸策略」（brand extension strategy）亦即利用已經成功的品牌推出修正過多的產品或者新增加的產品。

四、 多品牌政策（Multibrand Decision）

是指一個特定廠商發展兩個或更多的品牌，它們彼此互相競爭。寶鹼公司開創此策略。緊接著在二次大戰後成功推出汰漬清潔劑的品牌之後，餘 1950 年又推出另一品牌——快樂。快樂搶走一部份汰漬的銷售量，但是兩者的總銷售量卻比寶鹼公司只推出汰漬要大。寶鹼公司接著又推出其他品牌的清潔劑，每一廠牌多少都有不同的性能。其他肥皂製造商也開始追隨多品牌策略。

市場占有率

一個企業在目標市場上的市場占有率的高低，說明瞭該企業在者以目標市場的銷售商品或者提供勞務的數量在交易總額中所占比例的大小。在需求不變的情況下，該企業大市場占有率高就意味著競爭對手企業在這一目標市場中的商品或者提供的勞務的數量很低。因而市場占有率狀況是反應企業在目標市場區劃中的地位的首要指標，是企業

競爭地位最集中、最綜合、最直接的反映。

市場占有率理論指出：在一個適當界定的目標市場區劃中，產量最多的製造者，即市場占有率高的企業所能享受到的低成本和高利潤，要優於其它競爭者。

市場占有率理論的理解可以從以下三個方面來理解和分析：

一、規模經濟

市場占有率理論與經濟生產規模理論，具有很深的血緣關係和密不可分的聯繫。根據資金的籌集、商品生產、市場和成本等因素，占有率高的企業獲得較高的收益是很好理解的，因為這反映了企業經營規模的作用。如果對某一特定市場簡單的考察，擁有 40% 市場占有率的企業，其規模為同樣生產技術的擁有 20% 市場占有率的企業的一倍。由於經營規模大，經營效果也自然比占有率為 20% 的企業大，這是理所當然的。

二、競爭能力

占有率高的企業之所以獲有比占有率低的企業較高的收益率的另一個原因是因為競爭力強，及資金雄厚、成本較低、推銷得法，即便稍稍降低價格也會取得收益，而且可以左右價格。某些特種商品還可以比其他企業商品稍高的價格出售，此外，高市場占有率的品牌往往是贏得顧客心中地位的有效的方法，故而占有極大的品牌名稱上的優勢。

三、經營者的能力

在上述市場占有率與收益率的關係中，最簡要的兩者共同的內在因素是經營者的能力。優秀的經營者之所以是本企業的商品在市場上獲得高的占有率，是採取了成本管理的措施和最大限度的提高了員工生產的積極性。同時進一步研製新產品開拓新市場領域，從而取得本行業帶頭人的地位。在兢兢業業繼續前進的狀況下其他企業更難以趕上。

然而，企業也不能自認為應得了市場占有率的增加，就會自動的改善企業的收益力。事實上，這還要視企業為取得市場占有率的增加所採取的策略而定，為了獲得更高的市場占有率，而使所花費的成本卻遠遠超過其收益價值，則顯然是不值得的。因此，企業在盲目追求市場占有率的提高之前，應該首先考慮三個因素：

(1) 第一個因素是激起反壟斷法案干涉的可能性。如果位居領導地位的企業進一步擴大其市場占有率，則嫉妒的競爭這可能會群起指責為獨占行為。這種風險的提升，可能會削減追求更高市場占有率的吸引力。

(2) 第二個因素是經濟成本的因素，在市場占有率超過某一水準之後，若想更進一步增加市場占有率，則可能會使收益力開始下降。一般而言，存在下列情況時，想追求更高的市場占有率是不合適的：只有少數的經濟規模或經驗；存在不具有吸引力的市場區劃；購買者希望擁有多方面的供應來源；以及推出障礙相當高時。領導者可能寧願將力量集中於擴展整個市場規模。而不願為更進一步的提高市場占有率而奮戰。有時甚至可以選擇性的放棄弱下地區的市場占有率，以取得某些居於主宰地位的市場。

(3) 第三個因素是企業可能在它爭取更高的市場占有率時，所採用的營銷組合策略有錯，以至於企業的利潤無法增加。雖然某類特定的營銷組合變數在建立市場

占有率上甚具效力，但是使用這些變數並不一定會導致較高的利潤。

只有在以下兩種情況下，單位成本隨著市場占有率的增加而下降，以及企業提供質量優良的產品時能夠收取高於質量改善而需支付的成本，高的市場占有率會產生較高的利潤。（胡建績，市場占有率理論《企業經營戰略管理》，復旦大學出版社）

市場占有率預測

- 不可能有完美的預測：不穩定的變數
- 從不同預測方法尋找共識
- 持續的檢查與更新變數
- 在合理範圍得到最佳預測方法

預測類型

- 定性-主觀的
- 時間序列-依據過去的數據預測未來的需求
- 因果關係-需求與環境中許多要素有關
- 模擬-對未來情境在一個規範的假設下做預測

預測方法

定性法	時間序列分析	因果法	模擬模型
草根法	簡單移動平均	迴歸分析	電腦模型
市場研究	加權移動平均	經濟模型	
群體意見法	迴歸分析	投入/產出模型	
歷史類推法	Box Jenkins	領先指標	
Delphi 法	Shiskin 時間序列		
	趨勢預測		

預測型態

- 某段時間的平均需求
- 趨勢
- 季節性
- 循環週期
- 隨機變異
- 自我相關性

    - 任何一點的期望值是與他過去自己的值高度相關。

    - 等候線理論（waiting line theory）。

    - 影響需求的變化性。

市場區隔（market segmentation）

市場區隔（market segmentation）的概念，係由 Wendell R. Smith 於 1956 年首先提出，其定義為將市場上某方面需求相似的顧客或群體歸類在一起，建立許多小市場，使這些小市場之間存在某些顯著不同的傾向，以便使行銷人員能更有效地滿足不同市場（顧客）不同的慾望或需要，因而強化行銷組合的市場適應力。

亦即將某種商品或品牌的市場依據各自的特徵，且對此商品或品牌的活動具有意義的方式分門別類成族群。市場區隔的前提是認為，消費者的嗜好及對廣告的反應有若干不同的類型，而且相類似者常會形成族群（Cluster）。市場區隔在選擇市場目標（Market Target）、決定推廣目標（Promotion Target）或設定廣告對象（Target Audience）時都有應用。

綜合來說，市場區隔的原理可以歸納如下：「各分層之間的差異盡量擴大，各分層之內的差異盡量減小。」，並藉由了解市場區隔做為目標行銷的前提。

各種市場區隔的標準如下：

- 地理特徵（Geographic）：

  地區（台北市/台中市....）、居住地人口數（大都市/鄉鎮....）、居住地人口密度（市中心/郊區....）。

- 人口統計特徵（Demographic）：

  性別、年齡、家族數、家族生命週期、收入、職業、教育程度、種族、宗教。

- 心理特徵（Psychographic）：

  社會階層、生活方式（Life Style）、人格（Personality）、價值觀念（如 VALS）。

- 行為特徵：

  所期望的商品利益（Benefit）、使用情況（非使用者/試用者....）、使用量、品牌忠誠度、對商品或品牌的態度。

市場行銷管道（Marketing channel）

一條分銷管道是指某種貨物或勞務從生產者向消費者移動時取得這種貨物或勞務的所有權或幫助轉移其所有權的所有企業和個人。

因此，一條分銷管道主要包括商人中間商（因為他們取得所有權）和代理中間商（因為他們說明轉移所有權）。此外，它還包括作為分銷管道的起點和終點的生產者和消費者，但是，它不包括供應商、輔助商等。

市場行銷管道（Marketing channel）和分銷管道（Distribution channel）是兩個不同的概念。

"一條市場行銷管道是指那些配合起來生產、分銷和消費某一生產者的某些貨物或勞務的一整套所有企業和個人。"

這就是說，一條市場行銷管道包括某種產品的供產銷過程中所有的企業和個人，如

資源供應商（Suppliers）、生產者（Producer）、商人中間商（Merchant middleman）、代理中間商（Agent middle-man）、輔助商（Facilitators）（又譯作"便利交換和實體分銷者"，如運輸企業、公共貨棧、廣告代理商、市場研究機構等等）以及最後消費者或用戶（Ultimate consumer or users）等。

關鍵零組件

- **IOT 零組件**

  專業物聯網平台負責串接支援各種國際通用的通訊協定（protocol）的各項裝置（device）與閘道器（gate way），同時這個平台還負責控制（control）各項裝置與收集（collect）資料，並且具備資料處理系統（data cleaning, data modeling, data warehousing）功能。

  物聯網平台包含了裝置管理（connected device platform, device management, device connectivity and device cloud）與數據分析（data analytics）兩個 Industrial Internet Consortium 認為平台層的兩大功能。

- **手機零組件**

  手機市場帶動產值、產量暴增；

  背光模組、CCFL、光學膜片「動見觀瞻」──背光膜祖；

  時尚機殼「鎂、鋁」；

  IC 設計、IC 載板、HDI 板；

  MLCC；

  電源、連接線器 ；

  擴散膜；

  背光膜組輔祥、奈普強化技術；

  原相影像感測元件；

  IC 載板南電、欣興大放異彩；

  變壓器、換流器、NB 鍵盤；

  動力及電池系統零組件；

  二次電池、超級電容器、驅動馬達、變頻器；

  真空幫浦相關零組件，油鏡、轉軸、軸承、軸套、閥件、聯軸器；

  車床銑床加工零件、RF 接頭零件、光電接頭零件、光纖零件、行動電話天線零件等；

  防盜關鍵零組件，監視監控（Analog），網路型遠端監控（Digital），門禁，防盜設備。

以此如果你已充分了解意義你可開始依下列範例開始填寫：

EXAMPLE

項目＼公司名稱	本　公　司	XXX 醫美網	XXX
1.價格（單位：萬元）	30（暫定）	29.5	2.4（年租）
2.產品/服務上市時間	未上市	1年	1年
3.市場占有率（%）	0%	N/A	N/A
4.市場區隔	資訊平台與行動網路連結，並導入輔導顧問。	單機資訊系統	雲端資訊系統
5.行銷管道	整形外科醫療機構介紹及開發 醫療及管理相關廠商結盟 陽明大學育成中心進駐廠商招商會 開設相關課程吸引有志之士 醫療相關雜誌刊登 社群網路開發 EDM	電話行銷 網站行銷	電話行銷 電子郵件行銷
6.技術或服務優勢	資訊系統、行動網路與輔導顧問結合。	各類醫療資訊研發	網管與電信結合
7.關鍵零組件之掌握	N/A	N/A	N/A

EXAMPLE

項目 ＼ 公司名稱	本 公 司	翡士特製片有限公司	藝創網絡傳播有限公司	喜陽影片製作有限公司
1. 價格（單位：千元）	**50～3,000**	100～3,000	30～5,000	250～30,000
2. 產品/服務上市時間	**2014**	2012	2011	2010
3. 市場占有率（%）	**10%（預估）**	約10%	約8%	約12%
4. 市場區隔	➤ **客製化服務** ➤ **影像自傳** ➤ **跨產業合作聯盟** ➤ **跨平台分享推廣**	➤ 客製化服務 ➤ 宣導片、MV ➤ 自有藝人	➤ 以企業簡介、宣導片為主 ➤ 製作預算彈性大可議價	➤ 網站平台建置 ➤ 廣告置入為主 ➤ 電影長片製作
5. 行銷管道	➤ **網站平台建置** ➤ **關鍵字行銷** ➤ **社群/口碑行銷** ➤ **影音平台曝光** ➤ **城市/觀光行銷** ➤ **結合文創產業活動**	➤ 網站平台建置 ➤ 關鍵字行銷 ➤ 部落格行銷	➤ 網站平台建置 ➤ 關鍵字行銷 ➤ 部落格行銷	➤ 網站平台建置 ➤ 社群行銷 ➤ 影音平台曝光
6. 技術或服務優勢	**主創團隊資歷深，創新研發能力強，加上在影視產業豐厚人脈及跨平台、整合行銷資源，異業結盟合作。**	此製作公司同時擁有翡士達演藝經紀公司，故於影片拍攝工作之演員角色選擇及預算方面較具優勢。	由資深人士所組成的人力資源串聯，包括導演、製片、企劃、攝影師、動畫師、剪接師、錄音師、多媒體設計師互相支援。	由廣告製片人所組成，透過製作廣告累積技術能力，拍攝製作具商業市場價值及文化正面能量的華語電影。
7. 關鍵零組件之掌握	**影像傳記模組研發、跨平台整合、跨產業異業結盟開發等。**	經營多年之演藝人員資源，有利於人脈整合。	依據專案不同特質，選擇不同專長之工作人員配合。	運用各式專業手法及拍攝技巧，集結多元專長人才。

EXAMPLE

名稱＼項目	3D moe・Q娃 2D to 3D & O2M 多材質模組化設計暨產銷整合平台	MixeeLabs	クローンファクトリー CloneFactory	Paint人集團
1. 產品/服務上市時間	3D moe・Q娃 2014	Mixee Me 2012	CloneFactory 2011	寫實擬人公仔 2005
2. 年齡層	15~28	15~22	18~23	23~35
3. 市場區隔	強調**個人創作流行**，配合諸多台灣強項技術，產生諸多可能。 運用 3D 列印**製程**，及為了**帶動台灣諸多產業發展**（多材質商品）所衍生出來的商品。 可**自我經營且可快速生產**的有趣平台。	平台憑藉著 3D 列印及 Flash 設計的優勢，創造可進行簡單設計人偶的平台，主攻對象為喜愛美式 Q 版公仔（以 ABS 材質為主）的消費群。	憑藉 3D 列印代印（以石膏材質為主）及批量生產的概念，創造出來的商業模式，給人一種專業的感覺，主攻對象多半為熱愛寫實角色，或影視迷。	憑藉技術高操的技師進行 3D 人偶的建置，強調手工感及師傅的技術。 所以針對的族群通常是將此商品紀念用途而購置。
	地理變數： 亞洲亞熱帶都市。	地理變數： 美洲溫帶市郊。	地理變數： 日本溫帶市郊。	地理變數： 台灣帶都市市郊。
	人口變數： **15~28 歲高中職以上年輕情侶（以女生為主）。**	人口變數： **15~22 歲高中職以上年輕情侶（以女生為主）。**	人口變數： **18~23 歲大學以上 solo 族。**	人口變數： **23~35 歲大學以上年輕情侶或已婚族群。**
	心理變數： **中產階級、流行追求者。**	心理變數： **基層社會、流行追求者。**	心理變數： **上流社會、流行追求者。**	心理變數： **中產階級、生活追求者。**
	行為變數： 在休閒時間熱衷於產品且有強烈品牌忠誠度。	行為變數： 在休閒時間偶爾將產品把玩，低品牌忠誠度。	行為變數： 在休閒時間偶爾將產品把玩，低品牌忠誠度。	行為變數： 在休閒時間偶爾將產品把玩，低品牌忠誠度。

項目 \ 名稱	3D moe・Q娃 2D to 3D & O2M 多材質模組化設計暨產銷整合平台	MixeeLabs	クローンファクトリー CloneFactory	Paint 人集團
4. 價格策略	1.多維度售價策略。 2.多元化售價策略。 3.彈性化促銷策略。 4.制度化進價策略。 5.自動化整合銷售系統。 6.自動化整合採購系統。 7.多功能價目報表。	1.彈性化促銷策略。 2.制度化進價策略。	1.彈性化促銷策略。 2.制度化進價策略。	1.多元化售價策略。 2.彈性化促銷策略。 3.自動化整合銷售系統。
5. 通路策略	1.發展多元化通路。 2.發展只此一家別無分號的通路。 3.發展市場區隔通路。 4.利用既有通路平台，帶來更多商機。 5.更大通路整併，變臉再出發。 6.自創通路品牌。	1.發展市場區隔通路。 2.利用既有通路平台，帶來更多商機。 3.自創通路品牌。	1.發展只此一家別無分號的通路。 2.發展市場區隔通路。 3.利用既有通路平台，帶來更多商機。 4.自創通路品牌。	1.發展多元化通路。 2.發展市場區隔通路。 3.利用既有通路平台，帶來更多商機自創通路品牌。
6. 產品優勢	1.創意思考實作展現。 2.操作介面容易。 3.提供多元的設計模組、呈現方式及材質選擇。 4.務實自造者時代即互利精神，培養諸多個人品牌創業家 5.實體產品專利權申辦。 6.優質的售後服務。 7.結合產學合作機制，落實務實致用。 8.提供 3D 列印設計一條龍服務。 9.強大的設計研發團隊。	1.小有知名度。 2.提供多元的設計模組選擇。 3.操作介面還算容易。 4.強大的設計研發團隊。	1.小有知名度。 2.完善的商業模式，運用的好，可大幅降低商品生產成本。 3.強大的設計團隊。	1.小有知名度。 2.強大的設計研發團隊。
7. 其他優勢	1.經營團隊與諸多國內企業交好。 2.在通路規畫上，善用人才及人脈。 3.設計研發團隊亦有相當實力，故可行性極高。	1.善用 3D 列印機台。 2.國內外相關報導篇幅不少。	1.善用 3D 列印機台。 2.國內外相關報導篇幅不少。	連鎖體系,商品好推廣。

名稱 項目	3D moe・Q娃 2D to 3D & O2M 多材質模組化設計暨產銷整合平台	MixeeLabs	クローンファクトリー CloneFactory	Paint人集團
8. 行銷管道	官網、國內外知名通路、媒體報導、Facebook、設計創業說明會、參加競賽、口碑行銷、實體店面、結合學校課程、產學合作。	官網、媒體報導、Facebook、口碑行銷。	官網、媒體報導、Facebook、口碑行銷、實體店面。	官網、媒體報導、Facebook、參加競賽、口碑行銷、實體店面。
9. 關鍵零組件之掌握	已與幾家3D列印機台廠商（含括FDM、SLA）洽談出貨，且團隊中有人人脈極佳，已確定好幾家關鍵零組件或服務的廠商。	尚可	尚可	尚可

EXAMPLE

　　物美價廉成傳奇，一天可以擁有網購 1,000 個來客數，XX 餐廳 XX 餅發跡過程也是一連串的巧合。區域性深度的創意與純熟的多量少樣技術，不過一兩年後，客人便慢慢發覺到這裡的 XX 餅好吃又不貴。

項目 ＼ 公司名稱	本 公 司	A 公司	B 公司	C 公司
1. 價格（單位：）	50 元以內	20 元	50 元以內	50 元
2. 產品/服務上市時間	100 年 4 月 30 日	不明	不明	不明
3. 市場占有率（%）	同區一天卻可以擁有網購 1,000 個來客數。	同區一天卻可以擁有 300 個來客數。	同區一天卻可以擁有 350 個來客數。	同區一天卻可以擁有 400 個來客數。
4. 市場區隔	與五星級飯店相比毫不遜色。	鄉村包圍城市	鄉村包圍城市	鄉村包圍城市
5. 行銷管道	區域性的網購低價策略。	犧牲品質來競爭	犧牲品質來競爭	折扣戰，犧牲品質來競爭
6. 技術或服務優勢	冷藏半製品網購	路邊攤服務	路邊攤創意服務	服務快速
7. 關鍵零組件之掌握）	區域性深度的創意與純熟的多量少樣技術。	少量少樣	少量少樣	少量少樣
8. 品質優勢	衛生美味的 XX 餅。	全製品	全製品	全製品
9. 其他優勢	衛生美味 XX 餅可以擁有網購。	路邊攤服務快速	一般十種口味多	少量少樣服務快速

EXAMPLE

	本公司	X 發
1. 價格（單位：臺）	四萬二	六萬
2. 產品/上市時間	XXXXX 驗鈔機	點驗鈔機
3. 市場區隔	針對XXXX的新台幣鈔卷	一般鈔卷
4. 技術或服務優勢	創新驗偽技術，雙槽式穿插鈔卷技術	傳統點驗鈔機
5. 關鍵零組件之掌握	所有創新結構均自產研發設計	產品自產研發
6. 品質優勢	1. 目前市面上沒有任何功能的鈔卷穿插機出現，而銀行需要耗損大量人力在排列鈔票上，尤其新鈔容易沾黏更是容易讓 ATM 當機。 2. 優於市販驗鈔機的驗偽功能 RGB 三色光譜檢測減少單獨螢光檢測誤報。 3. 改進紅外線檢測。 4. 專利 XXXXX 磁性檢測成本低。	單純點鈔驗鈔功能，不能穿插鈔卷。

EXAMPLE

項目 ＼ 公司名稱	本公司	綠X科技\開店王	XX網路科技有限公司/文筆天天網ttnet.net	國際商貿/Commerce.com.tw
1. 價格（單位：）	依種類不同收取成交手續費	依種類不同收取成交手續費	會員廣告費	會員廣告費
2. 產品/服務上市時間	2011	2003	1997	1995
3. 市場占有率（%）	20	10	40	5
4. 市場區隔	華人商貿線上即時互動付款	台灣批發中盤	商貿型錄廣告平台	商貿型錄廣告平台
5. 行銷管道	網路、研習課程、公關活動	網路	網路	網路
6. 技術或服務優勢	自有	自有	自有	自有
7. 關鍵零組件之掌握	自有	自有	自有	自有
8. 品質優勢	優	普通	普通	普通
9. 其他優勢	互動即時高、依量量定價、Escrow中介交易	現場看貨取貨	三國語言	三國語言

EXAMPLE

公司名稱 項目	本　公　司	P公司	R公司
1. 廠商進駐開店價格（單位：/年）	免費-皆為自行開發、代理產品。	36,000/年	15,000/年
2. 產品/服務上市時間	預計2011年	2006年	2007年
3. 市場佔有率（%）	預計10%	23%	10%
4. 市場區隔	台灣製造之科技、天然、健康、環保優質產品。	合作廠商多為大公司。	主打日系產品。
5. 行銷管道	網路。	網路	網路
6. 技術或服務優勢	商城與社群媒體連結之使用者評價回饋購物系統。	回饋系統	無
7. 品質優勢	高	產品為代銷，無法保証品質。	產品為代銷，無法保証品質。
8. 其他優勢	平台架設更具人性化及便利性。	不明	不明

第九章 可行性分析

第一節 計畫之可行性

- 計劃是否可行有太多的考慮面相

以下的 6 點可作為計劃閱讀時或撰寫人自我檢視的切入點

一、 計畫書撰寫是否具體詳盡？

二、 研究方法及步驟之可行性？

三、 文獻收集之完備性？

四、 對國內外該研究領域現況之瞭解程度？

五、 人力、任務編組及工作項目分配之合理性？

六、 計畫執行期限之合理性及預期成果之明確性？

如果 6 點檢視完自認本計劃已達完備可行程度，我們整理出 5 條公式，妳一定可以正面地描述出可行性分析的精華所在。可行性分析公式：

一、 明確創新之研發標的。

二、 明確市場潛力分析。

三、 技術前景分析。

四、 專利分析。

五、 研發團隊主要研發實績。

5 條公式中以下在詳述其個別綱要，其後再輔以範例，請詳細研究其中要旨

一、 研發標的

 1. 以表格或圖表方式列出所欲開發之技術或服務之「規格」與「功能」。

 2. 有無進入障礙或技術門檻。

二、 市場潛力分析

 1. 產業分析機構調查數據。

 2. 目標市場定位。

 3. 台灣或其它地區。

 4. 藍海策略。

5. 配合國家政策、法令或國家基礎建設。

6. 必要性與急切性為何（資源集中國外）。

三、 技術前景分析

1. 分析欲發展技術之相關產業。

2. 目前正面臨何種困難或瓶頸。

3. 現有技術只能解決哪些問題、遇到哪些困境。

4. 再強調開發技術之特性為何。

5. 技術門檻高、未來市占率高。

6. 開發技術是否相容於其它技術架構（國際標準）。

7. 開發技術是否可提高研發或工程人員效率與生產力。

四、 專利分析

1. 侵權疑慮

說明公司要如何避免侵權，又或者要說明如何合法取得這些技術的使用。

2. 專利掌握

（1） 公司原有專利對於計畫開發所會帶來的優勢。

（2） 說明計畫開發過程中或結束後，公司可藉此申請或獲得哪些專利。

（3） 未來透過這些專利的取得，可替公司或這個產業帶來哪些效益（例：制衡國外壟斷等）。

五、 研發團隊主要研發實績

1. 先敘述公司在產業中所扮演的角色與定位（例：第 1 家開發……的公司等）。

2. 可強調研發人員是哪些學校科系畢業，並說明哪些研發人員過去的學經歷是跟所欲研發之技術相關。

3. 如有顧問或其它轉委託研究單位，也一併說明與計畫核心技術之關係。

4. 說明公司已獲得或已申請哪些國家專利（與計畫技術相關）、已發表之論文、期刊（用表格呈現，並最好註明日期/時間與出處）。

5. 說明公司現有產品與技術（與計畫研發技術相關）已完成哪些？目前的階段與層次為何？並透過已完成之優勢來加強。

6. 與新技術之關聯性（可置入幾張產品圖或程式介面圖展示現有的系統或架構）。

EXAMPLE

LED 產品

一、 技術前景分析

　　企業在 2003 年成立 LED 照明事業部門後，發現除了建築照明外，最積極對 LED 產品感興趣的便是招牌識別標識市場。然而在業務推廣的過程中，其中發現雖然廣告招牌產業對新光源的出現有所期待，但應用上經常因為對光源產品的陌生、不瞭解而錯失商機，十分可惜。此外，在製作工法上未能推陳出新，致使原來成本便高於傳統光源的 LED，缺乏市場競爭力。有鑑於此，企業積極投入研發計畫，希望能同時克服在製程與行銷上的障礙，使 LED 光源能發揮最大的產品優勢，進而確立招牌識別標識的應用市場。此外，由於 LED 應用市場原本就是企業的業務對象，因此得以在計畫執行過程，透過市場顧客反應，同步驗證、回饋、修正產品開發與行銷推廣的方向。

二、 研發標的

　　事實上，企業在推出新型組合式 LED 企業標識系統之前，便透過市場調查研究瞭解傳統商業識別系統設計模式優劣之處，以及客戶對企業標識表現方式的偏好情形，因此能洞察出顧客的需求與期望，體認到市場的機會點與挑戰點。例如透過標準化之模組構成 CIS 企業識別系統，改善每案皆客製化，開發時間長、變化多的客訴窘境，而其創新重點也是從顧客觀點出發，包括：

1. 開發創新之行銷模式，藉由可擴大 LED 光源之應用面以增加顧客之產品選擇性外，無論在產品之美觀、品質的完美、快速的組裝交貨上都能提高顧客滿意度。

2. 將企業形象招牌或識別系統以模組化之 LED 光源加上材質來表現。

3. 打破由招牌店製作的通路，而由直接銷售、加盟人員、網路社群等新通路來銷售。

4. 新模式乃以中央廚房的概念，由企業提供完整產品教材、圖檔、教育訓練及產品物流、安裝售後服務。

5. LED 高亮度光源，可提升企業形象帶來新的契機。這種光源的體積小、發光亮度高、耗能低、且能夠結合電腦程式做圖案變換，更能結合於視覺標識上，做各種動態變化，可增加客戶對此新型企業形象標識產生興趣，亦可善加利用 LED 長壽命、省維修、低耗能來降低顧客長期的使用成本。

三、 市場潛力分析

　　上述是企業回應顧客需求，以顧客觀點出發的創新作法，新產品開發完成後之行銷方式，其中係以企業照明應用實驗室為中心，對於產、官、學之各類客戶群進行教育訓練，同時進行全省各地加盟人員之定期會議，對於新產品之開發有一定程度的正面影響。虛擬網路商店的做法也將引導企業的產品直接進入最終使用者，將對於企業往後任何新 LED 相關產品的行銷架構奠定基礎。

此外，企業針對傳統發光型的招牌標誌進行完整的市場調查與應用整理，並藉以歸納出以目前的 LED 產品技術所適用的手法。透過市場即時互動的過程，企業認知到現今市場的顧客需求並不是在於產品的模組化，而是應用方式的模組化推廣，這種從消費者與使用者需求觀點來創造附加價值，傾聽消費者聲音，進而與上游製造商進行製程的調整，以及向下游傳達產品應用的行銷教育，成功地解決產業鏈發展所面臨的困難與障礙，開拓新的藍海商機，正是企業推動「新型組合式 LED 企業視覺標識系統及其創新行銷模式」計畫的創新核心概念與運作機制。

EXAMPLE

步進馬達

一、 研發目標可行性分析

本公司已於民國 96 年 12 月完成"MDC2116 二相微步進馬達驅動器"之研發，並於 97 年元月正式投入量產及市場銷售。因本案之計畫緣用"MDC2116 二相微步進馬達驅動器"之硬體架構擴張為新五角形之五相驅動；軟體之規畫為產生五個仿正弦波之控制波形。在核心之技術掌握，已有自主研發之能量，因此本研發之目標一定可以在規畫的期限內完成。

二、 市場潛力可行性分析

步進馬達的應用面，舉凡產業自動化、機械自動化、縫紉機械、電子及半導體生產用設備…等皆能使用。以目前台灣微步進驅動器部份，本產品線（五相步進馬達微步進驅動器）皆仰賴日本進口。所以不管是在交貨期、維修、價格…等皆由日方所掌握及壟斷。本計畫完成後，將可以減少日本之貿易逆差，台灣自有品牌，預計能投入本公司之產品線年營業額達 1 仟 5 萬元以上，甚至於可行銷於國際市場，其金額將達到 3 仟萬元以上，其市場潛力無窮。

三、 技術前景可行性分析

(1) 硬體架構之規畫：

➲ CPLD 晶片規畫電路：選出 Altera 供應之晶片作為本計畫之控制核心技術。

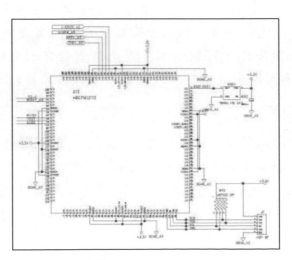

● 步階數選擇規畫電路：以 DIP 開關選擇步進馬達運轉之步階數。

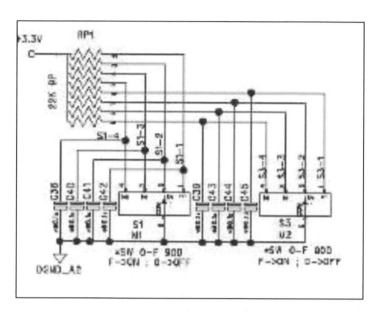

● 測試及控制開關規畫電路：Smooth、1P/2P、H/I V、Test、ACD（Auto Current Down）。

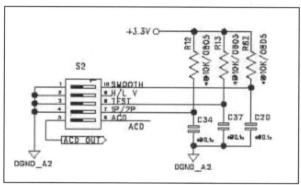

● AC→DC 轉換規畫電路：AC 輸入電壓從 90~240V 範圍皆可動作之交換式電源電路。

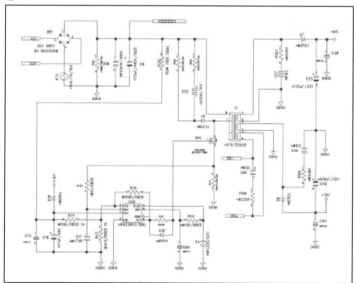

● 光隔離輸入/輸出規畫電路：CW/CCW 選擇、Coff、Zero 及 Alarm..等。

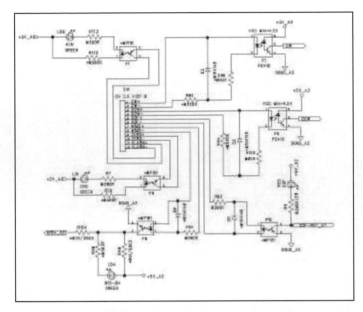

● 運轉電流大小切割輸入規畫電路：RUN/Stop 切割電流電路。

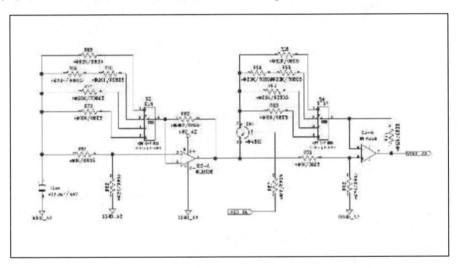

● LED 顯示規畫電路：Power、Zero、Coff、M12、Alarm、CW、CCW 等。

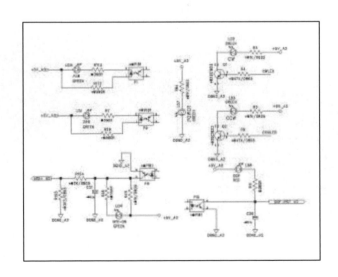

◐ 五相五角形驅動規畫電路：CPLD 提供五相之控制波形藉由 IR2113S 驅動晶片推動步進馬達之線圈。

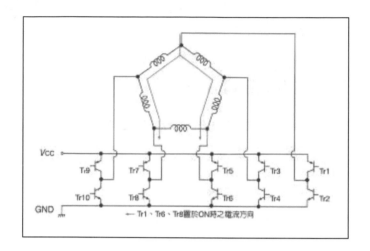

◐ PWM 控制規畫電路：自動檢知馬達運轉時之轉速快慢而決定控制脈衝之寬度。

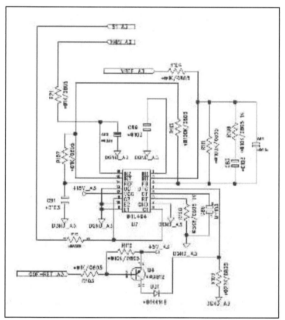

(2) 軟體架構之規畫：

本計畫產生之軟體有二，一為五相仿正弦波函數波形參數，另一為平滑參數功能。五相仿正弦波函數波形參數為本計畫之核心項目，必須熟悉 VHDL 硬體描述語言的編輯能力及下載燒錄。平滑參數功能為一增強步進馬達運動之平滑轉動，減少馬達因產生之機械振動而讓馬達運轉更平順。其運算方程式如下之敘述：

◗ 五相仿正弦波函數波形參數：

依據外部輸入 Clock，循以下之公式分割及角度，循序產生五相仿正弦波函數波形，其運算公式如下所示：

$$A相 = A \bullet \sin(\omega t)$$
$$B相 = A \bullet \sin(\omega t + 72°)$$
$$C相 = A \bullet \sin(\omega t + 2 \bullet 72°)$$
$$D相 = A \bullet \sin(\omega t + 3 \bullet 72°)$$
$$E相 = A \bullet \sin(\omega t + 4 \bullet 72°)$$

A：PWM Amplitude 大小；ω：微步進分割數；t：角度。

◗ 平滑參數功能：

平滑驅動功能是一種無需變更脈波輸入設定，即能以全步級時相同之移動量、移動速度自動進行微步級驅動的控制功能。只需切換一個開關即可簡單實現微步級的低振動。

D：10000 分割平滑參數關係式：

$$D \propto PWM(HighDuty) + (X \bullet K)$$

K：平滑係數；PWM cycle is 62.5uS。

500~10,000 分割以下及輸入頻率為 X，X＝3Hz～2•R 才有此功能，R：解析度。

本系統之規畫，硬體之架構沿用本公司已有之二相微步進驅動器之電路，擴展為五相之電路使用，對於步進馬達驅動的技術已有相當的技術能量且能在預定之時間內完成。軟體之規畫設計，仍本計畫的重心，選用 CPLD 晶片，其能保密，又省電，程式又有更新的能力。本公司原已有二相微步進驅動器軟體之設計能力，相信對本計畫亦能得心應手，期盼本計畫的完成，能達市場對於高精度、低振動的高要求，媲美日本進口品，消除對日之貿易逆差。以高品質、低價位之優勢投入產業界。

四、 專利可行性分析

經由智慧財產局查得有關步進馬達之專利項目，都沒有"五相步進馬達"相關的專利。只有一些相關之專利項目，茲向有關之項目列於下表，並將其有關專利之部分做一說明。

項次	專利號	內容說明	若涉及他人智財之解決之道
1	2006371 35	馬達控制電路及馬達控制方法： 本發明提供一種可謀求消耗電流之降低的馬達控制電路。步進馬達控制部（410）係具備產生 A／B 相電流設定信號的 A／B 相電流設定信號產生部（440）；根據切換信號（SW）而輸出 A／B 相電流設定信號、與 A／B 相基準信號中任一者的第 1 及第 2 開關（471、472）；以及產生切換信號（SW）的間歇驅動控制部（460）。再者，步進馬達控制部（410）係為了在步進馬達流通預定量的驅動電流，相對於輸出至步進馬達驅動器的 A／B 相電流設定信號，間歇性地輸出用以使步進馬達的驅動電流降低至比預定量更低作為電流降低信號的 A／B 相基準信號。 	
	本公司優勢	五相微步進驅動器，比他們的優秀，而且技術門檻更高。	無
2	2005314 36	電流限制電路及馬達驅動電路： 本發明提供一種在檢測規定電流值之外附基準電壓產生電路故障時，防止過電流之發生，以保護功率電晶體，且得作為驅動積體電路（IC）繼續使用的電流限制電	簽署合作契約權利義務由雙方協議定

項次	專利號	內容說明	若涉及他人智財之解決之道
		路及馬達驅動電路。於本發明中，係將輸出電流檢測電路與功率電晶體串聯而設，且具：比較器、第1基準電壓產生電路，及第2基準電壓產生電路，而於功率電晶體之輸出電流達到預定的規定值時，對應於由輸出電流檢測電路獲得之該檢測信號，與由第1基準電壓產生電路獲得之第1基準電壓，於比較器產生停止功率電晶體驅動預定期間之控制信號，且於功率電晶體之輸出電流超過規定值時，對應於輸出電流檢測電路獲得之檢測信號，與由第2基準電壓產生電路獲得的第2基準電壓，於上述比較器產生上述控制信號者。唯上述第1基準電壓產生電路係外附於上述積體電路，而將上述第2基準電壓產生電路內建於上述積體電路者。 	
	本公司優勢	這種功能是設計所有驅動器的廠商都必須考慮的問題，不管是日本等先進國家亦須考量的電路保護裝置。我們的產品亦有過電流保護裝置，但我們的保護裝置比他們優良。	簽署合作契約權利義務由雙方協商議定
3	I351166	驅動電路、電壓位準移位單元以及馬達系統： 本發明為一種驅動電路，其包含：一輸入電壓源組，用以提供一輸入電壓組；一參考電壓源，用以提供一參考電壓；一電壓位準移位單元，用以將該輸入電壓組其中之一之位準提升至該參考電壓之位準；一運算單元，用以接受該參考電壓及該輸入電壓組，並選擇輸出一控制電壓；一安全單元，用以將該控制電壓導入一接地端；及一輸出電壓端，用以接收該控制電壓並輸出一輸出電壓。 	

項次	專利號	內容說明	若涉及他人智財之解決之道
	本公司優勢	五相微步進驅動器，比他們的優秀，而且技術門檻更高。	無
4	I339003	步進馬達加減速的控制方法及其函數產生裝置： 一種步進馬達加減速的控制方法及其函數產生裝置。上述控制方法包括下列步驟。首先，依據一控制函數計算出多個加速間隔時間與多個減速間隔時間。利用上述加速間隔時間與上述減速間隔時間，調變步進馬達逐步移動的時間。藉此，本控制方法將有效降低步進馬達的傷害。 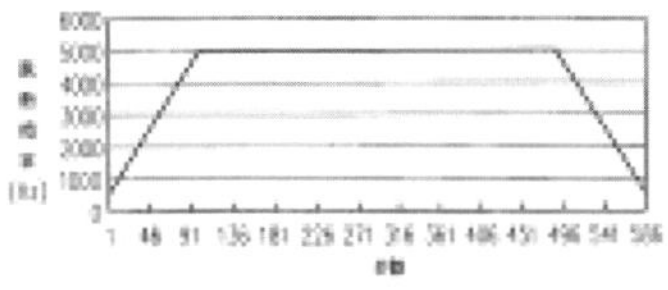 圖1 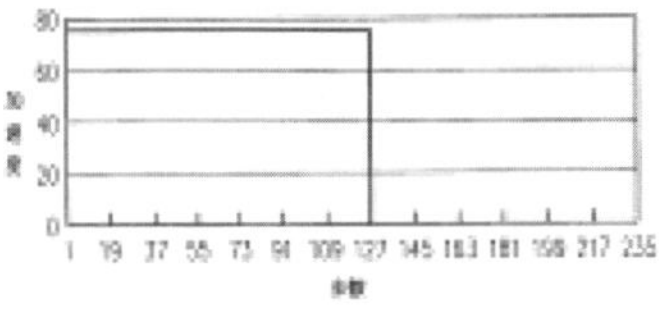　圖2 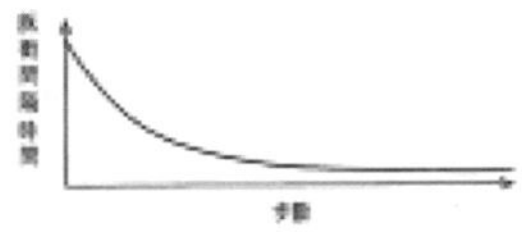　圖3 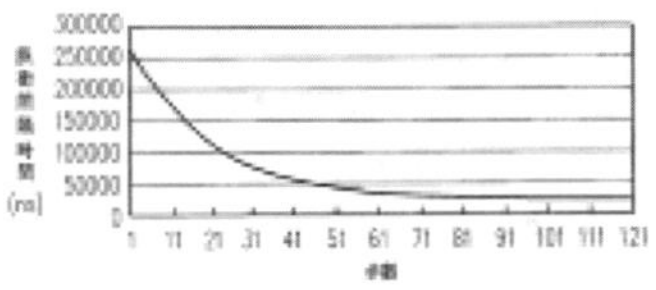　圖4 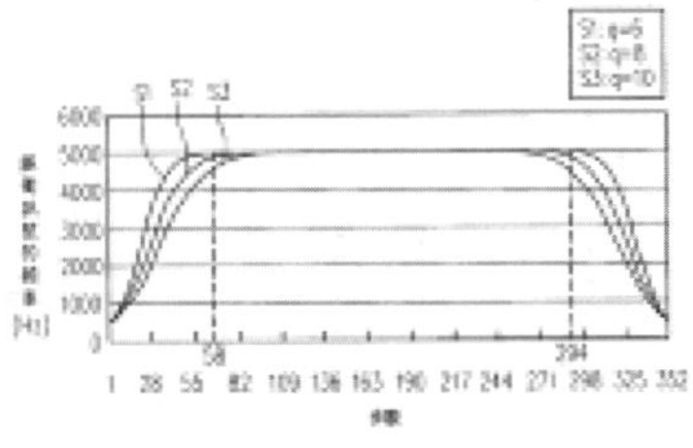　圖5 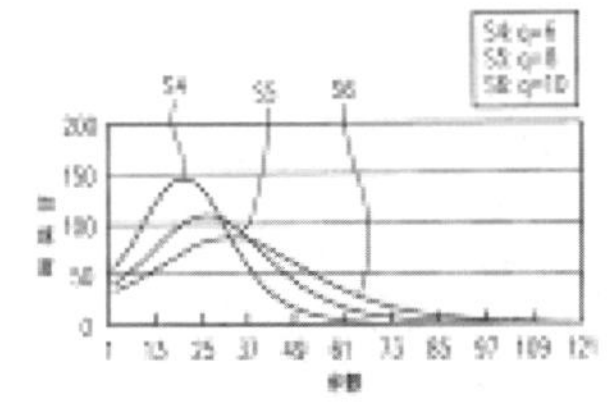　圖6 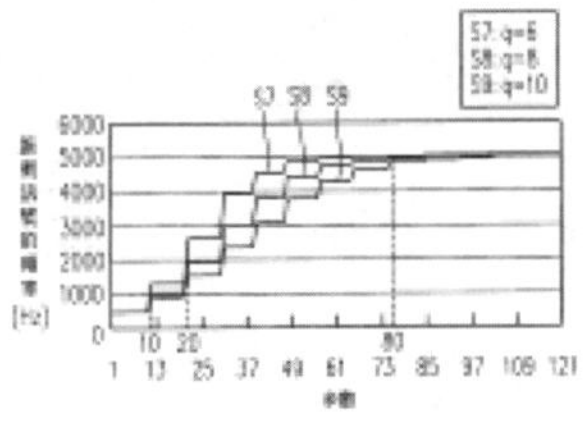　圖8 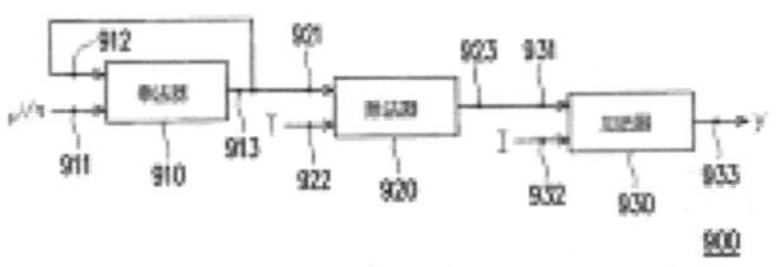　圖9	簽署合作契約權利義務由雙方協商議定
	本公司優勢	五相微步進驅動器，比他們的優秀，而且技術門檻更高。	簽署合作契約權利義務由雙方協商議定
5	461173	步進馬達驅動裝置： 本發明係為要令步進馬達在高速旋轉時，不會引起失步（step out）現象，亦即自 CPU2 對著 STM 驅動器2施加用以決定 STM1 之激磁圖案所需之控制信號，而 STM 驅動器3則將按照激磁圖案之驅動電流施加於 STM1 令 STM1 旋轉之，通過 STM1 之激磁線圈之電流 i 則於電流	簽署合作契約權利義務由雙方協商議定

項次	專利號	內容說明	若涉及他人智財之解決之道
		檢測電路 4 被轉換為電壓，並回饋至 CPU2。如果重點若擺在要防止振動的話，當通電電流 i 超過所定以上時，CPU2 則將 STMl 之激磁相位施予切換，再者，如果重點若擺在要獲得大轉矩的話，當通電電流 i 達到峰值的時候，就切換 STMl 之激磁相位（參照第1圖）。	
	本公司優勢	我們的產品可以達到 500KHz 以上的響應頻率，我們的特性及功能皆優於該項專利。	無
6	339206	梯形加速度曲線之正弦波微步驅動器： 創作係關於一種梯形加速度曲線之正弦波微步驅動器，主要係由一微處理器產生一梯形加速曲線，經由正弦餘弦信號產生器轉換產生數位武之正弦與餘弦信號，又經一數位／類比轉換器將前述數位信號轉換為類比信號後，送至一H型橋式截波驅動器以驅動步進馬達；以前述設計可於正弦餘弦信號產生器處調整設定送至馬達線圈之電流大小及方向，用以將解析度由 200 步提升至 12,800 步，而達成微步驅動步進馬達之目的。	簽署合作契約權利義務由雙方協商議定

項次	專利號	內容說明	若涉及他人智財之解決之道
	本公司優勢	本項專利亦是 2 相步進馬達的控制方法。五相微步進驅動器，比他們的優秀，而且技術門檻更高。	無

項次	專利號	內容說明	若涉及他人智財之解決之道
7	256964	2相步進馬達用之驅動控制方法與裝置： 一種2相雙繞線組步進馬達用之驅動控制方法與裝置，該裝置包括有控制電路與激磁驅動電路。該控制電路之控制方式係以 1-2 相驅動激磁控制電路之控制順序，予以特定之啟始相與終止相來控制驅動2相雙繞線組步進馬達，以得到更穩定及更精確之步進角位置。 	簽署合作契約權利義務由雙方協商議定
	本公司優勢	本項專利亦是2相步進馬達的控制方法。我們的五相微步進驅動門檻比較高。	無

EXAMPLE

穿插鈔卷機

一、 研發標的

為了提供節省銀行人力成本的創新服務，本計畫將搓鈔功能與 XX 功能相結合，開發出會可 XX 搓鈔二機合一的獨創性產品，其說明如下：

創新技術有效搓開 OVD 光影薄膜鈔卷

本創作為有關一種有價證券驗偽及堆積裝置，特別是指可驗偽、搓鬆及堆積具光影薄膜的新印鈔票，該裝置可解決新印鈔票不利 ATM 提款機使用的情形。

XX 雙置鈔槽設計，單槽使用時具有 XX 機功能，該驗偽裝置包含一磁性檢測單元，可在鑑偽該第一有價證券或該第二有價證券時產生一可顯示磁性位置強弱之波形來鑑別該第一有價證券或該第二有價證券之真偽、面額或新舊。

進入障礙或門檻

目前市面上僅本公司創新製作穿插鈔卷 XX 機，本 XX 機結合 RGB 光譜檢測、紅外線穿透檢測、磁性檢測等檢測功能，並包含新鈔搓鈔、穿插等一機到位的全方位功能，完成後將為目前國內外最先進之 XX 機產品。此功能機種已新型專利申請中。

二、 市場潛力分析：

1. 產業分析機構調查數據

2010 年以來，在國內外良好經濟環境的支持下，XX 機行業所受到的影響和未來的發展態勢繼續朝著宏觀調控的預期方向發展，回升向好勢頭更加鞏固。相對于 2009 年的投資帶頭、消費穩定和淨出口拖後腿的發展局面，2010 年的國民經濟發展更趨向於均衡增長的模式，正逐步從政策拉動型向內生增長型轉變，沿著"轉變經濟發展方式、調整優化經濟結構"的道路邁進。2010-2015 年，無論是對於中國 XX 機行業的長遠發展甚至是整個國際金融市場需求，應用在 XX 機行業在具體工作中的突破都具有積極的導向作用。

本公司採用的行銷策略分析方法：

本公司的行銷策略是以各大銀行需要為出發點，根據經驗獲得市場需求量以及購買力的資訊、商業界的期望值，有計劃地組織各項經營活動，通過相互協調一致的產品策略、價格策略、管道策略和促銷策略，為顧客提供滿意的商品和服務而實現企業目標的過程。在企業行銷活動中，正確分析市場機會，選擇目標市場，設計相適應的行銷策略，制定切實可行的行銷計畫，建立合理、高效的行銷組織，對行銷計畫的執行實施有效控制。

2. 目標市場定位：

（1） 台灣或其他地區：講究有效驗偽與技術創新的全球證卷市場

將市場以行銷 STP 流程（STP Process）作分析：

S（Segmentation）市場區隔化場、T（Market Targeting）選擇目標市場擇、P（Positioning）市場定位。

Step 1：調查階段

(a) 針對所有新台幣銀行和歐美元，新加坡幣加拿大幣，泰珠等銀行有光影薄膜驗偽貨幣之整鈔與 XX 有需要迅速整鈔，節省人力支出：如中央貨幣製造廠相關部門，台灣各標的銀行，郵局。

(b) 觀光地區，航空站等多國貨幣流通之處。

(c) 大型賣場，量販店等現金流量龐大之場所。

(d) 歐美新加坡加拿大幣，泰珠等具有光影薄膜驗偽科技的鈔卷各大銀行考量本公司的創新優勢產品，從中選擇適切的區隔做為目標市場：將產品定位為高檔次、精緻化商品，鎖定指標性金融單位提供 XX 之外加值功能的新體驗：整鈔 XX 同機執行。

Step 2：分析階段

(a) HD90 和 HB90 假幣風波促使低階中國大陸 XX 機的淘汰更新和產業變革，同時人們防假意識的增強也給 XX 機行業帶來市場機遇。

(b) 全球性的經濟復甦造成金融體系貨幣流通量為影響點 XX 機的市場關鍵因素。

選擇競爭優勢：

(a) 針對大量金流的創新搓鈔裝置，可有效節省人力。

(b) 提供 XX 之外加值功能：整鈔 XX 同機一體。

（2）藍海策略

以台灣藍鵲 BMP 為品牌建立通路知名度，且產品為市場上唯一獨特之產品：

本公司創新研發了雙槽式 XX 機，可以針對有光影薄膜驗偽技術的鈔卷： 如新台幣，歐圓，加拿大幣； 可有效的搓鈔，交互排疊光影薄膜面避免沾黏，精簡大量人力耗損，同時具有完整的 XX 機功能，此獨一無二的 MIT 產品，在目前市面上尚無競爭性同型產品出現，可開創世界多國商機。

(a) 配合國家政策，法令或國家基礎建設

國內製作偽鈔技術先進，美國 CIA、國家安全局亦曾來台學習有關偽鈔製作，本開發產品配合國家金融治安防治系統，結合偽鈔 XX 技術，強化國有貨幣安全性篩驗機制。

(b) 必要性的競爭優勢：

(b.1) 目標市場為講究搓鈔技術創新與有效驗偽的全球證卷市場

本公司首創，針對鈔卷沾黏與防偽光影薄膜造成排列上的厚度困擾，設計出的穿插鈔票 XX 機，作創新開發。

鑑於多年來千元鈔券上的光影防偽薄膜，不利於對民眾提供新的千元鈔券來兌領時 ATM 提款機使用，常造成 ATM 提款機固障的消息層出不窮，因為新印的新鈔有濕度，容易產生沾粘，二則是光影防偽薄膜是多層印刷，也因此增加了鈔券上的厚度，所以每到年節時，銀行都需要派行員用人手去反向交互排列堆疊，耗損人力成本甚大。

本公司研發了創新的雙槽式 XX 機可以有效的來穿插鈔卷並且交互排疊光影薄膜面，同時具有完整的 XX 機功能，目前市面上尚無類似功能機台出現又針對銀行需求研發，穿插鈔票驗偽二機合一，此獨一無二的 MIT 產品可開創全球多國商機。

(b.2) 針對全球經濟復甦的金融市場創新研發的潛力產品

世界各國股市於 2009 年，紛紛出現明顯之回升。其中尤以東亞各國市場之股價指數，受到中國強勁復甦之帶動，反彈幅度最大。

大陸經貿暨金融影響力與日俱增，證券業經過 10 餘年的發展，上市公司家數從 1991 年的 14 家增加到 2009 年的 1,718 家；2009 年末，股票市價總值已達到人民幣 381,897 億元，已超過 2009 年 GDP 總量 335,353 億元，投資者開戶數 1,139 億萬戶。證券市場的快速發展，使大陸直接融資比重較低的局面有所改變。

根據經濟部商業司「新網路時代電子商務發展計畫」的研究調查顯示，近三年 B2C 及 C2C 電子商務的發展均是持續上升。2009 年我國 B2C 電子商務市場規模達 2,076 億新台幣，C2C 電子商務市場規模達 1,427 億新台幣，總計 3,503 億新台幣，約合美金 113 億，這些政經環境的改變將造成金流物流重大改變。而兩岸關係成長促使金流量的增加，不但有助提升台灣經濟，對有價證卷的驗偽技術更是需要強化。

由 XX 機項目行業生命週期分析，本公司的創新產品正是位居精緻化金融產品的成長期，面對眾多銀行的迫切需求與詢問，正是具有高度市場前力的創新性產品。

三、 技術前景分析

1. 目前 XX 機產業現況

目前市面上點鈔機與 XX 機為分別為主要使用機器型態，少部分點 XX 機雖具備 XX 功能，但驗偽功能不足。

台灣的 XX 機業幾乎都已成大陸機的經銷商，歐美機具貴少有在兩岸市販。

2. 目前面臨之困境

本公司為中小企業經營，資金有限，且面對生產、研發、銷售成本升高及競爭激烈之情況，必須朝向大規模發展，才能取得競爭優勢。面對金屬原物料上漲與研發成本壓力，面對各大銀行對此產品供不應求的狀態，如果能有更多政府的資金幫助，將可以更迅速的供應顧客的需求。

3. 現有 XX 技術的瓶頸

（1）目前市面上舊鈔機抓不到偽鈔，舊有的磁性油墨檢測功能已被偽鈔集團突破。

（2）紅外線穿透鈔票，檢示尺寸大小，不足以防治偽鈔，只能提供機具作幣值辨別。

（3）螢光檢測容易因外在環境而誤判（受清潔濟影響）。

（4）票號僅三國之容量，而且只是影像擷取檔，功能上不能當下抓出 HD 版偽鈔。

（5）少有防偽影像鑑偽、鑑偽能力待提昇。

（6）橫向入鈔之鑑偽資料量過低，無法有效鑑別偽鈔。

（7）計憶容量最多 7 國而匯兌國卻有 18 國。

（8）目前市面上所有整鈔 XX 機無法進行上下交疊搓鈔，ATM 機檯面對容易沾黏的新幣新鈔卷與防偽光影薄膜之厚度常常容易造成故障而需人工排列，本公司首創搓鈔 XX 二機合一，以台灣藍鵲為品牌建立高檔次、精緻化、指標性金融商品。

4. 本公司創新研發的穿插鈔卷 XX 機

台灣 XX 穿插機首度創新研發結合點鈔、XX、穿插鈔票功能。

（1）送鈔輪以直徑大小不同的方式，拉開了鈔券的前後間距。

（2）又雙入鈔槽模式：致令不同 OVD 方向的千元鈔券，各置於不同的槽中，透過輸送裝置簡單且巧妙的完成穿插作業，達成上下交疊、避免需經由人工進行反向交互排列新鈔，節省大量工作人力。

（3）XXR.G.B 三色光譜鑑偽，改善過去螢光檢驗的誤報，又在此改進磁性檢驗方式，把磁鐵放於鈔卷下方，加強立磁效應，又節省成本。

（4）紅外線穿透檢驗功能也有獨到的改進加強（測穿透與鈔卷傾斜）（ 5m/m 改成 3m/m）。

四、專利分析

1. 已取得臺灣新型專利：『有價證券 XX 及堆疊裝置』（即：穿插機）。

2. 已申請台灣兩項專利：金融治安管理系統、智慧型金融事務機。

3. 已申請中國大陸發明一項專利：智能型 XX 事務機。

4. 準備申請新式樣外型專利。

五、 研發團隊主要實績

1. 開發市場第一臺：鈔券穿插機，並取得台灣新型專利。

2. 「金融治安管理系統」、「智慧型金融事務機」等兩項創新專利申請。

3. 市場第一台專利機種智慧型 xx 事務機。

4. 市場第一台有台幣票號功能的 XX 機，整鈔機。

EXAMPLE

醫療器材

一、 研發標的：

以創新結合兩種不同材質之優良生醫材料，XXXX 加上 XXXX 作為本次創新產品之優勢，進行異材質結合之研發標的，並進行各項測試，確保此項研發之可行。

二、 市場潛力分析：

異材質生醫材料之結合的 XXXX 體支架在醫療器材產業少見，其特殊性與優異性勢必能夠帶動需要 XXXX 體移除手術病患更新一代之 XXXX 體支架的需求和選擇。此外，本公司在國際的產品外銷上頗受好評，且目前與伊朗的 Kasha Teb Kian CO., Ltd. 簽訂長期銷售合約，成功第一步打入國際市場，顯示本公司亦具對國外市場的產品推動力和積極性。

三、 技術前景分析：

XXXX 體支架醫療器材製作技術在醫療上為高門檻，XXXX 加上 XXXX 異材質的結合，需要同時懂得如何鑄造鈦金屬和製造 XXXX 高分子塑料的專業團隊才能製成出高規格之產品，也代表若能順利推出上市，可確保未來能維持一定之市占率。

四、 專利分析：

檢視 XXXX 體支架之國內專利（專利號碼：201023841、201021774、200416020、200922515...等），除了國外大廠在台申請之專利，亦有部分之在台人士之專利，並非針對鄰接 XXXX 體之植入物的材質改善作為主要優勢，且為單邊調整的方式做為優勢點；至於國外專利，有單邊調整（專利號碼：US 6866682 B1、US 7758648 B2...等）和雙邊調整（專利號碼：EP 2209441 A1、EP 2208480 A2...等）兩種皆有，不過，雙邊調整之專利尚無針對不同醫材之如何相互嵌合作主軸，且目前國外之相關臨床研究多為單邊調整之組合式可調節鈦 XXXX 體支架（e.g. Chou, D. et al., 2008；Arts, M. P. & Peul, W. C., 2008；Reinhold, M.et al., 2009；Woiciechowsky, C., 2005），顯示本公司擬研發之創新產品在專利之申請和未來的發展性上有其優勢之處，並能在申請專利通過後，受到專利之保護。

五、 研發團隊主要研發實積:

　　由具有國際標準協會 ISO 9001 品質認證、ISO 13485/ EN 46001 醫療器材品質系統以及 GMP 認證的冠亞國際科技股份有限公司製出 XXXX 雙螺旋鈦 XXXX 體支架的器材樣品後,將會交由生物力學專家和機械專家等協助產品力學上的檢測以及馬偕紀念醫院創新育成中心幫助作臨床研究數據,確保其創新設計與功能有效地幫助病患回復日常生活功能。

馬偕紀念醫院醫療顧問之成就:

蔡 X 嘉　臨床研究顧問

馬偕紀念醫院/神經外科主任

陽明大學藥理研究所博士學位

執行一般及小兒腦神經外科手術、腦瘤手術及脊 XXXX 手術、手汗症、脊 XXXX 成形手術(骨水泥手術)。

陳 X 照　臨床研究顧問

馬偕紀念醫院/神經外科醫師

台大醫學系醫學院解剖暨細胞生物研究所博士生

坐骨神經痛、三叉神經痛、腰酸背痛、肩頸酸痛、手汗症、頭部外傷、雙手麻痛、腦瘤、小兒神經障礙。

黃昌弘　生物力學研究顧問

馬偕紀念醫院/醫學研究部生物力學組副研究員

國立陽明大學醫學工程研究所博士學位　人工關節力學研究

Huang CH, Huang CH, Liau JJ, Lu YC, Chang TK, Cheng CK., Specific complications in mobile bearing knee prosthesis. Journal of Long-term Effects of Medical Implants. 2009, 19 (1):1-11.

冠 X 之專利

台灣　　2009　　200930336

脊 XXXX 釘間的多功能撓性連桿

台灣　　2009　　200924697

脊 XXXX 釘間的多功能連桿

台灣　　2009　　200920306

脊凸間隔穩定結構

台灣　　2009　　200916071

脊XXXX填充塊

台灣　　2008　　M336024

多功能撓性連桿

台灣　　2008　　M333169

脊XXXX固定骨釘之彈性結合桿

台灣　　2008　　M333170

脊凸間隔穩定結構

台灣　　2008　　M337356

使用於脊XXXX固定骨釘或骨鉤之結合桿改良裝置

台灣　　2008　　M333171

脊凸間隔穩定結構（二）

台灣　　2008　　M333176

脊XXXX釘間的多功能連桿

台灣　　2008　　M329419

具有大植入角之脊XXXX骨釘

台灣　　2008　　M329420

骨釘結構

台灣　　2008　　M329430

脊XXXX填充塊

台灣　　2007　　M316714

使用於枕骨頸XXXX固定術之萬向連接器

中國　　2009　　CN101422394脊XXXX填充塊

中國　　2009　　CN101480357脊XXXX釘間的多功能連桿

中國　　2009　　CN101536927脊XXXX釘間的多功能撓性連桿

中國　　2009　　CN101584600脊凸間隔穩定結構

中國　　2008　　CN200998297使用於枕骨頸XXXX固定術的萬向連接器

中國　　2008　　CN201108494骨釘結構

中國　　2008　　CN201108513 脊 XXXX 填充塊

中國　　2008　　CN201119906 脊 XXXX 萬向連接器

中國　　2008　　CN201168032 脊 XXXX 釘間的多功能連桿

中國　　2009　　CN201208298 脊凸間隔穩定結構

中國　　2009　　CN201208299 多功能撓性連桿

中國　　2009　　CN201248758 脊凸間隔穩定結構

專家醫生每個人著作貼三個左右即可，冠亞專利也加入研發團隊主要研發實積，學者顧問等，馬偕主任再脊 XXXX 的豐功偉業，開脊 XXXX 刀，國外文獻得投稿，專業技術的研發（跟主任要資料）。

第十章 計畫目標與規格

壹、 目標
貳、 創新性模型
參、 功能規格

第一節 計畫目標

計畫執行後之重要技術指標及產業變化。

NOTE

　　本節在格式書中有提供計劃前後的撰寫表格，撰寫起來極為容易但如果要寫的直切核心卻不見得容易。

　　技術指標部分先列出 7 個著力標題，產業變化部分分三點，類同非量化指標撰寫要旨，挑選是一標題，然後在下筆書寫。

- 技術能解決問題、遇到困境。

- 開發技術之特性。技術門檻高、未來市占率高。

- 開發技術。

- 高附加價值。

一、 申請人之影響：如研發能量建立、研發人員質/量提升、研發制度建立、跨高科技領域、技術升級、國際化或企業轉型……等。

二、 對臺北市產業發展之貢獻程度：如增加之就業人數、增加之投資金額、增加之產值、提升本市上下游產業品質及技術、其他衍生之效益……等。

三、 其他社會貢獻：如對生態環境保護及污染防治、學術界、公益團體、弱勢團體…等之貢獻，增列社會公益之投入、建立平台作創新成果之擴散應用或結合研究機構、公益團體、產業界、弱勢族群等推廣活動或發表會、與學術界進行交流與研究並提供創新經驗與歷程或於學校講座進行演講…等。

將以上名詞之前貼上你的產業別 google 一下看看。

服務業的創新常和互聯網，雲端技術有關，saas、paas 是常見的優化服務，因此技術與產業變化脫不開平台、聯盟、成本降低、遠距遙控等名詞，以下提供服務業創新範例給予參考。

SIIR 技術狀況變化公式

計畫重要效益	計畫執行前	計畫完成後	成長率/
提升資訊化程度	專案管理電腦化程度有限	公司內部行政與專案管理完全電腦無紙化	75%
增強體系競爭力	僅具概念驗證階之開發狀態的獨立網站	獨立網站開發完整並建構後端開放平台	80%
降低開發成本及時程	部份開發團隊外包，溝通成本高，時程長	自有開發團隊人數提升，在公司內部作業溝通順暢	50%
服務範圍與家數擴大	合作廠商僅 5 家	技術混搭與商業合作累計 25 家	400%
專利申請之應用	原有一件欠缺應用之專利申請	將原有專利實作，並準備申請計畫發展出之專利	50%

技術提升則涉及眾多關鍵參數的升級變化，因子、模式、轉型、國際化等式前後比較的重要指標，**IOT** 是現代智能畫的技術工具，以下是技術模組範例。

計畫目標—計畫執行後之重要技術指標及產業變化公式

目標項目	計畫前狀況	完成後狀況
1.技術狀況	• 未掌握○○○關鍵因素 • 未整理○○○模式分析 • 缺乏○○○模式分析	• 掌握○○○產業關鍵因素 • 掌握○○○產業模式分析 • 完成○○○模式分析 • 完成○○○產業之研究開發
2.產業狀況	若以產業來看，xxxx。顯見對於 xx 產業各領域的 xxx 輔助功能仍有限度。 研發能量建立、研發人員質量提升、研發制度建立、跨高科技領域、技術升級、國際化或企業轉型。	本計畫以○○○產業為標的，聚焦於 xxx，針對 xx，並開發 xxx。 未來建置 xxx，，促進○○○產業 xxxx，研發人員質量提升、研發制度建立、跨高科技領域、技術升級、國際化或企業轉型。

計劃目標、文章或條列式寫法提供的範例寫法如下：

文創產業重視價值，有時太抽象並不好下筆，請注意範例中文創業如何顯示前後變化描述。

EXAMPLE

有機平臺目標

- 推廣三階段健康產品
  - 無毒 > 綠色 > 有機
- 培育萬名科技農夫
  - 透過輔導農民使用物聯網農業平臺，提高種植效率，降低成本。
  - 以農作發改善土壤，實現有機農作生態第一步：無毒耕作。
  - 輔導農民取得有機認證。
- 建立有機商品 O2O 通路
  - 從栽種/線上銷售（行銷）/收費（金流）/運送（物流）一貫作業。
  - 建立農作產品視頻履歷從栽種前農夫視頻頻道推廣/栽種中即時視頻及資料露出/收成及銷售之查詢系統，以透明化方式。
- 實現 C2M 預買農作物
  - 結合科技農夫視頻頻道，建立農夫與消費者之信任。
  - 以視頻成長履歷讓種植過程透明化。
  - 建立消費者之信賴感，實現預買農作品之終極目的，解決農作品銷售之問題。

EXAMPLE

一、 升級文化創業產業智慧財產權之高附加價值：

本計畫將協助人文創作者重整資源，並包裝於文化體驗活動及花蓮觀光行程內，新創人文創作者創作特色之價值與產值，突破文創業者產業營運困境。

二、 升級文化館舍之高附加價值：

既為花蓮著名人文地標，公司並為故宮及台北縣立十三行博物館等博物館 OT 案獨佔通路與國際藝術大展領導品牌，加上 art-mall 藝術廣場網路商城等資源，能有效將別館之文化體驗活動進行市場化、創新化、數位化作業，創新地方觀光行銷價值，突破文化館舍營運困境。

三、 創新花蓮觀光產業之高附加價值：

本計畫將聯盟地方觀光產業，不僅提供新創文化體驗活動，更讓別館成為地方觀光館業旅遊服務之一環，並媒合文化資產及人文創作者文創商品，以價值創新區隔合作業者之觀光服務，同步提增三方產業產值，突破地方觀光產業營運困境。

四、 國內首創之資源整合行銷文化服務：

資源整合行銷作業將別館之文化資產與地方文化觀光資源極大化，升級別館文化場域於觀光產業營運合作夥伴，讓生產者、供應鏈及消費者三端所共構的消費圈，皆能因文化體驗活動而產生產業觀光加乘效益，新創國內文化服務模式。

EXAMPLE

對於駐車架改良的初步工作，先以市面上相關專利產品選定其一作為競爭對手產品，而以現有產品中極為普遍的 125C.C.速克達所用的駐車架作為假定的我方產品，接著以品質機能展開表（QFD）對兩方產品所測量得到或是推估的各設計變數和顧客需求作初的分析。

對於駐車架改良的重點是因應女性機車騎士的需求，試圖將腳架作創新設計或是改良，使得女性騎士能在體重和力氣較遜於男性的條件下仍能輕易把 125 C.C.的速克達架起。同時，對於腳架改良後的構造也力求儘量簡化，並保有現行腳架操作簡便、耐用和便宜的優點。

EXAMPLE

隨著時代進步，廚房的用具越來越多樣化，刀具也不例外，各種不同食材，都有其相對應的合適刀種，現今普通家庭至少擁有三把以上的廚房用刀具，而用具一多，伴隨而來的就是擺放收納問題，目前市售常用之刀架，主要分為兩種：

1. 整組型刀具（包含刀具及刀架）；

2. 通用型固定刀架（固定於牆上或廚櫃門上）。

整組型刀具，在刀具取用上雖然有符合人體工學之設計，但是卻會佔用流理台之使用空間，且刀種只能使用其原本就配置好之刀種，這對於需求較大之流理台空間及需要使用多種刀具的人來說，是一大不便。再者，通用型固定刀架，雖然可適用各種刀具使用，但由於刀架是固定式，且刀具下半部裸露與空氣接觸，因此要做一些位置上的變動和清洗也不方便，且安全上也有所顧慮。

國內相關廚房刀改良及新型設計之專利中，許和郭的「壁掛刀架」，使用轉軸改變刀具拿取角度，改善拿取之不便。王炯中的「刀架結構」，運用活動滑塊設計依照刀種不同調整插槽大小，解決各種不同刀具之擺放問題。康美郎的「刀架改良」，在普通壁掛刀架外加一個保護殼，以避免使用者在清洗廚房牆壁時去刮傷手部。王炯中的「組合式置刀架」，運用圓柱狀組合體機構，透過轉動組合圓柱的缺口，使其缺口凹槽合併成各種不同

尺寸之插槽，以便刀具放入。上敘專利，大都針對某一問題去做改善，但都個別衍生出，空間、安全、使用順暢性和機動性等等的不便因素，有待再進一步之改良設計。

EXAMPLE

目標項目	計畫前狀況	完成後狀況

1. 技術狀況
2. 產業狀況
	• 餐飲產品所提供之服務包括有形產品及無形物品，產業涵蓋面廣且差異性大，且服務的供需角色會隨時機之需求而轉換。
	
	• 對餐飲業而言，要贏得顧客滿意，除了產品品質外，做好服務，放下身段做到尊重客戶、體貼客戶，以顧客滿意為依據不斷提升服務品質以增加服務附加價值，才可使企業獲得高額利論及促成事業永續經營。
		在研發新產品時即該以市場調查及顧客需求之結果為主要依據，再配合產品上市之行銷策略規劃成本及預期上市後成效，將大大提升產品上市後之市場銷售量及減少上市風險。
		
		• 因此，本計畫 XX 創意 XX 餅的傳統製程應用直交表設計實驗、採用信號雜音比之數據分析方法，探討各因子對製程之影響，並選取最適的組合配方，最後再以最適組合的配方與其他配方比較，以驗證是否為追求品質穩定，改善品質和降低成本的最適組合，並找到 XX 創意 XX 餅條件規格。
		  – **XX 創意 XX 餅之最適條件**
		  – **XX 創意 XX 餅最適組合的配方**
		  – **XX 創意 XX 餅最適口味組合的配方**

EXAMPLE

目標項目	計畫前狀況	完成後狀況
1. 技術狀況 2. 產業狀況	由於目前消臭多使用活性碳材，碳材由於顏色限制，多使用於深色紡織品，不利淺色或多色紡織品應用。並須額外添加有機銨鹽或銀系抗菌劑加工，此類抗菌劑會因時間而抗菌性遞減，無法達長效性。	本計劃開發一種以微多孔粉體及奈米粒子，使紡織品可達消臭抗菌效果之產品。此種微多孔粉體及奈米抗菌粒子製備容易、成本低且又能達到環保之需求，並可直接加工於紡織品上，且不會影響織物外觀。複合機能性紡織品除了具備有消臭、抗菌、抗 UV 之機能性以外，並可以應用於淺色系紡織品，沒有顏色的限制。此外，並實驗證明產品可以達到耐水洗之效果。

EXAMPLE

目標項目	計畫前狀況	完成後狀況
1.技術狀況	(1) 現有技術：電子書製作費時、費工、成本高，製程效益差。 (2) PDF 閱覽器：缺乏閱讀擬真感無法註記標示、無影音。 (3) 電子書資料庫：操作介面複雜，電子書檢索不易使用，需以批次購買來增加資料庫內容。	(1) 發明專利：電子書自動化系統及製作方法，可快速製作電子書。 (2) Rebook 閱覽器：擬真翻頁、畫線標記、影音崁入、書籤檢索。 (3) 數位圖書館：親切操作介面，客製化系統，電子書分門別類，可隨時新增圖書資料，豐富館藏。
2.產業狀況	(1) 紙本書出版：出版庫存書成本壓力高，浪費紙張有害環保。 (2) 紙本書教學：數位學習教材不足，仍需以紙本書進行教學。 (3) 電子書銷售有待拓展：電子書缺乏有力的銷售通路策略。 (4) 讀者不習慣閱讀電子書：讀者習慣閱讀紙本書，造成電子書不易取代紙本書，不利銷售。	(1) 數位化出版：免除書籍存放空間，無限量供應，環保節能省碳。 (2) 電子書教學：教學平台連結數位圖書館，以電子書進行教學。 (3) 電子書結合教學平台銷售：促使學生購買電子書，快速提高銷量。 (4) 由課程書培養閱讀電子書習慣：養成電子書閱讀習慣，可增加其它類型電子書的銷售機會。

第二節 創新性說明

NOTE

一、「創新技術」係指：

與技術相關之「創新應用」與「創新研發」，「創新應用」以未曾獲本計畫（Phase 0 除外）補助之申請者所提計畫之技術應用，具有創新性或能提高本身技術水準，達到技術升級，並有明顯效益者。「創新研發」之申請者所提計畫之**技術或產品指標，應具有創新性或能提高國內產業技術水準**，且須符合下列項目之一：

1. 具有**產業效益之創新構想與技術**，包含理論分析與模擬、設計、研發及應用等。

2. 所提計畫之範圍應屬經濟部業務職掌範圍之產業技術。

3. 符合節約資源與能源及增進環保與工業安全，有助於促進產業永續發展或綠色清潔生產概念之新技術或產品。

二、「創新服務」係指：

1. 有助於產業發展之具**示範性之知識創造、流通及加值等核心知識服務平台、系統、模式等建立**。

2. 以需求為導向，透過科技之整合與創新運用，驅動創新經營模式與新興服務業之興起，或透過服務創新，創新產業價值活動。

   > 例如：與產業技術發展相關之**積體電路自動化設計、工業設計、專業測試及驗證、生技製藥契約研究（CRO）**、產業技術預測、產業資訊分析、創業育成、智慧財產權包裝、加值、鑑價、仲介及交易之平台、系統、模式等建立，或其他經本部認定之計畫範圍。

所謂創新性說明要旨在技術水準、技術升級、工業設計、生技製程、加值、平台、系統等，表達的是技術關聯圖（魚骨圖）的技術主幹與細部魚刺產生關連的價值性，下筆有些抽象，又好像在前面章節已在三題及且表達過了。

創新性還是有別創新策略、創新技術，所有冠上創新的專有名詞，這裡還是提供 3 個公式，分別表達技術、文創與服務部分，其餘務請再參考範例較佳。

創新性公式說明（一）

1. **基礎技術說明/介紹**

2. **圖表方式呈現（如：系統架構圖）**

   a. 說明欲研發之技術或服務模式為何？

   b. 技術或服務模式與現行已有的有何不同？

   c. 此新技術或服務模式可解決什麼問題或帶來什麼新功能？

3. 細節說明

   a. 新功能/技術/產品/服務所能達到的目標

   b. 附加價值

創新性公式說明（二）

「文化創意產業合理作價系統」之具體功能，可分為前台與後台兩大部分：

1. 前台部分，開發之功能包含「宣導頁面」、「線上申請作價評估」、「作價評估內容頁面」與「系統產出結果頁面」；

2. 後台部分將採用 SQL 語言程式，開發評價運算基礎與產業資訊收集彙整資料庫，功能包括「文創產業合理作價頁面內容上稿系統」、「合理作價資料庫」與「受評系統」。

SIIR 創新性公式說明（三）

1. 開發新系列產品：開發具健康、養生、機能概念之糕餅系列產品，除豐富之產品線，也提高產品價值，更開拓廣大市場。

2. 開發新市場：由於傳統糕餅具高甜、高油之成份，重視健康、養生的客層與傳統糕餅的客層之重疊性極微，開發結合「健康、養生注重者」與「糕餅喜好者」交集之客層，也開發一個新市場。

3. 建立新行銷模式：建立一以「知識性行銷」、「教學式行銷」與「體驗式行銷」為主軸之整合性行銷模式，將季刊發行、演講、研討、經驗分享與商品結合，進行整合性行銷。

4. 建立傳統糕餅科技化之基礎與模式：傳統產業之昇級須透過科技之運用，目前該公司之科技應用多在「生產」、「管理」、「商務」與「行政支援」方面，為產品注入科技的元素，不僅提高產品價值也建立與學術單位及研究單位合作之模式及傳統糕餅科技化之基礎。

5. 建立另一個「傳統產業科技化」的典範：過去在「經營策略」、「產品創新」、「電子化」、「知識化」之成效，被譽為「傳統糕餅業再出發的典範」。透過「科技與新技術或服務模式可解決什麼問題或帶來什麼。

   可以是

   （1） 省下更多的成本，回饋給會員。

   （2） 唯一收取會員費。

   （3） 建立自我品牌。

   （4） 雙重保證。

   （5） 退貨政策。

   （6） 修護中心。

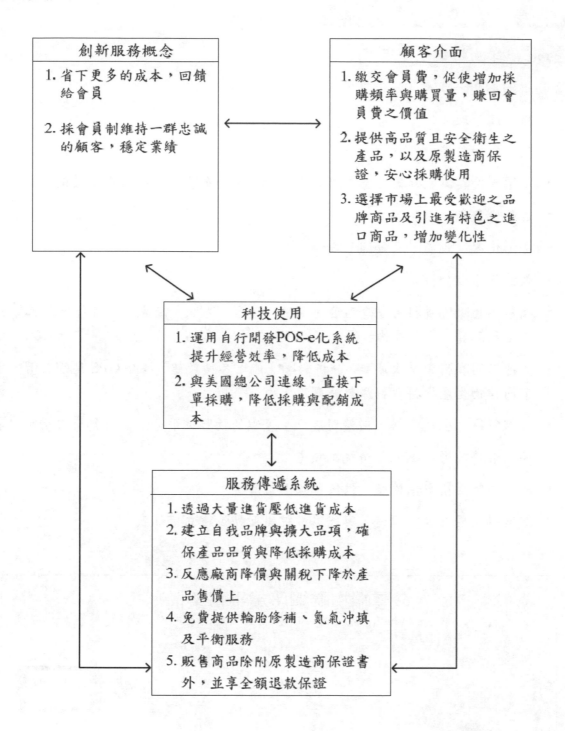

EXAMPLE

自動化農業物聯網平臺

整合物聯網平臺,導入自動化農業環境

- 微氣候管理。

- 無線感知設備。

- 土壤水份監測感知器、空氣溫濕度感知器、淹水警示、風向指示設備。

- 自動化設備。

- 自動化灌溉設備、自動照明設備。

- 數據收集與分析。

- 收集各種環境資料,包含溫度、水份、濕度,光照、陽光、紫外線、風速、風量、空氣品質、大氣壓力。

- 依據不同資料與單次產能,分析影響產能之各種數值,結合 GPS 地理位置,建立不同作物生產資料資料庫數據應用。

- 依據所得之生產資料,回饋到農戶生產端的物聯網平臺,做自動化控管之依據。

- 導入縮時攝影及線上即時視訊頻道。

- 建立作物生產影像履歷,供民眾線上監看。

- 創造科技農夫視訊頻道,與民眾做視訊互動,建立信任感。

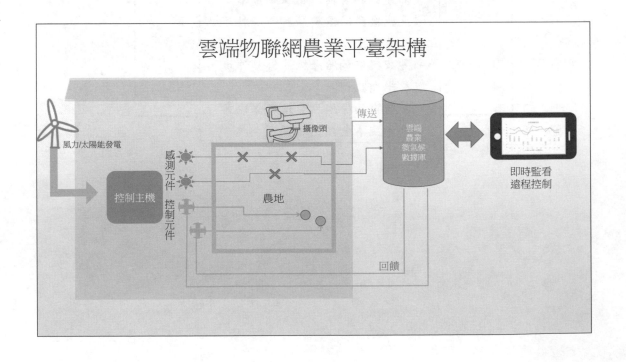

EXAMPLE

一、 文化觀光價值創新的新行銷模式，旨整合人文創作者及別館文化資產，以「價值創新」文化體驗行銷主題，如以詩歌為創意核心的詩情畫意遊花蓮、以水岸建築為創意核心的日式移民風情遊等，讓顧客於接觸時之視覺、聽覺、觸覺、嗅覺、味覺等五種感官，皆能體驗別館所提供的人文氛圍、文化藝術之生活享受，滿足顧客創新體驗地方特色文化價值的需求，善用「觸動→心動→感動→衝動→行動」消費心理機轉，價值創新花蓮觀光遊憩行程，以創造行銷花蓮文化觀光產值與獲利。

二、 觀光旅遊交易結構創新的新經營模式：整合觀光產業資源，讓別館文化體驗活動，成為觀光業者文化觀光套裝行程，將別館產業升級為地方發展觀光產業之合作夥伴，改變旅遊業傳統購物抽佣的銷售模式，及免費公共空間不易發展產業產值的窘境。

EXAMPLE

一、 **空間規劃的創新，使書店不只是書店，是文化萬象博覽空間**

書店不再只是購書的地點，而是可悠遊流連的書香世界，書店不再只是靜態的書籍展示，也是動態文化活動對話的空間，書店不再只是資訊供應站，更是情報流通中心。

二、 **建立專業選書及書種分類的典範，帶動閱讀風氣**

過去台灣一般書店的規劃很粗糙，缺乏依照閱讀動線規劃不同書區的分類指引，賣場光線、裝潢等空間設計多以經濟的考量為優先，未能兼顧舒適及氣氛，不但刺激閱讀多元化，也帶動專門、個性書店的發展。

三、 **外文書種多，加速文化流通**

外文書籍佔一半的比例，許多市場有限的社會、文化思潮、美術研究等書種，不因時空之隔而有知識斷層與落差。

四、 **藝文空間、畫廊引發動態文化活動熱潮**

平均每年舉辦 115 場各類展覽、活動與系列演講，活動類別廣及表演、舞蹈、藝術、電影、人文、攝影、生態、戲劇，在量與變化上，實已超過一個公家機關每年所承辦的活動量，扮演文化推廣者的角色。

五、 **複合式經營**

將販售書籍延伸至銷售食品、家飾、日用品，並跨足建築產業、網路書店、餐飲業，誠品的複合式經營，為國內書店產業之創新。並且進一步發展出不輸給百貨公司的賣場空間及販售品類，滿足消費者多元需求，並帶動生活品味之提升。（經濟部 96 年度服務業創新個案分析委託：中華民國全國商業總會）

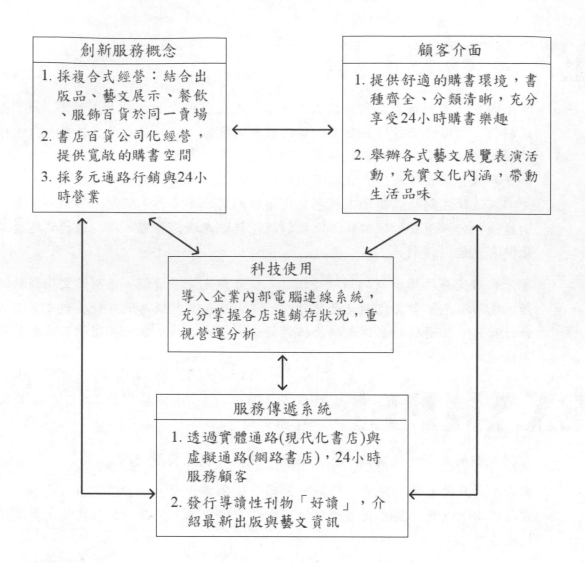

創新服務概念
1. 採複合式經營：結合出版品、藝文展示、餐飲、服飾百貨於同一賣場
2. 書店百貨公司化經營，提供寬敞的購書空間
3. 採多元通路行銷與24小時營業

顧客介面
1. 提供舒適的購書環境，書種齊全、分類清晰，充分享受24小時購書樂趣
2. 舉辦各式藝文展覽表演活動，充實文化內涵，帶動生活品味

科技使用
導入企業內部電腦連線系統，充分掌握各店進銷存狀況，重視營運分析

服務傳遞系統
1. 透過實體通路(現代化書店)與虛擬通路(網路書店)，24小時服務顧客
2. 發行導讀性刊物「好讀」，介紹最新出版與藝文資訊

NOTE

創新性說明再加上同類技術比較會是更強烈宣示性的寫法，及有縱向前後歷史性比較又有橫向同類技術比較是不錯的撰寫方式，以下範例可供參考。

EXAMPLE

XXXXXXXXXXXX 椎體支架不但可更進一步地改良「組合式可調節 XXXX 椎體支架」的問題，並考量到改良後的病患費用支出：

一、 利用 XXXX 相近於人體骨質的材質特性，加裝在 XXXX 椎體支架之兩端與自然骨相接，有效降低植入物下陷至鄰近自然骨的可能性：

XXXX 金屬的彈性模數與人體骨組織相差大，使得 XXXX 金屬植入物必須代替人體自然骨原來應該承受的力量，造成植入物會下陷至相鄰的椎體產生額外損傷的疑慮；XXXX 是目前生醫材料中最近似人體骨質的彈性模數的材質，擬利用此醫材可有效降低植入物下陷的機率，因而將 XXXX 加裝於 XXXX 椎體支架的兩側，使植入物與相鄰椎體的交接面以 XXXX 代替 XXXX 合金，預計使 XXXX 合金原來會造成下陷的機率又更加降低。

二、 雙向螺旋組件同時延伸作為調節的方式，取代多數可調節式支架為單邊調節
：

組合式可調節 XXXX 椎體支架多為一大圓筒和一小圓筒組合而成，並調節小
圓筒之長度；而本計劃的產品擬以雙向延伸方式調節椎體支架之尺寸，植入
物中間有一軸心，XXXX 此軸心讓兩側可伸縮的螺旋組件調節其長短，預計
植入手術時間會比單邊調節之植入物快。

三、 創新結合兩種不同的生醫材料，綜合各自的優點，以複合醫材方式有效提供
病患較佳的舒適度和滿意度：

目前一般使用的可調節式 XXXX 椎體支架，全部組件皆以 XXXX 合金打造
，因金屬剛性強，因而耐用；而 XXXX 其彈性模數（楊氏係數）相當近似於
人體骨質，因而置入人體時比較不會影響到人體骨質應有的受力方式，使骨
融合手術的成功率高，可避免對椎體造成二度傷害的機會；由於 XXXX 的製
造成本和費用較 XXXX 合金高，且植入物下陷的問題在於植入物和鄰近椎體
的接觸面，因而將 XXXX 加裝於 XXXX 椎體支架的兩側，如此增加產品的
費用有限，又可提供病患更好的癒後生活。

比較	單邊之可調節式 XXXX 椎體支架	XXXXXXXXXXXX 椎體支架
材質	XXXX 合金	XXXX 加上 XXXX 合金的複合醫材呈現。
優點 1：調整速度	以大小圓筒組合，再利用特製之手術器械將小圓筒慢慢拉出；或是以 XXXX 方式轉動植入物中間的軸心使植入物單邊螺旋組件延伸。	以 XXXX 方式轉動植入物中間的軸心使植入物兩端的螺旋組件同時調節，預計雙邊的同時延伸可節省調整時間。（訪問冠亞國際科技機械工程師，預計可節省調整時間，100.02.08）
優點 2：彈性模數（人體自然骨由內外兩種骨質組成：外層為皮質骨，彈性模數約為 XXGPa；內層為海綿骨，彈性模數約為 XXGPa）	金屬剛性強，所以耐用，且 XXXX 合金的生物相容性也高。然而，XXXX 合金（例如，Ti-6Al-4V）的彈性模數約為 XXX Gpa，與人體自然骨組織相差大，易造成脊椎的受力集中在 XXXX 合金植入物上，而使得植入物下陷至相鄰的未切除脊椎。	XXXX 生物相容性高，其彈性模數約為 XX Gpa，與人體自然骨組織相差小，使得脊椎應有的生物力學支撐較不會被植入物影響，因此將 XXXX 加裝在 XXXX 金屬植入物的兩端，使植入物下陷機率減少，和降低再次動手術的機會。

EXAMPLE

　　本計畫主題是以田口式品質工程方法去探討出XX創意XX餅之研發製程之最適條件，將產品的傳統製程，應用直交表設計實驗、採用信號雜音比之數據分析方法，探討XX餅產品因子對製程之影響，並選取最適的組合配方，最後再以最適組合的配方與其他配方比較，以驗證是否為最適組合。

　　探討XX餅因子對製程之影響，例如影響麵糰品質兩種影響冷水吸收的主要物質之特性因子：

1. 澱粉，澱粉能與水結合，受熱後會糊化而產生膨脹。在水溫達53℃時麵粉的吸水量開始變化，到了水溫60℃時麵粉開始糊化，體積會比吸收常溫的水更大，吸水量也會增加，到了80℃以上時，大量的澱粉溶於水中，粘度增加，吸水量也增加。

2. 蛋白質，蛋白質是麵筋形成的主要成分，麵粉中的蛋白質與水結合後會產生麵筋，受熱受會變性，因此與水絡合的能力會減弱（這是為什麼西式麵包多使用冷水或是溫水的原因）。

　　一般而言，中式麵食多使用中筋麵粉，其蛋白質含量約在 9-11％左右，在常溫水下蛋白質會形成柔軟有彈性的麵筋，但水溫升至 60℃-70℃時，蛋白質變性凝固，麵筋的彈性與展性下降，吸水降低，水溫更高，筋性及彈展性就降得愈低。因此在操作時，是先以滾水倒入麵粉，破壞蛋白質產生的麵筋強度，這時候雖然蛋白質吸水量減少，但澱粉也因受熱增加吸水量，在確定所有的麵粉都與滾水攪拌後（沒有麵粉細末，麵粉成為一塊塊的疙瘩或是呈粗粒狀），再加入需要的冷水。如果麵粉沒有完全與滾水拌和，形成的麵筋很容易會使烤出來的麵皮變得乾硬像鐵板一樣。

　　因此利用田口式的品質概念可以追求上訴A.澱粉B.蛋白質參數品質穩定，且是改善XX餅品質和降低成本的好方法。故應用直交表設計實驗、採用信號雜音比之數據分析方法，探討各因子對製程之影響，並選取最適的組合配方，最後再以最適組合的配方與其他配方比較，以驗證是否為XX餅品質穩定，改善品質和降低成本的最適組合，並找到創意糕點產品最適組合規格。

EXAMPLE

一、 開發新系列產品：

　　開發具健康、養生、機能概念之糕餅系列產品，除豐富之產品線，也提高產品價值，更開拓廣大市場。

二、 開發新市場：

　　由於傳統糕餅具高甜、高油之成份，重視健康、養生的客層與傳統糕餅的客層之重疊性極微，開發結合「健康、養生注重者」與「糕餅喜好者」交集之客層，也開發一個

新市場。

三、 建立新行銷模式：

建立—以「知識性行銷」、「教學式行銷」與「體驗式行銷」為主軸之整合性行銷模式，將季刊發行、演講、研討、經驗分享與商品結合，進行整合性行銷。

四、 建立傳統糕餅科技化之基礎與模式：

傳統產業之昇級須透過科技之運用，目前該公司之科技應用多在「生產」、「管理」、「商務」與「行政支援」方面，為產品注入科技的元素，不僅提高產品價值也建立與學術單位及研究單位合作之模式及傳統糕餅科技化之基礎。

五、 建立另一個「傳統產業科技化」的典範：

過去在「經營策略」、「產品創新」、「電子化」、「知識化」之成效，被譽為「傳統糕餅業再出發的典範」。透過「科技與餅藝」的結合，建立另一個「傳統產業科技化」之典範。

EXAMPLE

穿插機設計成XXXXX：致令二疊不同OVD方向的千元新鈔券，分別放於兩個置鈔槽中，透過輸送裝置而自然方向會交互排疊於收鈔槽中，如此就可省去銀行行員用人手去交互排疊，此機使用橫向入鈔設計。但本公司改進了檢驗方法，光譜：用XXXXX 除了可螢光檢測也可知道受檢的鈔券顏色 增加判讀 也少去單獨螢光反應誤判。

本產品創新性	同業競爭對象
獨有專利產品	市面上尚無類似機種。
XXX 設計，任一槽均可驗鈔。	無， 驗鈔機都為一個置鈔槽。
XXXXX 不同 ovd 方向鈔券透過輸送裝置會交戶排疊於收鈔槽中。	無
專利設計， XXXXXX，檢測磁性油墨位置。	不同於同業微克公司專利。
紅外線穿透檢測，改進成 φXm/m xXX 對，中間兩對檢測鈔券有無傾斜，另外左右各四對檢測寬度 長度 紙張厚度。	多為 Xm/m 頭，放置位置有異。
應用 XXXXXX 作光譜檢測鈔券反應。	1. 改進市場螢光反應檢測法。 2. 不同於同業吉鴻公司的穿透檢測。
設計流線感，卡鈔時可從槽道 上掀，維修容易。	卡鈔時鈔券夾於兩輪中 空間，取出不易。
整台機組均自產研發 此機重點在完成鈔券交互排疊 採用橫向入鈔設計， 速度較快。	無

EXAMPLE

一、 呼應政府政策

xx公司服務平台之開發能呼應政府93 年「服務業發展綱領及行動方案」政策中，對於物業管理服務業發展目標，在五年內增加物業管理就業人口、培育產業人才、提高產業產值之目標。

二、 擴大企業營運範疇

xx服務平台之發展可擴大公司之營運範疇（business scope），除發展差異化服務外，並藉以建立公司之核心競爭力。

三、 開創服務新價值

xx服務平台可改變既有之競爭策略（過去價格之惡性競爭），應用以顧客為導向之藍海策略：創造客戶新需求、簡化既有服務模式以降低交易成本，並滿足客戶重視的生活服務需求，進一步掌握企業自身優勢，提升台灣物業管理在全球化趨勢的產業價值鏈地位。

四、 改善傳統共購與配送模式

透過xx公司服務平台所整合之商流、物流廠商，可達下列數項服務優勢：

1. 降低成本：目標市場明確，節省開發廣告費用。

2. 增加效率：縮短交易流程、搜集情報容易、24 小時開放。

3. 拓展市場：互動行銷、直接開發目標市場、增加產品通路。

4. 直接互動：直接聯繫客戶、線上售後服務、掌握客戶資訊。

5. 配送快速：商品供應商與物流廠商資訊同步，商品送貨快速有效率。

五、 導入更便利、安全的金流機制

避免社區現場收費可能產生之風險，如假鈔、挪用、遺失等交易風險。

六、 即時處理客戶問題與抱怨

建築物管理與維護乃物業管理產業之基礎，隨著現代人生活品質提升，對生活服務需求的增加，提供便利舒適的生活服務是物管產業必然趨勢，但要避免新的商業支援服務影響本業的營運，必須建立即時的客訴處理的機制，除了客服部門人才的訓練外，網路線上客訴回覆功能，是降低客訴產生負面效果的重要工具。

七、 利用平台客戶分析系統，建立CRM 之實質運作。

八、 吸引有志一同之物業管理同業，共同使用平台，發揮整合效益。

第三節 功能規格

NOTE

規格參數重量化

規格一定有數字，尤其本節重視的是與創新升級前與後的規格變化，那勢必有數字的差異，以下 39 種規格，根據產業的類別不同當然規格內容不盡相同。須說明的是這節的說明不但是差異的具體說明，也是撰寫者最弱的部分，為何如此說？

熟悉參數能量數字變化多半是工程師或 RD 研究員，偏偏企業多不會派任此類技術員工作撰寫的工作，此外，更升級的技轉規格有時須學者專家或技轉公司研究後提供，那更是難了。這部分是委員回覆要求再說明的前三名，這說明這部分的重要，有困難請不吝請教專業人員或工程師，切勿大意。

例如：1.移動件重量；2.固定件重量；3.移動件；4.固定件長度；5.移動件面積；6.固定件面積；7.移動件體積；8.固定件體積；9.速度；10.力量；11.張力，壓力；12.形狀；13.物體穩定性；14.強度；15.移動物件耐久性；16.固定物件耐久性；17.溫度；18.亮度；19.移動件消耗能量；20.固定件消耗能量；21.動力；22.能源浪費；23.物質浪費；24.資訊喪失；25.時間浪費；26.物料數量；27.可靠度；28.量測精確度；29.製造精確度；30.物體上有害因素；31.有害側效應；32.製造性；33.使用方便性；34.可修理性；35.適合性；36.裝置複雜性；37.控制複雜性；38.自動化程度；39.生產性。

功能重具體

功能是升級後具體展現，請先跳看範例再回頭讀說明，功能是計畫完成後對使用者的受益描述，便利性增加、強化增加受益須從抽象的形容轉成具體的敘明有時並不容易，難為形容，如能似規格一般給予量化陳述則更佳，所以在此先下一個結論，規格必然量化表述，功能則重視具體，如果量化則更上乘。

低溫物車須即時監控溫度，以利物流貨物保持低溫輸送避免成為細菌的溫床，現行模式為離線非即時記錄低溫櫃溫度或不即時不記錄的方式，執行後將大幅放善低溫物流之溫度效應。

功能規格：

1. 『低溫即時溫度監控與即時貨況追蹤整合服務系統』。

    a.後端資料處理系統；b.前端地圖監控平台。

2. 『智慧型溫度監控車櫃』。

    (a)車體與控制元件需一體成型；(b)具 RS232 通信界面；(c)需單晶片抗低溫包埋技術；(d)須符合工業防水規範。

經濟部商品化規格

1. 完成『低溫即時溫度監控與即時貨況追蹤整合服務系統』。(a)可進行車隊管理；(b)貨品即時追蹤回傳；(c)為全圖形介面；(d)具衛星定位功能。

互聯網 Web 介面功能彙整寫法如下範例說明

Web 介面功能

- 客服專員Web 介面：使用瀏覽器操作介面透過應用伺服器進行個人班表查詢、調班申請等功能。
- 客服主管Web 介面：使用瀏覽器操作介面透過應用伺服器進行調班申請核可/否決等功能。
- 現場主管操作軟體介面：使用Web 介面應用程式管理系統排班人員操作軟體介面：使用Web 介面應用程式進行預測與排班
- 本系統應用流程：各模組主要功能說明：
- 公共模組:人員組織管理、系統管理、基礎班務管理、報表模組
- 排班作業模組：話務預測、排班引擎模組、排班任務管理、班務管理規則
- 席位配置模組：話房管理、席位現場管理、手動席位配置、排座引擎模組
- 班務管理模組：代換班、加減班、班務中心、現場管理

鋼材熱彎成形加工參數

傳統熱彎成形加工之各項加工參數對加工速度及變形量影響及應用田口法找出最佳化參數研究。選出有：

(1)正面冷卻、(2)烘炬速度、(3)火嘴號數、(4)氧氣表壓力，為影響熱彎成形加工品質的四大因素。

應用田口法之 L_{18}（21*73）直交表

板材翹曲角度，目標值為越大越好。將所得實驗數據帶入田口法中之望大特性公式以求得各組試驗之S/N 比，再由S/N 比中計算最佳化參數。所求得最佳化實驗參數組合為 A_1、B_2、C_1、D_1、E_2、F_3、G_3、H_1 代表之控制因子：

A_1 為正面冷卻；

B_2 為水火距 105mm；

C_1 為烘炬速度 7mm/sec；

D_1 為母材厚度 8mm；

E_2 為焰心與板距 30mm；

F_3 為火嘴孔徑 2.4mm；

G_3 為乙炔表壓 0.6（kg/cm2）；

H_1 為氧氣表壓 3.5（kg/cm2）；

與輥壓相結合用來加工具有雙重彎曲的複雜形狀的構件，達到降低生產成本，本實驗對焊接後材料變形整型工藝也具有類似實驗參考之價值。

A1050 板材經同徑異周速壓延之彎曲曲率行為的實驗研究

對稱平板輥壓能使材料提高硬度同時能讓成型產品更趨多樣性及變化性。

但同徑對稱壓延，板材仍易產生彎曲的外型，因此使用不同的參數條件取得壓延時產生的壓延力及壓延扭矩平板輥壓條件對成型變化會有影響。

進一步熟悉輥壓設備的效能可提升輥壓設備使用效率也能減少成型造成環境設備及產品上的損傷使成本的提升。

探討：(1)試片厚度、(2)縮減率變化、(3)輥輪切線速度(4)輥輪界面潤滑條件，不同的參數條件對板材彎延現象所產生曲率的影響。

同時找出壓延板材試片的曲率值介於±0.0025（1/mm）內（即成型試片趨於平坦的加工成型結果）其加工成型條件以便提供未來曲率的控制因素，以提升工業上的經濟效率。

應用線性規劃求解一維鋼材裁切問題

運用有限的資源於製造過程中提昇品質、縮短工期及減少成本支出，進而獲取最大利益為目標，已成為鋼構產業重要議題。

鋼裁切計畫為研究範圍，以整數線性規劃為架構，建立一套數學最佳化模式，在求解方法上，依裁切特性訂定各項限制條件之參數，利用 LINGO 7.0 套裝軟體撰寫電腦程式，求解出最小原料型鋼裁切成本、裁切後餘廢料價值及裁切計畫等結果。

另經由敏感度分析，瞭解各參數變化對運算結果之影響程度，以因應實務變化尋求最佳裁切計畫解。

模式之適用性，依最佳化模式建立的最小成本與人工經驗規劃方式求出之成本進行比對分析。

實驗結果顯示，S15C 鋼及 SNCM 220 鋼熱處理後在較低溫（70°C，100°C）冷卻淬火後表層得到組織及硬化深度相近。

以採 70 °C淬火試片為例，淬火表層滲碳組織為高碳麻田散體及殘留沃斯田體，硬化深度（550HV0.3）分別為 0.75mm、1.03mm；

210°C 淬火試片得到的表層滲碳組織為麻田散體及變韌體，硬化深度（550HV0.3）分別為 0.32mm、0.55mm。

SNCM220 鋼雖其含碳量與 S15C 鋼相近，但因添加 Ni、Cr、Mo 合金元素增加鋼材的硬化能，故有較大的硬化深度。

兩種滲碳鋼材採 70 °C 和 100 °C 淬火冷卻後，再於 350°C 回火後的組織與性質相近。

兩種滲碳鋼材經 70 °C淬火及 350°C 回火後，表層滲碳組織為回火麻田散體及變韌

體，試片的彎曲變形量分別為 0.31 mm、0.17 mm，抗拉強度最高，分別為 1321MPa、1380 MPa，伸長率最低，分別為 1.2 %EL、3.0 ％EL。

文創規格實在很難表達，既抽象又不易量化，但前面已說過必須量化，讀者快快參考下圖吧，量化描寫參考完可以開始動筆了。

再叮嚀一句，功能和後頭的查核點 KPI 驗收有密切關聯，兩者幾乎雷同一致，做得到才寫，實驗能成功才下筆。

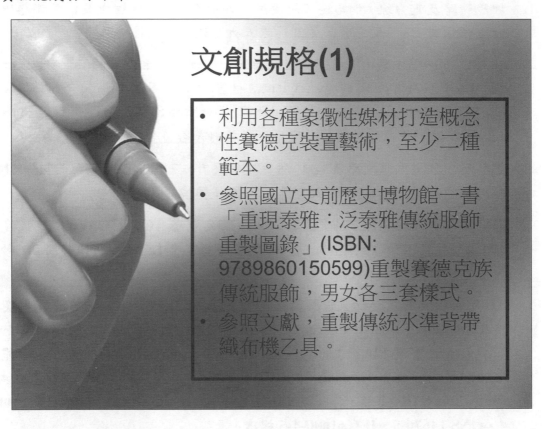

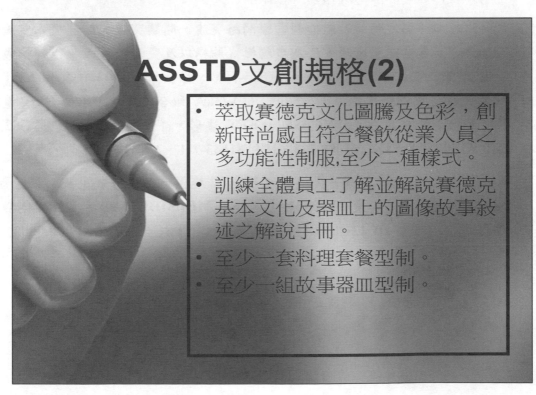

EXAMPLE

氣象站網路與電力施工佈設 1 式

1. 埋設網路及電力線，網路線必須使用**戶外網路線**，**戶外埋管及佈設網路線與電力線必須用 PVC 管包覆**，並且通過人行步道磚埋設後必須復原。

2. 在氣象站新增**防塵、防水、防撞儀器箱**，內部尺寸至少大於或等於 54 x 42 x 20cm，主體為聚丙烯（Polyropylene）材質，含 ABS 材質鎖扣、自動等壓調節閥，IP67 防水等級，**符合 MIL C-4150J、Def Stan 81-41、STANAG 4280、ATA 300 等認證**，投標時請檢附原廠型錄供核對是否符合需求。

3. 儀器箱內放置漏電斷路器、AC 防突波保護器、三孔三插座電源面板、**RJ45 網路防突波保護器、以及 RS232 轉 Ethernet 轉換器**各 1 組。

4. 漏電斷路器額定電流 **30A**，極數 **2P0E**，額定電壓 **AC110-220V**，額定感度電流 **30mA**，額定不動作電流 **15mA**，額定短時間電流 **1.5kA**，動作時間 **0.1 秒以內**，過電流跳脫方式為 **CNS**。

5. AC 防突波保護器能防止雷擊閃絡突波（Lightning Flash Surge）、開關突入電流（Switching Inrush Current）、以及電磁脈衝波（Electric Magnetic Pulse），最大負載電流 **12A**，工作電壓 **AC100-250V 50/60Hz**，突波衝擊承受能力及突波能量吸收效率 **1.2x50μs、10kV；8x20μs、5kA**，電磁脈衝抑制能力 **4.5kV，5x50ns EMP 波形**，符合 **ANSI/IEEE C62.41、CNS 14676-4、IEC 61000-4-4、CNS 14676-5、IEC 61000-4-5 標準**。

6. **RJ45 網路防突波保護器**能抑制雷擊閃絡突波、開關突波、開關突入電流、電磁脈衝波，電湧能量處理方法為串聯模式結構以及突波能量吸收後轉換成電壓，最大負載電流 **DCV<1000mA、DC5-50V**，符合 **IEEE802.at 及 802.3af 標準**，最大承受電湧衝擊能力 **1.2x50μs，6kV/3kA** 組合波 1 次，承受 EMP 電磁脈衝（EFT）衝擊能力 **4.5kV，5x50ns EFT** 波形，符合認證標準 **ANSI C62.41、IEC 61000-4-5、IEC 61000-4-4、IEC 61643-2-1、ANSI-C37.90**。

7. **RS232 轉 Ethernet 轉換器**提供一組 RS-232 埠供連結現有氣象觀測記錄器，一組 RJ45 網路埠，速度 **10/100Mbps、auto MDI/MDIX**，內建 **1.5kV 電磁突波保護**，輸入電壓 **DC12-48VDC**，平均壽命（MTBF）須符合 **3,000,000 小時以上**。

EXAMPLE

網路攝影機架設 1 式

1. 網路攝影機及無線橋接器，從 AC 電源處至指定位置間電力線必須用 PVC 管包覆。

2. 新設防塵、防水、防撞電力箱，內部尺寸至少大於或等於 20 x 18x 10cm，主體為聚丙烯（Polyropylene）材質，含 ABS 材質鎖扣、自動等壓調節閥，IP67 防水等級，符合 MIL C-4150J、Def Stan 81-41、STANAG 4280 等認證。

3. 儀器箱內放置各 1 組漏電斷路器、1 組三孔三插座電源面板、2 組 RJ45 網路防突波保護器。

4. 漏電斷路器額定電流 30A，極數 2P0E，額定電壓 AC110-220V，額定感度電流 30mA，額定不動作電流 15mA，額定短時間電流 1.5kA，動作時間 0.1 秒以內，過電流跳脫方式為 CNS。

5. RJ45 網路防突波保護器能抑制雷擊閃絡突波、開關突波、開關突入電流、電磁脈衝波，電湧能量處理方法為串聯模式結構以及突波能量吸收後轉換成電壓，最大負載電流 DCV<1000mA、DC5-50V，符合 IEEE802.at 及 802.3af 標準，最大承受電湧衝擊能力 1.2x50μs，6kV/3kA 組合波 1 次，承受 EMP 電磁脈衝（EFT）衝擊能力 4.5kV，5x50ns EFT 波形，符合認證標準 ANSI C62.41、IEC 61000-4-5、IEC 61000-4-4、IEC 61643-2-1、ANSI-C37.90。

EXAMPLE

廣角戶外網路攝影機

1. 攝影機於出廠時即須具備原廠一體型設計，不可透過改裝使用。

2. 本設備須內建**多台 （3 台以上） 攝影機，攝影機鏡頭至少支援一千一百萬畫素，以提供 180 度的環場觀看功能**，且應僅須一條網路線即可運作。

3. 影像元件為 1/2.3"Progressive Scan CMOS 或更高規格元件。

4. 鏡頭規格 5mm/F2.8，或更優規格。

5. 最低照度：彩色 2Lux / 黑白 0.4Lux。

6. 電子快門：2/5 sec ~ 1/23，250 sec。

7. **記憶體：最小須有 3GB RAM 及 768 MB Flash。**

8. 影像壓縮：H.264/MJPEG 並且可支援多重串流輸出。H.264 壓縮格式支援 Baseline，Main，High 等三種不同 profile，透過瀏覽器就可直接取得 ASF 格式的錄影檔案。

9. 解析度：支援三畫面 4K 解析度（3840x2880）下可以達到每秒 30 張的影像串流輸出，也可以輸出最高到三個 11MP 每秒 20 張的輸出。

10. 多串流（Multi Streaming）傳輸控制：須支援於不同壓縮格式下分別設定各種不同影像串流的參數和控制傳輸張數以及使用頻寬設定。

11. 流量控制：H.264 須支援 VBR 及 CBR 等設定並可透過網路頻寬狀況自行調整最高傳輸上限，方便網路管理者調配並限制使用之最大頻寬。

12. 靜態快照格式：至少支援 JPEG。

13. 影像設定：壓縮比、彩度、亮度、銳利度、對比、白平衡、曝光控制、曝光區域、背光補償、低照度最佳化設定、寬動態（WDR）、內嵌文字、浮水印、隱私區遮蔽…等功能。

14. 支援浮水印功能：其中包含時間、日期、文字、影像資料。

15. **支援協定與規範：IPv4/v6, HTTP, HTTPS, SSL/TLS, QoS Layer 3 DiffServ, FTP, CIFS/SMB, SMTP, Bonjour, UPnP, SNMPv1/v2c/v3（MIB-II）, DNS, DynDNS, NTP, RTSP, RTP, SFTP, TCP, UDP, IGMP, RTCP, ICMP, DHCP, ARP, SOCKS, SSH。**

16. 通訊連接埠：支援採用 10 BASET/ 100BASE-TX/1000BASE-T 自動切換快速乙太網路通訊埠且須提供 IP66 保護等級防水接頭。

17. **須具備像素計算工具，可方便得知設定區塊內的影像解析度（長 x 寬）大小。**

18. 本設備須可透過軟體上傳的方式擴充影像分析功能，確保未來擴充性（Camera Application Platform）。

19. 攝影機須具備外接儲存功能，提供一組 SD/SDHC/SDXC 記憶卡插槽並可支援到 64GB 記憶容量，能直接將影像錄製儲存到本機記憶卡或是網路共享硬碟上。

20. 攝影機支援將錄影主動錄製到 NAS 儲存空間上，無須透過任何錄影軟體協助。

21. **須具備多層使用者密碼權限保護、IP 位址過濾、HTTPS 加密、IEEE802.1X 網路存取控制、摘要驗證、使用者存取記錄、集中憑證管理。**

22. 須具備內建移動偵測、主動防破壞報警並支援透過軟體上傳到攝影機內增加智慧化功能之能力。

23. **須可透過智慧分析、記憶卡容量已滿等來進行觸發。**

24. **須具備可經由 FTP、HTTP、Email、上傳影像或是由 HTTP、email、TCP 送出訊息通知，以及記憶卡錄製等動作的智慧化功能。**

25. 機體外殼須採符合 IP66-、 NEMA 4X- 與 IK10 等級的金屬外殼，以及聚碳酸酯材質的透明球罩。

26. 作業溫度：-40°C~55°C。

27. 安規及環境保護需求：EN 50121-4, IEC62236-4, EN 61000-3-2, EN 61000-3-3, EN 55024, EN 61000-6-1, EN 61000-6-2, FCC Part 15 Subpart B Class A, ICES-003 Class A, VCCI Class A, C-tick AS/NZS CISPR 22 Class A, KCC KN22 Class A, KN24, IEC/EN/UL 60950-1, IEC/EN/UL 60950-22, EN 50581, IEC/EN 60529 IP66, NEMA 250 Type 4X, IEC 60068-2-1, IEC 60068-2-2, IEC 60068-2-30, IEC 60068-2-78, IEC/EN 62262 IK10。

28. 須符合 ONVIF Profile S 標準。

29. 重量須小於 2.5 Kg。

30. 須可提供 API 以供後續整合。

31. 支架須符合 NEMA 4X-和 IK10 級耐衝擊鋁合金安裝座，最大可耐 10kg 承重、水平收疊臂尺寸 1007 x 783mm、水平擴展臂尺寸可延伸達 1007 x 1033mm。並須符合安規 IEC/EN/UL 60950-1、60950-22、IEC62262 IK10、NEMA 250 Type 4X、EN50581。

32. 投標時請檢附原廠型錄（含支架）供核對是否符合需求。

EXAMPLE

有機健康產業商務平臺

1. 伺服器

   • 電子商務平臺伺服器 3 台。

     – 平臺首頁電商資料庫及系統備援。

   • 視頻履曆伺服器 10 台

     – 每台可同時容納 500 組縮時視頻，每組視頻可儲存 3 年視頻履歷。

     – 依需求未來持續擴充。

   • 科技農夫社群專屬視頻伺服器 50 台

     – 每台可同時容納即時視頻 20 組，初期可培養約 1,000 位元永康科技農夫，並開設專屬頻道。

   • 農業大資料資料庫 5 台

     – 收集並保存各地農業之環境資料。

2. 電腦

   • 研發：11 套 MACBOOK AIR

   • 視覺設計：3 套 MACBOOK PRO

- 行政：10 套 WINDOWS 10 NB
- 一般事務主機：1 套 WINDOWS 10 臺式主機

3. 手機
   - ANDROID / IPHONE 手機不定期更新

4. 物聯網（單一場域）
   - 主機平臺
     - ANDROID 平板 / SET-TOP BOX。
   - 感測元件
     - 土壤鹽份、電導率、土壤水份、溫度。
   - 控制元件
     - 自動灑水，433/315 射頻電源控制元件。
   - 安全控鍵
     - 紅外線人體感應偵測。
   - 輔助電力
     - 風力/太陽能輔助發電。

EXAMPLE

購物籃演算法

　　本系統之適用範圍，主要應用於擁有資料之公司、個人或研究機構。本系統主要分析客戶之購物籃行為，而其輸入資料以文字類型為主。本系統所稱購物籃只是一個代名詞，其可代表分析者所設計的某一種類。本系統所稱客戶之意義也可解釋成分析的標的物，如物品種類、地區、時區也可成為分析標的物。從本系統中可分析到客戶在同一時段中（或同一分組中）：

1. 同時發生的事件。例如：客戶在一次購買中同時購買的東西，其組合為何。

2. 順序發生的事件。例如：客戶在一次購買中同時購買的東西，其順序為何。

功能規格

一、 功能組織

　　本系統可分兩大部分，組合性、順序性。組合性是在一個群組（如一個購物籃內、或在一段時間內）。順序性是在一個具有順序群組（如進入百貨公司的一連串購物行動、或在一段時間內的行為資訊）。

組合性內又可分單一物品、或多重物品。當選擇單一物品時會自動過濾掉連續重複的物品。目標組合性則可得到希望得到的與特定物品的組合性。

二、 組合性

同一購物籃內，一起存在的物品。這些物品的發生沒有先後次序。所謂同一購物籃可表示為在同一群組內，同一購物籃、同一時段、同一類別等等。所謂一起存在的物品可表示為同一群組內的事件、種類、物品等等。例如：

- 在超市中，在客戶每次購買的行為中，刮鬍水與紙尿布會有同時購買傾向。

- 在縱火研究中，縱火犯無業與機車縱火有同時發生的傾向。

- 在銀行客戶行為研究中，基金操作與定存有同時發生的傾向。

這些由購物籃演算法得到的法則依各行業或地區、客戶別、產業別不同而不同。在應用時，可分下列兩種。

1. 單一物品

   同一購物籃內沒有重複物品。當選擇單一物品時會自動過濾掉連續重複的物品。例如在網路存取資料中，我們希望得到同時存取的資料，也就是當存取資料 1 也會存取資料 2。我們可將連續一段時間的存取當成一個群組，但是在此群組中有重複資料存在。

2. 多重物品

   同一購物籃內有重複物品。

三、 目標組合性

本項分析的性質與前述組合性相同，只是有一特定目標。在超市分析中，可能我只要知道蔬菜類有關的物品，因此只要與蔬菜類有關的規則出現即可。

1. 單一物品

   本項分析的性質與前述組合性相同。

2. 多重物品

   本項分析的性質與前述組合性相同。

四、 順序性

在本分析中購物的順序對分析的結果有很大的關係。例如買 MP3 後有可能再買 RAM Card，因此其順序在資料的輸入應明確表示。

1. 單一物品

   相鄰順序沒有重複物品。例如我們希望知道客戶進入賣場選購商品種類的順序以幫助商品種類的排列，其在同類商品選購多少次則無關緊要。

2. 多重物品

   相鄰順序有重複物品。例如我們希望知道客戶進入網頁尋找資料的行為時，平

均點選幾次可找到資料。

五、 目標順序性

　　本項分析的性質與前述順序性相同，只是有一特定目標。例如在百貨公司客戶行為分析中，可能我只要知道進入某區域有關的順序，因此只要以進入該區域為起始有關的順序出現即可。

1. 起始單一物品

   以某件物件開始出現之單一物品。

2. 起始多重物品

   以某件物件開始出現之多重物品。

3. 目的單一物品

   以某件物件結尾出現之單一物品。

4. 目的多重物品

   以某件物件結尾出現之多重物品。

EXAMPLE

時尚機種

　　本研究開發產品的特點便是取消了機背的按鍵，再將螢幕擴充到 3 至 3.5 吋左右，瀏覽起來宛如一個小型的數位相框般，並且以手指操作滑動使用，會比一般按鍵式的數位相機還要有趣；而 XXX 便是主打女性族群，並且擁有 3.5 吋 OLED 觸控螢幕的時尚機種。

主要規格特點：

- 1/2.3 吋 CCD，12MP 像素，最大可拍 4,000 x 3,000。

- 5 倍光學變焦鏡，約 28-140mm 等效焦長，最大光圈為 F3.9-5.8，微距 3cm。

- ISO 範圍為 Auto，80/100-1,600（降 300 萬像素時可至 3,200 與 6,400）。

- 場景模式有人像、風景、運動、夜間人像、派對/戶內、沙灘/雪地、日落、黃昏/黎明、夜間風景、近攝、博物館、煙花表演、翻拍、背光。

- 內建 20MB，支援 SD/SDHC 記憶卡擴充。

- 採用 3.5 吋 23 萬像素 OLED 螢幕。

- 具備 1280 x 720@30fps，AVI 錄影。

- 使用 EN-EL12 可充鋰電，約可拍攝 200（CIPA）。

- 機身尺寸為 97 x 61 x 20mm。

- 機身重量為 140g。

　　機身為名片時尚典雅外觀，採用滑蓋式開啟設計，只要輕拉正面的鏡頭蓋後便完成開啟的動作；鏡頭為 5 倍光學防震的潛望式鏡頭，約 28-140mm 的等效焦長，具備廣角和中望遠的焦段，微距 3cm 也相當地好用，可拍攝許多的近攝作品。

　　機頂部份僅有個快門鍵，而沒有電源鍵的設計，若鏡蓋不小心滑開時，沒有電源鍵的開關會比較不安全易耗電。快門鍵採用一體成型的設計，而按鍵設計的比較小些，女性使用應該剛好。

　　機身以金屬框架固定，整體的質感相當不錯，但厚度略厚些而且感覺有點沈。

　　3.5 吋的 OLED 螢幕具備省電高亮度的特質，而且按鍵設計也比較大，以圖片顯示來代替文字，指尖在滑動時流暢度還不錯。不過，筆者有時拍攝時，會誤按到右側的變焦鍵，而這也是按鍵安排太近側邊框的結果，讓單手拍攝的使用者會比較不易抓緊。

　　電池部份，使用的是 XXXX，可拍攝張數約 200 張左右，數字並不算是很漂亮；存取媒體採用的是 SD/SDHC 卡，但筆者建議使用高速的 SDHC 卡，以利 HD 錄影拍攝使用。附一個像女性皮包的相機包，看起來很有復古風格，質感也比一般相機包好上許多。

因為 XXX 採用的是觸控式操作，所以很多功能必需一一點入去找出設計，本身並無 Fn 快捷鍵的功能。但是在拍攝功能上，還是以簡單方便做為訴求，多樣的場景模式及 720p 的 HD 錄影，都是讓使用者不需花費太多時間，便可以拍攝記錄較佳的成像。

而使用者也可以將作品做自動排序或是依照主題編入我的最愛，方便在播放時可以迅速找出瀏覽觀看，而設定鍵則是採六格宮做換頁點選。拍攝的介面，會依直橫幅的角度不同，按鍵也會跟著做變換。

幾項設定圖示是看起來還滿簡單易懂的，不過選單分享是使用英文，而非中文化介面，還是感覺有些小可惜。

播放作品時，可以像操作 iPhone 般，以手指滑動的方式進行快速觀看瀏覽；並且利用手指做放大及觸點拍攝的使用，讓使用者不管在拍攝或是欣賞作品，皆在 XXX 的螢幕上直接進行操控。

EXAMPLE

監控中心

科技目前已陸續引進各方人才團隊及技術，其在「GPS 模組」技術整合能力上之領先性也已在市場上展現，雖然產品本身仍須向各關鍵零件廠商購買模組再視客戶需求整合其餘軟韌體功能之技術，但這是初期目標；除現有產品將繼續推陳出新外，科技在 2006 年第 2 季開始將自行開發生產關鍵零組件「GPS 模組」，同時也將現有之定位系統部份功能模組化。如此不但成本可望大幅降低、應用組合更為靈活外，模組本身亦可對外銷售，使科技未來不僅是產品製造商同時也是關鍵零組件供應商。在整體 GPS 架構方面，目前現有之架構模式大致如下：由上圖可知，現有之架構是由定位端接收訊號後經由電信公司（GPRS/SMS）再透過網際網路（TCP/IP）到監控中心端，由監控中心研判狀況再將指令下達至各定位端；此架構之最大優點在於監控端每天 24 小時皆有值班人員，能隨時滿足定位端之各項需求；而其缺點為建置、維持及使用者費用皆太高，對 GPS 產品整體市場普及化是一大障礙。針對此缺點，科技在架構及軟硬體方面作了些許修正，使得從 1-10 台之小數量監控抑或上千台大型系統皆可套用，更重要的是使用者所須負擔之費用大幅降低，讓新架構可達到建置簡單、管理容易，費用低廉；如此，一般經銷商欲進入此 GPS 市場幾無門檻，而使用者平時所須負擔之費用亦降至最低，市場之擴大指日可期。新架構圖如下：

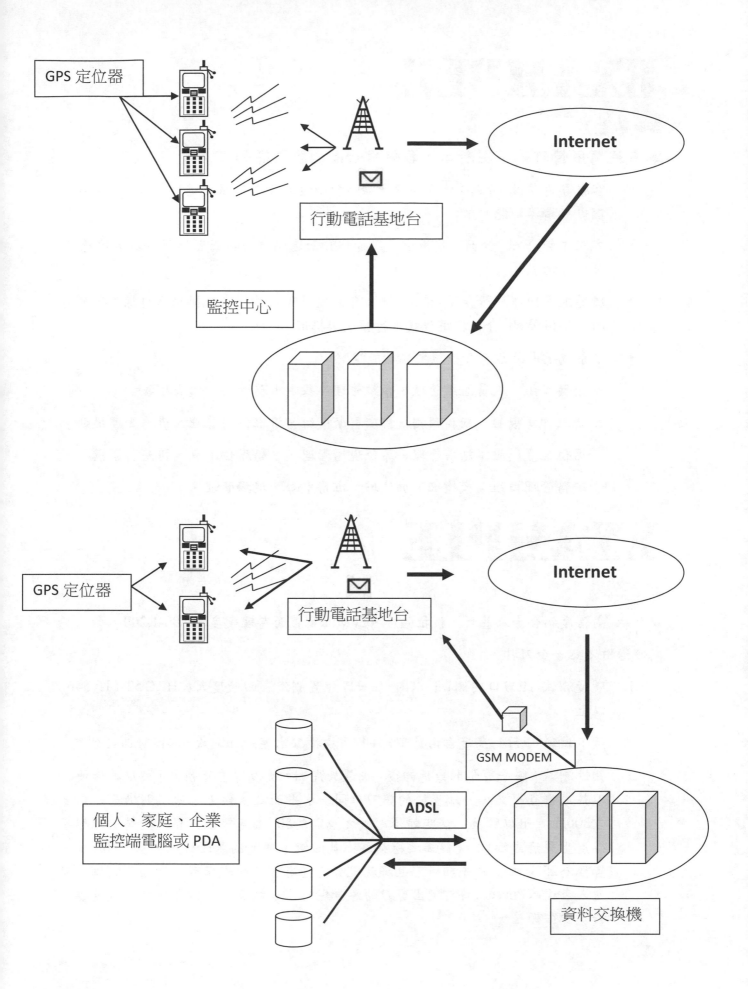

EXAMPLE

客服專員

本系統應用情境如下圖所示，各使用介面功能區隔如下：

- 客服專員 Web 介面：使用瀏覽器操作介面透過應用伺服器進行個人班表查詢、調班申請等功能。

- 客服主管 Web 介面：使用瀏覽器操作介面透過應用伺服器進行調班申請核可/否決等功能。

- 現場主管操作軟體介面：使用 Web 介面應用程式管理系統排班人員操作軟體介面：使用 Web 介面應用程式進行預測與排班。

- 本系統應用流程：各模組主要功能說明：

  - 公共模組：人員組織管理、系統管理、基礎班務管理、報表模組。

  - 排班作業模組：話務預測、排班引擎模組、排班任務管理、班務管理規則。

  - 席位配置模組：話房管理、席位現場管理、手動席位配置、排座引擎模組。

  - 班務管理模組：代換班、加減班、班務中心、現場管理。

EXAMPLE

鋁合金刀

以7xxx 高強度鋁合金為基材，抗拉強度>650MPa，表面處理硬度Hv800-1,200。

開發適用之鋁合金刀具。

1. 硬度測試：距刃口內側1/3 以內，任一點位置測定表面硬度大於HRC 52（Hv546）以上。

2. 落下試驗：1.5M 高度自由落下，每隻手柄撞擊水泥地面一次，不得彎曲或破裂。

3. 韌性測試：將手剪張開或拆卸後、夾置於虎鉗，使刃口垂直朝上，另以試棒使與刀片成垂直交叉，一端置於約與刃口同一水平面之扶架上，他端則舉至刃口上方300mm處予以釋放，使距離舉起端之端點約50 mm處部位與刃口撞擊，刃部不得產生裂痕或缺口。（試棒之材料為冷軋碳鋼，硬度約為HB150，長度600 mm，直徑為25.4 mm）本先期研究也將就現有的金屬剪刀和陶瓷剪刀做壽命測試，以便未來進入Phase 2時訂定出剪刀的壽命規格（如被剪物為何？幾次？力量要小於多少牛頓？）。

EXAMPLE

- 多商家拆單
- 依量差異定價
- 線上即時資訊交換

批發賣家資訊

日本賣家：Japan

最低訂購：2000

賣家所有商品

線上詢問賣家

狀態：在線上

Chat Now

即時訊息交換

電子商務（EC）網站

一、 省時，24 小時全年無休線上看貨：

可以直接線上看貨免出門，省去交通費及縮短比價時間。

二、 省力、省成本：

網路批發商通常也已經準備好商品圖片文章，非常適合電子商務創業家批貨後可以降低拍照等成本。

三、 庫存壓力低：

網路批發允許有預購、寄賣等多元進貨方式，甚至讓網路創業家像一般大型購物平台業者一樣，不需要進貨也能轉單銷售，只要專心負責行銷即可。

市場更大，無地理位置限制，不必拘限於傳統批發商圈大小，也可做外貿交易。

以往傳統批發商圈只能就國內區域性交易，但是網路打破地理上的限制，等於也能取得外貿的優點買低賣高，增加差異化特色，強化競爭力。

- 內容管理系統（CMS）建置。
- 即時資訊倉儲/發布管理系統（Info Center）建置。
- 前後台技術整合（JSP，ASP，PHP，CSS）。
- 電子商務（EC）網站金流系統。
- 搜尋引擎 Ultra Search 產品。
- 後台管理介面模組程式。
- 廣告管理系統整合。
- 網站應用程式開發。
- Client AP 軟體開發。

EXAMPLE

鈦椎體支架

預定完成之 XXXXXXXX 鈦椎體支架規格如下：

項目	規格	功能
植入物兩端之面積（包含 XXXX）	小面積 XXXmm 大面積 XXXmm	依據椎體之大小，置入不同大小面積之 XXXXXXXX 鈦椎體支架。
植入物兩端切割形成之角度	XX	依據每位病患其受損椎體切除後，植入物置入所最適合之角度，使其能與人體的鄰近椎體穩穩相嵌入避免位移。
植入物可調節之長度範圍（包含 XXXX）	（1）小面積 XXXmm： XXXmm-31mm XXXmm-40mm XXXmm-56mm （2）大面積 XXXXmm： XXXmm-XXXmm XXXmm-XXXmm XXXmm-XXXmm XXXmm-XXXmm XXXmm-XXXmm XXXmm-XXXmm	可調節植入物之長度，根據病患所切除之椎體數量或是切除椎體後形成的空缺高度，利用植入物填缺，使病患之脊椎高度回復應有日常生活之需求。

預定完成之 XXXXXXXX 鈦椎體支架力學測試如下：

1. 靜態壓力測試 Compression Bending Test：測量隨著下壓的距離的改變（位移 displacement），力量的變化（圖）根據美國試驗材料學會（American Society for Testing Material，簡稱 ASTM）目前規定椎間融合器（Intervertebral Body Fusion Devices）在靜態壓力測試上不可超過每分鐘 25 mm 的位移，直到植入物的功能或本身物件的損毀，且脊椎的原有高度（測試之預設高度）沒有改變。（由於目前 ASTM 尚未有關於椎體支架的試驗標準，以最接近功能的椎間融合器的試驗標準作基準。）

2. 靜態扭力測試 Static Torsional Test：測量隨著角度的改變（角度位 angular displacement），力矩的變化。

   根據美國試驗材料學會目前規定椎間融合器在靜態扭力測試上不可超過每分鐘 60° 的位移，直到植入物的功能或本身物件的損毀，且脊椎的原有高度（測試之預設高度）沒有改變。（由於目前 ASTM 尚未有關於椎體支架的試驗標準，以最接近功能的椎間融合器的試驗標準作基準。

3. 疲勞測試 Fatigue Test：

   根據美國試驗材料學會目前規定椎間融合器在靜態力量或力矩極限值的 25%、50% 和 75% 下，可否承受至少 5,000,000 次的重複軸向擠壓，亦即不會導致植入

物的功能或本身物件的損壞，且脊椎的原有高度（測試之預設高度）沒有改變。（由於目前 ASTM 尚未有關於椎體支架的試驗標準，以最接近功能的椎間融合器的試驗標準作基準。）

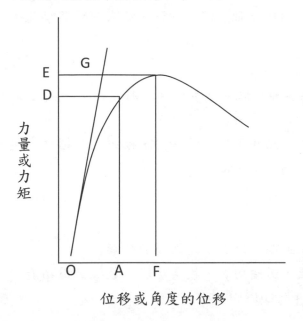

上圖：典型負荷位移曲線圖（Typical Load Displacement Curve）。OA：永久變形位移值；OF 位移極限值；D：達到永久變形的力量或力矩值；E：力量或力矩極限值；OG 斜率：植入物的剛性。

4. 下陷測試 Subsidence Test ：

由於這類測試要比擬真實植入物使用情況相當複雜，美國試驗材料學會目前尚未制定下陷之標準為何，只提供如何模擬比較各種不同植入物造成鄰近椎體終板下陷的傾向程度，利用聚氨酯比擬作為人體椎體。（由於目前 ASTM 尚未有關於椎體支架的試驗標準，以最接近功能的椎間融合器的試驗標準作基準。）

$$Kp = \frac{Ks*Kd}{Kd-Ks}$$

Kp：聚氨酯泡棉的剛性；Kd：植入物的剛性；Ks：系統的剛性

EXAMPLE

平臺

此平臺的意義：

(1) 鼓勵自學和自我潛力發掘。

(2) 利用網路和多媒體的便利性，有效整合利用資訊，達到自我學習最佳化。

(3) 鼓勵學習者分享學習成果和經驗，降低後學習者的學習成本和增加參考依據。

第一部分：部落格、討論區、SNS

此部分為三個子網域網站，分別為部落格、討論和 SNS（社群），三個系統分別擁有獨立的子網址和首頁，此三個系統採用統一註冊登錄，同步化狀態，主要是凝聚會員的核心使用價值。故此開放相應空間的網路相冊、部落日記、個人管理等功能。

1. 部落格

(1) 簡述：使用多人用戶架構部落格系統，能支援多用戶註冊並擁有一般後臺管理權限。

(2) 功能：文章發佈、facebook 連接、html 編輯、多版型、模組化、插件支援。

(3) 可應用系統：Tlog、MU Wordpress、X-space。

2. 討論區

(1) 簡述：使用者可自由發表和回應主題，建立多元課題的分類

(2) 功能：會員管理、發佈模式管理、辯論功能、投票功能、數據調用功能。

(3) 可應用系統：bbpress、Discuz、phpBB。

3. SNS

(1) 簡述：建立個人專頁，可增添好友、照片、行蹤、日記等（類同 facebook）。

(2) 功能：遊戲、好友、相冊、即時狀態。

(3) 可應用系統：Ucenter Home、Dolphin、Elgg、PHPizabi、ThinkSNS。

第二部分：官方資訊

官方資訊為 XXXX 對外公佈的資訊、消息、應用工具等。同樣以獨立子網站的形式，匯正各個應用的資訊顯示。

1. 教材資料庫

(1) 簡述：按照年齡和領域搜尋適合的教材，可直接下載和直接網路使用。

(2) 對內使用者：DIY 教材製作人員。

(3) 對外使用者：會員。

(4) 功能：除了對外提供會員便利以外，對內可透過下載和搜尋等網路行為了解會員的需求，以提供更多符合使用者需求的教材內容。

(5) 教材形式：ppt、pdf、word、flash、wmv、avi、mp3、mp4。

(6) 後期衍生：除了免費教材，在使用者搜尋教材時，也對應的顯示付費或商業教育教材商品，如 DVD、課程、書籍等等。整合一個推薦性的教材交易平臺，鼓勵更多教師和教育人員開發數位教材，並透過審核其教材發佈資格，透過會員的付費下載，與作者分享收益。

(7) 教材交易。

a. 自行發佈：透過內部資格和身份審核，通過之後，可自行管理其教材，也可透過個人的管理界面上傳自行製作的教材，會員下載或購買后，與作者分享利潤。隨政府的強力推廣和多媒體應用乘勢的開發，已讓很多領域專家學者，可透過自身的團隊製作教材。這比實體商品製作來得經濟、成本降低、修改容易、銷售追蹤等數據可讓作者本身了解使用者和自身教材的概況。

b. 合作發佈：透過傳統形式的教科書發佈形式，以及配合 XXXX 的多媒體教材製作人員，將其內容一併製作成數位內容。分別透過實體通路和數位教材交易平臺進行發佈和銷售。

c. 其他發佈模式：代理。

第十一章　（四）關鍵技術來源、（五）應用範圍、（六）衍生、（七）加值應用

第一節　主要關鍵技術或服務、零組件及其來源

NOTE

本章先就技術或服務相關專有名詞類似內容先說明重點然後列表說明，例如：

平台類關鍵服務技術說明

行動數位沖印服務平台之行動系統架構，其中，數位版權管理模組與各子系統相連接，而子系統中包含：

1. 內容伺服器（content server）：負責儲存受到保護的數位影像內容檔案，只有數位版權管理模組可以取得檔案內容；

2. 交易伺服器（payment center）：取得交易伺服器所提供的交易付款之功能，包含信用卡刷卡、小額付款、轉帳等交易方式；

3. 認證伺服器（certificate center）：提供會員身份認證及管理等功能，透過 Web Service 介面，提供數位版權管理模組呼叫，以取得會員的身分；

4. 版權伺服器（license server）：提供授權模式管理及數位影像內容檔案版權授權設定等功能，有關版權授權設定在於提供會員，針對該會員個人所有之影像檔案，設定欲開放給其他會員使用之授權範圍，如瀏覽權限、列印權限、收費金額、開放對象、使用次數、限用日期等。

IOT 類關鍵服務技術說明

NuMaker-PFM-NUC472

- 主晶片 NUC472JI8AE
  - ARM® Cortex®-M4F with DSP and FPU，最高 84MHz
  - Flash 記憶體 512 Kbytes，內嵌靜態記憶體 64 Kbytes
  - ADC，CAN，GPIO，LIN，I2C，I2S，PWM，RTC，SPI，Timer，UART.
- 其他元件與連接頭
  - Nu-Link-Me ICE bridge
  - 三軸加速度計，三軸陀螺儀（MPU6500）

- 1 Mbytes 外掛靜態記憶體

- MicroSD 卡槽

- RS232、RS485 和 CAN transceivers

- Ethernet RJ-45

- USB Host / Device / OTG

- Audio Codec（NAU8822LYG），麥克風，聲音輸入，耳機輸出

- 按鍵 x2，蜂鳴器，RGB LED

- Arduino 相容接頭

功能：實現自動恆溫控制，可應用於生物培養或動物養殖。

- 特色：

  - 可將感測器蒐集之資訊上傳至 mbed 雲端後，進行數據分析並採取控制動作，例如：

    1. 超聲波偵測之動物活動狀況數據。

    2. 自動分析溼度計與照度計數據，並補償照明。

    3. 可由遠端控制餵食或進行澆水等動作。

  - 支援平板/手機雲端監控

- 智慧裝置與應用領域·物聯網與雲端整合趨勢

- 智慧裝置軟硬體發展趨勢

- 智慧應用平台的開源趨勢

- IoT 市場導論及硬體業趨勢

- IoT 通訊介面介紹及 MEMs 應用

- Zigbee 介紹及論述

- BTLE profiles 介紹及應用開發

- NFC 市場趨勢及應用

- IFI/2.4G IoT 市場的實際應用

作業系統分類

- 驅動程式介紹

- RTOS 週邊控制

- Linux 驅動控制

- Android HAL 架構

如何用 Web 技術開發 IoT 應用

- Web 技術開發 IoT 之優勢與挑戰
- 電力系統概述
- 電力系統之監控
- 使用開源硬體與軟體協助實作
- 打造低成本工控物聯網

典型的智慧穿戴式裝置運 IOT 關鍵服務技術

準確地劃分其組成顯然取決於裝置本身；不過，一般來說，智慧穿戴裝置的核心架構包括下列部份：

- 微處理器、微控制器或類似的 IC
- 微機電感測器（MEMS）
- 小型機械致動器
- 全球定位系統（GPS）IC
- 藍牙/蜂巢式/Wi-Fi 連接，以進行資料的採集/處理和同步
- 成像電子元件、LED
- 運算資源
- 可再充電電池或主（不可再充電）電池或電池組
- 支援性電子元件

因此，穿戴式裝置的主要設計目標顯然是精巧外形尺寸、重量很輕，以實現可穿戴性和舒適感，並擁有超低能耗以延長電池執行時間/壽命。

而有關產品類關鍵技術說明如下，並列舉說明來源：

- 技術包含，○○研究、產業之○分析、○○○○產業○○○○開發研究。
- 關鍵因素研究與模式分析之技術來源，以自行研究為主，○○開發則搭配 xxx 公司創意協會，共同開發。

技術類關鍵技術說明之表格與數學函式也可如下例舉說明：

一、 主要關鍵技術或服務、零組件及其來源

說明	來源
關鍵技術（軟體）	核心技術自我研發軟體 ➲五相仿正弦波函數波形參數： 依據外部輸入 Clock，循以下之公式分割及角度，循序產生五相仿正弦波函數波形，其運算公式如下所示。 $$A相 = A \bullet \sin(\omega t)$$ $$B相 = A \bullet \sin(\omega t + 72°)$$ $$C相 = A \bullet \sin(\omega t + 2 \bullet 72°)$$ $$D相 = A \bullet \sin(\omega t + 3 \bullet 72°)$$ $$E相 = A \bullet \sin(\omega t + 4 \bullet 72°)$$ A： PWM Amplitude 大小　ω：微步進分割數 ， t：角度 ➲平滑參數功能： D：10,000 分割平滑參數關係式： $$D \propto PWM(HighDuty) + (X \bullet K)$$ K： 平滑係數；　PWM cycle is 62.5uS 500~10,000 分割以下及輸入頻率為 X，X = 3Hz ～ 2•R 才有此功能，R：解析度。
關鍵技術（硬體）	自我研發

說明	來源
	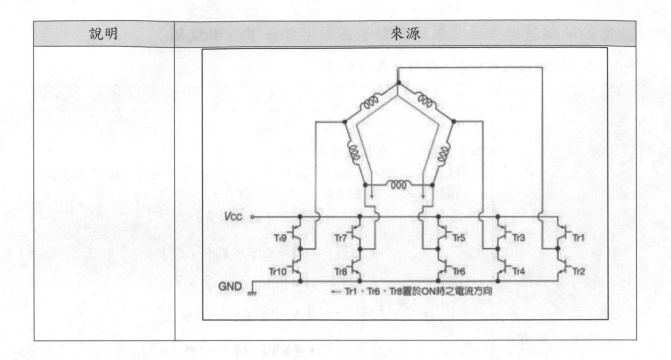

二、 關鍵技術來源製表說明可以下表範例，重點須標明公司名稱、產地等

說明	來源
零組件（CPLD）	AlXX 台灣代理商，茂倫企業。
零組件（MOSFET）	IR（XX）、IXYS（XX 慧橋）等經銷商。
零組件（被動零件：chip 電阻、電容）	國 X 巨，冠 X..等供應商。

技術項目	技術來源	進行方式
TRIZ 創新教育教材	台灣創意啟發協會	教材授權。
3D 列印課程教材	艾可斯國際股份有限公司	教材授權。
3D 列印機台、耗材服務規劃	新世界創新股份有限公司	公司相關機台、耗材。
課程認證規劃	台灣創意啟發協會	與台灣創意啟發協會、協辦開課，建立雙方品牌互信基礎。
連鎖體系規劃	粹智國際實業有限公司自行研發	自行研發，並與合作企業商討較完整的方式進行。
專業設計師育成班規畫	粹智國際實業有限公司自行研發	同步進行課程研發，並不斷與不同產業合作進行課程開發設計。
3D 社群經營環境規劃	粹智國際實業有限公司自行研發	藉由本公司策略長及設計長才，從 3D 列印所需軟硬體設備進行環境規劃，並設定相關 SOP。
3D 設備安裝連鎖體系經營建置服務規劃	粹智國際實業有限公司自行研發	藉由本公司，從參展、包裝規劃設定相關 SOP。
3D 連鎖體系經營服務流程 SOP	粹智國際實業有限公司自行研發	自行研發，並將相關企劃設計文件存檔，進行不斷修正。
3D 連鎖通路佈建	粹智國際實業有限公司自行研發	通路佈建。

三、 本表並依經費及服務時間列表一同說明

項　目	單位名稱 （請填寫全名）	經費 （千元）	內容	起迄期間
技術及智慧財產權移轉	無			年/月/日~年/月/日
委託研究	東南科技大學餐旅管理系	200	1. 完成餐飲業標竿業者服務模式調查報告1份。 （含國內外餐飲產業文獻及標竿業者服務因素彙整表） 2. 完成觀光業標竿業者服務模式調查報告1份 （含國內外觀光產業文獻及標竿業者服務因素彙整表） 3. 完成餐飲業標竿業者服務場景要素分析1份。 4. 完成餐飲業標竿業者服務傳遞要素分析1份。 5. 完成餐飲業產品組合策略分析1份。	10X/05/01~10X/07/15
委託勞務	東南科技大學餐旅管理系	225	1. 完成川揚菜系主要消費族群深入訪談10份。 2. 完成川揚菜系消費者服務需求問券調查200份以上。 3. 完成川揚菜消費群與標竿餐飲業者消費群分析報告1份。 （含深入訪談資料整理與服務需求問卷統計分析） 4. 完成川揚菜系消費族群服務需求品質機能展開報告書1份。	10X/07/16~10x/08/31
委託設計	無			年/月/日~年/月/日

註：各項引進計畫及委託研究計畫均應將明確對象註明，並附契約書、協議書或專利證書（如為外文請附中譯本）等相關必要資料影本，如尚未完成簽約，須附雙方簽署之合作意願書（備忘錄）。

文章是技術來源說明範例如下：

EXAMPLE

車輛部份：

　　加強與現有之GIS/SI公司合作，針對各系統商之需求，在一定幅度內將車機修正、加強至符合90%以上監控中心之需求，此為監控、管理部分；在安全部分，科技已於2005年投入資金研發「**微型姿態偵測器**」，此偵測器優點為省電、體積小、準確度高，主要用於偵測汽機車停止或行進中左右傾斜角度，若汽機車於行進中發生傾倒甚至翻覆則車機會將此狀況自動回報至指定位置，確保駕駛及乘客之安全。

人員部份：

　　此部分之應用原理與車機大致相同，惟硬體部分難度較高；如何在最小體積內能將原本車機內所有零組件置入但其內部之訊號又不互相衝突？如何在如此有限的體積使其收發的訊號強度能夠達到車機之水準？如何在無外來電力情況下使其電力達到最長（GPS/GSM之耗電較手機更大）…等，許許多多問題在長達36個月研發時間中一一克服，而在此同時第二代革命性架構之系統亦規劃完畢開始動工；**第二代新機除保留第一代機種通話、定位、求救等等優點之外，更將體積縮小1/3同時加入多媒體、隨身碟等功能，**將使用族群除原有之老弱婦孺更推向時下一般之社會大眾。

EXAMPLE

本計畫關鍵技術來源：英國及台灣

材料來源：台灣

零組件來源：主要機器零組件為 XX 斯自行開發生產

損失函數可分解成兩個重要項目：

　　1. 平均值與目標值之差的平方

　　2. 變異數

說明如下：由平均平方差（Mean Square Deviation，MSD）之定義知：

　　MSD（Mean Square Deviation）平均偏差平方和故平均損失函數

$$= \frac{\sum_{i=1}^{n}(y_i - m)^2}{n} = \frac{1}{n}\sum_{i=1}^{n}(y_i - \bar{y} + \bar{y} - m)^2 = \frac{1}{n}\left\{\sum_{i=1}^{n}(y_i - \bar{y})^2 + \sum_{i=1}^{n}(\bar{y} - m)^2\right\}$$

MSD

當品質特性不等於目標值時，則總損失為個別損失之總和，即

$$\sum_{i=1}^{n} L(y_i) = \sum_{i=1}^{n} K(y_i - m)^2$$

所以平均損失為：

$$= \frac{\sum_{i=1}^{n}(y_i - m)^2}{n} = \frac{1}{n}\sum_{i=1}^{n}(y_i - \bar{y} + \bar{y} - m)^2 = \frac{1}{n}\left\{\sum_{i=1}^{n}(y_i - \bar{y})^2 + \sum_{i=1}^{n}(\bar{y} - m)^2\right\}$$

故平均損失函數

$$L(y) = k[MSD] = k\left[\sigma^2 + (\bar{y} - m)^2\right]$$

由上式可知，如果要使得損失值得以降低有三種方法：

1. 失去機能時的損失 A_0，這是屬於安全設計。

2. 機能界限 $\triangle_0$ 值的變大，也就是消費者允差變大，這是屬於參數設計。

3. 降低 MSD，也就是

   (1) 設法減少（平均值越接近目標值）。

   (2) 減少 σ^2（產品間的變異越小越好）。這是屬於生產工程設計與管理者的責任。

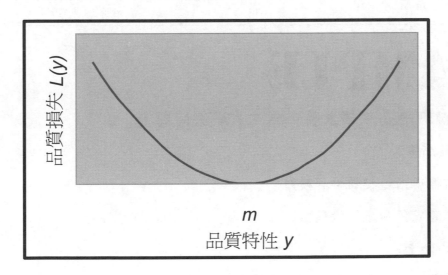

EDXX 成型機其原理是以加熱頭熔化熱塑性材料，將其加熱至熔點溫度，當材料融化被擠出後，立刻凝固並黏結在所要之處，如此一層一層堆疊至工件完成，其加工頭由 X-Y 軸移動之機器手臂所控制，材料之供給以傳動輪來送進，而工件是建立在玻璃之物體上，所以取下工件非常容易，因此沒有 SLA 製程須將工件由升降平台小心翼翼地分離之問題。

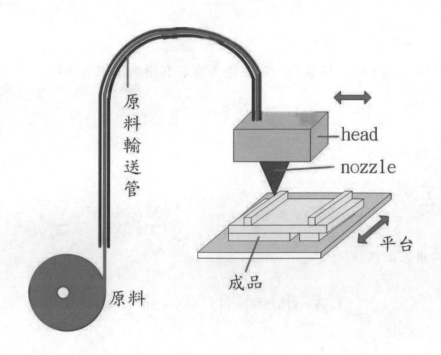

關鍵零組件

項目	零組件	零組件設備
1	熱擠壓模組	負責將以加熱頭熔化原料，以堆疊方式累積成型。
2	螺桿及線型滑軌定位模組	負責提供機台穩定性，讓產品成型精度達到可接受的程度。
3	原料輸送管	負責將原料穩定的輸送到熱擠壓模組。
4	控溫昇降平台	負責成型機的控溫昇降平台。
5	冷卻系統	負責成型機的冷卻系統，提供良好之散熱系統。

EXAMPLE

本計畫物聯網平臺 4 個主要特點完美解決問題。

特點 1：連接所有

- 在任何標準內連接軟件和硬體

- 連結實體設備和虛擬設備*1

特點 2：自己動手

- 就像每個人都可以在互聯網上設計了一個網頁

- 每一個人可以設計他們自己的物聯網系統

- 不需要任何程式能力

特點 3 ：一健安裝

- 為平臺提供一個 P2P 機制

- 支持設備原始 P2P 機制

- 在一個單一用戶介面提供用戶使用

特點 4 ：開放源碼

- 為硬體和軟件使用者，提供許多介面

- 在平臺內為每一個硬體設備整合新功能連結所有其他

第二節 技術應用範圍

技術應用寫得好可曾評委對本計畫技術生命周期性看好，並覺得本計畫對產業發展有更多的延伸性，寫法不須太冗長，輔以圖表說明即可。

物聯網技術應用範圍

物聯網不再只是把物與物相互連接起來而已，感測器和雲計算的普及，讓企業有能力獲取到幾乎無限的資料，這才是物聯網的最大優勢。未來要面對的挑戰是，如何利用這些資料來獲取關鍵洞察、改善客戶服務、縮短產品上市週期、在產品和服務中實現創新，並最終通過開創新的商業模式和收益流實現自身的業務轉型。

物聯網應用的涵蓋範圍廣泛，越來越多的電子設備如醫療保健、穿戴式裝置越來越貼近個人生活、甚至進入身體，終端消費者也慢慢重視產品安全性，例如當利用家庭監控攝影機時，在意影片儲存的安全性，元件廠商便可藉此機會，建立自有品牌，爭取消費者的信賴。

多數物聯網裝置都是屬於汰換週期長的硬體裝置，市場將會快速達到飽和，因此硬體製造商必須有不同的因應方式，例如以服務提升產品價值，才能在市場中不被淘汰。當然，物聯網強調的是體驗，是故事，例如 Google glass 除了擁有酷炫的科技造型及功能，缺乏一個讓人感動的使用情境，以至於仍未能使市場為之風靡。

聯網帶動的不只是生產效率的提升或成本的降低，更專注在以人為本，進而創造更大的附加價值，因此傳統的硬體廠商也必須跟著轉型。例如輪胎大廠米其林也在輪胎內加入感測器，追蹤輪胎的使用情況，提供換胎提醒服務，同時也能夠應用在自家的產能管理上，預先知道輪胎更換的數量。此外，加速解決方案的佈署與進展，將傳統以產品為導向的業務模式，轉換為以服務為中心，都是企業在面對物聯網世代時應有的全新思維。

合作夥伴關係的建立將是物聯網的致勝關鍵之一。換句話說，硬體廠商可關注新創企業，透過收購或合作的方式，來拓展市場。根據 Gartner 統計，未來將會有 50% 的物聯網解決方案來自成立不到三年新創企業，而藉由大廠的併購，才能夠推出更大量的商品，推動市場，同時硬體製造商也能夠學習新創企業不同的思維。

物聯網不只是技術的創新，更提供了人機之間無所不在的無線連結體驗。

在無線傳輸上，穿戴式裝置、醫療與智慧家庭、手機、汽車等領域將處於各種物聯網應用情境的核心位置，透過最簡單便捷的無線通訊連線方式，來凸顯出無線通訊的速

度及品質的重要性。

穿戴式裝置

穿戴式裝置的發展可稱得上由無線技術領域的創新所驅動。例如智慧手錶已成為繼智慧手機和平板電腦後，最值得期待的可穿戴式裝置產品。智慧手錶已成為可定期追蹤與監控運動或身體活動狀況的手腕配戴設備。

穿戴式裝置最常用技術如低耗電藍牙，並提供無線技術測試解決方案。

醫療與智慧家庭

在物聯網互相連結的世界中，其中一項最引人注目的領域便是醫學領域，越來越多控管健康管理的家用裝置正與我們的家連結。目前有推廣健康照護及醫療科技的Continua 組織，訂立了業界標準，進而協助控管健康管理裝置及設備的品質。藉由與專業測試實驗室的緊密合作，將可協助設備廠商加速開發進程。

手機

智慧型手機的問世改變了我們溝通、導航、互動和娛樂方式。它可連結數百萬款客製化應用程式的智慧型手機和平板電腦，使我們能控制和監視我們生活的世界。完整的客製化服務，透過各階段的測試分析，將能協助廠商推出更有競爭力的產品。依據手機常見的使用場景，或根據客戶的需求客製化相關測試項目。而相機為智慧型手機必備的功能，其畫素及功能甚至能媲美數位相機，是使用者在挑選智慧型手機時的一大重點。根據客戶的需求提供客製化的 UX 測試服務。

汽車

汽車將不再只是汽車，而是生活態度的延伸。不僅汽車製造業採用的無線技術正在增加，汽車與智慧裝置連結的數量也在激增中。隨著車聯網時代的到來，越來越多廠商發現，車主們對車聯網系統和配置要求越來越高。車聯網牽涉到的裝置複雜度及多樣性極高，專業的團隊以及 IOT 資料庫，對於車用系統的相容性驗證實力堅強，將可協助客戶偵錯及提供精闢的分析來提升產品競爭力。

NOTE

可先簡單說明應用展望，例如：

　　發明專利：I306564 電子書自動化系統及其製作方法，此技術可以快速產製電子書，可應用於建構「全球華文電子書資料庫」，或是將珍貴的「古文書、絕版書」安全地進行數位化。未來甚至可以根據此技術為基礎，改良轉檔編輯程式成為「P2P 個人數位出版編輯器」，實現圖書產業的 Web 2.0 長尾市場，再配合可快速印製書籍新型印刷機，建構出「POD 隨需隨印出版系統」，完美融合電子書與實體書二者虛實轉換之間的閱讀市場需求。

　　再輔以圖說更好，例如：

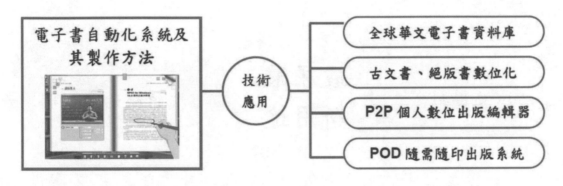

說明應用展望公式：

（XXXXXXXXXXXXX） 專門用來生產 XXXXXXXXXX。例如 XXXXXXXXX。

過程描述

XXXXXXXXXXXX 範圍通常在 100 到 300 巴之間，但也可能高達 450 巴。

重要前提

在這個過程中，最重要的因素就是 XXXXXXXXXXXXXXX。

氣輔式注塑成型技術的優點

XXXXXXXXXXXX 材料，因為 20-30% 的。此外，XXXXXXXXXXXXXX 零件還有一個優點，那就是 XXXXXXXXX。

整合所有控制器件

XXXXXXXXXXXX 技術可以在 XX XXXXXXXXXXXXX 上使用。。最特別的一項優點是， XXXXXXXXXXXX 裝置整合到 XXXXXXXXXXXXX 的監控功能中。

EXAMPLE

生技業玻尿酸應用說明

　　本計劃所獲得之玻尿酸藥物傳送平台從認證、製造、銷售全程整合開發的成功經驗，將可以應用到其他領域包括新藥物、新劑型開發與新適應症等。玻尿酸也可以作為其他醫用材料之新用途開發，國內外學、研機構正積極開發中，禾伸堂生技研發也有計劃，未來將持續開發新適應症與長效型玻尿酸之應用。長期目標將以玻尿酸作為蛋白質藥物載體之應用開發，例如蛋白質及 polypeptide 長效與緩釋注射劑型開發，經皮吸收劑型及口服劑型開發等。

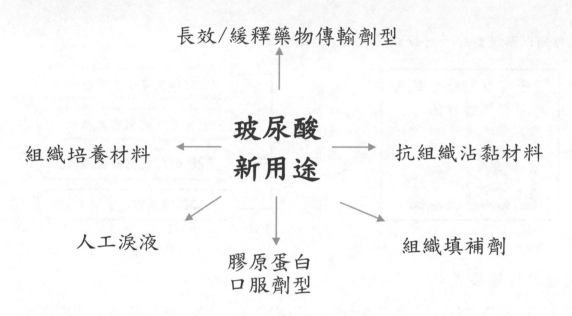

重點方向如下：

　　分析現有條件，善加利用本身特長，對目前之不足，有計畫逐步改善及充實。進行系統整合，組成整合計畫，有效運用設備及經費預算，並使有關學科之研究者能共同參與，提高研究效益。

　　以基因體為基礎，針國內常見之疾病，結合基礎研究、動物模式測試、臨床試驗、技術轉移、業界發展等力量，進行疾病之預防、診斷與治療，廣泛的來說，幹細胞也可被包括在其中的一部份。組織工程學匯集了包括細胞學、生理學、分子生物學、臨床醫學等專業領域，利用發展生物人工移植體及促進組織重塑來達到修補及增進組織和器官功能的目的，研發製造人工皮膚、神經再生、人工軟硬骨、人工肝、人工血管、人工眼角膜、細胞治療及幹細胞等為技術發展的主要項目，這是一個具有潛力、前瞻性的科技發展項目。

EXAMPLE

影片後製技術應用文章是說明可如下：

本計劃區分為下列兩個階段，依圖表依序說明如下：

1. 民宿或觀光景點版行銷版製作，依工作程序說明如下：

    (1) 本公司或未來相關之代理商\經銷商

        至民宿或觀光景點去搜集他們的參與意願。

    (2) 派遣專業攝影人員至民宿或觀光景點拍攝相關的 MV 照片或影片

        依企劃人員之需求，派遣相關的的專業攝影人員至該民宿或觀光景點拍攝相關之照片與影片。

    (3) 後製

        將企劃人員與專業攝影人員拍攝後的照片影片經篩選後，挑選出適合放入 MV 的素才，再傳回敝公司加以後製、加入各種特效、影片轉換方式、排版等等製作出民宿或觀光景點專屬的 MV 影片。

    (4) 音樂

        依需求搭配合適的音樂，或本團隊另行創作的音樂或取得合法授權的音樂。

    (5) 轉檔並上傳至 MV 平台

        除了轉檔為.AVI 方便收看外，也轉檔成為.FLV 方便網路傳遞與上傳到 Youtube ，將相關的影片檔交付給業者之外，亦交付 MV 影片平台。

    (6) 教育訓練

        除了請前端人員至民宿或觀光景點交付相關 MV 之外，也對業者進行平台操作的教育訓練，並進一步簽約相關的合約。

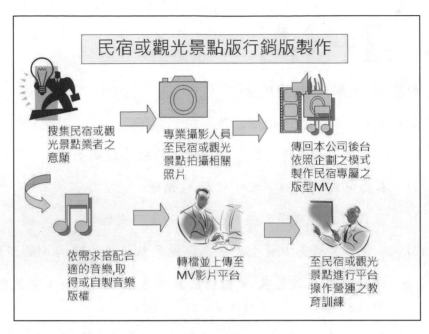

民宿或觀光景點版行銷版製作

搜集民宿或觀光景點業者之意願 → 專業攝影人員至民宿或觀光景點拍攝相關照片 → 傳回本公司後台依照企劃之模式製作民宿專屬之版型MV

依需求搭配合適的音樂,取得或自製音樂版權 → 轉檔並上傳至MV影片平台 → 至民宿或觀光景點進行平台操作營運之教育訓練

2. 搭配觀光客照片重製景點 MV,依工作程序說明如下:

(1) 觀光客意願

入住時可做解說或促銷,或直接把本 MV 綁入訂房費用中或以贈送模式提供,在入住期間觀光客可陸續提供照片的電子檔 10-20 張,民宿或觀光景點業者可花短時間幫觀光客製作專屬的客制化景點 MV 影片。

(2) 生活照

觀光客可挑選自己數位相機中喜愛的照片或合照,提供給業者客制化成專屬的 MV 影片。

(3) 後製

將觀光客提供之影片上傳至本系統。挑選本單位之版型,修改文字內容。

(4) 音樂

依需求搭配合適的音樂,或本團隊另行創作的音樂或取得合法授權的音樂。

(5) 轉檔並上傳至 MV 平台

除了轉檔為.AVI 方便收看外,也轉檔成為.FLV 方便網路傳遞與上傳到 Youtube ,將相關的影片檔交付給業者之外,亦交付 MV 影片平台。

(6) 收錢

觀光客可當場以現金、提款卡或信用卡等方式繳款。除現金定時由前端業務收取或以轉帳方式轉回外,提款卡之繳費模式未來希望可直接提供拆分功能。

EXAMPLE

本計劃微波技術應用範圍

一、 經濟面

可使油炸食物含油量降低 45%、增加含汁量 70%、減少醬料流失 20%、重量損失減少 30% 以及等待時間縮短 50%，而且油炸油品質維持較久。因可降低廚房用油量與週轉率並減少油炸過程的油煙產生，對於環境中的廢油、廢氣減少也使得環境較為乾淨並減少清潔用品的使用量。目前各國因油價高漲所以民生物資也同步調漲中，因為本計畫可以有效減少用油量、用水量、用電量等，使得成本降低，可以維持原來售價不予隨物價調漲，也有抑制物價功能。

二、 應用面

可運用此微波技術於相關傳統中式餐飲業者如飯包業者、雞排業者、炸雞業者等，開發更多革命性的餐具設備，如微波烤箱、微波煮飯機等，以帶動傳統中式餐飲業的革命性風潮，為國人提供含油量更低、營養量保存更多且口感更佳的中式餐飲。另依此微波油炸技術的應用，可開發出系列性高科技廚具設備，不僅做為拓店及與競爭者區隔的利器，亦可將機器提供予餐飲同業，屆時將帶動同業之革命性發展，使國人的飲食健康更得到多方面的照顧。

三、 行銷面

可以推廣符合低油健康的概念，並拓展原先排斥油炸品的顧客群。另亦能提供此項微波油炸設施的維修與保養資訊並同時加強業者食品處理的安全流程與輕油概念的推廣。

四、 產品面

藉由微波油炸技術之突破，可使過去因油炸後含油量過高或因此口感不好的油炸物，藉由含油量之降低及口感的提升，使未來口感佳的油炸物種類更多元化且更為健康，而更為消費者所接受。另引進此微波油炸技術後，對於不規則物或厚薄不一的食材也不需靠專業熟手操控，只要調好溫度、設定好時間，口感品質都能穩定，製造出來的產品水準與餐廳老師傅有著異曲同工之妙，使食材製作的標準化程序統一，有利於對員工的教育訓練且對產品風險的掌控更好，相對加速連鎖加盟店的開張準備作業。此外，在服務流程上也因可以直接由冷凍取出油炸，不需使用流水來解凍或由冷凍移置冷藏庫來回溫，縮短製作過程的時間且較省水、省電，整體來說對業者與消費者是雙贏的局面，而且使用操作上較為簡便，對食品製程品質管制上也較為安全。

EXAMPLE

本計劃技術應用範圍：

一、 活動日曆

簡述：以教育活動為主的日曆，包括教學活動、講座、訓練說明會等等。會員可透過網站直接把活動添加到自己的 google 日曆或 outlook 上。並可按照時間、地點、內容等搜尋和追蹤。

對象：大專生、教育工作者、社會人士。

應用：以 google calendar Api 為主，並對外提供同步 outlook（sync）、匯入、日曆分享。

技術獲得：與 Nextmin 活動網站合作，合作放提供技術整合，XXXX 負責規劃統籌。

二、 主要功能

- 文教活動查詢。

- 文教活動追蹤，設定想參加的活動，若有更新即可透過 email 通知會員。

- 匯出功能，透過共用原則，匯入自己的日曆或 outlook 上。

- 文教活動發佈，會員可自行發佈活動，透過後臺審核后顯示。

三、 短片平臺

由各個教材提供者或 XXXX 內部上傳，其短片內容可整合到會員的部落格、討論區文章、日曆、教材試看等等。

內部使用對象：教材提供者、審核會員、XXXX。

外部使用者：無限制。

應用：和城市傳媒合作，合作方提供技術和頻寬，我方提供內容和負責管理傳播。

後備放案：利用 youtube 建立頻道。

格式：FLV 串流影音。

四、 教師學生互動

對於學習者而言，在一般情況下，所需要學習的科目或項目超過一項，則很有可能想要獲得教授最新資訊的量也隨之增加，若有十個教授會員都希望知道其教授的最新資訊和狀態。就必須到十個不同教授專區瀏覽，而並非每次瀏覽都會看到更新。

社群狀態追蹤是一個非常好的設計，在現今的社群網路上也是一個必備的特質，會員可依需求"跟隨"不同教授的狀態，若有狀態更新即可顯示在會員自身的個人網頁上，這如同 Twitter、facebook 等模式。其不同點，學習社群按照會員所跟隨教授的專業領域，給與最適化的資訊和課程建議。對於教授所發佈的教材提問和請教，學生和教授同時可進行交流。

在過去這種"跟隨"模式適用在廠商對客戶的關係上，以 Twitter 為平臺的可最爲常見，但獨立的跟隨功能並不能全面覆蓋平臺的其他的元素，既有其相似之處卻不能取而代之。

對於教授和學員而言，給與其一個工作學習和私人生活分開的社群環境。

EXAMPLE

本計劃金流系統技術-XXX 科技，簡述其系統如下：

一、 服務介紹

金融服務系統的主要訴求有兩點，第一點是在家即可提供完整的家庭櫃員機服務，讓民眾不需出門，即可在家進行轉帳、繳費、餘額查詢等工作，也讓金融機構可藉此減省建置實體櫃員機及設立分行的成本。第二點則是提供應用服務供應商一個安全可靠的支付平台以進行收費或儲值等消費扣款服務，可接受客戶使用金融卡或信用卡作為繳交服務費用的工具，亦可結合預付儲值系統，提供更具有彈性的支付方案。

因此，支付平台提供智慧化社區平台兩種不同介面，分別進行櫃員機服務及線上即時扣款，櫃員機服務設計以實體 ATM 為基礎，力求接近一般人既有之操作習慣，線上即時扣款服務則透過 Web 介面提供金融交易服務，商店不需具備特別的金融系統相關知識，即可介接銀行主機，建構全自動化金流機制。

本服務以支付平台為基礎，支付平台可接受金融卡或信用卡交易，主機間連線均以加密保護。

支付平台服務對象為一般使用者（Home User）及服務提供商（Service Provider），支付平台本身內建網路櫃員機服務，不需配合第三方，一般用戶可由智慧化平台直接登入櫃員機服務。

服務提供商則可利用支付平台進行扣款，交易資料傳送至支付平台後，隨即傳送至銀行主機處理，為因應服務提供商的營運需求，支付平台應提供完整之交易、查詢、報表、沖正等功能，並以各種方式（網路自動作業、Email、人工作業、FTP 下載）等方式提供帳務相關資料。

所有交易應於安全之連線環境內運行，所有訊息之格式及安全控管係依中華民國金融相關法令辦理。

支付平台分為 Web Service 及 Acquirer 服務，Web Service 為主要對外的存取介面，介面資料規格由支付平台開發商訂定，細節則依交易性質設計，支付平台需保證介面之安全性及穩定性。

負責轉換交易訊息為各銀行可接受之格式，Acquirer 與銀行間透過專線連接以保證金融交易之安全性，透過 Acquirer，前端可使用任何一家之金融卡操作櫃員機服務，不需考慮後端銀行系統之訊息格式差異。

支付平台替服務提供商所代收之款項，由支付平台營運商負責清算及清分，款項可

由支付平台代為管理，或扣款時逕自轉入服務提供商自有帳戶，若款項逕自轉入服務提供商帳戶，則服務提供商應提供銀行出具之信託相關資料，保證其交易之合法性，支付平台方得接受此交易。

為確保交易出現問題時能提供客戶完整的服務，支付平台客服人員應分別提供一般使用者及服務提供商對應之窗口，使用櫃員機服務出現問題時，一般使用者可直接聯繫支付平台客服人員，若是線上購物出現問題時，第一線客服應由服務或商品提供者負責，支付平台為第二線客服，配合服務或商品提供者進行交易查詢、銀行窗口聯繫、後續帳務處理等事宜。

二、 團隊中的觀光旅遊類之網站平台業者

專案、設計組主要服務對象為全國之公家機關單位；我們經歷各種招標的嚴格考驗與學習成長，讓公司不斷提昇與茁壯，在持續性地進修與鍛鍊中，我們瞭解公部門的運作與需求、行政機關的評鑑原則、無障礙網站開發設計規範，配合專業知識與技術，提供公家部門整體網站系統最完善、最佳化的呈現與運作模式，在技術上與服務上，獲各行政機關與學界的肯定與讚賞。

網站、旅遊組則以旅遊社群為經營對象，目前旗下有 XXX 旅遊網、台北等各縣市旅遊網、日月潭等重點旅遊網、美食網…等；透過不斷的研發網站發展自動化技術等，提供先進的網站服務予相關旅遊社群，如民宿、旅館、汽車旅館、美食餐廳等，十年來客戶群不斷成長，目前客戶數已突破千家，公司正朝手機 M 化，網路電視化等更多內容應用方式前進，期能為客戶提供更多元的服務，成為最好的內容提供廠商。

本公司整體人力以多媒體美術設計及系統整合為主。透過團隊成員的專業與經驗，以整合多媒體數位內容創新應用功能的發揮，提供專業化、高品質的服務，致力於達成「數位創新服務」的願景，實現百分百的顧客滿意是我們的理想，追求不斷的卓越創新是我們的信念，盡力做到在每一個環節都充滿著創意與驚奇。

EXAMPLE

本計劃 XXXXXXXXXXXXX 輔式注塑成型技術

（XXXXXXXXXXXXX） 專門用來生產邊壁較厚、局部強化和有肋形結構的成型零件，或者是核芯要以中空取代的零件。例如，XXXXXXXXXXXXX 輔式注塑成型技術可以用來生產傢俱和汽車工業的把手和扶手、桌面、飲料架和棧板，不過也可以用來生產複雜的技術零件。這項技術幾乎可以使用任何熱塑性材料（不論是否包含填料）。一個與之類似的水注塑技術也已開發成熟，該技術使用水介質而非 XXXXXXXXXXXXX 體來形成型腔。XXXXXXXXXXXXX 輔式注塑成型。

一、 過程描述

在注射過程中，會對外部的 XXXXXXXXXXXXX 裝置發出一個開始信號，使它在型腔中注入壓縮氣體。進行這個過程時，可以使用整合在模具中的注氣噴嘴模塊，或是

217

使用料筒上的特殊關閉噴嘴。模具內部的 XXXXXXXXXXXXXX 壓範圍通常在 100 到 300 巴之間，但也可能高達 450 巴。

注塑的氮氣取代了塑料核芯，因而產生一個中空區域，並且確保塑料材料的分佈非常均勻。為了避免熔化的塑料材料停止流動，氣體和塑料材料會在一定時間內同時注塑到型腔中。保壓是由 XXXXXXXXXXXXX 裝置的壓力設定來控制的。

二、 重要前提

在這個過程中，最重要的因素就是熔化材料要非常均勻，而且注塑機的工作要非常精確。如果使用含有多個型腔的模具，也可以控制多個注氣噴嘴模塊，以便能同時將氣體注塑到不同的型腔中。

三、 氣輔式注塑成型技術的優點

氣輔式注塑成型的最主要優點是節省材料，因為 20-30% 的塑性材料可以用氣體取代。由於減少了成型零件的邊壁厚度，可以加快零件的冷卻速度，從而縮短循環時間。

由於冷卻階段的壓力條件更加均勻，因此可以減少變形及收縮。此外，XXXXXXXXXXXXX 零件還有一個優點，那就是可以改善成型零件的重量/強度比例，而且其表面品質也遠遠優於發泡零件。

四、 整合所有控制器件

XXXXXXXXXXXXX 技術可以在所有 XXXXXXXXXXXXX 上使用。通過接口或可自由編程設定的輸入/輸出信號，可輕易控制必要的周邊設備。這些裝置包括外部的高壓氮氣發生器，以及噴嘴閥門控制器。XXXXXXXXXXXXX 控制模塊可以與 XXXXXXXXXXXXX XXXXXXXXXXXXX 控制系統整合在一起，如此一來，就不需要外部的控制器件了。最特別的一項優點是，所有必要的參數都可以通過機器控制直接輸入，非常簡單，另外可以將 XXXXXXXXXXXXX 裝置整合到 XXXXXXXXXXXXX 的監控功能中。

第三節 衍生產品或服務

衍生產品只是衍生應用的具體化，圖像式、表格式、文章式說明皆可。好的表述可讓評委加深本計畫商業擴展的信心和認識。

智慧型 IoT 穿戴式裝置衍生產品

近年來已出現爆炸性成長，而衍生了因應健康與健身、醫療、資訊娛樂、軍事和工業應用領域的多種產品。包括使用感測器的醫療保健穿戴式裝置等新一波產品可監測關鍵的生物統計資訊，例如在醫療院所以外測量心率和血壓，從而為更加積極、健康的生活方式創造了機會。智慧穿戴式裝置的核心架構取決於產品類型，但基本上由一個微控制器、MEMS 感測器、無線連接電路、電池和支援性電子元件組成。

同樣地，針對提升建築物能源效率以及為工業機械和橋樑的系統健全狀況監測應用中，WSN 的能量採集技術應用迅速增加，同時也是低功率轉換解決方案的主要推動因素之一。儘管為小電流穿戴式裝置供電非常具有挑戰性，透過先進的電源轉換 IC，可望為低功率級實現非常高的性能。

NOTE

談產業的策略性價值，例如軟體的前言寫法：

全球性資訊服務委外的趨勢日益擴大，除了造就印度等國的軟體產業外，也激起各先進國家重視軟體發展以及其所面臨的人才缺乏等問題。

軟體的重要性在於其帶動的催化作用，不但是驅動知識經濟發展的催化劑，更是作為知識密集型產業啟動創新和開發創意的重要工具。

換言之，軟體的產值和價值隱含在其衍生或附加之產品或服務。就以台灣引以為傲的資訊硬體產業來看，未來的資訊硬體將是軟體密集的多元化產品，其價值必須藉軟體實現，如何掌握軟體元件和智權，將是台灣資訊產業面臨的重要課題。 最近備受各界重視的科技化服務業，其核心價值即衍生自軟體，由此可知台灣發展軟體產業的重要性和必要性，推動的方向則應該審慎地以帶動知識經濟和資訊社會之發展為出發點。

例如：軟體我國軟體產業的體質和問題

軟體是一個腦力密集的產業，也是一個容易被誤認為進入障礙很低的產業，我國早期的業者都以國內的應用市場為主，由於公司規模太小，本身又缺乏核心能力，不易和規模龐大的外商或以硬體為主的本土大廠競爭，更常因為低估了系統的複雜度和不明確的規格，弄得血本無歸。

這幾年來，業者已漸漸明白，國內市場太小，軟體產業的機會在國際市場，軟體公司只有大型化、國際化才有競爭力和生存空間，可是我們的軟體廠商仍少有跨足到非華語系國家的市場，除了語文的障礙外，文化的隔閡也是有待克服的問題。

因此，到目前為止，經營比較好的軟體廠商都是以研發和語言文化比較無關的利基軟體為主；反而因為應用軟體的價值沒有被肯定，以承接系統整合專案為主的軟體公司常處虧本狀態，備嚐艱困經營之苦。

EXAMPLE

軟件衍生產品說明

本計劃以通用播送引擎 XXXX Communication Server 為核心的金融即時資訊應用架構，除了原有之 TSE/OTC/TFE 交易行情、即時新聞、警示、交易通報、下單模組之外（這些功能規格，都已經包含在 xxxx 標準版之 Client AP 中），VAR 或金融業者，還可根據來自 xxxxx 原廠之技術授權，自行規劃、建置其他的加值應用，導引至原有 xxxxx Server 服務系統，自創利基。

延續上述的金融即時資訊例子，可能在券商的應用上，可以再加上營業員通報、投顧通報、廣告、套利模組、未上市股票行情、即時討論區、影音多媒體……。

每一種新的加值應用，可視為是創造一個新的 Preprocessor。

當然，不同的資訊內容，在實作 Preprocessor 時，可能簡易程度不一。但有來自 xxxxx 科技原廠的技術授權與支援，當可加速 xxxx 或應用客戶自創加值應用的上線時程。

善用 xxxxxServer 即時傳訊平台之 Content-independent 特性，同時納入不同格式之資訊來源，與 xxxx 寬頻的趨勢契合，創造更有價值之即時內容傳輸，這是 xxx 或應用客戶在導入新的服務架構時，不得省略的考量，因為寬頻基礎建設，已經有其客觀加速成熟的現象。

EXAMPLE

GPS 應用衍生產品

本計劃科技所有的 GPS 安全系統並非以金字塔頂端客層為考量，反而是以一般平民大眾為重點，因為唯有如此才能將量能放大、降低生產成本及使用者所負擔的成本，進而產生更大之經濟規模；所以科技創新架構以及產品模組化的用意即在此。所定目標市場顧客大致可區分為以下幾種：

1. 擁有汽（重機）車之族群：購買新車或汽車車齡在 3 年之內的車主；機車 CC 數在 150 以上或售價超過 7 萬元以上之車主。

2. 家中有易走失成員：如老年痴呆或精神疾病患者等等。

3. 家中有夜歸之成員：如夜班婦女、夜校學生等。

4. 家中患有突發性疾病成員者：可於狀況發生時緊急求援。

5. 偏遠、治安不佳地區居民。

6. 刑事案件受害人。

根據內政部警政署公佈的資料，單單 95 年 1-12 月所發生登記有案之刑案為 555,109 件，其中汽機車失竊率為 55,617 件；93 年受理查詢失蹤人口 34,007 人次；上述之數據僅為台灣地區登記有案之數據，若再將未報案及其他國家加入則更為可觀。

EXAMPLE

物管物品分享網絡服務衍生產品

　　市場上並沒有一種簡單的方式能讓我們建立、管理物品清單，分享給朋友或其他人，並以我們想要的方式來消費、交易物品，因此，本公司創造一個兼顧物品管理、物品分享（社會網絡）與物品交易（社會商務及電子商務）的網路服務。

一、 從物品管理的角度來說：

　　個人物品管理軟體存在許久，但卻無法說明為何實體物品要進行虛擬管理，以致於利用率低落，且此類軟體通常以向使用者收費或與合作之電子商務網站拆帳為獲利來源，缺乏創新之商業模式，無論國內外皆未出現一個指標性的成功模式。

　　從社會網絡的角度來說：對個人而言，所有的貢獻、分享皆有門檻，然而門檻高低卻不見得與所欲達成之效果成正比，以現在已相當普遍的部落格、相簿、影音上傳等服務為例，即便很努力經營，不是文筆很好或言之有物，不是攝影技術高明或自己外貌出眾，幾乎很難獲得廣泛的迴響，種種門檻造成所有內容為極少數人所貢獻（1%規則）。

二、 從社會商務與電子商務的角度來說：

　　雖然每個人幾乎都擁有許多物品，若因種種理由不想繼續擁有（食之無味），可又棄之可惜，若想將之交易出去，又容易因種種交易障礙而打消念頭，最後只好閒置著浪費空間。然而，這些物品可能正是他人尋覓已久者，且要求的物品狀態與期望價格各有不同，甚至連使用形態都有差異（有些人是暫時需要）。商店通常只販售新品，而線上拍賣等則具有刊登物品描述所花費之時間精力、刊登費、成交費等重重障礙，更侷限於不得私下連絡與交易之網站規則與政策，個人物品難以藉此達成貨暢其流、物盡其用。

　　已知同儕之間對於購買決策影響力大，這就是電子商務網站想提供社會網絡服務的原因，惟一般電子商務無法以公正第三方的角色提供服務與內容，難以創造同儕間的口碑行銷效果。**社會網絡服務空有影響力卻無法直接促成交易，因此需要一個創新、有效的模式作為橋樑，將電子商務與社會網路進行妥適的混搭串連。**

EXAMPLE

觀光管理衍生產品

1. 各地方觀光景點之 MV 版型與觀光景點或民宿業者簽約時需載明。

2. MV 版型結合觀光客之客制化。

3. 可能之集體授權。

4. 可能承接之相關觀光局之專案。

5. 可能承接之遊樂區或大型觀光景點的行銷專案。

EXAMPLE

本計劃 LED 住宅照明模組技術應用範圍

名稱	說明
LED 住宅照明模組	以滿足心理需求與舒適之 LED 居家照明為主,且具備低單價與節能訴求之共用模組概念之相關照明模組。
節能市場應用服務	由節能為切入點,以特定環境為應用情境(例如商業空間、醫療院所、機場、車站、地下停車場、大賣場及學術機關等大型機構),利用 LED 照明產品為主,必要時搭配其他潔淨光源。提供專業之 LED 照明環境系統施工與能源管理等服務,減少 LED 初期建置成本之節能永續經營服務。

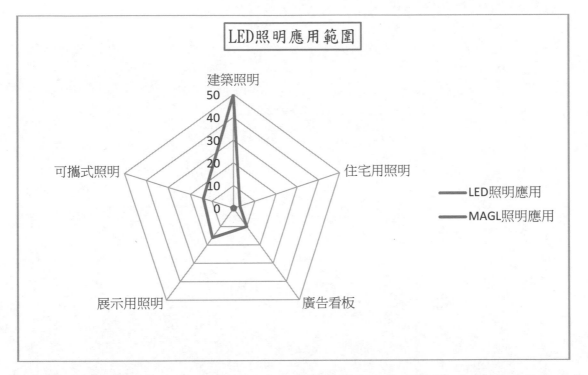

　　LED 住宅用照明及屋外照明為目前市場最有潛力之應用範圍,但其市場佔有率卻相當低,這正是本公司極力想拓展的方向,然而受限於 LED 價格與產業標準未定,以致市場未能全面打開。參照以上之雷達圖表,應用最多為建築照明,應用最少為住宅照明,雖然建築照明使用範為最廣,但是多以探照燈、階梯燈、陽台燈等景觀照明為主,反而室內商業空間照明部份對使用者最直接的照明,卻是替換率不高,原因仍是以價格及便利性為重大因素。公司本次計畫之專利技術正是為解決此一問題,可為企業商業空間使用者省去一次替換之大筆花費,也省了再次安裝之成 本支出,而本計畫為開發全新商品,以目前市場應用需求而言,以建築照明及住宅照明為本公司產品之最主要目標。

(雷達圖數據資料來源:Strategies Unlimited;工研院 IEK 2008/06)

LED 住宅照明模組衍生產品或服務

1. 利用先前專利技術「全電壓兩用燈座智慧辨識系統」,所衍生之商品尚有:各式適合 T5/T8/LED 燈管之吸頂燈、檯燈、吊燈、吸頂燈、落地燈及及遠端遙控

節能燈座。

2. 利用本創新計畫「MAGL 智慧型獨立辨識多組電流燈座開發」所衍生之商品為：各式適合 T5/T8/LED 燈管之輕鋼架燈具及遠端遙控節能控制輕鋼架燈座。

3. 可運用遠端控制系統，針對用電量、消防、視訊、保全整合在一起，藉由輸入 IP 位址來建立連線，將攝影鏡頭所捕捉到的畫面，透過網路傳送至使用者端。

以上衍生商品的開發已總括目前國內外所使用燈管任何種類，唯有如此才可將產量放到最大化，以降低成本，發揮最大之經濟規模，將 LED 照明產品之市場完全打開，推廣到國際以落實環保的目標。

EXAMPLE

本計畫將開發台灣酒類聯盟行銷大陸之網路平台在於：

1. 主機設美國，面向大陸行銷酒品。

2. 推展台灣酒類聯盟行銷大陸之網路平台計畫，增加酒商曝光率。

3. 推動網路酒品平台吸引小天使（網路推薦者）或網站轉貼廣告。

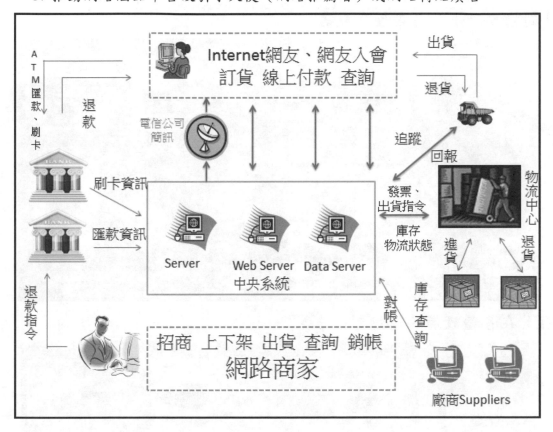

衍生產品或服務

本計畫除了提供大陸線上購物功能外，更提供金物流及大陸行銷之一條龍式的建議與搭配。

1. 金流

提供金流（境外支付寶）在台灣收取大陸帳款。

2. 物流

提供廠商三種物流解決方式：

(1) 從台灣將商品一件一件送至大陸消費者手中。

(2) 將一小批貨先行送至大陸指定物流倉庫，訂單產生後隨即包裝出貨。

(3) 倘若廠商大陸有設廠，可將訂單資訊轉到大陸廠房，由廠房自行包裝出貨
。

以上三種物流處理方式供廠商自行選擇。

3. 大陸廣告行銷

如合作廠商希望增加商品曝光，也可規劃並提供大陸廣告收費標準，協助廠商安排廣告活動。

EXAMPLE

本計劃物聯網平臺之設備感應器

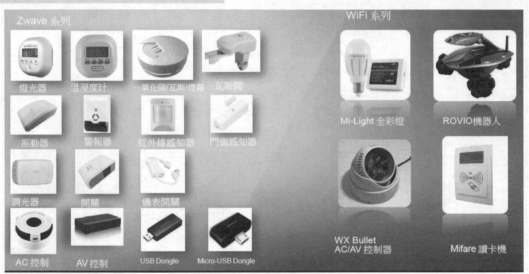

IFTTT 在各種設備的連動

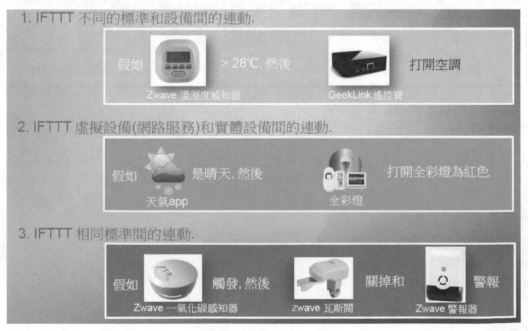

第四節 加值應用

（七）加值應用說明（申請 SBIR Phase2⁺ 申請階段必填，須敘明 Phase 2 計畫名稱、研發成果及如何加值應用）

NOTE

加值上的前置作業

1. 選定內容：內容在欲進行加值運用時，首先須選內容主題。透過主題的選定，以利後續進行產品設計時之順暢。然而在主題選定上。

2. 內容分類：經選定主題後的數位內容，在其內容分類上有著不同的類型，相關內容分類即有：圖像類、影音類、文字類等內容。因此，藉由內容的分類，除了可將內容依其檔案性質進行分類外，亦可在分類過程中，對整個內容有著更深入的認識，達到瞭若指掌的境地，也才能夠從中萃取出可運用之素材與要素進行加值應用。

3. 歸納特色：此部分為對欲進行加值設計之進行歷史背景與特色了解。

4. **規劃加值應用方向**：而經分類整理後的內容，遂可開始針對其內容進行加值應用的規劃。透過內容歸納整理中，設計者將從資料中獲得內容中的相關資訊，舉如年代、圖樣內容、類型、意義等相關資訊。再針對分類的類別進行應用，如圖像類的內容，即可以規劃圖像運用至產品上，設計出生活用品等。

   如影音類內容，則可針對其影音素材加以轉化使用，創造出如戲劇等表演活動。又如 Secom 株式會社，民用無人機變成保安。

   日本最大的保全公司 Secom 在 2015 年 12 月開始提供民用無人機的保安服務，能全天候自動監控社區住宅、工廠和商場，來確保安全，一旦發現有入侵者或可疑車輛，便會記下車牌號碼、服裝和臉部特徵等，來提供警方後續的偵查辦案使用。

   因此，在後續進行產品加值設計時，不但須考慮到產品呈現方式，亦需考慮到意涵與深度。唯有將內容進行全面性的了解後，才能設計出令人感同身受之產品。

5. 創意加值發想：在創意發想部分上，大致可分為「**要素歸納**」、「**加值呈現方式**」、「**意涵融入**」三要點。

   (1) 要素歸納：將素材中的要素進行萃取，如特徵、代表性物品、生涯特殊事蹟、創作內涵等要素進行歸納整理。

   (2) 加值呈現方式：呈現方式包含了決定產品運用的外觀、材質、呈現形式等，如具特殊性之物品或日常生活物品相關等。

   (3) 意涵融入：意涵與故事的融入，是產品與一般商品不同之所在。然而文化

與產品的結合，需要一番巧思與腦力激盪，因此在文化意涵融入上，將會花費較多時間進行發想。

6. 產品結合特色：經過一連串的整理歸納與創意發想後，即可著手進行產品內容的設計。在設計過程中需檢視與前步驟「創意發想」中歸納整理出內容是否相符並結合之特色，是否與傳達之主題相吻合。以免導致產品完成後，與目標擬訂產生不同的結果。

7. 產品設計修正循環：進行產品的打樣試作、修正等循環，以確認產品與設計之內容相符，如有發現錯誤隨即進行修正與調整，以避免導致後續嚴重錯誤的發生。

8. 完成產品：完成一結合數位資源與意涵之產品，進行後續行銷、推廣等動作。

9. 透過實際參與數位計畫，進行產品之設計，所得到的設計模式，並非只是規劃設想的空談。提供參與數位之人員或設計者，在進行數位產品設計時，可參考的操作模式，避免設計者如無頭蒼蠅般嘗試無內涵的設計商品。

（鄧雨賢數位典藏加值應用研究—以文化產品設計為例　圖書資訊學刊　第8卷第2期（99.12）頁95-123　莊育振，楊東翰）

EXAMPLE

GPS 產業加值說明

GPS 追蹤派遣監控系統主要包含有三個部分：GPS+GSM unit、監控中心平台及電子地圖才可形成一完整之監控中心，科技是一硬體外銷生產廠商，專門於硬體之生產製作及研發，所以除了致力於生產品質提升外，更就 GPS 系統的運用發揮到多元化，以符合市場不同需求及期望，在這專業領域內，與世界各國軟體系統商作策略聯盟，形成分工合作的經銷體系。硬體目前以建立自有品牌為主，將來也不排除結合小包裝之監控平台，結合所生產之各項硬體並以 OEM/ODM 方式行銷，以爭取更廣大之市場需求。

EXAMPLE

類數位典藏與文化加值

類數位典藏與文化加值設計的結合，使得典藏內容能有著新型態的呈現。文化加值設計，讓人物類數位典藏內容能蛻變成為一具文化識別與內涵的產品。在產品完成後，運用產品吸引大眾注意力並且產生大眾議題，讓社會大眾能對相關議題有所關注，進一步推廣產品文化內涵。此外，形成一議題後的文化產品，亦可發揮其效應，間接帶動文化觀光熱潮等活動。

人物類數位典藏應用於文化加值目的主要有下列三點：

1. 透過文化加值將人物類典藏內容以多元方式呈現。

2. 人物典藏內容與文化加值結合產生大眾議題，進一步推廣文化內涵。

3. 文化產品結合文化園區，進而帶動文化旅遊觀光。

人物類典藏素材運用於文化加值上，不僅僅是內容的直接運用而已，從典藏內容轉化到文化加值上，是需要一連串的創意思考與腦力激盪的過程。典藏素材如何運用到文化加值，是需要創意思考的加入，才得以撞擊出絢爛的火花。

人物類數位典藏於文化加值之程序

人物類數位典藏內容運用於文化加值時，需經過資料收集與整理的流程。透過資料的收集與整理，間接對於典藏內容有著全面性的初步了解。藉由設計產品過程從中歸納出人物類數位典藏運用於文化產品加值之流程模式。人物類數位典藏內容中，依據其資料型態與檔案格式大致可分為：「圖像類」：如老照片、圖騰樣式、畫作、手稿等內容。「影音類」：如音樂、舞蹈、劇曲等內容。「文字類」：典藏內容相關歷史、背景、典故等。藉由以上的分類，以利進行後續數位典藏運用至文化產品加值上的。

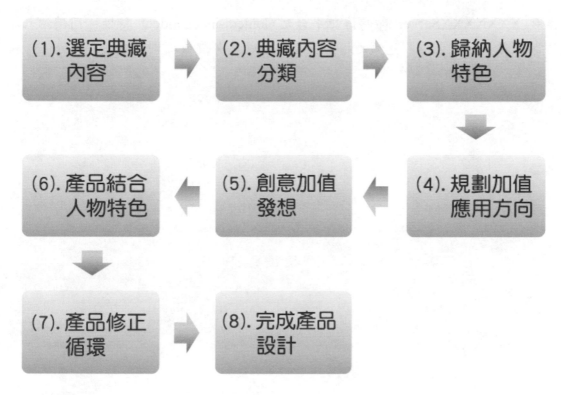

（鄧雨賢數位典藏加值應用研究─以文化產品設計為例　圖書資訊學刊　第 8 卷第 2 期（99.12）頁 95-123　莊育振，楊東翰）

228

EXAMPLE

　　一個以通用播送引擎 XXXX Server 為核心的金融即時資訊應用架構，除了原有之 XXXXXXX 交易行情、即時新聞、警示、交易通報、下單模組之外（這些功能規格，都已經包含在 XXXXXXX 標準版之 Client AP 中），VAR 或金融業者，還可根據來自 XXXX 原廠之技術授權，自行規劃、建置其他的加值應用，導引至原有 XXXXXX Server 服務系統，自創利基。

　　在券商的應用上，可以再加上營業員通報、投顧通報、廣告、套利模組、未上市股票行情、即時討論區、影音多媒體……。

　　每一種新的加值應用，可視為是創造一個新的 Preprocessor。當然，不同的資訊內容，在實作 Preprocessor 時，可能簡易程度不一。但有來自 XXXXXXX 科技原廠的技術授權與支援，當可加速 XX 或應用客戶自創加值應用的上線時程。

　　善用 XXXXXXXServer 即時傳訊平台之 Content-independent 特性，同時納入不同格式之資訊來源，與 ZZZZ 寬頻的趨勢契合，創造更有價值之即時內容傳輸。

第十二章 計畫架構

計畫架構：請以樹枝圖撰寫（如有技術引進、委託研究等項目，併請註明）

NOTE

計畫架構表達著計畫推動工作的分配，含權重，執行人或組織，重在程序合理性，項目必要性，以下結構及重點提請先仔細讀一下。

一、 計畫概念形成

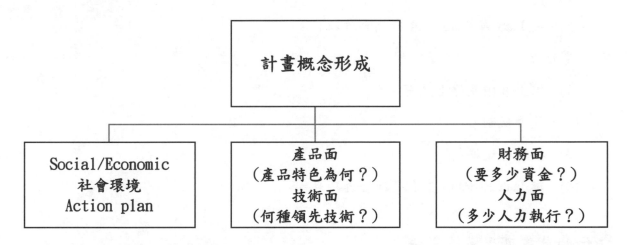

二、 計畫結構面（格式規定）

* 提案計畫書整體邏輯性的前後一致。

* 整體計畫與各分項計畫所對應甘特圖的合理性。

* 各個分項計畫階段的 KPI 要能量化且產出需要明確。

* 如果有申請專利，專利檢索過程的合理性需要說明。

三、 關聯性一致

* 計畫架構那張大表-以樹枝圖繪製的那張（WORD 檔第貳章）。

* 技術能力與術關聯圖-以魚骨圖繪製的那張（WORD 檔第貳章）。

* 預定進度表-以甘特圖繪製的那張（WORD 檔第肆章）。

* 預定查核點說明-以查檢表繪製的那張（WORD 檔第肆章）。

這幾張的關聯性一定要完全連結，不能有誤。

分項計畫有條理地解析及工作項目配置非常重要，例如：

雲端運算解決方案架構

一、 系統面

    (1) 系統架構（請詳述系統架構特性（如：可配置（Configurable）、多租戶（Multi-Tenant）、可擴充（Scalable）、高度彈性、即時性…等，並說明資料備援、資安機制設計與通報、個資保護等規劃）。

    (2) IaaS 或 PaaS 合作業者。

    (3) 與 IaaS 或 PaaS 業者技術合作項目。

二、 客戶面

    (1) 行銷推廣策略及架構。

    (2) 行銷推廣實施方法。

    (3) 與 IaaS 或 PaaS 業者行銷合作項目。

三、 營運面

    (1) 線上客服及線上教育。

    (2) 收費機制。

    (3) 持續營運機制。

    (4) 與 IaaS 或 PaaS 業者營運合作項目。

文化部計畫可用表格寫法

林 X 祺-台灣特色設計訂製婚紗規劃			
二年計畫		**第一年**	
項目	具體說明	項目	具體說明
婚紗製作：璀璨台灣花卉與蝴蝶概念設計	1.設計製作婚紗共三個系列共 45 套，白紗 18 套，晚禮服 27 套。 2.飾品設計製作 45 組。	婚紗禮服設計製作	1.設計製作以台灣蝴蝶系列作品白紗 6 套，晚禮服 9 套（共 15 套）。 2.飾品設計製作（共 15 組）。
品牌形象，媒體廣告露出，型錄製作，服裝秀製作	1.產品型錄製作共 3 本。 2.拍攝服飾品產品照。 3.拍攝宣傳影片及微電影。 4.品牌形象廣告製作。 5.服裝秀與展覽製作。 6.藝人與知名人士，ex：金馬影展…等。 7.報章雜誌與網路媒體。	型錄拍攝，動態視覺影片	1.型錄，產品照拍攝：模特兒，髮妝，彩妝，整體造型，攝影師，…等籌備。 2.動態視覺影片拍攝：拍攝品牌形象短片和廣告。 3:網路，雜誌，相關媒體露出廣告。 4.首次服裝秀展出。
市場拓展以	1.拓展國內外市場，積極	市場拓展	1.拓展國內市場，尋找並參與

林 X 祺-台灣特色設計訂製婚紗規劃			
二年計畫		**第一年**	
項目	具體說明	項目	具體說明
及行銷	尋找相關展覽露出機會。 2. 與婚紗店，攝影工作室，婚禮顧問公司，各大飯店與餐廳…等，接洽合作案並開發異業結盟，以藝文聚落方式拓展新市場，並結合其他婚禮相關行業以利品牌發展與行銷。	行銷	相關展覽會，增加國內知名度與婚禮相關產業初步合作，建立小型藝文聚落，結合攝影，平面，婚顧，婚禮製作等。 2.開發網路商店與網路平台，建立金流系統與網路行銷，增加網路品牌知名度。
第二年			
項目	具體說明		
婚紗禮服設計製作	1. 設計製作以台灣花卉系列作品白紗 6 套，晚禮服 9 套（共 15 套）。 2. 飾品設計製作（共 15 組）。		
型錄拍攝，動態視覺影片	1. 型錄，產品照拍攝：模特兒，髮妝，彩妝，整體造型，攝影師，…等籌備。 2. 動態視覺影片拍攝：拍攝品牌形象短片和廣告 3. 微電影拍攝製作，並與文創咖啡廳做整合行銷。 4. 網路，雜誌，相關媒體露出廣告。 5. 服裝秀製作展出。		
市場拓展以及行銷	1. 建立婚禮整合團隊：婚紗，攝影，婚顧，整體造型…等團隊，讓聚落更加完整。 2. 增加網路商店平台流量，並開始製作海外訂單，增加物流系統，使網路購物流量增加。 3. 持續製作網路行銷，增加品牌話題性與吸引力，並結合新思維與創新性，拓展年輕族群客戶。 4. 建立完整服務系統：新型包套系統，取代傳統		

林 X 祺-台灣特色設計訂製婚紗規劃			
二年計畫		第一年	
項目	具體說明	項目	具體說明
	婚紗包套，以服務至上，專業化的整合包套服務，提供各種不同婚禮製作方案讓客戶選擇，增加服務精緻度。		

EXAMPLE

單一產品的計畫架構

計畫	分項計畫	工作項目
XX創意XX餅 產品技術研發 （權重100%）	教育訓練計畫管理（權重20%）	技術引進教育訓練。（權重10%）
		餐飲產品開發及上市之市場分析及行銷策略。（權重5%）
		技術資料庫建立。（權重5%）
	推動總計畫之執行（權重10%）	掌控製程分項計畫之執行。（權重6%）
		掌控製程與技術之執行進度。（權重2%）
		協助處理製程與本計畫相關中心之行政事務。（權重2%）
	委託研究分析數據（權重35%）	根據依統計方法，將結果數據製成回應表。（權重15%）
		依回應表作成回應圖分析結果，選定最佳之因素水準，並將選定之因素水準，進行製程平均推定。（權重10%）
		必要時針對因素，進行變異數與 S/N 之分析，採製程平均推定、或 S/N 分析。（權重10%）
	委託研究創意餐飲產品技術研發（權重35%）	**XX 創意 XX 餅**之最適條件產品。（權重10%）
		XX 創意 XX 餅最適組合的配方產品。（權重25%）

請註明下列資料：

1. 開發計畫中各分項計畫及所開發技術依開發經費占總開發費用之百分比。

2. 執行該分項計畫/開發技術之單位。

3. 若有委託研究或技術引進請一併列入計畫架構。

EXAMPLE

平台業的計畫架構

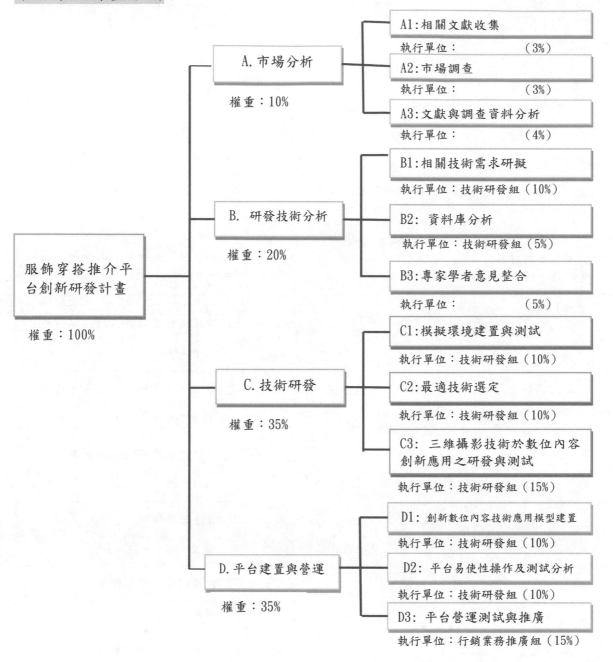

A. 市場分析
權重：10%

A1：相關文獻收集
執行單位：　　　　（3%）

A2：市場調查
執行單位：　　　　（3%）

A3：文獻與調查資料分析
執行單位：　　　　（4%）

B. 研發技術分析
權重：20%

B1：相關技術需求研擬
執行單位：技術研發組（10%）

B2：資料庫分析
執行單位：技術研發組（5%）

B3：專家學者意見整合
執行單位：　　　　（5%）

服飾穿搭推介平台創新研發計畫
權重：100%

C. 技術研發
權重：35%

C1：模擬環境建置與測試
執行單位：技術研發組（10%）

C2：最適技術選定
執行單位：技術研發組（10%）

C3：三維攝影技術於數位內容創新應用之研發與測試
執行單位：技術研發組（15%）

D. 平台建置與營運
權重：35%

D1：創新數位內容技術應用模型建置
執行單位：技術研發組（10%）

D2：平台易使性操作及測試分析
執行單位：技術研發組（10%）

D3：平台營運測試與推廣
執行單位：行銷業務推廣組（15%）

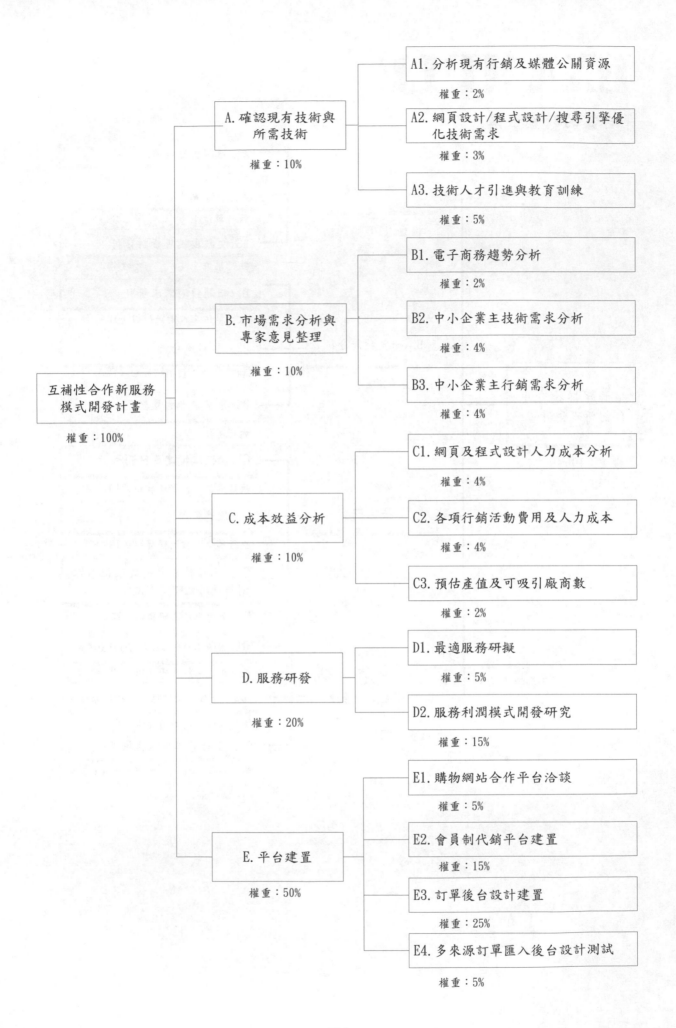

互補性合作新服務模式開發計畫
權重：100%

A. 確認現有技術與所需技術
權重：10%

- A1. 分析現有行銷及媒體公關資源
  權重：2%
- A2. 網頁設計/程式設計/搜尋引擎優化技術需求
  權重：3%
- A3. 技術人才引進與教育訓練
  權重：5%

B. 市場需求分析與專家意見整理
權重：10%

- B1. 電子商務趨勢分析
  權重：2%
- B2. 中小企業主技術需求分析
  權重：4%
- B3. 中小企業主行銷需求分析
  權重：4%

C. 成本效益分析
權重：10%

- C1. 網頁及程式設計人力成本分析
  權重：4%
- C2. 各項行銷活動費用及人力成本
  權重：4%
- C3. 預估產值及可吸引廠商數
  權重：2%

D. 服務研發
權重：20%

- D1. 最適服務研擬
  權重：5%
- D2. 服務利潤模式開發研究
  權重：15%

E. 平台建置
權重：50%

- E1. 購物網站合作平台洽談
  權重：5%
- E2. 會員制代銷平台建置
  權重：15%
- E3. 訂單後台設計建置
  權重：25%
- E4. 多來源訂單匯入後台設計測試
  權重：5%

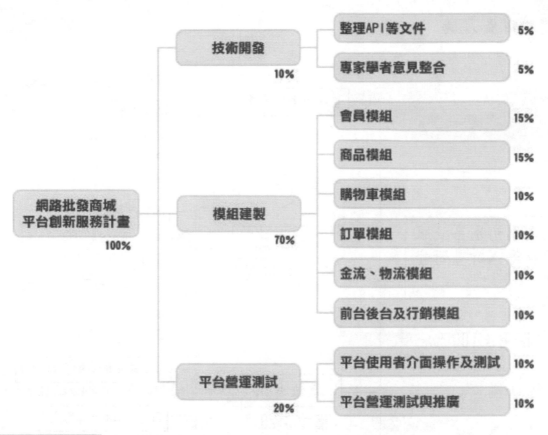

機械業計畫架構

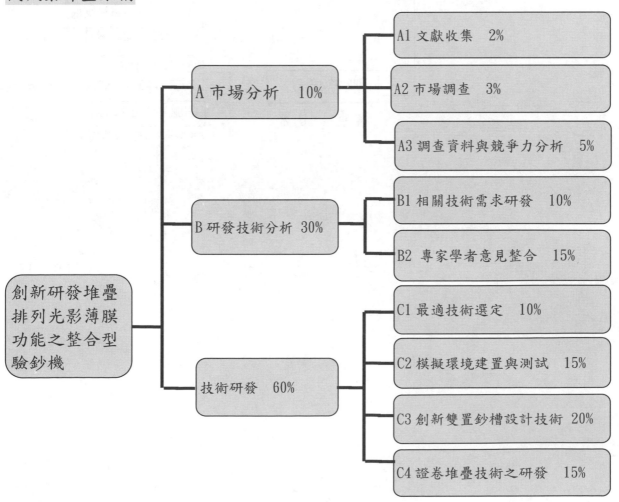

物聯網計畫架構

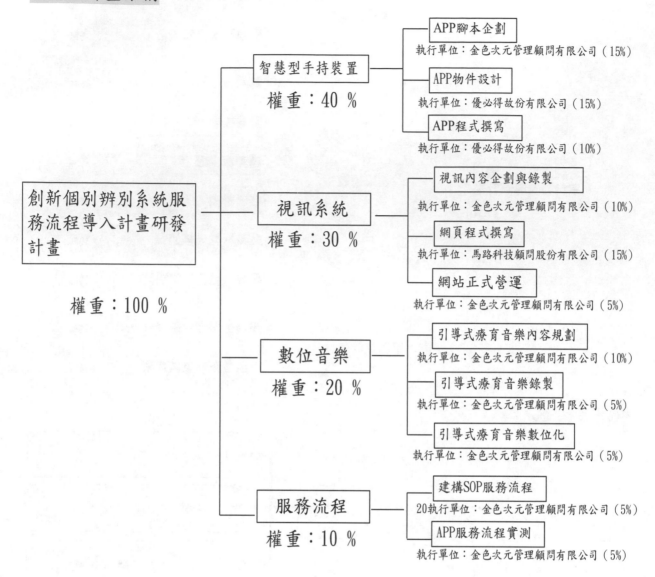

創新個別辨別系統服務流程導入計畫研發計畫

權重：100 %

智慧型手持裝置
權重：40 %

- APP腳本企劃
  執行單位：金色次元管理顧問有限公司（15%）
- APP物件設計
  執行單位：優必得故份有限公司（15%）
- APP程式撰寫
  執行單位：優必得故份有限公司（10%）

視訊系統
權重：30 %

- 視訊內容企劃與錄製
  執行單位：金色次元管理顧問有限公司（10%）
- 網頁程式撰寫
  執行單位：馬路科技顧問股份有限公司（15%）
- 網站正式營運
  執行單位：金色次元管理顧問有限公司（5%）

數位音樂
權重：20 %

- 引導式療育音樂內容規劃
  執行單位：金色次元管理顧問有限公司（10%）
- 引導式療育音樂錄製
  執行單位：金色次元管理顧問有限公司（5%）
- 引導式療育音樂數位化
  執行單位：金色次元管理顧問有限公司（5%）

服務流程
權重：10 %

- 建構SOP服務流程
  20執行單位：金色次元管理顧問有限公司（5%）
- APP服務流程實測
  執行單位：金色次元管理顧問有限公司（5%）

食品業計畫架構

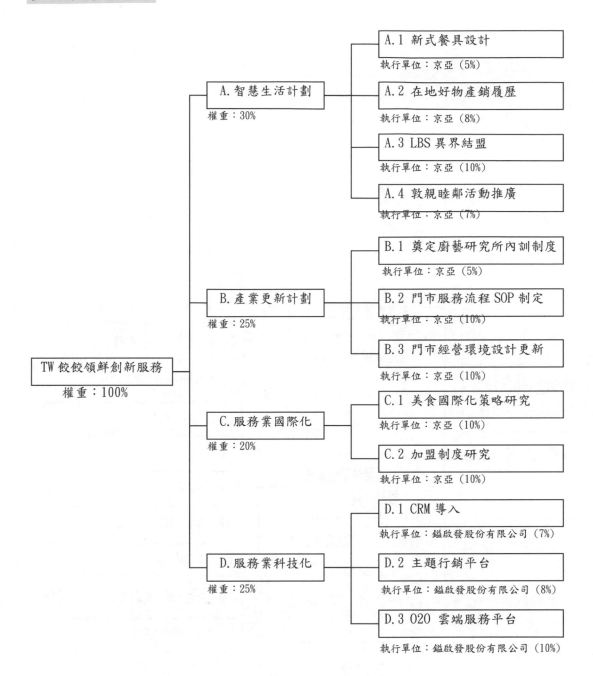

TW 餃餃領鮮創新服務
權重：100%

A. 智慧生活計劃
權重：30%

- A.1 新式餐具設計
  執行單位：京亞（5%）
- A.2 在地好物產銷履歷
  執行單位：京亞（8%）
- A.3 LBS 異界結盟
  執行單位：京亞（10%）
- A.4 敦親睦鄰活動推廣
  執行單位：京亞（7%）

B. 產業更新計劃
權重：25%

- B.1 奠定廚藝研究所內訓制度
  執行單位：京亞（5%）
- B.2 門市服務流程 SOP 制定
  執行單位：京亞（10%）
- B.3 門市經營環境設計更新
  執行單位：京亞（10%）

C. 服務業國際化
權重：20%

- C.1 美食國際化策略研究
  執行單位：京亞（10%）
- C.2 加盟制度研究
  執行單位：京亞（10%）

D. 服務業科技化
權重：25%

- D.1 CRM 導入
  執行單位：鎰啟發股份有限公司（7%）
- D.2 主題行銷平台
  執行單位：鎰啟發股份有限公司（8%）
- D.3 O2O 雲端服務平台
  執行單位：鎰啟發股份有限公司（10%）

網站平台計畫架構

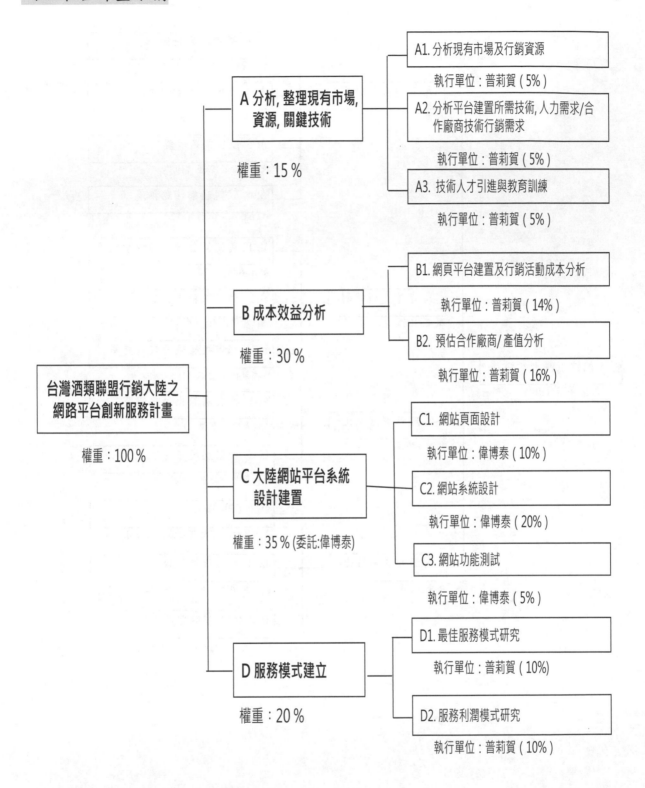

A 分析, 整理現有市場, 資源, 關鍵技術
權重：15 %

- A1. 分析現有市場及行銷資源
  執行單位：普莉賀 (5%)
- A2. 分析平台建置所需技術, 人力需求/合作廠商技術行銷需求
  執行單位：普莉賀 (5%)
- A3. 技術人才引進與教育訓練
  執行單位：普莉賀 (5%)

B 成本效益分析
權重：30 %

- B1. 網頁平台建置及行銷活動成本分析
  執行單位：普莉賀 (14%)
- B2. 預估合作廠商/ 產值分析
  執行單位：普莉賀 (16%)

台灣酒類聯盟行銷大陸之網路平台創新服務計畫
權重：100 %

C 大陸網站平台系統設計建置
權重：35 % (委託:偉博泰)

- C1. 網站頁面設計
  執行單位：偉博泰 (10%)
- C2. 網站系統設計
  執行單位：偉博泰 (20%)
- C3. 網站功能測試
  執行單位：偉博泰 (5%)

D 服務模式建立
權重：20 %

- D1. 最佳服務模式研究
  執行單位：普莉賀 (10%)
- D2. 服務利潤模式研究
  執行單位：普莉賀 (10%)

加盟事業計畫架構

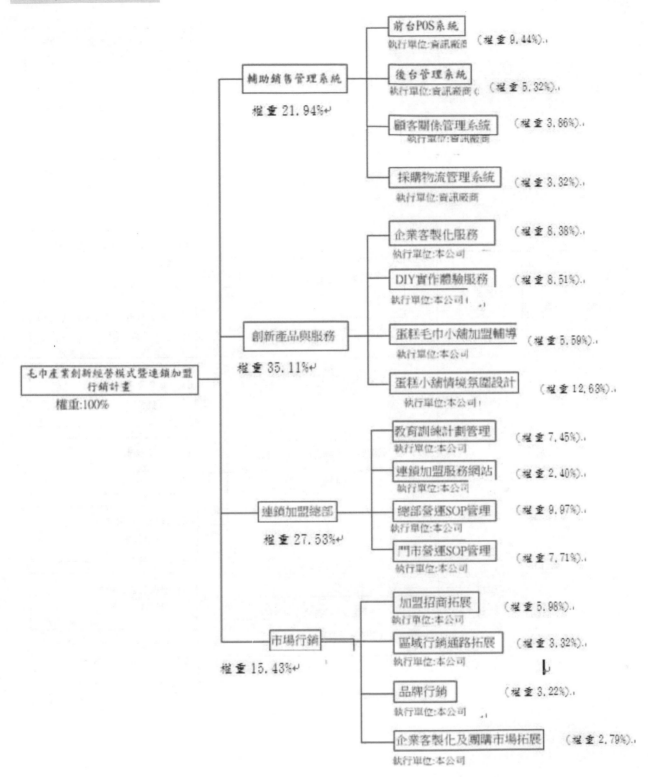

生技業計畫架構

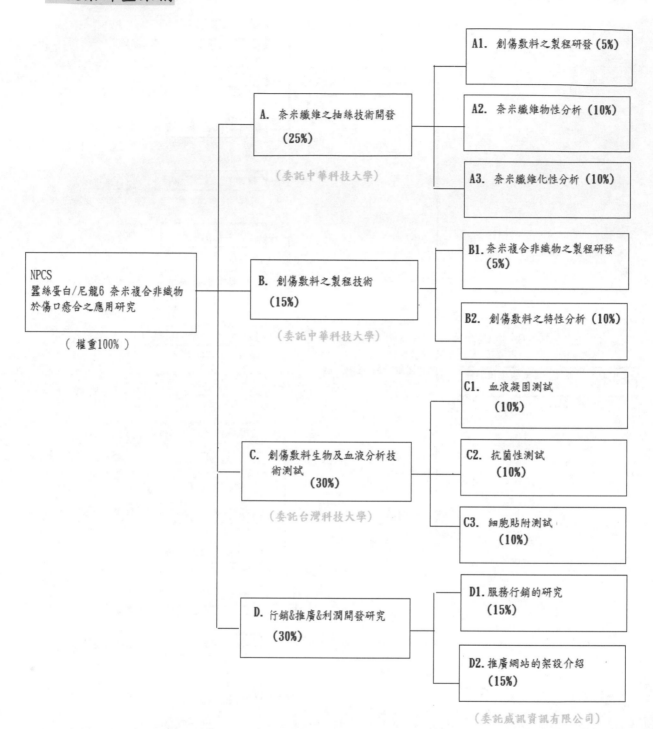

A. 奈米纖維之抽絲技術開發 （25%）
（委託中華科技大學）

- A1. 創傷敷料之製程研發 (5%)
- A2. 奈米纖維物性分析 (10%)
- A3. 奈米纖維化性分析 (10%)

B. 創傷敷料之製程技術 （15%）
（委託中華科技大學）

- B1. 奈米複合非織物之製程研發 (5%)
- B2. 創傷敷料之特性分析 (10%)

C. 創傷敷料生物及血液分析技術測試 （30%）
（委託台灣科技大學）

- C1. 血液凝固測試 (10%)
- C2. 抗菌性測試 (10%)
- C3. 細胞貼附測試 (10%)

D. 行銷&推廣&利潤開發研究 （30%）

- D1. 服務行銷的研究 (15%)
- D2. 推廣網站的架設介紹 (15%)

（委託威訊資訊有限公司）

NPCS
蠶絲蛋白/尼龍6 奈米複合非織物於傷口癒合之應用研究
（權重100%）

機械功率提升計畫架構

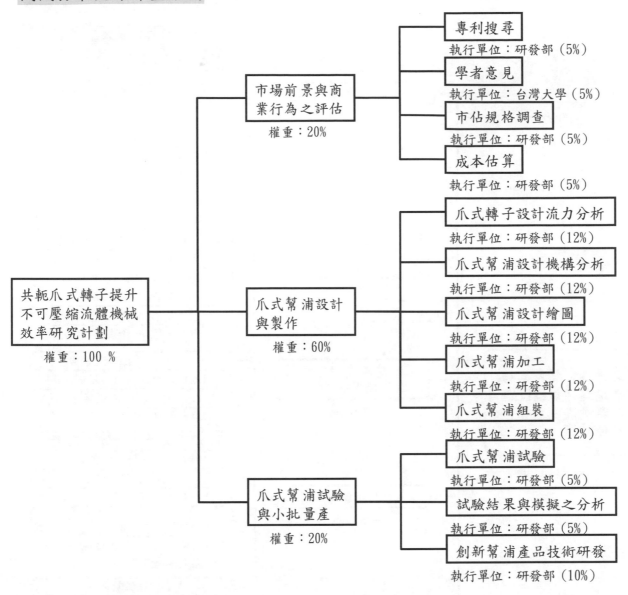

機械結構升級計畫架構

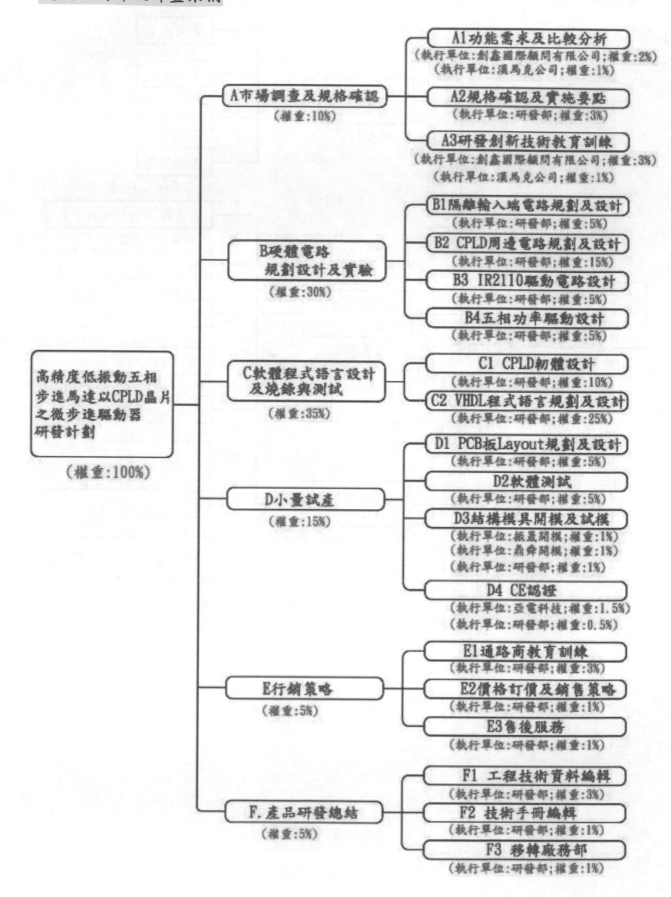

高精度低振動五相步進馬達以CPLD晶片之微步進驅動器研發計劃
（權重:100%）

A市場調查及規格確認
（權重:10%）

- A1功能需求及比較分析
  （執行單位:創鑫國際顧問有限公司;權重:2%）
  （執行單位:漢馬克公司;權重:1%）
- A2規格確認及實施要點
  （執行單位:研發部;權重:3%）
- A3研發創新技術教育訓練
  （執行單位:創鑫國際顧問有限公司;權重:3%）
  （執行單位:漢馬克公司;權重:1%）

B硬體電路規劃設計及實驗
（權重:30%）

- B1隔離輸入端電路規劃及設計
  （執行單位:研發部;權重:5%）
- B2 CPLD周邊電路規劃及設計
  （執行單位:研發部;權重:15%）
- B3 IR2110驅動電路設計
  （執行單位:研發部;權重:5%）
- B4五相功率驅動設計
  （執行單位:研發部;權重:5%）

C軟體程式語言設計及燒錄與測試
（權重:35%）

- C1 CPLD韌體設計
  （執行單位:研發部;權重:10%）
- C2 VHDL程式語言規劃及設計
  （執行單位:研發部;權重:25%）

D小量試產
（權重:15%）

- D1 PCB板Layout規劃及設計
  （執行單位:研發部;權重:5%）
- D2軟體測試
  （執行單位:研發部;權重:5%）
- D3結構模具開模及試模
  （執行單位:振晟開模;權重:1%）
  （執行單位:鼎舜開模;權重:1%）
  （執行單位:研發部;權重:1%）
- D4 CE認證
  （執行單位:亞電科技;權重:1.5%）
  （執行單位:研發部;權重:0.5%）

E行銷策略
（權重:5%）

- E1通路商教育訓練
  （執行單位:研發部;權重:3%）
- E2價格訂價及銷售策略
  （執行單位:研發部;權重:1%）
- E3售後服務
  （執行單位:研發部;權重:1%）

F.產品研發總結
（權重:5%）

- F1 工程技術資料編輯
  （執行單位:研發部;權重:3%）
- F2 技術手冊編輯
  （執行單位:研發部;權重:1%）
- F3 移轉廠務部
  （執行單位:研發部;權重:1%）

第十三章 推動策略（概述本計畫進行之步驟及方法）
TRIZ、QFD、DOE、ANOVA、RG、FMEA

　　本章節是最容易遭評委退回補強或質疑計劃可否被執行的部分。這點其實很容易理解，不管是產業界專家或出身學界的教授都會有共同的檢驗法則，那就是任何的技術或服務創新昇級終究有脈絡或原則可依循。質言之，那是你這份計劃的推動策略為何？細審之，推問你的計劃有何步驟進行，而你在每個步驟採用的方法又是哪些可被接受；且是可被量化的方法。

　　依照行業別細分，各行各業技術或服務模型有各式不同的步驟推行與演進方法論，量化的、質化的、抽象的、具體的，龐如浩海，但總也有各學派各學門可資公認的技術演化的流程加以引用。為此我們先看看文獻上一般的創新步驟。

推動策略步驟

一、 創新與創新管理的原則與類型

　　關於創新的原則在文獻上，其中創新原則 Lessem（1990）分別是：

1. 目標明確且系統化的創新始於對機會的分析。

2. 一項創新必須保持簡單且目標特定，才能有效。

3. 一項成功的創新是朝著領導者的地位而努力，它不一定要朝著「大型企業」努力。

　　Kuczmarski， D. T. （1996）則認為是：

1. 創新是一種思考信念，一種關於商業策略和運作的新思考方式。

2. 創新是獲得競爭優勢的關鍵。

　　Drucker（1997）的看法則是：

1. 分析機會。

2. 看人們是否有興趣使用這個創新的東西。

3. 做市場領袖，支配一個市場利基。

二、 創新與創新管理的過程模式

　　Modesto A. Maidique，1980 提出創新與創新管理的過程創新過程五步驟：

1. 體認（Recognition）。

2. 發明（Invention）。

3. 發展（Development）。

4. 執行 （Implementation）。

5. 傳播（Diffusion）。

Tom Peters（1982）則有十個步驟：

1. 投資於以實用為導向的新產品。

2. 組成產品開發小組。

3. 鼓勵快速而實際的測試，不要限於冗長的計畫。

4. 廣泛地收集創新構想。

5. 藉由系統的口碑相傳銷售新產品或服務。

6. 支持有幹勁的鬥士，以使公司在低迷時仍可創新。

7. 管理你的日常事務，作為創新的典範。

8. 只要事前能深思熟慮埳失敗也應支持。

9. 透過獎勵制度設定創新目標。

10. 展現新公司的創新能力。

Bruce D. Merrifield.（1986）認為創新過程有三步驟：發明、轉換與商業化。其他分別有 Kuczmarski, T. D.（1996）：

1、創新藍圖。

2、發展一套新策略。

3、設計一套技術與創新結合。

4、設計一套階段性發展過程。

以上五組步驟應該已夠讀者參考，重點是撰寫思維過程使用流程圖概念是較佳的表示方式，不論你分幾個步驟，用以下的圖解表示之。

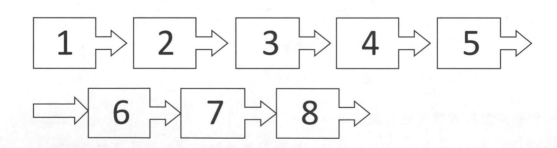

商用知識管理

知識的六大構成要素：

1.經驗 2.有根據的事實 3.複雜性 4.判斷 5.經驗法則與直覺 6.價值觀與信念資料（Data）、資訊與知識的差別在於知識是資訊、文化脈絡（Context）以及經驗（Experience）的組合， 杜拉克也表示，知識是有果的資訊。

知識具有以下之特性：

1. 知識牽涉到信仰和承諾。知識關係著某一種特定的立場、看法或意圖。

2. 知識牽涉到決策與行動。知識通常含有某種目的。

3. 知識牽涉到意義。它和特殊情境相呼應。

資訊科技

知識管理系統，包括了：人才技能知識庫、線上輔助查詢系統、知識儲存庫、專家網路、技術文件線上查詢及個案經驗知識庫等系統。

資訊科技

1. 通訊基礎建設：含電訊以及網路的應用建設。

2. 群組軟體與電子郵件（Groupware、Email）。

3. 文件管理資料庫（Document Database）。

4. 資料倉儲與資料採擷（Data Warehouse、Data Modeling、Data Ming）。

5. 工作流程軟體（Work Flow）。

6. 支援決策軟體工具（EIS, Business Intelligence, Decision Support Tools）。

達成知識創造，針對知識庫與網路通訊企業程序活動中得到特定的結果，所執行的一群邏輯上相關之任務（task）的集合，例如開發新產品、擬定一份專案報告。對於企業最關鍵的莫過於攸關生存命脈的核心工作流程，它是直接影響產業營運功能之作業要項。

核心工作流程

企業的核心工作流程中，其所需要思考的方向如下：

1. 工作流程：確認核心的工作流程，並了解其運作方式。

2. 人員：找出每個子流程所負責的人員。

3. 知識內容：確定每一子流程所需要的知識及所能創造的知識。

4. 科技：結合科技的環境，利用其功能與特色，充分掌握知識的來源、存取傳播與分享。

流程步驟思考方向到此我們已有一個清晰的表達方式，再來我們將進入方法的分析，科學方法在各行業概化的表示為何，我們一一介紹 TRIZ、QFD、ANOVA、DOE 等概用方法，這裏先說明方法在架構中撰寫的方式，如下圖：

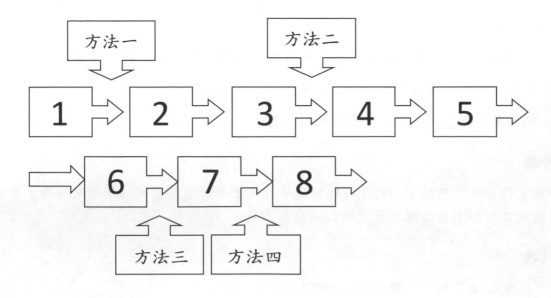

企業整合與銷售流程

企業系統全面整合（Total Business Integrated System, TBIS）

企業資源規劃（Enterprise Resource Planning, ERP）是企業整合概念之具體呈現，它意欲利用現今的資訊科技，將企業內部的所有資源、功能、與流程做統籌的規劃。更進一步的整合系統則是將範圍延申到企業外部的供應商與顧客，將上、下游兩端也納入整合領域之中，亦即融入了供應鏈管理（Supply Chain Management, SCM），成為所謂的「企業系統全面整合」（Total Business Integrated System, TBIS）。

TBIS 的內容

TBIS 的概念是將企業視為一個整體的系統，若將其做初步的劃分，可歸為幾個小的整合群體，分別是：高階決策支援的整合、與顧客相關業務的整合、工程方面的整合、製造整合、支援活動的整合。這些部份彼此相關，它們之間的互動與結合即為整體企業的形貌，茲將其討論如下：

(一) 高階決策支援的整合：為高階管理者所做的規劃與支援其決策所需的資訊。

(二) 顧客相關業務的整合：為所有與顧客相關的部門間的整合，其內容有：

1. 銷售活動。

2. 顧客服務。

3. 市場分析與銷售預測。

4. 銷售現場服務。

5. 倉儲管理。

6. 物流與配送。

(三) 工程方面的整合：此部份決定產品的設計、品質、與成本，其內容有：

1. 設計研發。

2.　產品工程支援。

3.　製造工程支援。

4.　設備與廠房的維護。

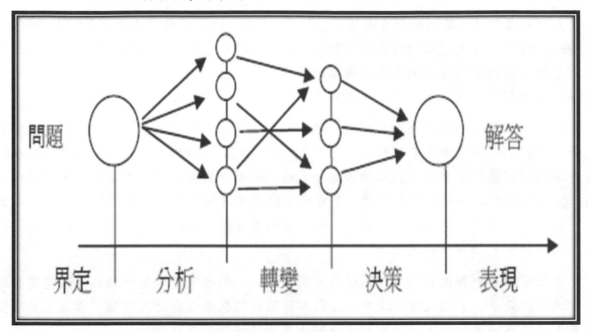

(四)　製造整合：為企業的核心價值所在，亦即 MRP、MRP II 所包含的部份，其內容有：

1.　產能規劃。

2.　主生產排程。

3.　物料需求規劃。

4.　生產執行與控制活動。

5.　存貨管理。

6.　採購活動。

7.　品質管制。

8.　生產設備維護。

(五)　支援活動的整合：為配合主要價值活動的支援性內容，其範圍有：

1.　人力資源管理活動。

2.　會計活動。

3.　與企業外界（上、下游供應鏈）協調的活動。

創新管理

在 Afuah（2003）創新管理一書中提到，要做到創新，想法必須能被轉變為顧客所想要的產品或服務。有想法一回事，成為顧客所想要的產品或服務又是另一回事。

創新就是改變，其把創新分成事物（產品與服務）的創新與方式的創新。Damanpour（1991）把創新分成技術創新與管理創新，前者是指產品、服務或程序上的改善，或是推出全新的產品；而後者則是在組織結構及管理程序方面進行改善。Betz（1987）將創新分成產品創新、服務創新與流程創新。

Chacke（1988）則認為創新是修改發明以符合現在或潛在需求，他把創新分成產品創新、流程創新與組織創新三類。另外 Schumann et al.（1994）等學者依創新種類及創新層級兩決定屬性將組織中創新的活動分成產品創新、製程創新、方法創新、漸進式創新、獨特式創新與突破式創新六類。還有其他的學者依據不同的決定屬性或觀點而做出不同的分類，但不管何種分類方式，不論是無形或有形，實體或過程，其共同點都是改變現狀以增加整個運作的價值。

儘管學界對創新改善或重塑創造有不同看法然，然而改變卻是一致的，改變需要外在資源協助是業界具體改變的支持。這與本節標題談及策略有極大關聯，所謂策略積極意義上是外在資源的介入，再創新的議題上有大區塊集中在技轉上。

此外專利佈局與申請，市調勞務委託、實驗設計勞務委託、試運轉、試營運、試產規劃也都是創新策略的重要構成元素，本節提供下圖作為指引。

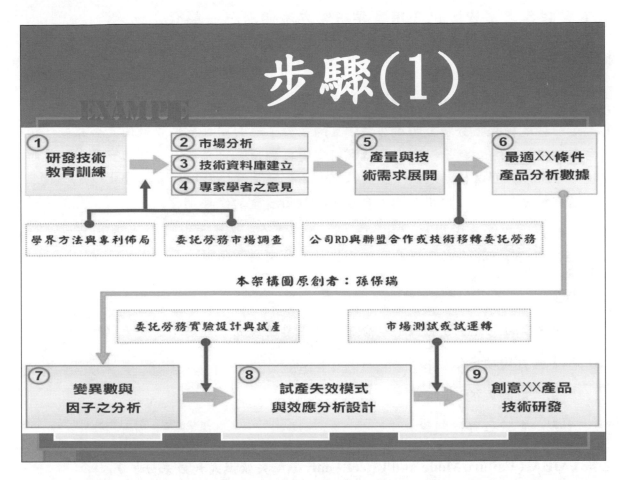

前面我們分別說明步驟、方法和策略的構圖方式，接下來我們把它整合起來放置一個（如下圖）便完成了一個函括三者的架構圖如下。

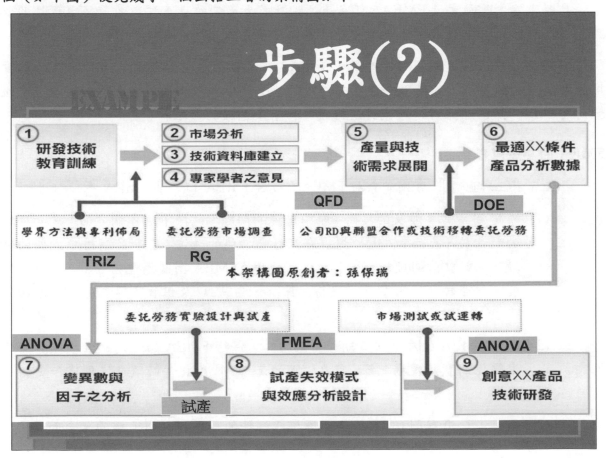

以下有關各產業皆概化是用重要研究方法個別一一簡介：

推動策略方法

一、 迴歸分析（Regression Analysis）

是一種統計學上分析數據的方法，目的在於了解兩個或多個變數間是否相關、相關方向與強度，並建立數學模型以便觀察特定變數來預測研究者感興趣的變數。更具體的來說，迴歸分析可以幫助人們了解在只有一個自變量變化時因變量的變化量。一般來說，通過迴歸分析我們可以由給出的自變量估計因變量的條件期望。

迴歸分析是建立因變數 $\displaystyle Y$ Y（或稱依變數，反應變數）與自變數 $\displaystyle X$ X（或稱獨變數，解釋變數）之間關係的模型。

二、 DOE

實驗建構的元素，實驗設計包含了三個主要的成分，分為：

1. 自變項與依變項

2. 前測與後測

3. 實驗組與控制組

三、 FMEA（Failure Mode and Effect Analysis，失效模式和效果分析）

是一種用來確定潛在失效模式及其原因的分析方法。

具體來說，通過實行 FMEA，可在產品設計或生產工藝真正實現之前發現產品的弱點，可在原形樣機階段或在大批量生產之前確定產品缺陷。

FMEA 最早是由美國國家宇航局（NASA）形成的一套分析模式，FMEA 是一種實用的解決問題的方法，可適用於許多工程領域，目前世界許多汽車生產商和電子製造服務商（EMS）都已經採用這種模式進行設計和生產過程的管理和監控。

FMEA 的具體內容

FMEA 有三種類型，分別是系統 FMEA、設計 FMEA 和工藝 FMEA。

(1) 確定產品需要涉及的技術、能夠出現的問題，包括下述各個方面：需要設計的新系統、產品和工藝；對現有設計和工藝的改進；在新的應用中或新的環境下，對以前的設計和工藝的保留使用；FMEA 團隊應包括設計、生產、組裝、質量控制、可靠性、服務、採購、測試 以及供貨方等所有有關方面的代表。

(2) 記錄 FMEA 的序號、日期和更改內容，保持 FMEA 始終是一個根據實際情況變化的實時現場記錄，需要強調的是，FMEA 文件必須包括創建和更新的日期。

(3) 創建工藝流程圖：工藝流程圖應按照事件的順序和技術流程的要求而制定，

實施 FMEA 需要工藝流程圖，一般情況下工藝流程圖不要輕易變動。

(4) 列出所有可能的失效模式、效果和原因、以及對於每一項操作的工藝控制手段：

(2)試產流程(1)

產品的設計必須經由四個領域，即使

▶用者領域、
▶功能領域、
▶實體領域、
▶製程領域

(2)試產流程(2)

產品設計程序(Design)

1. 架構產品設計模組流程
2. 零組件與製程對應選擇
3. 輔助設計決策機制
4. 產品資訊量評估

(2) 試產流程(3)

▶ 試產失效評價方法是最為普遍的方法。利用三個元素，**發生度(Sf)、嚴重度**

▶ **(Sd)、難檢度(S)**來幫助檢驗失效風險，找出失效問題的大小及應該先處理的先後順序。**風險優先數(Risk Priority Number，RPN)**是由發生度(Sf)、 難檢度(Sd)、嚴重度(S)三者相乘積所得如以下所示。

▶ 公式：**RPN= (Sf× Sd ×S)**

四、 ANOVA

固定效應模式（Fixed-effects models）

用於變異數分析模型中所考慮的因子為固定的情況，換言之，其所感興趣的因子是來自於特定的範圍，例如要比較五種不同的汽車銷售量的差異，感興趣的因子為五種不同的汽車，反應變數為銷售量，該命題即限定了特定範圍，因此模型的推論結果也將全部著眼在五種汽車的銷售差異上，故此種狀況下的因子便稱為固定效應。

隨機效應模式（Random-effects models）

不同於固定效應模式中的因子特定性，在隨機效應中所考量的因子是來自於所有可能的母群體中的一組樣本，因子變異數分析所推論的並非著眼在所選定的因子上，而是推論到因子背後的母群體，例如，藉由**一間擁有全部車廠種類的二手車公司，從所有車廠中隨機挑選5種車廠品牌，用於比較其銷售量的差異，最後推論到這間二手公司的銷售狀況。**因此在隨機效應模型下，研究者所關心的並非侷限在所選定的因子上，而是希望藉由這些因子推論背後的母群體特徵。

文創模型較為特殊，自然方法論策略撰寫也較特殊，由於偏向社會科學或工藝學學門，所以在創新流程雖不脫科技研究流程方法論，但內容卻有重大的差異性。

關於流程在此我們提供一組流程樣模，撰寫人仍應以實質內容差異做調整。

特殊方法在範例中有關田野調查、個案專家訪台法、文獻分析法，此節也提供一個具體範例以供參考。

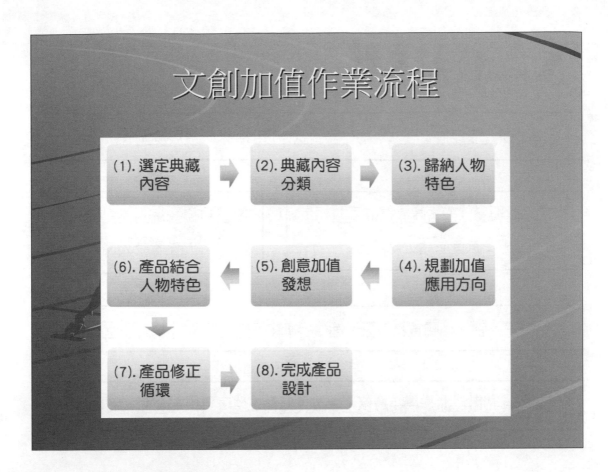

EXAMPLE

本公司以產品研發基礎，本計畫實施內容之如下圖所示：

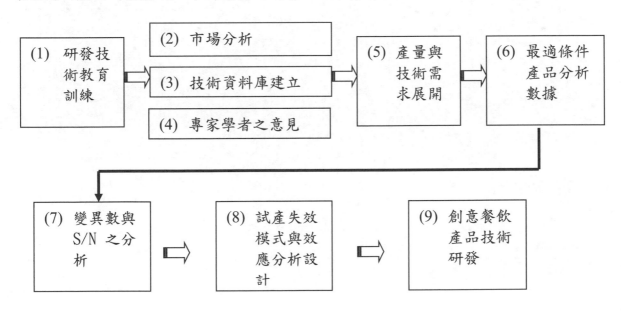

EXAMPLE

微波油炸機於餐飲現場實際測試、修正與未來發展規劃確立

廚房功能與餐飲前後場動線改良並初步由 2 家直營店上線測試

新食材研發規劃與食材處理流程研發改良

整體主、副、相關食材加工、儲存、運輸規劃並推廣到 15 家的直營店

相關器具、微波油炸機持續修正與改良輕食、健康新思維全面推廣與宣導

EXAMPLE

計畫架構主要呈現與說明計畫執行內容。計畫架構內容須與「計畫研發進度計畫表」與「查核點」說明一致

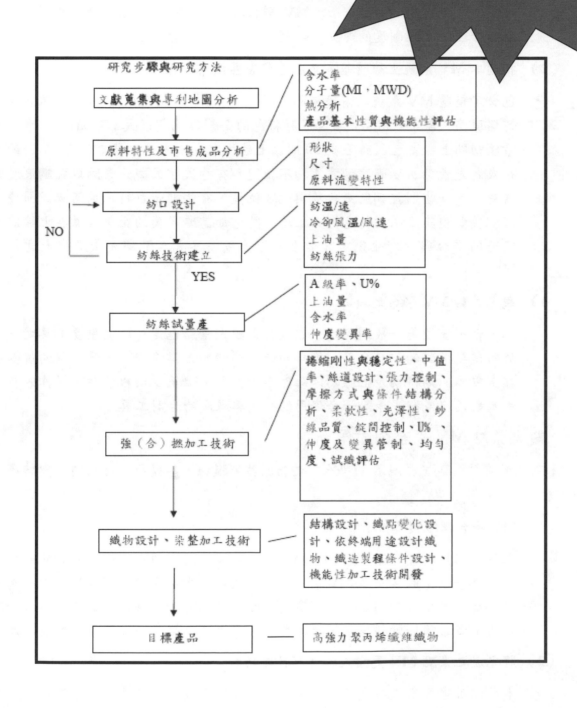

研究步驟與研究方法

文獻蒐集與專利地圖分析 → 含水率／分子量(MI，MWD)／熱分析／產品基本性質與機能性評估

原料特性及市售成品分析 → 形狀／尺寸／原料流變特性

紡口設計 → 紡溫／速／冷卻風溫／風速／上油量／紡絲張力

紡絲技術建立

紡絲試量產 → A級率、U%／上油量／含水率／伸度變異率

強（合）撚加工技術 → 捲縮剛性與穩定性、中值率、絲道設計、張力控制、摩擦方式與條件結構分析、柔軟性、光澤性、紗線品質、錠間控制、U%、伸度及變異管制、均勻度、試織評估

織物設計、染整加工技術 → 結構設計、織點變化設計、依終端用途設計織物、織造製程條件設計、機能性加工技術開發

目標產品 — 高強力聚丙烯纖維織物

EXAMPLE

一、 前置作業

（1） 建立 MV 相關工作小組與執行計劃之研究

本團隊將於計劃執行前，針對本專案可能的上中下游產業以及相關的代理商、經銷商做更完整的需求訪查、配合意願調查，亦會根據本專案的特性與目的，進行更為專業的專案執行與流程規劃工作，包含範圍管理、排程管理、成本控管、各通路間的利潤控管、MV 製作之品質管理、風險管理、相關通路的溝通管理、客服制度的建立等規劃。

（2） 相關本 MV 系統上線時基本之版型與整體概念營造

包含了整體 MV 系統之情境規劃、MV 版型之基本編劇概念（如：感人風格、情侶風格、合家歡風格、教育景點特色的企劃與編劇模式都不相同）。本平台希望初期上線就已累積至少 50 間以上的民宿或觀光景點業者配合。不同的民宿或觀光景點所要表達的意義均不相同。有些民宿或觀光景點以強調浪漫愛情為主、有些則強調歷史典故與地理位置、有些則是以特殊的活動或節慶來搭配或型塑其不同的特色。而上述的特色都需要專業的企劃人員在上線前做完整的平台與內容企劃，才能在上線後成為具有台灣觀光景點代表意義的 MV 網站。

（3） 觀光景點 MV 平台的設計

本平台不僅僅是一般的網站，在民宿或觀光景點也是營運的重要工具之一，故所需要搭配的前台介面、後台功能、相關的上傳流程、金流流程的規劃都非常重要。期待初步上線功能雖然不會很多，但至少流程清楚、操作容易。成為對民宿或觀光景點一套好用的行銷與賺錢的生財工具。

二、 觀光景點 MV 平台的實作

本階段將實作「觀光景點 MV 平台」之相關技術模組，各模組之技術內容與特色如下所述：

（1） MV 平台模版製作

本 MV 影片的製作跟一般 MV 影片製作最大的的不同在於一般的 MV 影片一次到位一次完成。而本 MV 影片在第一次則是生成 2 種不同的檔案：一為可供民宿或觀光景點開始行銷推廣的一般 MV 影片。二為後續需可更換人物照片的半成品放於資料庫中，待人物照片確認時以簡單的方式即可更換照片。

（2） 將完成之景點 MV 更換人物之照片之功能

本功能希望民宿或觀光景點的大伯、大嬸們在教育訓練後也都會使用，所以操作介面務必簡單化、時間越短越好、能在本機完成的功能就不需要連網處理，因為這些大伯、大嬸也多半沒什耐性。資料庫的建製模式需再詳加討論。

（3）**MV 模版加密\解密功能**

為了節省現場操作人員操作的簡易性與時間需在 2-3mins 內完成，很多能放在本機的功能就不放在網路上，避免因為網路出問題，而導致服務中斷。需思考到當網路中斷仍然可以代客制作 MV 影片，又不致影響到系統的持續計次管理功能。而很多的半成品版型則必需直接以 USB 的模式放置於營業端，為避免半成品版型外流需針對這些模版做加密\解密之功能。

（4）**完成後之景點 MV 自動轉檔功能**

因應觀光客需求不外乎直接用 DVD 播放與上傳到網路，故提供兩種不同的檔案格式，系統宜自動產出與轉換成這兩種不同的檔案或可自動將兩種檔案燒錄成 DVD 供民眾帶回。

（5）**相關自動化功能之開發**

包含依照片屬性自動套特效、文字修改、轉檔功能。

（6）**相關合作廠商之整合**

包含代理商\經銷商\業者\營運商的利潤拆分、金流系統的整合、繳費方式的整合，希望雜事鎖事都留給系統，而專業與企劃則由人親自審核。

EXAMPLE

一、 醫材加值策略：

為彌補產品設計/發展及臨床測試認證等缺口，擬推動的加值策略如下：

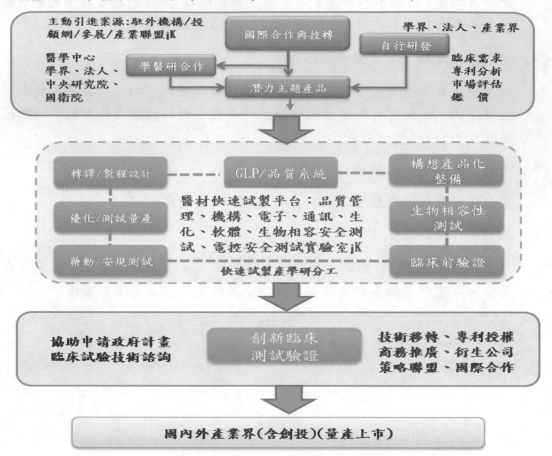

圖：醫療器材加值策略

（A-1） 強化商品化整備平台，進行商情研究、專利地圖分析與產品定義。

（A-2） 建構醫材試製核心能量，承接國科會醫療器材方案推動辦公室選題案源，藉由產學醫研專家顧問群協助，依標準化的流程快速完成原型機之開發。

（A-3） 透過國際合作與技轉機制，由駐外機構、國際投顧網、國際醫材展等組織引進先進技術，並輔導進行臨床前測試，然後連結商業化及智權推廣團隊，執行完備的技術移轉。

二、 定位與推動方法：

為加速推動我國醫療器材產業的發展，擴大吸引科技人才投入生技產業，運用工業技術研究院（ITRI）開發醫療器材多年累積之經驗、技術與設備為基礎，成立醫療器材快速試製服務中心（Rapid Prototyping Service Center, RPC），建立 GLP/ GMP 實驗室，定位為加速醫療器材商品化之「服務中心」。推動方法說明如下：

（B-1） 強化商品化整備平台：專利搜尋與組合價創、產業產品與市場預測、快速試製計畫整備、建立 ISO 13485 品質系統。

（B-2） 建構醫材試製核心能量：機構支援室（機構設計、加工、整合與機電組裝）、電控支援室（電控設計、電子硬體製作與機電整合）、生化支援室（標準品建立與確認、特殊原料製備、生化流程確認、製程條件確認）、系統及軟體支援室（產品控制韌體設計及工程軟體開發）、測試服務室（符合 GLP 要求之產品功能及安規測試平台建立）。

（B-3） 技轉與臨床前測試：執行臨床前測試並協助法規事務及商業推廣。

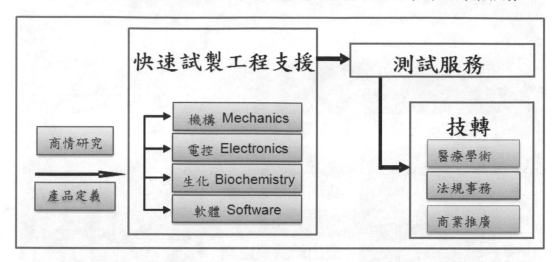

圖：「醫療器材快速試製服務中心」定位與運作模式

EXAMPLE

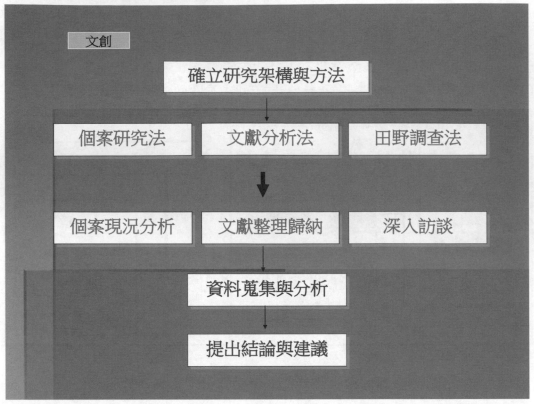

一、 TRIZ 設計方法的導入

藉由品質機能展開（QFD）來界定駐車架的技術參數以及各技術參數與競爭產品的目前數值和改善目標值之後。接著導入 TRIZ 設計方法作為改良設計的進階方法，並以商用套裝軟體 TechOptimizer 3.5 Professional Edition 作為輔助工具。首先技術參數輸入產品分析模組（Product Analysis Module）的計畫參數、概述以及各目標的現值、期望值與技術參數的變數限制，並比照 QFD 所決定出的優先順序來決定各計畫參數的重要性。

二、 建立功能結構圖

將駐車架身起車身及支撐車身的過程以功能模型來表示。其中，整個駐車架的功能模型中包括了 3 個元素型態：不可改變設計的超系統（Supersystem）—斜坡、地面、騎士的腳和手部；產生功能的元件（Component）—車架施力臂、駐車架本體以及駐車架底座；功能的受方（Product）—車體。在建立系統中的各元素後，隨即定義個元素間的交互作用，附錄圖 3 中，紅色表示有害的作用如"斜坡傾斜車體"；藍色表示有益的作用如"駐車架本體舉起車身"，但是在"車架施力臂架起駐車架本體"這個作用以藍色虛線表示的意義為有用但是效率不夠理想的作用。

除此之外，動作本身尚須定義其對各個計畫參數的影響方向及程度，以作為下一步評估系統理想性以及修剪（Trimming）系統功能結構和品估改善效率的依據。

技術參數（Technical Parameter）項目：1.腳架支撐點數；2.腳架橫向支點距離；3.腳架架起後之升起行程；4.手部啟動力大小；5.腳架收納的方式；6.腳架接點自由度；7.輔助動力；8.支點接觸面的形狀。

三、 修剪並評估系統的功能結構

定義並且建立了駐車架的功能結構之後，下一步是藉由 Tech Optimizer 3.5 中的修剪功能來對系統評估，並建議將系統中不必要的元素或是元素間不必要、有害的作用加以刪除（或是建議刪除），以達到簡化系統、減少有害作用的目的。

然而，現有的駐車架儘管在使用上效率不足，但是單就簡化構造的要求來看，實際上已算是完善的設計（總元件數目只有 3 個）。因此修剪的功能在此一階段並不能提供理想的幫助，在此也揭露出了一個問題：本產品目前的設計改進主要是提升系統的效率，而非簡化或是刪除系統元件。在修剪的過程之後，接對對系統分析並提供可能的解決方向極可能的解決方案。在解決方案中，Problem Manager 將所有的系統分成：效率、品質的改進（Efficiency、Quality）；簡化（Simplifying）；使用者定義（User-Defined）三大類型的問題，並分別指定效果（Effects）、預測技術演化趨勢（Prediction）或是矛盾解決法則（Principles）來作為問題解決的方向。

四、 問題解決步驟

分析並定義問題後，在問題分類上可依照問題的潛在重要性加以選擇並尋求解決的建議。其中，"增加效率"類型的問題中比重最大的兩個問題："增加車架施力臂架起駐車架本體的力矩"與"增加騎士的腳部下壓車架施力臂的力道"兩項，由前面的章節就可以瞭解到施力臂與架起車身的力矩及腳部的下壓力道都與槓桿原理的施力臂有關，因此加長施力臂的長度可視為基本的解決方案之一。

至於斜坡對於車身傾斜造成車身在架起時輪胎易卡到的有害作用，則採取提升駐車架架起後的車體升高行程的方式—加長駐車架主體即可，但是加長駐車架同時也會增加受力臂長度，造成需要更大的施力，因此駐車架主體所能增加的尺寸也極為有限且需要非常小心的考慮此部分的尺寸設計。

EXAMPLE

工作內容	預定完成目標
A.產品開發計劃與市場需求分析	1.產品開發諮詢紀錄 2.產品規格書 3.品質計劃表
B.樣品設計	1.產品樣式圖
C.樣品試製之小量試產	1.材質證明進料檢驗紀錄表 2.專利申請說明書 3.XXXX 射出成形材料製成參數紀錄表 4.品檢工程紀錄表
D.樣品檢驗之相關測試	1.生物力學測試報告 2.生物相容性測試報告 3.生物滅菌測試報告 4.包裝完整性測試報告
E.產品研發總結	1.產品規格表 2.中文仿單 3.技術手冊 4.包裝標籤承認書 5.產品製造圖 6.總體檢驗紀錄表 7.試產專案結案報告
F.醫療器材行銷準備	1.國內查驗登記申請書 2.FDA 認證申請書 3.醫院產品試用申請書

EXAMPLE

　　欲達到前述有關文化創意產業的規劃藍圖與願景,推動藝術設計人才國際進修計畫,學習國際社會多年在相關產業累積的經驗與技術,並藉由知識擴散(knowledge diffusion)機制,將關鍵技術與知識快速引進國內,是縮短台灣發展文化創意產業學習曲線立即而有效的方法。

　　因此本子項計畫推動的目標策略與執行規劃,乃根據下列策略發展的模型,盱衡國內外社經環境的變化與發展,制定出前瞻性的策略目標,以找出關鍵成功因素,進而規劃出具體可行的執行方案,期以發揮政策之最大效益。

　　根據文化創意產業的規劃藍圖與願景,與國內外社經環境的發展趨勢,以下為本子項計畫策略的所需資源:

1. 台灣文化創意產業種子人才,帶動國家文化創意產業。 學習並引進國外有關文化創意產業的知識與技術,加速提昇國家競爭力。

2. 知識管理平台,強調知識擴散與分享的機制,發展以知識經濟為基礎的文化創意產業實力。

3. 人才資料庫,提倡政府與業界專家的長期夥伴關係,發展以專業知識為基礎的人際網絡社群(network community)。

4. 由於藝術與設計人才範圍廣泛,為使相關資源能夠資源整合,有效運用,本計畫仍應持續結合文建會、經濟部、教育部、外交部等各相關部會,與產業界、學術界、藝術與設計界等代表社會賢達,組成專案小組,共同商討有關子項計畫之辦法擬定、執行方案、問題研究、策略聯盟與評量統計等各項議題。

試產

一、 效模式與效應分析(Failure Mode and Effects Analysis, FMEA)

　　「預防勝於治療」是人類社會不變的真理,而企業之產品開發亦然,尤其在此消費者主義高漲、顧客導向與競爭激烈的市場環境中更然,因為開發過程中因設計或製程缺失、疏忽而致不良品流入市場亦或成本過高、延遲上市均可能使商機喪失,更嚴重者導致客戶損失及傷害,讓企業面臨重大危機;如何確保產品交於顧客使用後不致失效,卓越企業必須建立一套降低產品失效風險的方法與機制幫助產品開發、製造前即能避免過程中瑕疵產生,亦減少工程變更及故障修復的時間與成本。產業想提升產品本身可靠度,避免發生產品失效導致公司損失的唯一途徑,就是在產品之初作好預防及早確認和消除可能的失效。因此失效模式與效應分析(Failure Mode and Effects Analysis, FMEA)此一項技術也就因應而生。

　　在 FMEA 的專業領域中主要功能在於作好一項事前預防分析工作指出設計或系統上的故障模式,再探究故障對於系統之影響並給予定性或定量的評估,然後再針對系統可靠度之問題點採取必要的矯正措施與預防對策。因此,這種方法常被使用在產品設計

階段或應用於製造工程的改善與安全性的解析。

接下來對 FMEA 的幾個重要環節一一的加以介紹：

失效模式效應分析（Failure Mode and Effects Analysis）是一種預防性的可靠度技術，它主要的功能是在指出設計或系統上的故障模式，再探討研究故障對於系統的影響並給予定性或定量的評估，然後再針對系統可靠度之問題點採取必要的矯正措施與預防對策。

(一) 執行程序

依據美軍規範 MIL-STD-1683A 有關 FMEA 作業執行程序具體步驟大致分為下敘若干程序：

（1）建立 FMEA 作業小組

（2）FMEA 作業訓練

（3）定義系統功能、任務輪廓、環境輪廓及操作環境

（4）決定分析層次

（5）繪製功能方塊圖

（6）繪製可靠性方塊圖

（7）編定識別碼

（8）分析潛在失效現象

（9）進行失效原因與失效效應分析

（10）研擬失效偵測方式與補救措施

（11）成果評估

(二) 風險評估方法

風險優先數是失效風險評價方法是最為普遍的方法。利用三個元素，發生度（S_f）、嚴重度（S_d）、難檢度（S）來幫助檢驗失效風險，找出失效問題的大小及應該先處理的先後順序。風險優先數（Risk Priority Number，RPN）是由發生度（S_f）、難檢度（S_d）、嚴重度（S）三者相乘積所得如以下所示：

$$公式：RPN=（S_f× S_d ×S）$$

以下將一一對於發生度（S_f）、難檢度（S_d）、嚴重度（S）三個元素加以介紹：

（1）發生度：（S_f）

所謂發生度，是指某項失效原因其發生之機率，出現可能性的等級具有特別的意義，但未必代表價值的高低。對整個 FMEA 制度，發生度之計分應保持全部一致體系，設定發生度之計分時，應與專案小組密切商討後決定適當的數字。本研究將發生度定 1-10 分之間，利主觀評分準則加以評分。

（2）難檢度：（S_d）

所謂難檢度，是指在專案規劃完成時，能否檢出其發生的失效而言，本研究將評分範圍在 1-10 分之間。分析難檢度時先假設失效模式已發生，逐一分析現行控制方式能檢測出此一失效模式的能力。

（3）嚴重度分析：（S）

所謂嚴重度分析包含 1.失效影響程度、2.失效對專案影響的範圍、3.失效發生的頻率和失效防制的難易等等因素。嚴重等級分析可作失效模式處理先後順序的標準。本小組將嚴重度分為 1-10 分之間。

二、 失效因子分析提升設計品質之新產品開發模式

隨著科技快速發展與顧客要求變化的快速，現代產品開發流程的週期已相對縮短，許多產品在生產製造過程中才會發現問題，造成產品的不良率提高，降低產品品質，雖然可以由設計或製程上做變更，但是已變得較為困難且所需的成本也相對提高。

在產品研發的思維中通常必須涵蓋四種特性：可銷售性、可生產性、可信賴性與可維護性，因此在進行產品設計開發時，必須應用同步工程，藉由協同設計鏈的形成與資訊的有效運用，以達到上述目標。

失效模式與效應分析（Failure Mode and Effects Analysis, FMEA）是一種結構化、預防性的系統分析技術，在產品設計或製造階段用來研究失效因果關係的一種可靠度工程技術。

利用 FMEA、特性要因分析與故障樹分析，建立設計屬性與設計時的檢核表，作為避免問題點重複發生的預防機制。公理式設計（Axiomatic Design）是由美國麻省理工學院教授 Nam P. Suh 所提出，公理式設計的主要內容是四大領域和兩大設計公理。產品的設計必須經由四個領域，即使用者領域、功能領域、實體領域、製程領域。使用者領域意指使用者的需求所在，這些使用者的需求必須被考慮而轉化成對產品的功能要求（Functional Requirements），簡稱 FRs。將這些功能要求以實體的方式來表現則為實體領域，此時即須選擇最適的設計參數（Design Parameters），簡稱為 DPs，來滿足這些功能要求。而這些設計參數可能有許多不同的製程變數（Process Variables），簡稱為 PVs，可以選擇來實現之，此即製程領域。兩大設計公理則分別為獨立公理（Independence Axiom）與資訊公理（Information Axiom）。簡單來說，獨立公理是希望一個好的設計，是依據能讓「Whats」達成「Hows」的需求時，儘量保有獨立性的準則。資訊公理是希望最小化一個設計裡的資訊量。應用公理式設計原則，進行層次分解及映射過程，使設計過程標準化，可以掌握和預測設計可能的成果，以達到較高的設計效能。

三、 六標準差新產品開發模式與流程

六標準差設計的 DMADV 流程，架構出五個階段來整合產品失效因子，並建立產品開發各階段間之關聯性。此五個階段說明如下：

1. 定義產品品質特性（Define）

「定義」階段為訂定專案目標，找出改善主題與方案。因此針對產品失效因素的主題，必須根據產品類型與本質，依照設計鏈成員（如客戶、研發、品管、供應商等等）的要求與過去開發經驗，訂出所謂的「產品品質特性」，此「產品品質特性」即為我們產品設計的主要目標，其內容將隨產品種類之差異而不同。若以電源供應器為例，其「產品品質特性」可定義出 10 項：外觀體積大小、輸出功率足夠、產品符合安規認證、輸出電壓誤差小、產品符合環保、輸出電壓雜訊小、產品保固時間、產品工作溫度、產品穩健性、產品售價符合成本等。

2. 衡量重視度及關鍵度（Measure）

衡量顧客需求，將顧客聲音轉換成關鍵品質特性。在此我們將產品品質特性，分為二種思維來衡量：重視度與關鍵度；重視度反映了產品價值鏈的設計期望，關鍵度則客觀的呈現產品強化的需求。

首先我們以 Kano 二維品質模式的觀念，如必須品質、一維品質、魅力品質等，對產品價值鏈的成員如客戶、設計人員、工程師等進行認知調查，藉以分類產品品質特性的重視程度。其次，衡量過去產品的 FMEA 資訊，依據風險指數數值（RPN），判斷品質之關鍵度，再進行產品品質特性與失效因素之對應關聯。

3. 系統化分析（Analyze）

此階段對產品設計內容進行深入探討，建立產品系統化分析的架構，其分析方法包含三個步驟：

（1） 建立「正向關聯矩陣」階層體系從前述公理式設計的觀念上而言，在設計的過程中包含對應的關係在領域中-客戶屬性、功能需求、設計參數與製程變數，每一個產品從設計到生產完成的經歷，都可以推導出關係式中之應對矩陣，我們可將之定義為「正向關聯矩陣」。若某一個主功能 FR1 需要分解成子功能 $\{FR_{11}...FR_{1n}\}$，也將會推導出其子設計參數 $\{DP_{11}...DP_{1n}\}$，所以此「正向關聯矩陣」是具有階層結構的。

（2） 失效因素關聯分析

建立「正向關聯矩陣」之後，若 FMEA 主要為製程上的因素所造成（即 PFMEA），我們從產品的失效模式（Failure Modes, FMs）中，先探討 FMs 與 PVs 的關聯、再藉由轉置矩陣（TransposeMatrix），進行所謂的「逆向關聯矩陣」分析。

（3） 建立失效風險評估資訊

此步驟是運用失效因素在 FMEA 中的風險優先指數值，結合前一步驟之關聯分析，將可建立設計參數與製程變數之參考數據，亦即建立零組件與製程步驟之風險值，此資訊將可供設計階段使用。

4. 產品設計程序（Design）

在產品設計階段，除了要考量使用者的需求外，也須考量實際生產與使用時的變異，因此必須評估過去產品的失效因素，預測並減少失效發生的機率，說明如下：

（1） 架構產品設計模組流程

所謂產品設計模組，即前述分析階段所對應之功能要求的設計參數（DPs）。

（2） 零組件與製程對應選擇

針對產品設計模組所需之零組件及對應製程列出可能的選擇，例如輸入濾波模組需要電感、濾波電容、電阻等元件，而濾波電容元件又可能有不同供應商的選擇，選擇不同的零件其製程要求可能也會不相同等情況。

（3） 輔助設計決策機制

如果設計模組與零組件及製程都是一對一的情況，則此步驟可以略過，但假使設計需求有衝突時或有多重選擇，可藉由整數規劃的方法，來找出滿足需求的一組可行解。例如，假設一組設計模組需求 F，對應至一組設計選項 S，其中設計選項包含零件及所需製程，對應關係可以用一個關聯矩陣來表示，經由上述程序，將可以協助設計者在較複雜的設計決策時，找到可行的設計方案。

（4） 產品資訊量評估

在可行設計方案不是唯一時，我們以資訊公理的觀念- 應選擇資訊量最小者為最佳的設計。而資訊量的概念將以產品設計方案中的 RPN 比值之總和為參考依據，因為 RPN 比值總和越高，代表所需的資訊量要越多才可使產品不會失效，二者為一個正相關的關係。在前述分析階段，我們已建立失效風險的評量資訊，當設計內容（即零組件、製程等）決定後，將可估算出該設計方案之資訊量並進行不同設計方案的比較。

5. 設計驗證（Verify）

驗證階段的過程為確保產品研發品質，符合客戶、工程師與使用者的期望。我們在「衡量」階段定義了產品品質特性的「重視度」與「關鍵度」，此階段將以此二項指標來驗證設計方案，作為產品設計方案的最終決策，以達產品品質特性的要求。經由產品重視度評估與關鍵度來衡量新產品設計程序，檢驗產品失效模式，進而提升新產品品質。

一個善用產品失效資訊的系統化新產品設計的架構，融入設計鏈的聲音於產品

設計品質特性中，定義了「重視度」來反映產品價值鏈的設計期望，以及「關鍵度」來客觀的呈現產品強化的需求，可提升客戶與使用者的滿意度。同時應用公理式設計的主要觀念，建立產品設計上的關聯矩陣，可強化產品失效因子的資訊架構，作為提升品質的系統化新產品設計的流程與模式。

四、 變異量（數）分析（The Analysis of Variance）

(一) 簡介

變異量分析（The Analysis of Variance，英文簡寫為 ANOVA）是一非常重要而且常會用到之假設測定的方法。此分析法基本上適用在兩個以上樣本間之比較。我們可以將 ANOVA 看成是先前學過比較兩個樣本間平均數差異之 t-test 或 z-test 的延伸。例如，我們可能想知道不同宗教信仰者，是否在一測量支持墮胎態度的量表分數上有差異。不同宗教信仰是多類別的自變項。比較這些類別間對某一以等距/比值尺度測量之變項，在平均數上的差異是否達到顯著時，就是一種多樣本比較的情況。

在比較多樣本平均數差異的情況下，我們可以進行一連串兩個樣本間平均數之 t-test 的測定，如果有四個樣本（從另一個角度來說，是一個有四個類別之自變項，如宗教信仰，則每個類別自為一個 independent subsmaple），則我們可進行六個不同之兩個樣本間的 t-test。如果真是這樣做，除了非常麻煩外，最大的缺點是會增加犯 Type I 錯誤之機率。如果每個 t-test 是定在 $\alpha=0.05$ 之水準下進行測定，一連串這樣的 t-tests 會使犯下至少一次 Type I error 的機會增加。換言之，即使每一個 t-test 是在 $\alpha=0.05$ 之水準下進行測定，其 Type I error 綜合起來事實上是大於 0.05。換個角度來說，t-test 做多了，總有一個 t-test 之結果會 reject H_0，但此 H_0 可能為真。用 ANOVA 來分析就可以避免這樣的問題。

(二) ANOVA 之原理

ANOVA 之虛無假設 H_0 是 $\mu_1=\mu_2=\mu_3=\ldots\ldots=\mu_k$，也就是所有樣本均是來自同一母群，或是各樣本來自的各個母群在平均數上沒有無差異。更具體的說法是每類別或項目間在某一特性上並無差異（如：不同宗教信仰者在支持墮胎之態度上並無差異）。從這 H_0 之型式可看出是兩樣本間 t-test 之延伸。至於說 H_1 則為「至少有一類別在某一特性上與其它類別有差異」。

如果上述之 H_0 為真，則每類別樣本平均數之差別應不大，且各樣本之標準差大小差不多。事實上 ANOVA 並不是問不同類別間是否有差異，因為即使是虛無假設為真，由於抽樣或測量的過程中會有誤差，所以會實際觀察到各類別的平均數不同。因此，我們是在問：這些差異是否大到可以拒絕 H_0。

和 H_0 完全相反的情況是各類別之平均數相差極大，而各類別之標準差很小。換言之，各類別內之異質性很小，而類別間異質性很大。在這種情況下，如果我們將所有樣本合併，這個合併後之樣本的變異量（Variance）（Variance 如何計算？有何意義？），主要來自原來樣本和樣本間之差異。換言之，此合併後樣本之變異或離散之狀況主要源自原來各樣本間之差異。而 H_0 所假設的情況，是變異量主要是來自原各樣本（類別）內之差異，而非各樣本間之差異。

※了解上面的敘述後，就很容易了解 ANOVA 之原理，ANOVA 之測定是建立在比較各類別（或樣本）間之變異量及各類別內之變異量。與類別內之變異量相比較下，當類別間之變異量愈大時，拒絕 H_0 之可能性愈大，反之，則愈小。

ANOVA 之公式，即在比較兩種對母群體之變異量（σ^2）之估計值。其一估計值即是建立在各樣本內之變化，而另一則為樣本間之變化。這即是 ANOVA（ANalysis Of VAriance）之名稱的由來。

(三) ANOVA 之計算

要做 ANOVA 之測定需要介紹一些新概念及統計。第一個新概念是變項分數之總離散的程度，這是由總離均差平均和（total sum of squares 或 SST）來測量。計算 SST 是要將所有各樣本合併，然後計算所有分數離散之狀況，這 SST 事實上反映了兩種離散之狀況，一是各類別內之離散，另一為各類別間之離散，因此 SST＝SSW＋SSB，知道 SSW 及 SSB 的目的是要知道類別間的差異是否夠大。如果虛無假設為真，則相對於類別內的差異，類別間的差異並不會太大，也就是 SSW 與 SSB 應該差不多。反之，如果兩個離散程度估計的差異越大的話，則拒絕虛無假設的可能性也愈大。

計算 ANOVA 的下一步是從 SSW 及 SSB 得到兩種對母群體之估計值稱為均方估計值（mean square estimates）。組內估計值＝SSW／dfw，其中 dfw＝N－K，即 degrees of freedom associated with SSW，N＝全部合併樣本數，K＝組數。

利用 SSB 的估計值，則為組間估計值＝SSB／dfb，dfb＝K－1，即 degrees of freedom associated with SSB。

而 ANOVA 即在求，兩估計值間的相對大小，更具體說是求一個 F ratio。

F＝Between estimate／Within estimate＝（SSB/dfb）／（SSW/dfw）

從公式可知，此 F 比值是與類別間的變異量及類別內的變異量的相對大小有關。此外，這個 F 值之抽樣分配是隨 dfb 及 dfw 而變化，如果 F＝0，即表示組間變異數為 0，即各組平均數相同。

ANOVA 的計算步驟，可摘要如下：

1. 計算 SST。

2. 計算 SSB。

3. 以 SST 減去 SSB 來算出 SSW。

4. 計算兩個與 SSB 及 SSW 對應的 degrees of freedom。

5. 分別將 SSB 及 SSW 與相對應之自由度相除，以計算兩個均方估計值來推估母群體的變異量。

6. 計算 F 比值。

從以上的基本假定可知，ANOVA 測定相當嚴格的要求依變項是以比較精確的方式測量的（interval-ratio 測量尺度）。但如各類別之樣本數是相同或很接近時，ANOVA 之基本假定並不須如上述那樣嚴格，但如果你不確定其中任何一假定或是組和組之樣本數

差別太大時，最好用別的方法如 Chi-Square 來做假設測定。

(四) ANOVA 之限制

此處所介紹之 ANOVA，又叫做單因子 ANOVA 或簡單 ANOVA（one-way ANOVA 或 Simple ANOVA），這是因為我們只考慮一個自變項和一應變項之關係。如前面的介紹，單因子 ANOVA 適用在比較一個以等距/比值尺度測量之應變項的平均數是否在屬於一個自變項的多個類別之間有顯著差異。ANOVA 之應用可延伸到多個自變項與一個應變項之關係，在此暫不多說。

ANOVA 最大的限制是應變項要用 interval-ratio 之尺度測量，以及自變項各類別之樣本數要接近。前個限制是因在社會科學研究中，常無法得到此類變項。後個限制是因我們感興趣想比較之群體大小（如不同族群），也常常相當不一樣。雖然有這些限制，但 ANOVA 的使用是可以允許略偏離基本假定，只是研究者要知道這些假定及限制為何，以便在從事研究設計時就考慮避免違反這些假定，也可做為判斷其他研究使用 ANOVA 時，是否得當。

其次，ANOVA 只能告訴我們樣本間之差異是否到了顯著水準。如同過去已經提示過的，統計上達到顯著差異，並不意味此差異是實質上重要的差異。

第三個限制是與研究假設有關。當我們拒絕虛無假設時，與虛無假設對應的研究假設，並不能告訴我們是那個類別（或樣本）與其它類別（或樣本）不同。因為，在從事 ANOVA 時，只要有其中一個類別之母群體的平均數與其他類別的母群體平均數間有顯著差異，我們就可以拒絕虛無假設。當然，我們可以就實際觀察到的樣本平均數來推測，但這種目視推測的方法，可能並不正確。要能進一步確認哪幾個類別樣本平均數與其他類別樣本平均數有顯著差異，我們可用事後分析（post hoc analysis）的方法。這種事後分析方法是一一比較所有兩兩類別之間平均數的差異，然後讓我們知道是哪兩個類別間平均數的差異對於做 ANOVA 測定時得到之 F 值的貢獻最大。由於做兩兩類別間之比較時，我們犯 TYPE I 錯誤的機率增加，因此事後分析法會以更嚴格的標準來判定哪兩各類別之平均數間的差異達到顯著水準。一般統計軟體都會提供這類的事後分析方法。

試產是否有影響的使用上例如：

（1）試問廣告產品創新試產方式是否影響銷售額？

（2）不同時段廣告試產是否影響銷售額？

（3）銀行產品創新試產的差異與地區的不同是否產生交互作用影響？

（4）三家銀行發出的信用卡產品創新戶量是否有明顯差異？

（5）產品創新信用卡戶量在不同地區是否有明顯差異？

（6）廣告公司產品創新四種廣告方法對促銷香水的效果，於是選擇了 20 個類似的銷售區，以隨機方式各選其中五區，分別以四種不同的廣告方法促銷，經二個星期後記錄其產品的銷售量，得資料如下：

廣告方法	A	B	C	D	E
電視（1）	52	48	38	42	46
報紙（2）	36	40	36	38	34
網路（3）	32	34	30	36	32
雜誌（4）	48	44	40	42	40

試建立變異數分析表。在顯著水準 $\alpha = 0.05$ 下檢定四種廣告手法的平均銷售量是否相同？

必要性說明（說明小量試產為研究發展階段所必須）

EXAMPLE

直交表實驗資料解析，亦可透過條件變異數分析于以分析，透過變異數分析找出顯著要因，並依選出之顯著要因項目，做製程平均推估，再透過與推估值與再現性分析，得到製程改善之最佳參數。變異數分析，透過變異數值作 F 檢定，以確定為 1 ％冒險率（即極為顯著），或 5 ％冒險率（即為顯著），或在此之外之不顯著因素。透過 F 檢定分析後，將不顯著因素在併入誤差效果中，再對顯著因素依 F 檢定分析其顯著性，則更能確定主要效果之要因，據此再作製程平均推估，及再現性分析，而取得改善製程效果之參數，使製程獲至最佳之改善。

為了幫助 XX 餅產品最適條件的試產能以最省時、省力的方式取得最精確的可靠度預估值，試產流程最好的辦法就是利用失效模式與效應分析（FMEA）、失效樹（FTA）等方法，建立系統化之運作架構。以期在最短前置時間內完成試產，掌握並優化重要的物料與製程參數，驗證產品品質。FMEA 的使用是利用系統內 XX 餅產品最適條件作為分析的起點，並分析條件發生故障時對於 XX 餅產品產生的影響，利用失效模式與效應分析 FMEA（Failure Model Effect and Criticality Analysis）此功能會依據給定的資料來分析所有系統的失效方式和結果。並且會結合失效樹（Failure Tree Analysis）來使用。

EXAMPLE

醫療器材依據其風險性和科學性作三種分類：Class I—簡單低風險之醫療器材；Class II—較複雜以及具較高風險之醫療器材，申請第二級醫療器材上市需要提供與已合法上市之產品具相同安全性及有效性，審查此產品是否與製造業者所指定比對的產品（Predicate Device）具有實質相等性（Substantially equivalent），亦即（1）具有相同用途、相同技術特徵（指材料、設計、能源等）或是（2）具有相同用途但不同技術特徵，卻有相同的安全性及功效性，且不會產生與 Predicate Device 不同的安全性與功效性方面的問題；Class III—是指複雜度高且易有高風險之醫療器材（通常是具創新科技的商品），必須要進行臨床實驗，確定其安全性和功效性，才能合法上市。

目前本計劃之產品 XXXXXXXX 支架在小量試產的必要性在於醫療院所之人體產品試用申請之所需產品，本次研發產品是以國外大廠的「組合式可調節鈦椎體支架」作為具有實質相等性的比對產品，目前台灣已有通過衛生署許可進口輸入且合法販賣之產品，被列為第二等級醫療器材，然而此類醫療器材要進入各醫療院所販賣時，需要先向醫院申請產品試用，申請試用通過後，會有病患的臨床試用結果，確定產品在人體試用上無虞後，才能實際進入醫療院所進行販賣的行銷過程，因而小量試產有其必要性，必須實際做出醫療器材之成品，並向醫院申請產品試用，驗證本產品之安全性和有效性，認真考量病患在使用醫療器材上的身體安全，此產品才能有其市場價值存在。因此，等 SBIR 計畫申請通過，將會有更多經費對於製造的醫療器材做更精密的品質管理以及相關測試。

EXAMPLE

對系統進行 FMEA 分析時，需包含下列步驟：

（1）界定系統，次系統或組件等的功能（如下表）。

如此的 FMEA 同時考量可靠度、維護度與安全度，符合整個產品的需求，一次分析即可獲得所有的資訊。

品名		XX 餅產品工程 NO	1	XX 餅產品名	IQC	權責				工程的機能	進料管制				
項目	可能失效模式	失效模式所造成之影響	影響度	▽	失效原因	發生度	目前的控制手法		檢出度	RPN	對策	責任者	對策的效果				
							檢查項目	標準					實施中對策	影響度	發生度	檢出度	RPN

（2）決定實施 FMEA 的基礎階層。

（3）確認系統內各項功能機制，並以方塊圖表示。

（4）確認各功能失效模式，失效原因與失效效應。

（5）界定失效影響，檢測失效的方式和建議的處置措施。

（6）對於高失效率或高失效影響的基礎階層，檢討改善措施。

EXAMPLE

失效模式及效應分析（FEMA）

項目	可能失效模式	失效模式所造成之影響	失效原因	責任者	對策的效果				
					實施中對策	嚴重度	發生率	偵測度	RPN
產品的損壞	PEEK與鈦合金連結介面分離	兩個異材質的生醫材料分離，造成產品的無法使用	兩異材質相互嵌合的方式	製造委託廠者	藉由不斷地力學測試，修改異材質使用的嵌合方式，直至確定嵌合穩固	8	6	2	96
產品的支撐功能	鈦合金組件金件金件榫與主間固鈦旋鈦體的卡定	產品的調節長度支撐功能喪失	組件規格製成誤差	製造委託廠者	鈦合金組件的銑床精細削切與規格，經由詳細之品檢測試，直至確定卡榫可精準固定鈦金屬組件間的結合	7	4	2	56

275

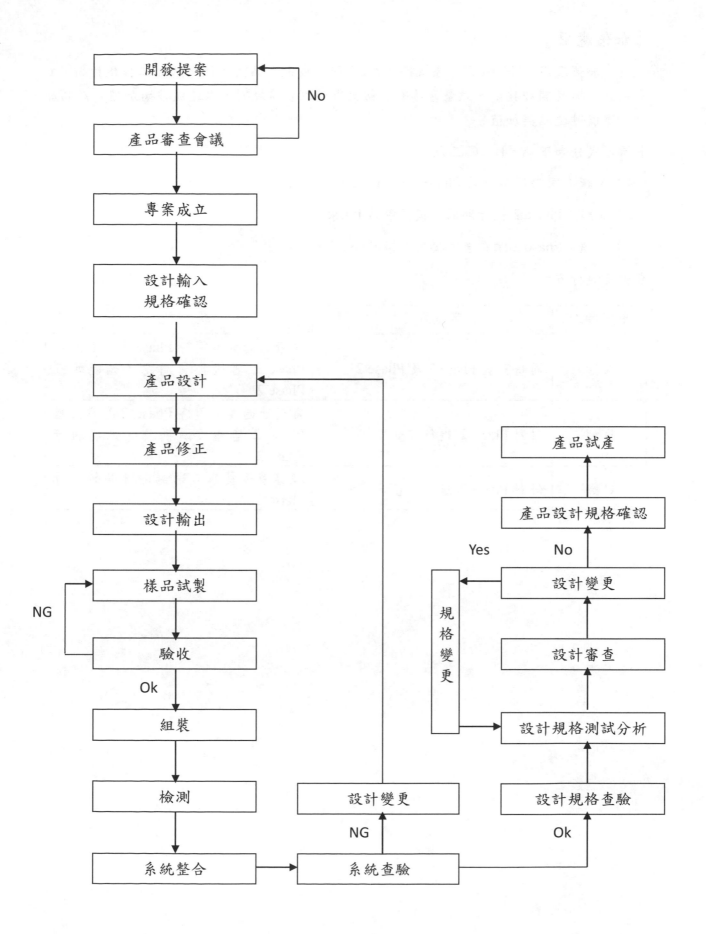

「加值應用」

「加值應用」(Phase 2⁺) 係指將 Phase 2 研發成果產品商品化所須之工程化技術、工業設計、模具開發技術、試量產技術、初次市場調查等規劃，以達成技術加值，產品加值或價值鏈連結與加值。

申請方式分如下 A、B、C 三類：

（1）A 類：同時提案申請 Phase 2 及 Phase 2⁺

（2）B 類：Phase 2 執行期間，提案申請 Phase 2⁺

（3）C 類：Phase 2 結案後，提案申請 Phase 2⁺

審查及執行方式：

申請類別	審查方式	執行方式
A 類	同時審查 Phase 2 及 Phase 2⁺	審查通過後，須待 Phase 2 結案且經 Phase 2 審查委員同意，始能執行 Phase 2⁺
B 類	針對 Phase 2⁺進行審查	審查通過後，須待 Phase 2 結案且經 Phase 2 審查委員同意，始能執行 Phase 2⁺
C 類	針對 Phase 2⁺進行審查	經審查委員審查通過即可開始執行 Phase 2⁺

行銷部分在計劃中兩部分須審慎撰寫

第一部分是「研發策略步驟」後半段，及預期效益量化部分的大範圍說明，含產品、價格、通路、推廣等，估算基礎然後演算，這裡我們先一一說明內容為何，在提供範例解釋。

行銷計畫

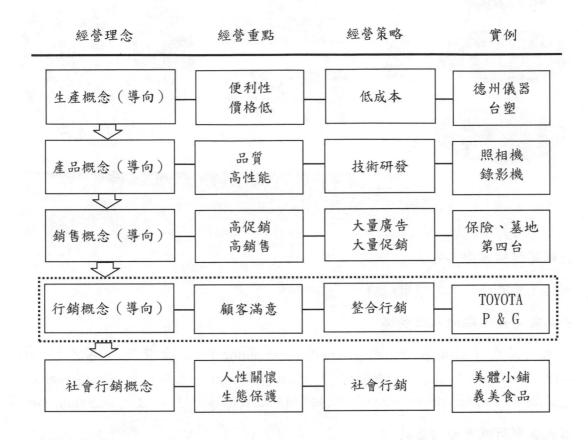

經營理念	經營重點	經營策略	實例
生產概念（導向）	便利性 價格低	低成本	德州儀器 台塑
產品概念（導向）	品質 高性能	技術研發	照相機 錄影機
銷售概念（導向）	高促銷 高銷售	大量廣告 大量促銷	保險、墓地 第四台
行銷概念（導向）	顧客滿意	整合行銷	TOYOTA P & G
社會行銷概念	人性關懷 生態保護	社會行銷	美體小鋪 義美食品

　　行銷策略規劃過程起於描述市場的輪廓。包括了持定顧客需求、審視公司目標、資源及競爭者，而經由這個過程，將有助於行銷經理來找出一個新的或是獨特的商機，以利策略方向的決定。

行銷計畫如下圖，以下可以圖示節選撰寫。

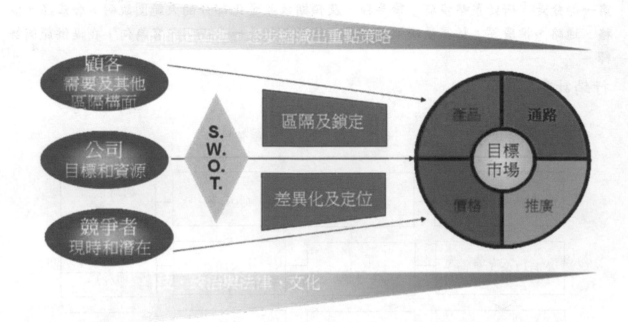

1. **行銷問題描述與再定義**

   創新（新產品）及其擴散理論。

2. **新品牌開發過程的八個步驟：**

   創意之產生（Idea generation）、篩選（Screening）、觀念發展與測試（Concept development and testing）、行銷策略（Marketing strategy）、業務分析（Business analysis）、產品開發（Product development）、試銷（Market testing）、上市（Commercialization）。

3. **個人在創新性方面的差異**

   人們對於試用新產品的傾向有顯著的差異。羅吉斯認為個人的創新性（innovativeness）是"個人比其社會體系中的其他人更早採用新構想的程度"。所以在每一個產品領域中，有人傾向於成為"消費先趨"（Consumption Pioneer）以及早期採用者。如某些女人首先採用新款式的服裝或家用器具，像微波烤爐之類；某些醫生首先使用新配藥方；某些農夫首先採用新耕作方法等。

   其餘的人則傾向於較遲接受創新。下圖示將人們依其創新性分為幾個採用類別。採用過程可以常態機率分配圖來表示，橫軸為採用時間。開始時緩慢增加，然後採用創新的人數逐漸增加，直到一最高點，然後因為留在未採用類別的人數越來越少，曲線便呈遞減。在此分佈圖中，創新者是指最早採用新構想的購買者，佔 2.5%；早期採用者是緊接著採用新構想的 13.5%；依此類推。

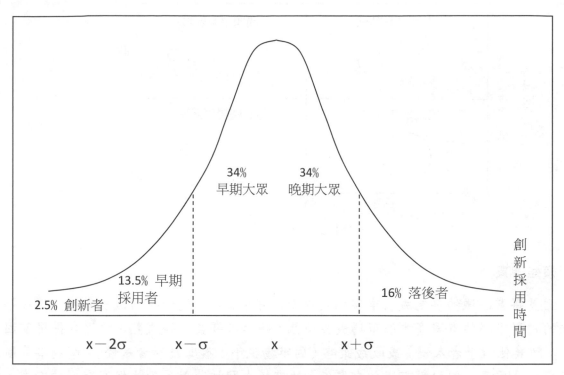

圖：依接受創新相對時間為基礎的採用者類別

4. 羅吉斯消費者的價值導向（value orientation）

羅吉斯以消費者的價值導向（value orientation）來描述這五類採用者的特色。創新者的主要價值是冒險性（Venturesome），他們喜歡嘗試新構想，即使須冒風險亦在所不惜；早期採用者的主要價值是尊敬（respect），他們在社區中享有意見領袖的地位，接受新觀念的時機較早，但一般持謹慎的態度。早期大眾的主要價值是慎重（deliberate），這些人雖非意見領袖，卻喜歡在一般社會大眾之前採用新構想。晚期大眾的主要價值是懷疑（skeptical），非等到大多數人都認為新產品效用不錯時，才敢採用新產品。最後，落後者的主要價值是保守（tradition bound），他們懷疑任何改變，由接受傳統約束的人組成，他們接受創新只是因為該創新已為傳統所接受。

將採用者予以分類的用意是，創新的公司必須研究創新者和早期採用者的人口統計、心理狀況、和媒體特性，而直接將訊息傳達給他們。但是要確認早期採用者並不容易，到目前為止，還沒有人能證明所謂創新性的一般人格因素的存在。因為某些人可能在某方面是一個創新者，而在其他方面卻是一個落後者。

5. 波士頓顧問團市場成長率－佔有率矩陣（The Boston Consulting Group's Growth-Share Matrix）

一公司進行事業（或產品）組合計劃時，波士頓顧問團建議，根據市場成長率及相對市場佔有率分成四種類型之策略性事業單位：明星事業、搖錢事業、問題事業、及苟延殘喘事業（如圖所示）。

280

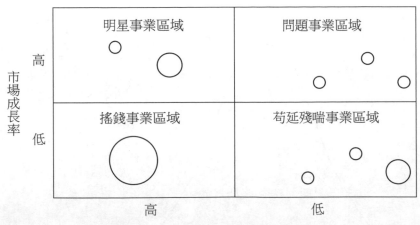

區域相對市場佔有率

波士頓矩陣圖

　　明星事業區域的事業成長率與相對市場佔有率皆高，適合採用成長策略；搖錢事業區域的相對市場佔有率高，但市場成長率低，顯示該事業已經成熟，故適合採用鞏固策略（以防其他競爭者入侵）或收成策略（因市場狹小，不虞競爭者入侵）；問題事業區域的市場成長率高，但相對市場佔有率低，故需極力開拓地盤，設法提高市場佔有率。但若處於苟延殘喘事業區域的市場成長率與相對市場佔有率皆低，發展無望，因此適合採用放棄策略或刪除策略。

一、 價格策略

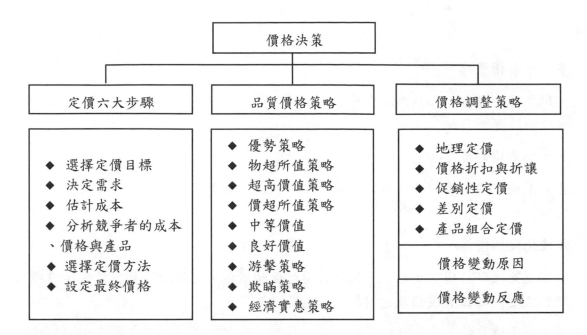

價格決策
- 定價六大步驟
  - ◆ 選擇定價目標
  - ◆ 決定需求
  - ◆ 估計成本
  - ◆ 分析競爭者的成本、價格與產品
  - ◆ 選擇定價方法
  - ◆ 設定最終價格
- 品質價格策略
  - ◆ 優勢策略
  - ◆ 物超所值策略
  - ◆ 超高價值策略
  - ◆ 價超所值策略
  - ◆ 中等價值
  - ◆ 良好價值
  - ◆ 游擊策略
  - ◆ 欺瞞策略
  - ◆ 經濟實惠策略
- 價格調整策略
  - ◆ 地理定價
  - ◆ 價格折扣與折讓
  - ◆ 促銷性定價
  - ◆ 差別定價
  - ◆ 產品組合定價
  - 價格變動原因
  - 價格變動反應

反應層級模式

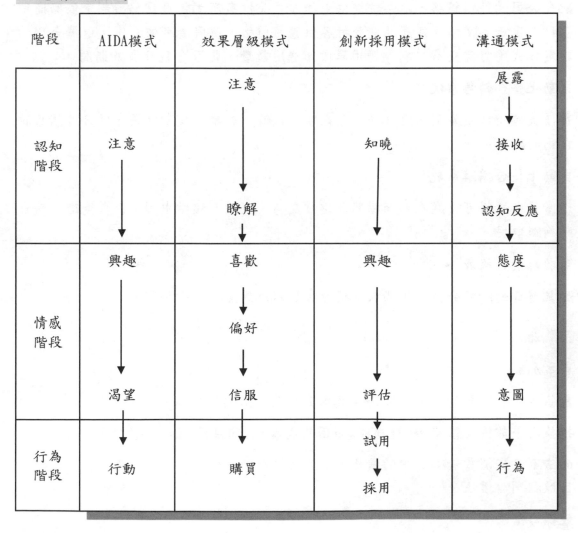

階段	AIDA模式	效果層級模式	創新採用模式	溝通模式
認知階段	注意	注意 ↓ 瞭解	知曉	展露 ↓ 接收 ↓ 認知反應
情感階段	興趣 ↓ 渴望	喜歡 ↓ 偏好 ↓ 信服	興趣 ↓ 評估	態度 ↓ 意圖
行為階段	行動	購買	試用 ↓ 採用	行為

不管是任何企業或組織，都是需要為其產品與服務設定價格。依據過去，價格由雙方討價還價後達成一個協議。

公式

（1）多維度售價策略

適用依客戶類別、客戶別訂定產品銷售幣別、適用售價、適用數量、是否含稅及有效期間等之行銷策略。

（2）多元化售價制度

售價策略可依售價等級、不同數量、不同包裝各別訂定折數，也可指定固定交易價格。

（3）彈性化促銷價格

本系統更提供特價設定功能，配合公司的促銷活動，使用者可自行設定某時段區間，該產品之銷售價格及適用的促銷對象。

（4）制度化進價策略

配合公司的進價策略，本系統提供兩種方式登打廠商之供應價格資料：依廠商別登打供應產品價格、依產品別登打各供應商價格，使用者可依需求，選擇合適的設定方式，訂定交易幣別、適用單價、適用數量、是否含稅及有效期間。

（5）自動化整合銷售系統

售價策略所訂之資料，將自動反應在客戶報價／訂購及銷貨交易，供日後銷售時自動判斷取用。

（6）自動化整合採購系統

進價策略資料可反應在廠商採購及進貨交易，並納入核價中心，供日後進貨時自動判斷取用。

（7）多功能價目報表

如業務員的績效分析、採購人員績效分析報表等。

常用訂價法

（1）成本加成法

最基本、最簡單的方法。即是再成本上加上一個標準加成。

（2）損益兩平訂價（價格=總變動成本+固定成本+利潤目標/預計生產數量）

此法不考慮消費者心目中的價格，而是設定銷售多少數量才能達成目標，又稱之目標利潤訂價法。

（3）競標訂價法

目前使用在網路及二手產品中相當普遍的方法。此定價由低價開始，若有需要此

產品者則往上加標，直到沒有人與你競標，便由最後喊價的人員得標。

（4）**競爭導向訂價** （現行水準訂價法）

根據市面上競爭廠商之價格來訂價，較忽略公司的成本或市場的實際需求量。

以較低的價格制勝

經由積極性訂價取勝

犀利的與供應商議價能力

店面設於地價較低的地段

強而有力的庫存及運送系統

滿意的品質

對於放棄某些服務的顧客提供低價

協助客戶降低其他成本

（5）**價值導向訂價法**

根據購買者的認知價值，而非成本來訂價。如果一個商品是新穎、獨特，就會讓人想要擁有它，不管付多少價錢，這就是價值導向的最高指標。企業一旦達到此目標隨之而來的一定是高額利潤。

EXAMPLE

多元化售價制度

企業針對新型組合式 LED 企業視覺標識系統擬定的行銷計畫：

1. 商品定位：以新產品方式推出，以取代傳統光源 CIS 招牌為訴求，強調環保、省維修、大方富變化、交貨組裝容易等優點，先製作出以模組產生 CIS 標識招牌最佳數種基本類別，再做成圖檔供客戶選擇。

2. 價格策略：傳統廣告招牌其材料費約佔總成本約 40%，但裝置費、人工製作費用卻高於 50%，因此雖然傳統光源較 LED 售價便宜，但是維修及能源成本實由客戶自行負擔，精算之具競爭力成本結構應為 70% 材料成本、20% 製作費用、10%組裝成本，銷售價格依模組單價為準。此外，也針對不同通路利潤比率來擬訂定價策略。

EXAMPLE

多維度售價策略

在訂價方面，雖然 xxx 的產品品質可與其他大廠媲美，但因為是新牌子，所以在價格上會比其他美、日廠商的產品便宜 10%~15%。另外，為了不過分刺激大廠，爭取在夾縫中成長茁壯的機會，xxx 一開始就採取分散市場的作法。不同於其他廠商集中在美、加市場廝殺，xxx 將目標市場擴大到全球五十幾個國家，而且在其他廠商促銷時不輕易跟進，而以其他市場的銷售來彌補。此外，為了緩和與同業之間的競爭關係，xxx 特意與大廠保持某個程度的業務往來，如購買對方的原材料，或為對方代工等。未來 xxx 將提高一些產品品質、功能優異的新產品的價位，走高品質、高價格的路線。而其他廠商也有的電動工具，在大廠的重點市場，維持過去的訂價，在非大廠重點市場的國家，便採取以量取勝、迅速達到規模經濟、待成功驅逐市場上其他廠商時，再慢慢提高售價的策略。

EXAMPLE

1. 多維度售價策略：

全台各醫療院所和經銷商為本公司之銷售對象，在醫療院所方面，又會有公開招標和議價兩種方式使醫療器材可進入醫療院所為病患所使用，每家醫療院所有各自公開招標的流程，而能夠提供較低廉報價的廠商，就能有機會將醫療器材賣給各個有得標之醫療院所，部分醫院則不採取公開招標之方式，而是與廠商直接會談，採取議價之方式決定產品之售價，對議價成功之醫療院所販賣醫療器材，本公司自開業以來，就一直積極進行各醫院院所的公開招標以及議價之討論，因此，對於如何將產品行銷至醫療院所已有相當之經驗。

2. 彈性化促銷價格：

對於長期配合並擁有良好信譽之經銷商會給予較多之折數，以利之後繼續合作；另外，針對進貨量的多寡亦會作適度的折數，對於顧客在價格上盡可能給予幫助和彈性，使經銷商在販賣本公司之產品時更加有意願推廣。

二、 通路策略

通路的定義是什麼？通路定義其實非常廣泛，只要能撮合生產者與消費者交易就能稱的上是通路。在傳統的經濟模式下，一項商品要從源頭送達到消費者端的成本非常高昂，很多時候生產者不知道去哪裡找消費者，或者消費者不知道去哪裡找商品，所以中間通路的存在有其價值，但隨著時間的演進及科技的進步，資訊透明度愈來愈高，現在的通路變化已愈來愈多樣化。

不過，通路與產品間的關聯為何？嚴格說起來，通路決策會是商品成敗的重要關鍵，有兩點要特別注意：首先，瞭解通路的行銷能力：在決定與哪個通路合作前，應對該通

路的客層分析、服務流程、行銷績效、所陳列商品分析等進行調查。其次，選定通路行銷管道：根據通路訪查結果配上產品屬性，以選擇最合適的行銷管道，比如單價高、需要專人解說服務比重高的產品，就適合以直營店較能直接與客戶接觸的方式來進行。

　　現在市場上各式各樣的通路接踵而至，要如何經營通路佈局才能勝出？有一個很重要的觀念：產品的市場區隔。市場區隔是指將特定產品類別的消費族群，根據他們對該類別產品不同的需求、不同的購買行為，劃分成不同的次消費族群，所以在產品做好市場區隔後，應有相對應的行銷通路。比如，產銷水龍頭起家的成霖，將高級水龍頭、陶瓷衛浴設備以 Gerber 品牌來塑造美國進口產品形象；而 Gobo 品牌則打造國產精品形象，前後兩種品牌的通路策略就有所不同。OMEGA 歐米茄、Hermes 愛馬仕鐘表積極進駐高雄漢神百貨、台北微風廣場、台北 101 購物中心，以特殊的通路經營來凸顯品牌特色。由此可知，通路佈局的良窳會影響品牌的形象。

行銷通路等級

　　行銷通路可以按其含有的階層數目來加以區分。凡是執行某些通路功能，使產品及其所有權更接近最終購買者的每一個中間商，均稱之為通路階層（channel level）。因為生產廠商和最終消費者也可以執行一部份的通路功能，故亦屬於通路中的一份子。倘以中介階層（intermediary level）的數目來決定通路的長度。可分為：

1. 零階通路：又叫直接行銷通路，由生產者直接賣給消費者。

2. 一階通路：包含一個銷售中介，在消費者市場，此中介通常為零售商；在工業品市場則可能為銷售代理商或佣金商。

3. 二階通路：包含兩個銷售中介，在消費市場常為批發商及零售商；在工業市場則為銷售代理商及批發商。

4. 三階通路：包含三個銷售中介，此時多處於批發商與零售商之中間的中盤商（jobber）。該中盤商向批發商進貨，再賣給無法從批發商進貨的零售商。

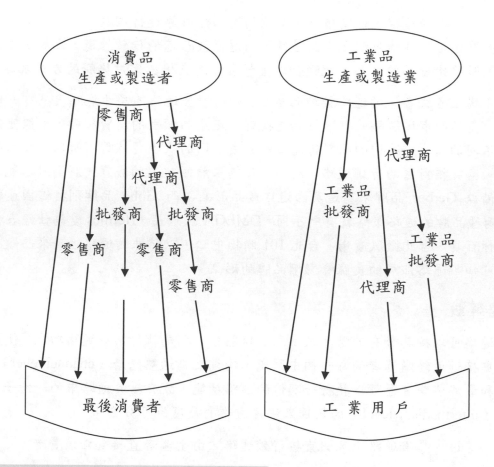

行銷通路競爭（Channel competition）

（1）水平通路競爭：

於同一階層內各廠商為了競爭同一目標市場的銷售時發生。例如家電用品的不同零售商：百貨公司、折扣商店、郵購中心，都在為賺取消費者這方面的支出而競爭。此種競爭使消費者在產品、價格及服務方式上享有較大的選擇幅度。

（2）通路系統競爭：

為各個通路系統間為了爭取相同的目標市場而發生的競爭。例如：實務消費者由下列哪一種服務較好？傳統行銷通路、總合式連鎖組織、批發商支持自動連鎖、或實務特許專售系統？雖然每一系統都有其忠實顧客，然而各系統市場佔有率將隨時間移轉。

三、 溝通組合（又稱推廣組合）

1. 影響推廣組合選擇之行銷策略因素

（1）品牌策略：

隨著廠商所採品牌政策，為廠商品牌、中間品牌，或不同品牌，則其溝通組合各異。例如採廠商品牌，則不但需要利用人員推銷訪問中間商，使其接受經銷與努力推銷，還需要利用大量廣告或促銷，以直接與消費者溝通。若採中間商品牌，則可能僅限於與直接顧客——中間商——之溝通而已。主要推銷工作係由中間商擔任。

287

（2） **分配通路政策：**

譬如採沿門求售、郵購、直銷、連鎖商店或經由批發商等不同通路，都將影響其溝通組合。在沿門求售方式下，主要溝通手段為人員推銷，或輔以消費者廣告；如係郵購，則利用商品目錄；若直銷連鎖商店，很可能廠商只負責與連鎖店溝通。

（3） **定價政策：**

有些廠商以低價為號召，常使其毛利過低，無法擔負較多的推銷費用；反之，如採高價策略，則較能有充裕經費用於溝通工作。此外，也與廠商給予中間商折扣的多少有關。折扣少，則溝通工作多由廠商自己負擔；反之，則可由中間商負擔。

2. 推廣組合的特徵

（1） **廣告活動：**

其特色所使用通路係屬大眾傳播媒體，如報紙、電視、雜誌、廣播等等。而支付代價之發送者為廣告主；經過變碼所設計之文字、畫面或布局，一般稱為「廣告作品」。

（2） **人員銷售：**

所利用的通路為僱用之推銷人員。通常以「會話」方式進行溝通，及推銷人員與推銷對象直接溝通；在這種情況下，推銷人員可直接觀察對方反應，並據以調整信息內容，以求最佳效果。就個別溝通而言，其效果較廣告為佳；但就整體而言，有時不如廣告之廣泛而深入。

（3） **促銷：**

指廣告及人員推銷以外的推銷活動，常藉以支持及加強前兩者之效果。常見的手段有：店頭陳列、銷售獎金、贈獎、比賽、贈送樣品、大減價、展覽或示範等。

（4） **公共關係：**

這是一種受誤解的溝通途徑。有人以為公共關係就是交際應酬，甚至於隱藏弊端不使暴露；有人以為「公共關係」就是「免費報導」，也就是出現於大眾傳播的新聞或特寫之類。事實上，正確的「公共關係」乃是指：「為使企業外界的人士對一企業之作為產生良好態度的一般性活動」。因此，公共關係乃是企業所主動採取的一種溝通途徑；藉由文章、新聞或一些社會活動以達成者。

行銷環境：

行銷環境	（一）個體環境	1. 公司本身環境 2. 供應商環境 3. 行銷中間商環境 4. 顧客環境 5. 競爭者環境	對眾多公司產生： 不斷改變的壓力來源。 競爭的壓力來源。
	（二）總體環境	1. 人口環境 2. 經濟環境 3. 自然物質環境 4. 科技環境 5. 政治、法律環境 6. 社會文化環境	

機會與威脅分析（opportunity and threat analysis，簡稱 O/T 分析）

分析機會與威脅的項目：

分析對公司形成影響的程度大小為何？

進一步分析其形成背後的原因與來源，如此才能確切掌握住問題的本質。

優勢與弱點分析（strength and weakness analysis，簡稱 S/W 分析）

機會與威脅分析是屬於外在的，這裡的優勢與弱點分析則是內在的。

自己有哪些競爭優勢？

自己有哪些弱點？

行銷組合

　　行銷組合係指公司可控制的行銷變數之組合，包括公司為影響產品需要所能做的所有事務，它可分成四類變數，稱為「4P'S」，即產品（product）、價格（price）、配銷通路（place）與促銷（promotion）。「產品」代表公司提供給目標市場的「貨品與勞務」之組合。「價格」代表消費者為獲得該產品所須付出的金額。「配銷通路」代表公司為使產品送達目標客戶手中，所採取的各種活動。「促銷」代表公司為宣傳其產品優點及說服目標顧客購買所採取的各種活動。

EXAMPLE

在開闢通路的一開始，可能由於資源有限，所以會以集中火力的方式將精力放在單一的通路上，但並不是永遠都只憑單一通路來行銷。何時會考慮多重通路行銷？

1. 想積極拓展產品或服務知名度：對於想大幅擴展市場佔有率的產品，多重通路才能百無一疏。國內最老資格的「兩廳院售票系統」在今年第一季終於突破過去 15 年來只能到兩廳院售票點購票的限制，提供 24 小時的網路訂票服務，讓國內外觀眾即時、不限地域於網路上直接選購所需票券；而在售票點的設立上，兩廳院售票點也將從原先大台北地區 24 個點延伸至全台的 300 個點。

2. 發展分眾行銷以區隔市場：當一項商品已成熟到大眾化程度很高的時候，廠商會需要藉由分眾行銷，重新做產品定位。XXXX 台南新天地新增貴賓室就是為了服務消費能力超高的顧客，年度消費要過 80 萬的門檻才符合資格。VIP 尊榮卡卡友可免費使用 VIP 室的各項設施，專人一對一國際精品鑑賞服務、專人代換全館贈獎活動贈品，讓這些頂級顧客不必花費時間辛苦與大家一起排隊。泛亞電信將直營店改裝為『白金級電信旗艦店』，強化『大富俱樂部』等高用量客戶的服務，推出智慧型客戶關懷服務系統。零售通路競爭白熱化，顧客管理成為經營重點，愛買發行第二代會員卡，除了既有的福利外，還將依客戶的購物習慣，設計個別化的優惠折扣。

3. 為了更接近目標族群而發展新通路：買賣雙方的距離若相隔太多層，將很難確切掌握消費者行為，所以發展新通路以就近了解。行動電話在語音部分已飽和，行動上網加值服務應用變成推廣的重心，為了讓民眾有機會實際體驗，所以設體驗站或旗艦店，一方便可介紹新的服務，二方便可以更貼近用戶，瞭解消費群的想法，如亞太行動寬頻的 Qma 體驗站、中華電信 emome young city、OKWAP、大霸 Dbtel 都設有形象館。

EXAMPLE

以上所述是對於產品或服務提供者的通路建議，然而，若本身已是通路商如 7-Eleven、金石堂書局、震旦行、郵局等，要如何營造出更多的通路優勢？

1. 發展『多元化』通路：

新開發一個可複製的通路模式。誠品書店積極朝多元通路轉型，去年中開始跨入醫院通路，進駐台大醫院，而與台北榮總、高雄醫學院等購物商場的合作，都會在最近完工營運。

2. 發展『只此一家別無分號』通路：

造就一個無法複製的獨特性。在量販店密集的桃園區，遠東百貨超市必須精緻化才能與市場區隔，所以與誠品書店合闢輕食食譜專門書店，與超市連貫成為流暢動線，打造出賣場獨特的空間特色。誠品食譜專賣店設置調理檯、烤箱、烹飪器具一應俱

全，還有個試吃桌，未來定期會有美食家、名廚定期教學。

3. **發展『市場區隔』通路：**

透過新市場區隔以創立新通路。童裝品牌麗嬰房開設亞洲首家兒童運動概念店「open for kids」，集合 Nike、adidas、new balance、Reebok 幾家知名運動品牌和自創品牌 Sccore，成為國內第一家以 6 至 12 歲兒童為定位的運動休閒品牌專賣店。

4. **利用既有通路平台，帶來更多商機：**

試著在現有的基礎建設下帶來更多的營收。東森集團進軍休閒市場，與東森得易購相互配合，以得易購 137 萬名會員為基礎，透過策略結盟的方式建構一個台灣最大的休閒娛樂平台，提供會員多元化的服務，包括有上百家飯店和高爾夫球場。另一個有趣的思考點，通路不僅是消費者與商品「相遇」的空間，更是「廣告」滲透和傳遞給消費者的重要媒體。超商、3C 連鎖通路據點綿密，不只商品上架要收費，通路商也把門市當成廣告的平台，向張貼資訊廣告、擺放廣告單的廠商收費。

5. **更大的通路整併，變臉再出發：**

大者恆大的理論在通路業特別奏效。現階段 3C 通路已逐漸達到飽和階段，透過「合併」方式，和類似性、互補性的業者合作，繼 e-TON、3C 便利店、T-ZONE 後，旭曜電通與有樂國際簽約，短短兩年總店數就已達到 67 家。

6. **自創通路品牌：**

以上所提的幾個方案都與專業通路的經營相關。除此之外，自創通路品牌也是方法之一。通路品牌的崛起，主要是因為商品已經被普及應用，成為最基本的日用品，再加上降低成本原本就是通路品牌最初的考量，尤其在物流體系或維修體系完整的情況下，能以不同的價位與其他廠牌做區隔，也是通路品牌的一項立基。家樂福自有品牌商品約有 1,700 個項目，佔整體銷售比例約 7%，其中 98.5% 是本地製造商供貨。大潤發自去年開始發展自有品牌「大拇指」商品系列，已有 600 項商品上市，佔全年商品銷售量的一成。聯強國際推出個人電腦品牌 Lemel 就是專攻零售市場。不過通路品牌也有其所會面臨的考驗，包括要能快速推出新的產品，另外，品質及後續維修服務也需要被考量。

EXAMPLE

近來，發覺幾個有趣的現象，是產品與通路之間的合作更上一層樓，這樣一來能確保製造商、通路商及消費者多贏的局面：

1. **更深的『寄生』現象：**

提款機進駐速食店及便利商店已到處可見，富邦銀行與全省直營麥當勞合作，只要提款就可憑明細表的兌換券免費兌換薯條；萊爾富導入多媒體交易機台（MMK）與不少家信用卡銀行合作，為卡友提供紅利兌換門市新商品，成為新商品曝光的新管道。台大迴廊咖啡廳不再只是一般有小舞台的咖啡廳，自創與知名音樂家合作，提

供場地及賣票劃位的功能獨樹一幟，未來考慮全省連鎖經營，音樂家也能搭便車在不同地區演出，互盟其利。

2. **成為消費者的好鄰居：**

3C 家電大戰，萊爾富和歌林異業結盟推出家電預購，開賣五周就創造 800 萬元業績。萊爾富現階段正在架構預購的高速公路，透過一檔檔活動與商品，培養消費者的消費習慣，把門市當作營業所來經營，為超商通路創造新的商業模式。

3. **與上游供應商的合作 vs. 製販同盟：**

便利商店貨架上的「中外混血」商品愈來愈多，「中外混血」商品指的是國內便利商店業者，透過國際共同開發的手法，將國外熱賣商品的技術、材料等引進國內，由指定的廠商加工製造完成，在獨家通路限定販售。更早之前，統一為全家便利商店量身訂做的「統一曼仕德義式研磨咖啡」獨家商品，便是統一產品首度跨出集團藩籬，與其他通路業進行製販同盟合作。另外，由於價格往往是通路間競爭的最大優勢，過去量販店價格優勢取得在於「減少經銷層次」，現階段則是「與廠商策略合作」，宏碁在多年前入股全國電子、與 HP 合作，以便在 Acer、HP 資訊產品取得優勢；燦坤 3C 與大同、奇美、LG 的合作，也取得這些品牌商品的首賣以及低價的優勢。

4. **發行晶片儲值卡記載客戶習慣：**

以會員卡來維持與消費者的互動似乎已愈來愈流行。像燦坤「會員回饋金制度」、順發 3C「加值會員制度」，用以培養顧客的忠誠度。

5. **虛擬網路+實體通路共存：**

以網際網路做為商務通路，整體流通成本約 22.5%，儘管與傳統通路中整體流通成本達 50% 有天壤之別，兩者經營上仍有不同的特色。虛擬通路的目標市場有限，唯有搭配實體通路才能擴大消費族群，尤其是體驗行銷的概念逐漸風行，先試再買的觀念仍深植人心。東森購物自有保養品牌 DeMon，原本僅在東森五大虛擬通路銷售，但最近卻在中泰賓館舉辦「DeMon 五星級體驗」的活動，以專人解說、實際體驗的方式，補足無法直接和消費者接觸的缺點。

通路的佈局與運作是一門學問，通路的用處在於增加產品銷量，但在增加產品曝光與提高企業營收時仍需要仔細經營品牌招牌，維護企業形象。近來中華郵政運用全台 1,300 多個營業據點做為代銷商品的通路，有如此旺盛的經營企圖心值得嘉許，不過在產品的挑選上必須非常謹慎，以免因小失大、賺小利賠了金字招牌；同理，全虹通訊也曾與泰利乾洗試辦收送洗衣服務，因為委託代送的衣服太多，影響門市觀瞻，同時也會有不少客戶的糾紛，所以一度叫停。

參考資料：http：//home.kimo.com.tw/marybethchou/see04.htm

EXAMPLE

發展『多元化』通路

自 2007 年開始,先後於桃園銘傳大學、輔仁大學與淡江大學成立三家直營店,其實體店鋪的經營方式,有別於傳統的複合經營模式,除了提供 Photo Kiosk 的數位相片列印功能外,還提供數位快照、個性化商品訂製等服務,藉以提高商品或服務的附加價值。

(1) 提供異地取件快速方便服務

目前市面上的 Photo Kiosk 機台仍僅提供定點式的沖印服務,消費者必須直接拿取儲存硬體,至工作站輸出照片,但是透過 Web 2.0 相簿服務的整合,讓消費者可以在裝設有 Photo Kiosk 的即時沖印站或便利商店進行列印,也能將照片上傳到網站的內容伺服器,以備消費者日後管理與沖洗之用,伺服器也可以讓消費者選擇將照片上傳到無名小站或 flickr,與親朋好友一起分享。此外,在上傳介面中,整合 Google Maps 的介面,供消費者選擇該照片拍攝的地點資訊,將設定的內容加入照片以做為地理註記。消費者在點擊相簿網站照片的動作後,隨即轉交由 Google Maps 呈現可供選取的 Photo Kiosk 地點選取頁面,當消費者指定取件地點後,系統就會自動將所需之照片原始檔,傳輸至該 Photo Kiosk,並儲存於該 Photo Kiosk 的主機硬碟中,最後消費者再到 Photo Kiosk 裝設點,透過列印流水號取得付款資訊,經付費後即可取得列印好的照片,輕輕鬆鬆享受沖印及取件服務。

(2) 享受 DIY 操作無限樂趣

Photo Kiosk 的設置,讓消費者更快速方便列印相片,又能配合多元化的服務項目,讓消費者滿足 DIY 操作的樂趣。詳言之,Photo Kiosk 具有類似大頭貼機器的功能,只要將相片檔案上傳至機器中,便可開始選擇相片加框、多格相片貼紙、相片賀卡等功能,讓消費者可在小小的機器中,充分滿足各種玩樂的需求之餘,也能擁有與傳統沖印同等的品質享受。Photo Kiosk 的相片輸出,除了結合各種趣味功能外,由於一次裝入多達 700 張的相片膠捲,可以降低更換率,使得列印時間僅需 8 秒鐘即可。此外,也採用業界少有的熱昇華技術,相片在輸出時,可避免墨點的產生,大幅提高列印品質。

(3) 提供數位拍照服務

除了提供 Photo Kiosk 的服務之外,為了增加店鋪坪效,也在直營店中提供數位拍照之服務。由於拍照程序簡易,一般工讀生僅需熟悉操作流程,即可進行拍照動作,無須額外增加設備或技術的投資。再者,直營店位於學區範圍,學生拍攝證件照多為固定需求,是以此項服務能以快速、方便、便宜之特色,創造高銷售毛利。

（4）　個性化商品販售服務

充分掌握大學生標新立異需求，持續在直營店面，提供各種個性化商品的販售與開發，包括：歷年最熱賣的手機吊飾、抱枕、馬克杯、滑鼠墊、項框…等商品。同時經常配合各種校內活動、敬師禮物，隨時更新商品類型，加上直營店家享有學區內地利之便，以及商品價格優勢，每每為直營店創造過半數業績，也成為目前最高獲利的服務項目之一。

（5）　不定期推出各種促銷活動

為了在短時間內迅速打響 iMage 直營店的知名度，藉由長期與學生的互動，準確掌握學生動向，快速瞭解需求，而且經常配合校內活動或節慶，推出許多促銷活動以刺激來客數。例如：推出熱門商品小 T-Shirt 掛飾一件 1 元，T-Shirt 班服製作含列印費一件 149 元…等促銷方案。

推廣策略

市場區隔的背景成因：

產品賣給什麼人？什麼對象？為什麼是這些對象？

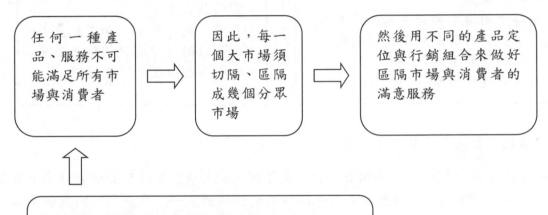

| 任何一種產品、服務不可能滿足所有市場與消費者 | 因此，每一個大市場須切隔、區隔成幾個分眾市場 | 然後用不同的產品定位與行銷組合來做好區隔市場與消費者的滿意服務 |

1. 市場激烈競爭（競爭者多）
2. 消費大眾也有多元不同的偏愛和需求

行銷策略

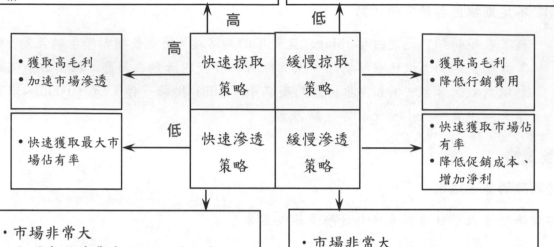

- 潛在市場中大部分消費者尚未知道此項產品
- 知道此產品的消費者亟欲擁有該項產品，並願支付較高價格
- 公司面臨潛在競爭，且欲建立品牌偏好

- 市場規模有限
- 市場上多數消費者皆已知道此產品
- 購買者願意支付高價格
- 潛在競爭並不迫切

	高	低	
高	快速掠取策略	緩慢掠取策略	
低	快速滲透策略	緩慢滲透策略	

- 獲取高毛利
- 加速市場滲透

- 快速獲取最大市場佔有率

- 獲取高毛利
- 降低行銷費用

- 快速獲取市場佔有率
- 降低促銷成本、增加淨利

- 市場非常大
- 市場中的消費者尚不知道此產品
- 大多數的消費者對價格很敏感
- 潛在競爭非常激烈
- 公司有規模經濟

- 市場非常大
- 市場中的消費者已知道此產品
- 大多數的消費者對價格很敏感
- 存在某種程度的潛在競爭

效益斐然的行動反置「餿主意」廣告

美國德克薩斯州的賓客桑斯貨運公司為了擴大知名度，曾經在廣告宣傳上煞費苦心，但是效果不佳。因為貨運這種枯燥無味的內容對於娛樂第一、消費第一的美國平常百姓來說，簡直就是對牛彈琴。無奈之下，他們找到了新聞界的一位朋友，請他出謀劃策。這位新聞人士說，廣告內容的設計最好能與美國人的日常生活相關。於是，他們想到了結婚，這是普通人最感興趣的事情之一。

後來，公司與當地著名報紙協商，在一篇關於本地夫婦旅遊結婚的報道的頂欄處做了這樣一個廣告：「他們在貨車上度蜜月，相愛4.5萬公里。」廣告登出的第二天，立刻就在讀者中傳開了這樣一個話題：「誰想出來的餿主意？新婚夫婦在貨車上面度蜜月！」「還有誰，就是那個賓客桑斯貨運公司！」從此，這家公司聞名遐邇，效益斐然。

一、 推廣目標

創造知名度及共鳴：品牌、特性、形象、營運、消費利益及差異性。

刺激需求：導入期刺激先驅者的需求、成長期刺激選擇性需求。

鼓勵產品試用：AIETA、誘使消費者試用產品。

確認潛在顧客：發掘對產品有興趣，且有可能購買的潛在顧客。

挽留忠誠顧客：經常使用者回饋，穩固顧客基礎。

爭取通路支持：投入廣告，支援通路銷售活動。

反擊競爭者的推廣攻勢：防止市佔下滑、消毒、緩衝。

減少銷售波動：淡季促銷。

塑造定位：說明、影響、說服、植入。

改變態度：強化正面態度、扭轉負面態度。

二、 擬定推廣計畫

1. 界定問題或機會專注在溝通的範圍。

2. 設定推廣目標反應層級模式（認知、情感、行為）。

3. 選擇目標溝通對象：人口統計、地理、心理、行為。

4. 擬定推廣組合：整合考量各項因素。

5. 選擇訊息策略：符合目標對象、一致性、吸引力、敦促行動。

6. 選擇媒體策略：目標對象的習性、媒體的特性。

7. 編制推廣預算：視情況採用合適方法。

8. 執行與評估結果：Post tracking、KPI。

三、 擬定推廣組合考慮因素

1. 目標市場特質。

2. 人數、地理分佈、人口統計、心理、行為習性等。

3. 產品特質。

4. 工業品 vs. 消費品；產品涉入程度。

5. 產品生命週期階段。

6. 新產品告知、誘導試用、通路開發、強調差異化。

7. 反應層級模式階段。

8. 人員、廣告、LSM。

9. 推／拉策略的考量。

10. 確認溝通的對象。

四、 推廣組合要素

- **廣告**（advertising, Ad）

  廣告主付費購買媒體，針對特定的目標溝通對象，進行觀念、產品或服務等訊息的溝通，希望藉此引發目標對象的某種反應。

- **促銷**（sales promotion, SP）

  促銷者針對特定促銷對象提供短暫的、經常性且具吸引力的額外誘因，以誘使促銷對象立即採取促銷者所期望的特定反應。

- **公共關係**（public relations, PR）

  經由持續的、有計畫的雙向溝通活動，使企業得以與其公眾建立與強化雙贏互惠的長期良好關係，為企業贏得良好的形象與社會大眾的信任及支持，或有效管理不利於企業的因素。

- **人員銷售**（personal selling, PS）

  業務人員對有興趣的潛在顧客提供產品相關訊息、解說、諮詢及相關服務，進而說服購買，並建立良好顧客關係。

- **直效行銷**（direct marketing, DM）

  透過互動式的媒介，針對精心挑選的目標對象進行直接的溝通，以期能夠促成可衡量的立即反應或交易。

EXAMPLE

推廣策略：透過網路廣告、網路商店、企業照明實驗室及產業研討會、參加加盟展或定點說明會等方式進行推廣。進一步針對新型 LED CIS 模組之推廣策略說明如下：

1. 利用 LED 照明實驗室，建立企業為教育訓練產品知識、組裝方式、銷售技巧及中央訓練中心。初期先自行聘任具有廣告或商業美術背景之銷售人員，以台北內湖科技園區、南港軟體中心之客戶為主要目標。

2. 以加盟方式提供給各地有相同廣告或商業美術背景之直銷人員或 SOHO 族，以高獎金方式展開銷售，並提供產品相關之銷售教材、樣品、實例介紹，以及產品供應、物流、金流等相關流程，初期先以新竹、台中、台南、高雄等處之科學園區附近為目標地區。

3. 於 YAHOO 設置專門以 LED 照明及 CIS 應用之網路商店銷售大眾可用之衍生性商品及模組。

4. 利用企業之 LED 照明實驗室定期為專業設計師設立之免費及付費課程推廣 LED CIS 之新產品。

5. 針對媒體公司及廣告商，由企業公司直接銷售人員推廣、銷售，使其成為上游供應商。

EXAMPLE

1. 根據長遠規劃，階段性拓展營業據點

XXXX 在國內拓展分店上採取事前規劃、逐步落實，共有三個階段代表其推廣、發展的里程碑。第一階段是以「真心誠意」經營理念及「文化藝術」經營特色開設首家據點「台北南京西路店」。第二階段為開設「台中店」，以當時全台最大規模百貨公司的規格，開啟 XXXX 進入大型店舖經營的里程碑。第三階段為「信義新天地」逐步建置成形，代表 XXXX 從無到有、建設商圈的能力，而 2005 年 9 月底信義新天地 A4 館加入營運，也顯示 XXXX 完成全省百貨連鎖服務網。

2. 確保服務品質、強化文化深度、提升生活品質

XXXX 認為，百貨公司應扮演消費大眾的生活提案者。為此 XXXX 秉持「真心誠意」的經營理念，期能以創新多元的服務，提昇都會消費族群的生活品質，進而努力創新城市風貌，實踐 Happy New Life 的企業精神。台灣百貨業現已走向「質」的年代，除了商品及服務的推陳出新，XXXX 更希望透過各式藝文活動、主題性活動的舉辦來強化文化深度，營造出 XXXX 獨有的品牌文化。

3. 帶動領導流行、創造流行話題

XXXX 近十年來幾乎每年新增一分館，每館的開幕也都能帶領當地的流行發展，並透過大眾媒體、消費族群造成話題。以「信義新天地」為例，從第一家 A11 館開幕，到 A8、A9、A4 館陸續就位，加上當地華納威秀、紐約紐約、NEO19、台北 101 等流行消費區域，已是台灣眾多消費族群固定報到的時尚聖地，亦是國內外民眾、遊客的觀光休閒景點。

4. 滿足一次購足需求、提供休閒娛樂多元功能，吸引消費族群

XXXX 多數分館，從國際精品名店完整進駐、各大品牌化妝品、近 4 仟坪的各類女裝賣場、高科技文化品牌法雅客、青少年流行品牌旗艦區、超大生鮮超市、全系列家庭生活賣場等，到中西式主題美食街分層設立，還有結合多功能電影城提供給消費者身、心、靈全面的滿足。

在寬敞購物空間中，內部陳設全方位的精緻商品結構，並隨時提供最新流行資訊，讓顧客在一次購足的需求下，享受休閒、藝術，娛樂，資訊等多種服務，讓購物不只是購物，而是一種真正的休閒體驗。讓百貨公司兼具多元功能，造成強大的「集客力」。

5. 真心誠意，行銷角度站在消費者立場

國內百貨業已進入百家爭鳴時代，除了 XXXX、遠東、SOGO 等大型連鎖店外，衣蝶、微風、漢神等地區型百貨公司，也都試圖發展獨特性、掌握固定的消費族群。

而百貨公司的一貫行銷手法，包括印製寄發廣告 DM、固定節日的消費折扣、定期的年中慶與週年慶等促銷活動、不定期與專櫃廠商規劃銷售活動等。

XXXX 販促部說明，百貨公司的各種行銷方式、促銷活動，及抓住老顧客、提升消費忠誠度的 XXXX 聯名卡，XXXX 每次都是由團隊精心規劃，並依據持續對顧客所進行的消費滿意度調查，從消費者的角度與立場出發設計每個活動。

EXAMPLE

XXX 食品股份有限公司時，會以果汁作為主打產品，主要是因為果汁在民國七十二年還是當紅的時候，加上當初作為香吉士經銷商時奠立下的良好基礎，果汁來源取得沒有問題。民國七十一年，金車自日本引進罐裝咖啡，當時尚未出現明顯的消費熱潮，但認為當時的市場仍普遍存有崇洋的心理，看好咖啡這項外國風味的飲品的潛力，事實證明 XXX 的市場直覺是正確的，羅莎咖啡的確有過一度的風光。XXX 並未考慮推出碳酸飲料，是為了和當時飲料業的三大霸主，黑松、可口可樂、百事可樂有所區隔，降低直接競爭的程度與大廠報復的可能性。

民國七十五年，XXX 選擇與天仁茗茶合作，推出易開罐茶飲料。民國七十九年，雙方因理念不同而分手。羅莎根據自己對市場的判斷，一改過去強調「厚醇」的濃茶口味，而推出較易為非傳統喝茶族接受的烏龍茶口味。並以自有品牌「阿薩姆」推出奶茶、紅茶及水果茶等加味茶產品，改以一般消費大眾為目標市場。民國八十二年，羅莎因為推出道地烏龍茶而獲得行銷傳播卓越獎，在茶飲料保特瓶包裝的市場，更坐上龍頭老大的位置，使得羅莎第一次因為規模經濟而能降低生產成本。道地的成功，對羅莎意義非凡，不但大為提高對經銷商的談判力，對於羅莎的其他產品也有提攜的作用，家族品牌的使用，也帶來了縱效。民國八十二年羅莎伺時機成熟，在大陸獨資設廠。羅莎在大陸一開始走的就是高檔產品的定位，包裝採感覺上較高級的馬口鐵，以與紙盒包裝的大陸產品區隔，而且包材一律從台灣進口，並猛打廣告、強化形象。由於在大陸，飲料仍以點心、滋補類的產品最受歡迎，所以在未來羅莎打算推出綠豆沙及牛奶花生等產品。未來由於茶飲料市場已出現衰退的跡象，羅莎將推出純歐式的花茶飲料，並利用完整的經銷網，代理知名品牌的進口果汁、礦泉水及運動飲料。

EXAMPLE

行銷活動：文化展及講習會

主　題：「文化展」（The Tree Peonies Exhibition）

展　期：2006.03.04（六）～04.23（日）

地　點：天使美術館（台北市大安區信義路三段 41&41-2 號 1 樓）

記 者 會：2006.03.03（五）14：30～15：30

開幕酒會：2006.03.04（六）15：00

展出內容：

（1）陶版畫、油畫、水墨、粉彩、漆畫、書法。

（2）攝影、錄影、影像後製作、影像播放。

（3）文化生活系列設計產品。

（4）大型花藝展示…等。

參與作家：袁金塔、陳柏梁、黃智陽、吳心荷、廖美蘭、莊文岳、陳江鴻、陳淑華、趙其雄、馮營科、羅申芳、梅志建、廖文榮等。

製片指導：謝章富

活動內容：酒會創意服飾走秀、花藝講座與研習、數位影像賞析。

活動主題：花藝講座與研習。

日　期：

第一梯次／2006.03.05（日）14：30～16：30

第二梯次／2006.03.12（日）14：30～16：30

講　師：xxx 花藝文教基金會教授

內　容：豐富的花影片賞析，插花基本概念講解，教授插花示範及學員現場互動。

EXAMPLE

　　自別館「親松樂活」的活動推廣以來，別館品牌印象逐漸由「喝一杯有松針的咖啡」到「自然饗宴手創樂」，除了賞景喝咖啡外，另外也多了 DIY 的樂趣。在「親松樂活」品牌逐漸推廣後，主動與洽談旅遊合作業者，明顯增多，讓氛圍的行塑，與 DIY 課程規劃同調進行，就旅運界而言「親松樂活」品牌意象逐步建構與而且明顯。在媒體行銷推廣上，舉辦「太平洋詩歌節」記者會，並宣佈于堅攝影展、人文創意商品展售等訊息之首次行銷記者會舉辦。宣佈羅智成作品展、于堅攝影展，透過系列活動推動全民對文化創意產業的參與風氣，以文化展覽融合在地文化時尚的需求，發揮其創意整合及創意加值應用。透過主題活動，將品牌活動、文化創意商品推出，帶動文化創意產業發展，並於活動前後紀念店業績提增 3 成，共計有媒體露出 17 則。實體通路經營上更完成串聯之文化創作者靚染工坊（染布、布偶）、烏瑪（皮雕）、馨工坊（琉璃、串珠）之商品進駐三峽客家文化園區、黃金博物館、十三行博物館等文化通路銷售。而 98 年初，別館、花蓮石雕館、鶯歌陶瓷博物館實體通路也陸續進駐了劉昭君（鋁線飾品）、黃展霖（討喜手工布偶）、彭榮美（押花創意商品）、鄒玉真（皮雕手環、耳環）以及太魯閣彩刀作品販售，結合花蓮在地的藝術家創意商品與 DIY 課程，創造實體通路營運之產值。

售後服務

售後服務主要可分為：

1. 建立完整售後服務與管理之觀念及流程。

2. 了解產品/服務差異及價值所在。

3. 探討服務 5 缺口與滿意十要素。

4. 面對抱怨能有效處理並改善。

5. 有效處理憤怒中的電話抱怨者。

6. 有計劃建立顧客關係及促進再購。

7. 對售後服務業務經營效益之改進，包括：（1）生產力指數；（2）信賴度指數；（3）獲利力指數；（4）服務活動指數。

EXAMPLE

　　售後服務 系統的流程及功能固然重要，貼心的售後服務更是成為長遠合作夥伴 的必要條件。 只有累積多年的客戶意見及實務經驗，不斷改善售後服務的質素及效率與品質，每一部份應由一個清楚流程來帶領.整個售後服務其安裝、服務，提供周全製程及售後服務，以至高之品質及工作效率提供商家與大眾一流售後服務。

　　鑑於位在離市區精華地帶相當遙遠的距離，人們非得走很長一段路、排很久的隊才買得到，因此，建構一 XX 餅網路行銷系統。預期功能與效益如下：

1. 創意餐飲產品 E 化：透過專屬的網站，將 XX 餅產品的資訊與介紹完整的呈現在網頁中。

2. 產品特色化：簡述每項產品特色，使消費者能清楚了解 XX 餅產品的功能及效用。

3. 流程透明化：忠實紀錄創意餐飲產品的生產過程，建立生產與銷售履歷系統。

4. 通路扁平化：透過網路，生產者可以直接與消費者溝通，省略大、中、小盤商間接管。

EXAMPLE

對本產品實行三包，即包修、包換、包退。即從產品售出後、提貨日起 12 個月為三包保固效期。

1. 包修：凡屬於上述三包有效期內的產品，凡屬於因產品設計、製造、裝配的原因所產生的品質問題，公司負責包修。

2. 包換：產品自銷售之日起 15 日內，如發現型號、規格、品質不符，消費者應及時通知本公司客服人員，以便聯繫辦理調換手續。

3. 包退：換貨後 7 日內，尚有品質問題，消費者可以要求退貨。

4. 用戶登記卡：對購買本公司產品的用戶提供售後服務，提貨後務必加蓋店家戳。

第十四章 魚骨圖與 TRIZ 物聯網應用、智慧城市、第三方支付、大數據應用、人工智慧、農業技術、文化創意

技術能力與技術關聯圖

畫魚骨圖在寫創新計劃時非常重要許多政府補助的創新計劃將其從格式書中拿掉，其實這非常可惜，對有受過流程訓練的學者而言都明白，技術關聯魚骨圖在整部計劃的核心價值的重要性，但格式書不強制採用並不表示撰寫時我們可以省略這個步驟，話說科技創新，技術關聯的創見，我們不得不從慣性破壞說起。

對於高科技產業而言，當研發人員個人創造力越高，應越能提升研發部門的整體創造力，進而提升組織創新能力，亦即人力資源管理活動應能透過提升研發人員的創造力而影響組織創新能力。此外，人若過度借重過去的經驗及已學得的知識來解決問題時，將會產生慣性，進而影響創新思維。

適度的知識慣性對於知識管理與創新不全然是壞的、端視其情境而定；亦即在不同程度的知識慣性下，對於研發人員創造力與組織創新能力的關係應有不同的影響。

產品觀點（product）：創造力是產生獨特的、新奇的、適當的與有價值的產品之能力。有效地應用其創造性思考能力於工作中，進而產生新奇的想法或解決問題的方法，並加以落實。

慣性行為的是一種抗拒改變現狀的趨力。這種慣性行為若發生在人們學習、運用與分享知識的過程中，將會阻礙員工創造性思考與組織知識管理的成敗（Davenport & Prusak，1998；張紹勳，2002）。如 Duncker（1945）根據慣性的原理，提出所謂「功能固著」（functional fixedness）的概念，意指人們過度依賴先前的經驗與習慣，反而阻礙了有效解決問題構想的產生；學者吳明雄（2005）亦提出「心思慣性」的名詞，意指個人因長久累積下來的經驗，使其心思運作的方向皆有同樣的偏好性。

Genrish Altshuller 於 1990 年代為克服「心理慣性」而提出創意問題解決方法（theory of inventive problem solving：TRIZ），其針對問題點所在加以分析、公式化，找出矛盾進而採取不同的方式，以解決創意問題。

知識的演化必須透過經驗法則，當新問題與前人所處理過的舊問題相似時，經驗法則就會協助我們找到解決方法的捷徑。有經驗的人能夠在新狀況中，察覺熟悉的模式，並予以適當反應，亦即適度地運用過去的經驗可以提高員工創造力；經驗的增加與累積對創造力的增進雖有益無害，但思考習慣的固著對於創造力的發揮反而有害無益的。

管理者可運用一些策略或技巧，包含打破慣性（habitbreaking strategies）、模擬策略（imagination-based strategies）、搜尋相關經驗（search strategies）、分析策略（analytical strategies）與發展策略（development strategies）等方法，增強其創造力。

Tushman 和 Nadler（1986）認為創新是事業單位提供新的產品、服務或製程；Frankle（1990）認為創新是修正或發明新的概念，使其符合顧客現有或未來潛在的需求，並藉由持續性的改進與發展，將原有之功能達到商業化目的。Damanpour 和 Gopalakrishnan（1998）則進一步以流程觀點定義創新為：「新的概念、方法、設備，或是產生新產品

的流程」。

前一章本書有提到創新發想的強大工具 TRIZ，分別介紹了四個發想與問題解決的四個步驟。這裡我們將接續說明 TRIZ 與物聯網（IOT）與雲端的連接概論。

TRIZ 方法中的四十個創新法則（40 Inventive Principles）是解決系統矛盾的方法，當系統的矛盾特性確認後，可由矛盾（Contradiction Table）中找到解決問題的創新方法。但問題是創新管理領域要知道改善系統的某些特性，即所謂的可能惡化或改進的矛盾特性參數並不容易。何況非技術創新管理領域的問題解決演譯發展比起工程技術更加複雜。

雲端科技理念導入 TRIZ 社群雲端智慧的建置

雲端運算（Cloud computing），是一種基于互聯網的計算新模式。

透過互聯網上異構、自治的服務為個人和企業用戶提供按需即取的計算。由於資源是在互聯網上，而在電腦流程圖中，網際網路常以一個雲狀圖案來表示，因此可以形象地類比為雲端，『雲端』同時也是對底層基礎設施的一種抽象概念。

雲端運算的資源是動態易擴展而且虛擬化的，透過互聯網提供。終端用戶不需要了解"雲"中基礎設施的細節，不必具有相應的專業知識，也無需直接進行控制，只關注自己真正需要什麼樣的資源以及如何透過網路來得到相應的服務。同樣地，TRIZ 資源也可以是動態易擴展而且虛擬化的，可以是透過互聯網提供，運用上更能貼近企業家與工程師運用。基於雲端科技理念，TRIZ 廣乏的運用於新產品的開發、產品與流程的改進、缺點診斷與預防、產品策略與技術研發、以及智慧財產權的策略訂定等仰賴的皆是知識搜尋與智財分析模組與創新知識庫模組（楊英明，2007）。因此利用雲端運算概念提出 TRIZ 創意管理專案社群雲端（Community Cloud），及 TRIZ 方法四十個創新法則（40 Inventive Principles）知識庫診斷模組雲端概念方法，來解決創新與管理問題知識庫不足的解決路徑。

TRIZ 電腦輔助創新設計平臺（Pro/Innovator）是將發明創造方法、現代設計方法與電腦軟體技術融為一體。它能夠幫助設計者在概念設計階段上有效地利用跨學科領域的知識，打破固定思維、準確發現現有技術中存在的問題，找到創新性的解決方法，這種基於知識的創新工具，能幫助技術人員，在不同工程領域產品的方案設計階段，根據市場需求，正確地發現並迅速解決產品問發中的關鍵問題，提出高質量、高效率可行的創新設計方案，將創新設計引到正確的方向。

創新能力拓展平臺讓使用者在有限的時間內瞭解並掌握最先進的創新理論和方法，打破固定思維，以全新的思維方式思考和分析問題，在此平臺上，能夠根據各行業特點，在短期內提高創新能力，而針對創新能力拓展培訓系統，則可以有效提昇創新能力。（楊英明，2007）近年來的資訊流通越來越快速，科技也日新月異，消費者對於產品功能性的要求也越來越高，工程師必須持續的對產品來改善創新才能讓企業永續的發展。如何將 TRIZ 與其他各種工具之間的設計語言給整合起來並運用，是現今 TRIZ 產品工程師所必須共同面對的挑戰。資料庫管理資料階段所搜集的資料可提供給 TRIZ 專家進行問題分析，使資料能充分活用，而 TRIZ 分析便是利用此獲取的最終理想成果成型再回饋至確定問題模式，利用龐大的資料庫協助分析下，所獲得的成果加入價值管理的資料庫

內，更可強化管理解決問題的價值能力。

　　TRIZ 方法也可說是矛盾移除法，TRIZ 方法論的概念是理想、矛盾與資源。矛盾是在技術系統內的衝突，資源是系統周圍未被使用，而可以改善效能的元素。(DE Carvalho, M. A., and Back, Nelson, 1996) 從文獻中本研究發現，幾乎所有的文獻都有針對 TRIZ 中的單一項工具，39 矛盾矩陣與 40 創新解題原則來進行探討，也因此 TRIZ 技術使用者希望知道 TRIZ 工具對於產品的改善創新 39 矛盾矩陣與 40 創新解題原則有何資源可幫助創新發明。同時，39 矛盾矩陣與 40 創新解題原則可說是 TRIZ 方法中最容易上手、也最常用的工具之一，當遇到問題欲用 TRIZ 方法改善時，可先嘗試使用 39 矛盾矩陣與 40 創新解題原則，不管是物理或是技術矛盾，都有對應的創新參數來協助使用者思考解決問題的方法，但使用者必須將「欲改善事物」、「阻止改善事物」或「變差的事物」能夠正確的與 39 參數作關聯才能使用。因此知識/效應的資料庫的滿足便成 TRIZ 技術使用成功與否關鍵。而知識/效應中存在三種不同的工具讓使用者可以尋求到相關聯的資訊：

一、　功能性效應的資料庫-已知滿足關鍵功能性的方法之知識。

二、　改變系統或元件關鍵屬性的已知方法資料庫。

三、　有效率的線上搜尋知識資源方式。

　　這些知識庫中了包括物理、化學、地理和幾何學等方面的專利和技術成果，研究人員如果需要實現某個特定功能，該知識庫可以提供多個可供選擇的方法。

　　此外，企業要能夠在市場中生存，或是跨進一個新市場，其產品特性勢必要在某一方面勝過它的競爭者（例如：價格更低、品質更好、速度更快等等），否則就會被市場淘汰。這樣的競爭動態和企業想要將其獲利最大化的目標永遠是相互拉扯，某種程度來說，甚至是互相衝突的。此種非線性且龐大的資料庫知識更需要一個強大的介面支援。雲端運算技術的出現無疑地替此情境題供了解決方案，另一方面，雲端運算技術理論上也可幫使用者節省成本。本研究發現，雲端運算之所以會浮上檯面並連結 TRIZ 資源，原肇因於 TRIZ 資源利用概念與技術有很大比率就是透過網際網路提供雲端智慧的建置服務，來藉以終結「非最理想解」有效的模式。

雲端科技

　　關於上述有效率的線上搜尋知識資源方式部分，雲端運算的資源提供動態易擴展係透過互聯網提供。終端用戶不需要了解"雲"中基礎設施的細節，不必具有相應的專業知識，也無需直接進行控制，只需關注自己真正需要什麼樣的資源以及如何透過網路來得到相應的服務。這部分滿足線上 TRIZ 工程師對搜尋知識資源方式的需求。依據美國國家標準與技術研究院（NIST）對於雲端運算的定義，雲端運算是一種模式，其依照需求能夠方便地存取網路上所提供的電腦資源，這些電腦資源（包括網路、伺服器、儲存空間、應用程式、以及服務等）可以快速地被供應，同時減少管理的工作，可降低成本並提昇效能。雲端種類網際網路上的雲端運算服務特徵和自然界的雲端、水迴圈具有一定的相似性，因此，雲端是一個相當貼切的比喻。通常雲端運算服務應該具備以下幾條特徵：

1. 基於虛擬化技術快速部署資源或獲得服務。

2. 實作動態的、可伸縮的擴充套件。

3. 按需求提供資源、按使用量付費。

4. 透過網際網路提供、面向海量資訊處理。

5. 使用者可以方便地參與形態靈活，聚散自如。

　　雲端運算的部署模式可分為公共雲端（Public Cloud）、私有雲端（Private Cloud）、社群雲端（Community Cloud）、以及混合雲端（Hybrid Cloud）這四種。在公共雲端部份，目前已經有一些服務提供者開始提供相關的服務，例如亞馬遜、Google、微軟及 IBM 等。然而，對企業來說，並不是所有的商業營運系統或服務都可以運用這些公共雲端服務，例如某些企業或服務對於安全性、機密資料及賠償機制等有特殊考量，若是採用公共雲端將會有信任上的疑慮，因此紛紛開始嘗試透過虛擬化等機制（Rajkumar Buyya, et.al. 2008），自行架構內部網路中的雲端運算平台，也就是私有雲端運算服務，以滿足企業的實際需求。對此我們對未來幾乎可以判定至少私有雲端運算服務對線上搜尋知識資源方式部分在 TRIZ 電腦輔助創新設計平臺（Pro/Innovator）是必定發展之 XXXX。

中小企業物聯網發展

物聯網趨勢下中小企業發展的契機：

（一）平臺協助中小企業快速進入物聯網生態圈；

（二）促進中小企業與大企業的合作；

（三）創新服 務與商品尚待開發；

（四）挑戰即是商機所在。

　　由上述物聯智慧科技發展過程，可發現這些創業者均由其過去工作經驗，發現物聯網的應用商機，而掌握物聯網發展契機，成為市場先驅者。

　　加入如 Amazon、Google、IBM 等物聯網平臺生態圈，利用其提供的雲端服務平臺，進一步利基 在自身技術，並以不同於大平臺的彈性，針對影像監控、智慧家庭與智慧建築等目標市場，為客戶提供客製、彈性、低成本的服務。

　　雲端服務平臺，快速開發技術與商品，結合臺灣硬體製造優勢，將物聯網導入傳統安全監控市場，解決安控市場人力與效率問題。由案例技術可以發現，人工智慧、影像科技與機器學習均為物聯網發展的主要科技項目。

　　機電產業解決城市能源使用問題，掌握行動裝置、物聯網與大數據等科技趨勢，並結合臺灣的製造、設計與軟硬體整合優勢，將物聯網創新導入傳統機電產業，提供個人化服務。

　　快速創新與商品化是掌握市場的關鍵，快速從錯誤與商品反饋中學習，並嘗試各種平臺提供的 模組與技術，合作夥伴是這些企業能快速掌握物聯網發展契機的必要條件。

　　除了利用物聯網平臺，以及與第三方服務、品牌或硬體製造商的策略聯盟，也都因

為其創新服務與產品，獲得國發會、國內外創投或企業投資者的投資，解決資金問題，而能快速研發生產，領先進入市場布局。

TRIZ 社群雲端智慧的建置

內部雲端的建置，不但可提供更高的安全掌控性，同時內部 IT 資源不論在管理、調度、擴展、分派、存取控制與成本支出上都更具精細度、彈性與效益，因此，儘管公共雲端運算服務較符合經濟規模原則，但由於目前公有雲端服務尚未成熟，故現階段私有雲端的需求將會持續增加。

此外，企業若能適度投資私有雲端運算，未來在逐漸採用公共雲端服務的過程中也將更加順利，故 IT 部門投資私有雲端運算相關金額將超過公共雲端運算。企業若能適度投資私有雲端運算，未來在逐漸採用公共雲端運算服務的過程中也將更加順利。

對於未來勢必透過雲端運算取得的服務而言，企業在一面等待外部服務成熟之際，同時也應評估自行發展私有雲端運算服務的投資報酬率。企業還需留意的是，部分 IT 服務比較適合雲端運算，但有些服務還是必須貼近企業進行整合。企業判定某一特定服務項目適合雲端運算後，接下來便須依商業考量進行評估，以決定到底是要等待雲端運算服務成熟，還是提早發展私有雲端運算服務。

在創新發展領域，過去企業對於資訊的處理與運作的方式是什麼？一般普遍性的作法是，企業需要自行添購或開發商務運作所需要的軟體和硬體，並且建置專屬的資訊機房和網路環境，然後由內部的資訊人員來執行維運等相關工作。對大多數的企業而言，隨著營運規模的擴展，為了要增加資訊服務的穩定與效率，在資訊科技的費用支出相對也會節節升高，尤其是 TRIZ 技術在面對現今愈來愈複雜的網路環境與技術知識，再加上好的資訊人才難尋，和營運相關的資訊問題解決能力也需要時間培養，種種問題都讓企業主傷透腦筋，而「雲端運算」的出現，彷彿就像在烏雲之中露出一道曙光。因此針對線上搜尋 40 創新解題原則在私有雲端運算服務建構下提出兩種社群雲端智慧的建置。

1. 建立 40 創新解題原則案例題庫社群雲端（Community Cloud）。

2. 建立線上搜尋知識資源方式部分在 TRIZ 電腦輔助創新設計平臺（Pro/Innovator）。

TRIZ 雲端資源是產品開發的關鍵，它幾乎決定了該項產品未來的品質、成本、效益與設計，因此如能在新產品開發階段即進行 TRIZ 雲端資源研析，將 TRIZ 雲端資源運用的方法導入，更可以發揮 TRIZ 強大的工程系統問題解決能力，只要運用適當的整合模式，將有效的解決問題的方法，優點全部發揮出來，其效果與價值，將大幅度超過單獨使用 TRIZ 方法（許棟樑，2007）。在競爭愈來愈激烈的年代裡，求新求變不斷的創新才能生存與發展，創新不僅僅是偶然的，確實是可以運用方法來促進，科技進步神速，而且更應該活用 TRIZ 第五法則，即有效整。

（孫保瑞、（2010）雲端科技理念導入TRIZ雲端資源智慧的建置，Embedding with Cloud computing for TRIZ Community Cloud）

以下提供許多創新技術關聯魚骨圖，內容放入了大量有關「綠能」、「雲端」、「IOT」、「大數據」、「TRIZ 聯想」的創新概念，讀者請多研讀，初學者或創新發想者更建議在

下筆前先研看本章。

魚骨圖

在魚骨圖的表示上我們用

『＊』表示我國已有之技術、服務或產品（並註明公司名稱）

『＋』表示我國正在發展之技術、服務或產品（並註明公司名稱）

『－』表示我國尚未發展之技術、服務或產品

服務、行銷、平台

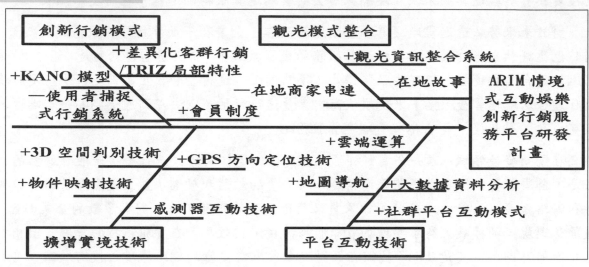

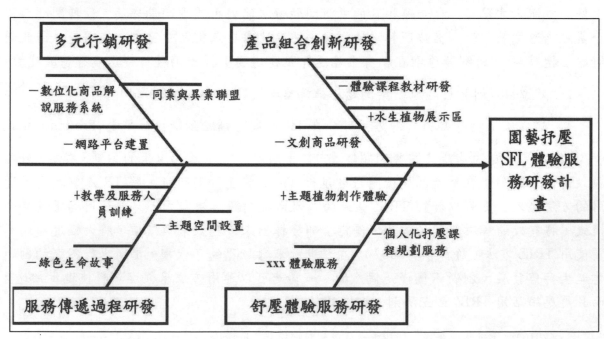

產品類

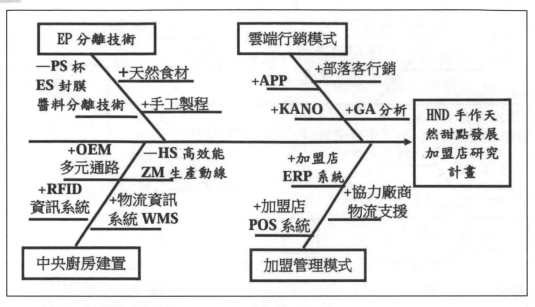

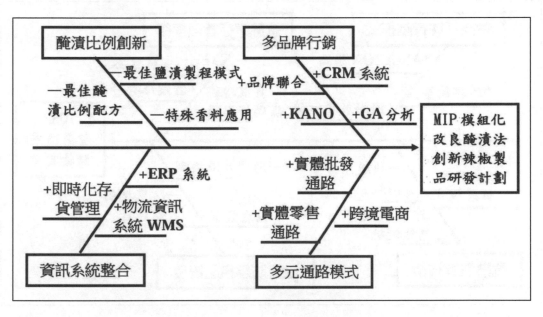

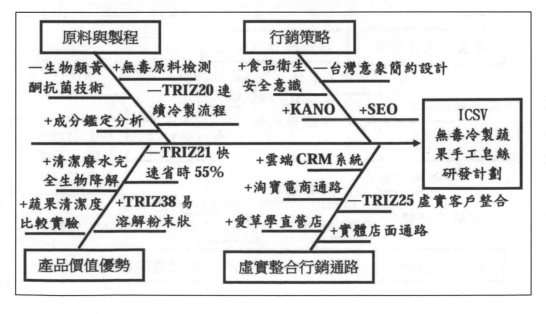

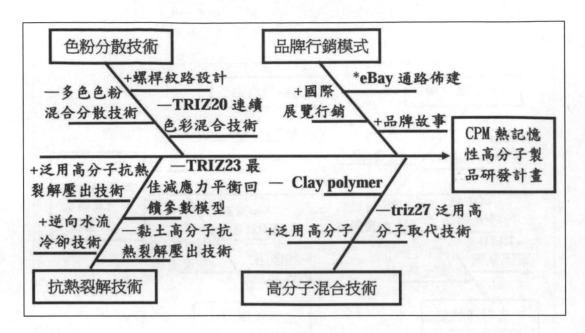

科技產業

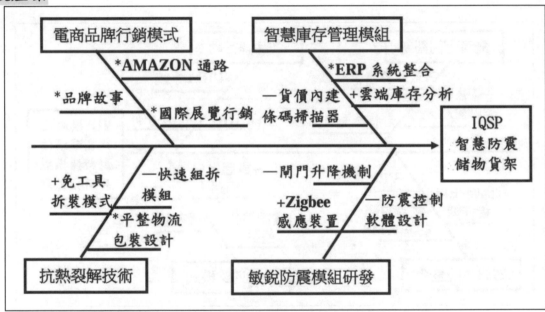

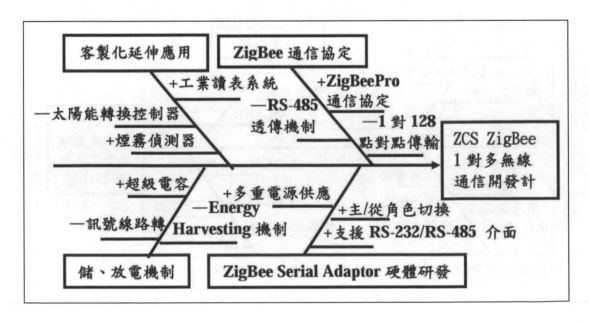

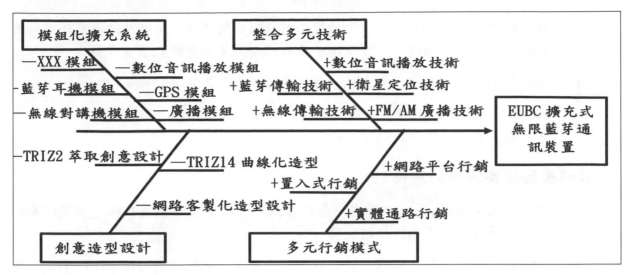

更多技術連結

物聯網應用：物聯網在農業中的應用

1. 農業標準化生產監測：是將農業生產中最關鍵的溫度、濕度、二氧化碳含量、土壤溫度、土壤含水率等數據信息實時採集，實時撐握農業生產的各種數據。

2. 動物標識溯源：實現各環節一體化全程監控、達到動物養殖、防疫、檢疫、和監督的有效結合，對動物疫情和動物產品的安全事件進行快速、準確的溯源和處理。

3. 水文監測：包括傳統近岸污染監控、地面線上檢測、衛星遙感和人工測量為一體，為水質監控提供統一的數據採集、數據傳輸、數據分析、數據發佈平臺，為湖泊觀測和成災機理的研究提供實驗與驗證途徑。

物聯網在工業中的應用

1. 電梯安防管理系統：該系統通過安裝在電梯外圍的感測器採集電梯正常運行、沖頂、蹲底、停電、關人等數據，並經無線傳輸模塊將數據傳送到物聯網的業務平臺。

2. 輸配電設備監控、遠程抄表：基於移動通信網路，實現所有供電點及受電點的電力電量信息、電流電壓信息、供電質量信息及現場計量裝置狀態信息實時採集，以及用電負荷遠程式控制制。

3. 企業一卡通：基於 RFID—SIM 卡，大中小型企事業單位的門禁、考勤及消費管理系統；校園一卡通及學生信息管理系統等。

物聯網在服務產業中的應用

1. 個人保健：人身上可以安裝不同的感測器，對人的健康參數進行監控，並且實時傳送到相關的醫療保健中心，如果有異常，保健中心通過手機提醒體檢。

2. 智能家居：以電腦技術和網路技術為基礎，包括各類消費電子產品、通信產品、信息家電及智能家居等，完成家電控制和家庭安防功能。

3. 智能物流：通過 GPRS／3G 網路提供的數據傳輸通路，實現物流車載終端與物流公司調度中心的通信，實現遠程車輛調度，實現自動化貨倉管理。

4. 移動電子商務：實現手機支付、移動票務、自動售貨等功能。

5. 機場防入侵：鋪設感測節，覆蓋地面、柵欄和低空探測，防止人員的翻越、偷渡、恐襲擊等攻擊性入侵。

物聯網在公共事業中的應用

1. 智能交通：通過 cPs 定位系統，監控系統，可以查看車輛運行狀態，關註車輛預計到達時間及車輛的擁擠狀態。

2. 平安城市：利用監控探頭，實現圖像敏感性智能分析並與 110、119、112 等交互，從而構建和諧安全的城市生活環境。

3. 城市管理：運用地理編碼技術，實現城市部件的分類、分項管理，可實現對城市管理問題的精確定位。

4. 環保監測：將傳統感測器所採集的各種環境監測信息，通過無線傳輸設備傳輸到監控中心，進行實時監控和快速反應。

5. 醫療衛生：遠程醫療、藥品查詢、衛生監督、急救及探視視頻監控。

物聯網對物流產業的影響

物流領域是物聯網相關技術最有現實意義的應用領域之一。物聯網的建設，會進一步提升物流智能化、信息化和自動化水平。推動物流功能整合。對物流服務各環節運作將產生積極影響。具體地講，主要有以下幾個方面：

一、 生產物流環節

基於物聯網的物流體系可以實現整個生產線上的原材料、零部件、半成品和產成品的全程識別與跟蹤。減少人工識別成本和出錯率 通過應用產品電子代碼（Electronic Product Code，簡稱 EPC）技術。就能通過識別電子標籤來快速從種類繁多的庫存中準確地找出工位所需的原材料和零部件。並能自動預先形成詳細補貨信息。從而實現流水線均衡、穩步生產。

二、 運輸環節

物聯網能夠使物品在運輸過程中的管理更透明。 可視化程度更高 通過在途運輸的貨物和車輛貼上 EPC 標籤。運輸線的一些檢查點上安裝上 RFID 接收轉發裝置。企業能實時暸解貨物目前所處的位置和狀態。實現運輸貨物、線路、時間的可視化跟蹤管理。此外。還能幫助實現智能化調度。提前預測和安排最優的行車路線。縮短運輸時間，提高運輸效率。

三、 倉儲環節

將物聯網技術（如 EPC 技術）應用於倉儲管理，可實現倉庫的存貨、盤點、取貨的自動化操作，從而提高作業效率。降低作業成本。入庫儲存的商品可以實現自由放置。

提高了倉庫的空間利用率；通過實時盤點，能快速、準確地掌握庫存情況。及時進行補貨。提高了庫存管理能力。降低了庫存水平： 同時按指令準確高效地揀取多樣化的貨物，減少了出庫作業時間。

四、 配送環節

在配送環節。採用 EPC 技術能準確瞭解貨物存放位置。大大縮短揀選時間，提高揀選效率，加快配送的速度。通過讀取 EPC 標籤，與揀貨單進行核對，提高了揀貨的準確性 此外。可確切瞭解目前有多少貨箱處於轉運途中、轉運的始發地和目的地。以及預期的到達時間等信息。

五、 銷售物流環節

當貼有 EPC 標籤的貨物被客戶提取，智能貨架會自動識別並向系統報告 通過網路。物流企業可以實現敏捷反應。並通過歷史記錄預測物流需求和服務時機。從而使物流企業更好地開展主動營銷和主動式服務。

共用經濟

1. 藉助網路作為信息平臺。

   例如，房屋出租網架起了旅游人士和家有空房出租的房主合作橋梁，用戶可通過網路或手機應用程式發佈、搜索度假房屋租賃信息並完成線上預定程式。

2. 以閑置資源使用權的暫時性轉移為本質。

   分享型經濟倡導"租"而不是"買"。物品或服務的需求者通過共用平臺暫時性地從供給者那裡獲得使用權，以相對於購置而言較低的成本完成使用目標後再移轉給其所有者。

3. 以物品的重覆交易和高效利用為表現形式。

   共用經濟的核心是通過將所有者的閑置資源的頻繁易手，重覆性地轉讓給其他社會成員使用，這種"網路串聯"形成的分享模式把被浪費的資產利用起來，能夠提升現有物品的使用效率，高效地利用資源，實現個體的福利提升和社會整體的可持續發展。

共用經濟的存在形式

共用在網路生活中非常普遍，從文字、圖片到視頻、軟體，共用行為無處不在。隨著社交網路的日益成熟，當前共用內容已不再局限於虛擬資源，而是擴展到房子、車子等消費實體，形成了新一代的商業模式"共用經濟"。

威茨曼教授把"共用經濟"分成三大類別：

1. 共用和租賃的產品服務。

   這實際上是在同一所有者掌控下的特定物品在不同需求者間實現使用權移轉，比如拼車網、房屋交換網。從本質上說，金融企業就是基於分享經濟理念的經濟形態。

2. 基於二手轉讓的產品再流通，實質上是同一物品在不同需求者間依次實現所有權移轉。

   比如美國的克雷格列表（Craigslist）是一個網上大型免費分類廣告網站，作為全球第一分類廣告媒體，目前在 50 多個國家的近 500 座城市提供求職招聘、房屋租賃買賣、二手產品交易、家政、娛樂以及敏感的尋找異性朋友等服務。

3. 資產和技能共用的協同生活方式，實質上是時間、知識和技能等無形資產的分享。

   比如 Liquid Space（流動空間）複製 Airbnb 模式，為在外出差者在當地尋找和共用最佳辦公空間，並通過基於地點的移動應用將信息呈現給用戶，這些地點包括辦公區、商業中心等許多有 WiFi 但使用率不高的地方，從而成本低、浪費少地共用工作間和機器設備。此外，這種形式還包括一方利用閒暇時間為另一方提供服務等形式。

共用經濟的運作機制

一、供給機制

共用產品的供給方式除了藉助網路平臺的點對點交易和單一供給者的規模化出租外，還可以採用俱樂部形式，即每個成員都捐獻一份財物，從而每個成員都可以共用全部集體財物。

二、市場交換機制

共用服務網站、智能手機、社交網站和線上支付等信息技術支持降低了交易成本：網站信息平臺為供求雙方提供結對機會，可以直接將主人與租用者連接起來；以帶有 GPS 定位功能的智能手機和平板電腦為代表的信息終端可以讓需求者瞭解標的物概貌；社交網路平臺提供了查看他人並建立信任的途徑；共用交易都通過網上付費，網上支付系統解決了資金交付事務。這些，使得資產共用比以往更加便宜、更加便捷，因此使分散的交易具備了形成更大規模的可能性。

智慧城市

智慧城市狹義地說是使用各種先進的技術手段尤其是信息技術手段改善城市狀況，使城市生活便捷；廣義上理解應是儘可能優化整合各種資源，城市規劃、建築讓人賞心悅目，讓生活在其中的市民可以陶冶性情心情愉快而不是壓力，總之是適合人的全面發展的城市。

智慧城市就是以智慧的理念規劃城市，以智慧的方式建設城市，以智慧的手段管理城市，用智慧的方式發展城市，從而提高城市空間的可達性，使城市更加具有活力和長足的發展。

智慧城市理念的來由

智慧城市的概念最早源於 IBM 提出的"智慧地球"這一理念，此前類似的概念還有數字城市等。2008 年 11 月，恰逢 2007 年－2012 年環球金融危機伊始，IBM 在美國紐

約發佈的《智慧地球：下一代領導人議程》主題報告所提出的"智慧地球"，即把新一代信息技術充分運用在各行各業之中。

具體地說，"智慧"的理念就是通過新一代信息技術的應用使人類能以更加精細和動態的方式管理生產和生活的狀態，通過把感測器嵌入和裝備到全球每個角落的供電系統、供水系統、交通系統、建築物和油氣管道等生產生活系統的各種物體中，使其形成的物聯網與互聯網相聯，實現人類社會與物理系統的整合，而後通過超級電腦和雲計算將物聯網整合起來，即可實現。

此後這一理念被世界各國所接納，並作為應對金融海嘯的經濟增長點。同時，發展智慧城市被認為有助於促進城市經濟、社會與環境、資源協調可持續發展，緩解"大城市病"，提高城鎮化質量。

基於國際上的智慧城市研究和實踐，"智慧"的理念被解讀為不僅僅是智能，即新一代信息技術的應用，更在於人體智慧的充分參與。

推動智慧城市形成的兩股力量，一是以物聯網、雲計算、移動互聯網為代表的新一代信息技術，二是知識社會環境下逐步形成的開放城市創新生態。一個是技術創新層面的技術因素，另一個則是社會創新層面的社會經濟因素。

智慧城市的特點

如果我們把智慧城市作為一個城市的整體發展戰略，就必須要找准定位，全面理解和把握智慧城市的特點。一般而言，"智慧城市"戰略應該包括以下三重含義。

首先智慧城市應擁有物的基礎：物質基礎雄厚，具有建設先進的 ICT 基礎設施的能力，能夠實現物的智能化。

（1）城市信息基礎設施健全完善，成為"U 型城市"（Ubiquitous City）

將無線感測器網路、物聯網和互聯網相互融合為基礎，把城市的所有資源數字化、網路化、可視化、智能化，做到城市耳聰目明，能夠敏捷地感知世界，以此促進城市經濟轉型和社會變革，使城市快速進入 U-City 時代。

（2）資本市場發達，成為"金融城市"（Finance City）

高端的 ICT 基礎設施建設需要完善的金融資本市場來支撐，城市管理者能夠充分挖掘城市自身的特質，增強城市的吸引力和承載力，推進地方投融資制度的改革，廣納國際性大公司總部落戶，以構建區域性和國際性的資本市場和運營中心。

（3）產業高端，經濟結構適應力強，成為"高科技城市"（High-Tech City）

以物聯網產業為代表的戰略新興產業蓬勃發展，以文化、創意產業為主導的智慧服務業對城市經濟的貢獻持續提升，創新商業模式不斷涌現，與智慧城市相關的應用市場和產業鏈不斷拓展，推進產業和技術的同步發展；同時，通過"兩化融合"、建設電子商務支撐體系、支持企業信息化示範項目等工程改造，提升傳統產業的競爭力，使城市經濟發展適應能力和抗風險能力顯著提高。

其次，真正的智慧城市應能充分開發利用人的智慧，富有創造力，從容應對複

雜的現實挑戰，適應科學發展的要求，具備人的智慧化。

（4）創新成為經濟社會發展最核心動力，成為"創新城市"（Innovation City）

智慧城市在塑造城市形象的同時，還引領著城市創新進程。以創新城市建設為契機，建立以人才高地為支撐的城市創新體系，顯著提高自主創新經濟增長的貢獻率，逐步形成敢為人先、敢於冒險、敢於創造、寬容失敗的創新文化和創業精神，為智慧城市發展註入持續動力。

（5）完善文化藝術基礎設施，成為"人文城市"（Culture City）

註重文化的多樣性和包容性，以博大的胸懷接受不同文化，並創造條件使之融入到城市的主流文化之中，發揮"文化引擎"的功能。

（6）吸引人才，成為"智本城市"（Intellectual Capital City）

智慧城市擁有良好的教育基礎設施，把吸引人才放在突出位置，制定包括住房、福利、薪金等在內的優惠政策，廣納國際性人才。最後，智慧城市應能實現人與自然的和諧，充分滿足人的需求，讓生活更美好。

（7）提升城市服務功能，成為"綠色宜居城市"（Green City & Livable City）

低碳經濟的發展使城市的生態環境和生活環境不斷優化，智慧政務使城市公共服務效率不斷提高，逐步形成安全、和諧、便捷的綠色宜居城市。

總之，智慧城市戰略可以概括為：以先進信息技術特別是物聯網技術的研發與推廣應用為核心，逐步構建一個經濟充滿活力、社會管理高效、大眾生活便利、環境優美和諧的城市生態，並通過這種立體、動態、自適應的智慧環境，進化出一種全新的城市文明方式，實現城市的科學發展和包容發展。

智慧城市理念的三層內涵

（一）經濟上健康合理可持續

智慧城市首先應該具有智慧的經濟結構和產業體系，高效增長的城市經濟體系。智慧城市的經濟是綠色經濟。綠色經濟的本質涵義是：通過創新生態科技使人的經濟活動遵循生態系統內在規律，在促進人的全面發展基礎上促進生態系統的協調、穩定、持續、和諧發展。

從廣義講，綠色經濟滲透在人類的所有生產活動中。從狹義上，主要是指綠色產品的生產過程及結果，即不僅實現生產過程的低消耗、無污染，而且生產出來的產品在使用和最終報廢處理過程中也不對環境造成損害。

科學技術是生態與經濟之間的中介，只有開發研製生態環保的技術體系，才能保證生產環節的綠色環保。

綠色技術包括綠色能源技術、綠色生產技術和綠色管理技術。

綠色能源技術，即儘可能地使用可再生能源或者不可再生能源的節約利用方法，提高能源利用率；綠色生產技術即儘可能做到物料和能耗最少，將廢物減量化、資源化和無害化，或者消滅於生產過程之中，生產出對環境無害的產品；綠色管理技術，即通過

315

合理地組織生產，提高資源利用率。

智慧城市的經濟是低碳經濟。

低碳經濟的特徵是以減少溫室氣體排放為目標，構築低能耗、低污染為基礎的經濟發展體系，包括低碳能源系統、低碳技術和低碳產業體系。

智慧城市應當是發展低碳經濟的先行者。

文化經濟就是一種低碳經濟。

"文化經濟"是國際上在 20 世紀 90 年代出現的一個新的概念，它反映了當代世界範圍內文化與經濟互相融合所形成的經濟文化一體化的新的發展趨勢。丹麥未來學家沃爾夫·倫森認為，人類在經歷狩獵社會、農業社會、工業社會和信息社會之後，將進入一個以關註夢想、歷險、精神及情感生活為特徵的夢幻社會。在商品世界中，不僅娛樂業，而且日用品行業也在產品中加入想象、故事和情感。他斷言，在未來 25 年裡，人們從商品中購買的主要是故事、傳奇、感情及生活方式。

"貧窮"將被重新定義為"無力滿足物質需要以外的需求"。

人們消費的註意力將從物資需要轉移到精神需要，從科學和技術轉移到情感和逸聞趣事。隨著社會生產力的迅速發展，人們的社會需要不斷提高。

在基本的物質層次滿足的基礎上人們更多地關註文化上的、精神上的、心理上的需要。因此對文化產品的需求極大增加，比如人們對書籍、音像、影視、藝術產品的需求，對娛樂服務、旅游服務、信息與網路服務的需求。

智慧城市的經濟是迴圈經濟。

迴圈經濟是一種以資源的高效利用和迴圈利用為核心，要求以"3R"為經濟活動的行為準則（3R 即減量化 reduce、再使用 reuse、再迴圈 recyle），以低消耗、低排放、高效率為基本特徵，符合可持續發展理念的經濟增長模式，是對"大量生產、大量消費、大量廢棄"的傳統增長模式的根本變革。

智慧城市的迴圈經濟即是充分考慮城市生態系統的承載能力，儘可能節約城市資源，不斷提高現有資源的利用效率，迴圈使用資源，創造良性的社會財富。迴圈經濟最大限度減少廢棄物排放，儘可能利用可迴圈再生資源替代不可再生資源，如利用太陽能、風能、雨水、農家肥等，儘可能利用高科技，達到經濟社會生態的和諧統一。

（二）生活上和諧安全更舒適

智慧城市是充滿活力、積極向上富有朝氣的具有未來視野的居住地。和諧實際上包含了人和自然之間的和諧，也包含了人和人之間的和諧。智慧城市有現代的技術支撐，它將遍及城市的智慧管理、智慧生態、智慧流通、智慧交通、環境保護、社會公共安全、智慧消費和智慧休閒等多個領域。

智慧城市是以人為本的城市，其核心是運用創新科技手段服務於廣大城市居民。城市的各項工作要立足於滿足群眾工作和生活的需要，讓人民群眾生活得更方便、更舒心、更幸福，這是城市管理工作的基本立足點。

城市管理一個重要特性就是便民性和服務性，通過科學管理，達到一種使人生活舒適的狀態與情形，城市管理的目的不是整齊劃一而是便民、利民、樂民，是建設有高素質、現代化的城市基礎設施、能源基礎設施、交通、市政服務、社會基礎、優美的城市環境，建設高素質的城市生態文明和健康、宜居、無污染的綠色城市。

智慧城市是生活舒適便捷的城市。

這主要反映在以下方面：居住舒適，要有配套設施齊備、符合健康要求的住房；交通便捷，公共交通網路發達；公共產品和公共服務如教育、醫療、衛生等質量良好，供給充足；生態健康，天藍水碧，住區安靜整潔，人均綠地多，生態平衡。人文景觀如道路、建築、廣場、小品、公園等的設計和建設具有人文尺度，體現人文關懷，從而起到陶冶居民心性的功效。

智慧城市是具有良好公共安全的城市。

良好的公共安全是指城市具有抵禦自然災害如地震、洪水、暴雨、瘟疫，防禦和處理人為災害如恐怖襲擊、突發公共事件等方面的能力，從而確保城市居民生命和財產安全。公共安全是智慧城市建設的前提條件，只有有了安全感，居民才能安居樂業。

（三）管理上科技智能信息化

城市管理包括政府管理與居民自我生活管理，管理的科技化要求不斷創新科技，運用智能化信息化手段讓城市生活更協調平衡，是城市具有可持續發展的能力。

智慧城市最明顯的表現即是廣泛運用信息化手段，這也是"Smart City"所 包含 的意義。"Smart City"（精明城市）理念是近幾年來伴隨著信息化技術不斷應用而提出的。

該概念是全球信息化高速發展的典型縮影，它意味著城市管理者通過信息基礎設施和實體基礎設施的高效建設，利用網路技術和 IT 技術實現智能化，為各行各業創造價值，為人們構築完美生活。我們通常所說的數字城市、無線城市等都可以納入該範疇。

簡單來說，Smart City 就是城市的信息化和一體化管理，是利用先進的信息技術隨時隨地感知、捕獲、傳遞和處理信息並付諸實踐，創造新的價值。

第三方支付特點

在通過第三方平台的交易中，買方選購商品後，使用第三方平台提供的賬戶進行貨款支付，由對方通知賣家貨款到達、進行發貨；買方檢驗物品後，就可以通知付款給賣家。第三方支付平台的出現，從理論上講，徹底杜絕了電子交易中的欺詐行為，這也是由它的以下特點決定的：

(1) 第三方支付平台的支付手段多樣且靈活，用戶可以使用網絡支付，電話支付，手機短信支付等多種方式進行支付。

(2) 第三方支付平台不僅具有資金傳遞功能而且可以對交易雙方進行約束和監督。例如：支付寶不僅可以將買家的錢劃人賣家賬戶，而且如果出現交易糾紛，比如賣家收到買家訂單後不發貨或者買家收到貨物後找理由拒絕付款的情況，支付寶會對交易進行調查，並且對違規方進行處理，基本能監督和約束交易雙方。

(3) 第三方支付平台是一個為網絡交易提供保障的獨立機構。例如：淘寶的支付寶，它就相當於一個獨立的金融機構，當買家購買商品的時候，錢不是直接打到賣家的銀行賬戶上而是先打到支付寶的銀行賬戶上，當買家確認收到貨並且沒問題的話就會通知支付寶把錢打人賣家的賬戶裡面，支付寶在交易過程中保障了交易的順利進行。

第三方支付交易流程

第三方支付模式使商家看不到客戶的信用卡信息，同時又避免了信用卡信息在網絡多次公開傳輸而導致的信用卡信息被竊事件，以 BTOC 交易為例的第三方支付模式的交流流程如圖所示：

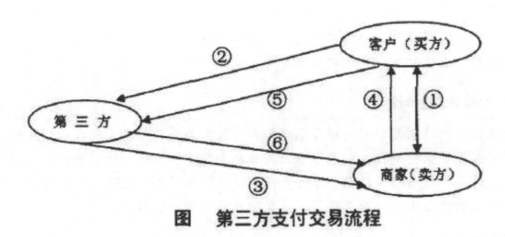

图　第三方支付交易流程

(1) 客戶在電子商務網站上選購商品，最後決定購買，買賣雙方在網上達成交易意向；

(2) 客戶選擇利用第三方作為交易中介，客戶用信用卡將貨款劃到第三方賬戶；

(3) 第三方支付平台將客戶已經付款的消息通知商家，並要求商家在規定時間內發貨；

(4) 商家收到通知後按照訂單發貨；

(5) 客戶收到貨物並驗證後通知第三方；

(6) 第三方將其賬戶上的貨款劃入商家賬戶中，交易完成。

淘寶網

主要促進 C2C（消費者對消費者）網上交易，個人或小企業賣家均可在淘寶網開設網上商店，面向中國內地、香港、澳門、台灣以及海外的消費者。賣家售賣全新或二手商品皆可，也可以選擇以定價形式或拍賣形式售貨，但淘寶網上的產品絕大多數是以定價形式售賣的新貨，而拍賣只佔所有交易的一小部份。

支付寶

支付寶是淘寶網官方推薦使用的支付工具，是淘寶網交易安全體系的重要組成部分。

在交易中，買家會先將錢款支付給支付寶，此時錢款由支付寶負責保存並不立刻支付給賣家，等待賣家貨物運達后買家驗貨表示滿意才將錢款打入賣家賬戶。如果發生交易糾紛，雙方可提交快遞單複印件和商品照片等交易證明，由淘寶網仲裁是否將錢款打入賣家賬戶或者退還給買家。

交易安全

淘寶網要求賣家開設網上店鋪之前必須通過實名驗證，即必須提交身份證號等可以證明賣家真實身份的信息，以便發生交易糾紛時幫助交易雙方通過法律途徑解決問題。

信用制度

淘寶網採用交易完成后買家與賣家相互打分互評方式進行信用制度評定。信用評級分為"好評"、"中評"、"差評"三個等級。另外買家還可以對物流公司、賣家發貨速度、商品與賣家描述相符程度三項指標進行 0-5 分的匿名評價，這項評價是可選的。賣家獲得的評分將在網上店鋪中顯示，供買家參考。

一拍檔即"一達通"的拍檔

是阿里巴巴一達通基於外貿綜合服務平台，為完善外貿服務生態探索的新模式。該模式旨在引入外貿生態鏈條上的各類第三方服務企業（如貨代、外貿進出口代理、報關行、財稅公司等）成為阿里巴巴一達通緊密的合作夥伴，為一達通客戶提供本地化、貼身化、個性化的低成本出口配套服務，是當地的外貿綜合服務中心。

大數據應用

一、 大數據應用案例之：醫療行業

技術允許企業找到大量病人相關的臨床醫療信息，通過大數據處理，更好地分析病人的信息。

針對早產嬰兒，每秒鐘有超過 3,000 次的數據讀取。通過這些數據分析，醫院能夠提前知道哪些早產兒出現問題並且有針對性地採取措施，避免早產嬰兒夭折。

創業者更方便地開發產品，比如通過社交網路來收集數據的健康類 App。搜集的數據能讓醫生給你的診斷變得更為精確，檢測到你的血液中藥劑已經代謝完成會自動提醒你再次服藥。

二、 大數據應用案例之：能源行業

德國為了鼓勵利用太陽能，會在家庭安裝太陽能，除了賣電給你，當你的太陽能有多餘電的時候還可以買回來。通過電網收集每隔五分鐘或十分鐘收集一次數據，收集來的這些數據可以用來預測客戶的用電習慣等，從而推斷出在未來 2~3 個月時間里，整個電網大概需要多少電。電提前買就會比較便宜，買現貨就比較貴。通過這個預測後，可以降低採購成本。

維斯塔斯風力系統，依靠的是 BigInsights 軟體和 IBM 超級電腦，然後對氣象數據進行分析，找出安裝風力渦輪機和整個風電場最佳的地點。利用大數據，以往需要數周

的分析工作，現在僅需要不足 1 小時便可完成。

三、 大數據應用案例之：通信行業

使用 IBM SPSS 預測分析軟體，減少了將近一半的客戶流失率。

預測客戶的行為，發現行為趨勢，並找出存在缺陷的環節，從而幫助公司及時採取措施，保留客戶。

網路分析加速器，將通過提供單個端到端網路、服務、客戶分析視圖的可擴展平臺，幫助通信企業制定更科學、合理決策。

電信業者透過數以千萬計的客戶資料，能分析出多種使用者行為和趨勢，賣給需要的企業，這是全新的資料經濟。

中國移動通過大數據分析，對企業運營的全業務進行針對性的監控、預警、跟蹤。系統在第一時間自動捕捉市場變化，再以最快捷的方式推送給指定負責人，使他在最短時間內獲知市場行情。

NTT docomo（日本最大的移動通信運營商，擁有超過 6 千萬的簽約用戶）把手機位置信息和互聯網上的信息結合起來，為顧客提供附近的餐飲店信息，接近末班車時間時，提供末班車信息服務。

四、 大數據應用案例之：零售業

通過從 Twitter 和 Facebook 上收集社交信息，更深入的理解化妝品的營銷模式，隨後他們認識到必須保留兩類有價值的客戶：高消費者和高影響者。希望通過接受免費化妝服務，讓用戶進行口碑宣傳，這是交易數據與交互數據的完美結合，為業務挑戰提供瞭解決方案。"Informatica" 的技術幫助這家零售商用社交平臺上的數據充實了客戶主數據，使他的業務服務更具有目標性。

零售企業也監控客戶的店內走動情況以及與商品的互動。它們將這些數據與交易記錄相結合來展開分析，從而在銷售哪些商品、如何擺放貨品以及何時調整售價上給出意見，此類方法已經幫助某領先零售企業減少了 17% 的存貨，同時在保持市場份額的前提下，增加了高利潤率自有品牌商品的比例。

大數據的處理技術

一、 大數據處理之一：採集

大數據的採集是指利用多個資料庫來接收發自客戶端（Web、App 或者感測器形式等）的數據，並且用戶可以通過這些資料庫來進行簡單的查詢和處理工作。比如，電商會使用傳統的關係型資料庫 MySQL 和 Oracle 等來存儲每一筆事務數據，除此之外，Redis 和 MongoDB 這樣的 NoSQL 資料庫也常用於數據的採集。

在大數據的採集過程中，其主要特點和挑戰是併發數高，因為同時有可能會有成千上萬的用戶來進行訪問和操作，比如火車票售票網站和淘寶，它們併發的訪問量在峰值時達到上百萬，所以需要在採集端部署大量資料庫才能支撐。並且如何在這些資料庫之間進行負載均衡和分片的確是需要深入的思考和設計。

二、 大數據處理之二：導入/預處理

雖然採集端本身會有很多資料庫，但是如果要對這些海量數據進行有效的分析，還是應該將這些來自前端的數據導入到一個集中的大型分散式資料庫，或者分散式存儲集群，並且可以在導入基礎上做一些簡單的清洗和預處理工作。也有一些用戶會在導入時使用來自 Twitter 的 Storm 來對數據進行流式計算，來滿足部分業務的實時計算需求。

導入與預處理過程的特點和挑戰主要是導入的數據量大，每秒鐘的導入量經常會達到百兆，甚至千兆級別。

三、 大數據處理之三：統計/分析

統計與分析主要利用分散式資料庫，或者分散式計算集群來對存儲於其內的海量數據進行普通的分析和分類彙總等，以滿足大多數常見的分析需求，在這方面，一些實時性需求會用到 EMC 的 GreenPlum、Oracle 的 Exadata，以及基於 MySQL 的列式存儲 Infobright 等，而一些批處理，或者基於半結構化數據的需求可以使用 Hadoop。

統計與分析這部分的主要特點和挑戰是分析涉及的數據量大，其對系統資源，特別是 I/O 會有極大的占用。

四、 大數據處理之四：挖掘

與前面統計和分析過程不同的是，數據挖掘一般沒有什麼預先設定好的主題，主要是在現有數據上面進行基於各種演算法的計算，從而起到預測（Predict）的效果，從而實現一些高級別數據分析的需求。

比較典型演算法有用於聚類的 Kmeans、用於統計學習的 SVM 和用於分類的 NaiveBayes，主要使用的工具有 Hadoop 的 Mahout 等。該過程的特點和挑戰主要是用於挖掘的演算法很複雜，並且計算涉及的數據量和計算量都很大，常用數據挖掘演算法都以單線程為主。

整個大數據處理的普遍流程至少應該滿足這四個方面的步驟，才能算得上是一個比較完整的大數據處理。

工具技術

數據採集：ETL 工具負責將分佈的、異構數據源中的數據如關係數據、平面數據文件等抽取到臨時中間層後進行清洗、轉換、集成，最後載入到數據倉庫或數據集市中，成為聯機分析處理、數據挖掘的基礎。

數據存取：關係資料庫、NOSQL、SQL 等。

基礎架構：雲存儲、分散式文件存儲等。

數據處理：自然語言處理（NLP，Natural Language Processing）是研究人與電腦交互的語言問題的一門學科。處理自然語言的關鍵是要讓電腦"理解"自然語言，所以自然語言處理又叫做自然語言理解（NLU，Natural Language Understanding），也稱為計算語言學（Computational Linguistics。一方面它是語言信息處理的一個分支，另一方面它是人工智慧（AI，Artificial Intelligence）的核心課題之一。

統計分析：假設檢驗、顯著性檢驗、差異分析、相關分析、T 檢驗、方差分析、卡方分析、偏相關分析、距離分析、回歸分析、簡單回歸分析、多元回歸分析、逐步回歸、回歸預測與殘差分析、嶺回歸、logistic 回歸分析、曲線估計、因數分析、聚類分析、主成分分析、因數分析、快速聚類法與聚類法、判別分析、對應分析、多元對應分析（最優尺度分析）、bootstrap 技術等等。

數據挖掘：分類（Classification）、估計（Estimation）、預測（Prediction）、相關性分組或關聯規則（Affinity grouping or association rules）、聚類（Clustering）、描述和可視化、Description and Visualization）、複雜數據類型挖掘（Text，Web，圖形圖像，視頻，音頻等）

模型預測：預測模型、機器學習、建模模擬。

結果呈現：雲計算、標簽雲、關係圖等。

人工智慧

人工智慧的研究是高度技術性和專業的，各分支領域都是深入且各不相通的，因而涉及範圍極廣。

人工智慧學科研究的主要內容包括：知識表示、自動推理和搜索方法、機器學習和知識獲取、知識處理系統、自然語言理解、電腦視覺、智能機器人、自動程式設計等方面。

(1) 知識表示是人工智慧的基本問題之一，推理和搜索都與表示方法密切相關。常用的知識表示方法有：邏輯表示法、產生式表示法、語義網路表示法和框架表示法等。

(2) 常識，自然為人們所關註，已提出多種方法，如非單調推理、定性推理就是從不同角度來表達常識和處理常識的。

(3) 問題求解中的自動推理是知識的使用過程，由於有多種知識表示方法，相應地有多種推理方法。推理過程一般可分為演繹推理和非演繹推理。謂詞邏輯是演繹推理的基礎。結構化表示下的繼承性能推理是非演繹性的。由於知識處理的需要，近幾年來提出了多種非演澤的推理方法，如連接機制推理、類比推理、基於示例的推理、反繹推理和受限推理等。

(4) 搜索是人工智慧的一種問題求解方法，搜索策略決定著問題求解的一個推理步驟中知識被使用的優先關係。可分為無信息導引的盲目搜索和利用經驗知識導引的啟發式搜索。啟發式知識常由啟髮式函數來表示，啟發式知識利用得越充分，求解問題的搜索空間就越小。典型的啟髮式搜索方法有 A*、AO*演算法等。近幾年搜索方法研究開始註意那些具有百萬節點的超大規模的搜索問題。

(5) 機器學習是人工智慧的另一重要課題。機器學習是指在一定的知識表示意義下獲取新知識的過程，按照學習機制的不同，主要有歸納學習、分析學習、連接機制學習和遺傳學習等。

(6) 知識處理系統主要由知識庫和推理機組成。知識庫存儲系統所需要的知識，當

知識量較大而又有多種表示方法時，知識的合理組織與管理是重要的。推理機在問題求解時，規定使用知識的基本方法和策略，推理過程中為記錄結果或通信需設資料庫或採用黑板機制。如果在知識庫中存儲的是某一領域（如醫療診斷）的專家知識，則這樣的知識系統稱為專家系統。為適應複雜問題的求解需要，單一的專家系統向多主體的分散式人工智慧系統發展，這時知識共用、主體間的協作、矛盾的出現和處理將是研究的關鍵問題。

人工智慧的研究可以分為幾個技術問題。其分支領域主要集中在解決具體問題，其中之一是，如何使用各種不同的工具完成特定的應用程式。

AI 的核心問題包括推理、知識、規劃、學習、交流、感知、移動和操作物體的能力等。

強人工智慧目前仍然是該領域的長遠目標。目前比較流行的方法包括統計方法，計算智能和傳統意義的 AI。目前有大量的工具應用了人工智慧，其中包括搜索和數學優化、邏輯推演。而基於仿生學、認知心理學，以及基於概率論和經濟學的演算法等等也在逐步探索當中。

人工智慧的應用領域

1. 問題求解

人工智慧的第一大成就是下棋程式，在下棋程度中應用的某些技術，如向前看幾步，把困難的問題分解成一些較容易的子問題，發展成為搜索和問題歸納這樣的人工智慧基本技術。今天的電腦程式已能夠達到下各種方盤棋和國際象棋的錦標賽水平。但是，尚未解決包括人類棋手具有的但尚不能明確表達的能力。

如國際象棋大師們洞察棋局的能力。

另一個問題是涉及問題的原概念，在人工智慧中叫問題表示的選擇，人們常能找到某種思考問題的方法，從而使求解變易而解決該問題。

到目前為止，人工智慧程式已能知道如何考慮它們要解決的問題，即搜索解答空間，尋找較優解答。

2. 邏輯推理與定理證明

邏輯推理是人工智慧研究中最持久的領域之一，其中特別重要的是要找到一些方法，只把註意力集中在一個大型的資料庫中的有關事實上，留意可信的證明，併在出現新信息時適時修正這些證明。

定理尋找一個證明或反證，不僅需要有根據假設進行演繹的能力，而且許多非形式的工作，包括醫療診斷和信息檢索都可以和定理證明問題一樣加以形式化，因此，在人工智慧方法的研究中定理證明是一個極其重要的論題。

3. 自然語言處理

自然語言的處理是人工智慧技術應用於實際領域的典型範例，經過多年艱苦努力，這一領域已獲得了大量令人註目的成果。

目前該領域的主要課題是：電腦系統如何以主題和對話情境為基礎，註重大量的常識—世界知識和期望作用，生成和理解自然語言。這是一個極其複雜的編碼和解碼問題。

4. 智能信息檢索技術

信息獲取和精化技術已成為當代電腦科學與技術研究中迫切需要研究的課題，將人工智慧技術應用於這一領域的研究是人工智慧走向廣泛實際應用的契機與突破口。

5. 專家系統

專家系統是目前人工智慧中最活躍、最有成效的一個研究領域，它是一種具有特定領域內大量知識與經驗的程式系統。

近年來，在"專家系統"或"知識工程"的研究中已出現了成功和有效應用人工智慧技術的趨勢。人類專家由於具有豐富的知識，所以才能達到優異的解決問題的能力。那麼電腦程式如果能體現和應用這些知識，也應該能解決人類專家所解決的問題，而且能幫助人類專家發現推理過程中出現的差錯，現在這一點已被證實。

如在礦物勘測、化學分析、規劃和醫學診斷方面，專家系統已經達到了人類專家的水平。成功的例子如：PROSPECTOR 系統（用於地質學的專家系統）發現了一個鉬礦沉積，價值超過 1 億美元。DENDRL 系統的性能已超過一般專家的水平，可供數百人在化學結構分析方面的使用。MY CIN 系統可以對血液傳染病的診斷治療方案提供咨詢意見。經正式鑒定結果，對患有細菌血液病、腦膜炎方面的診斷和提供治療方案已超過了這方面的專家。

機器學習

機器學習是一門多領域交叉學科，涉及概率論、統計學、逼近論、凸分析、演算法複雜度理論等多門學科。

專門研究電腦怎樣模擬或實現人類的學習行為，以獲取新的知識或技能，重新組織已有的知識結構使之不斷改善自身的性能。它是人工智慧的核心，是使電腦具有智能的根本途徑。它的應用已遍及人工智慧的各個分支，如專家系統、自動推理、自然語言理解、模式識別、電腦視覺、智能機器人等領域。其中尤其典型的是專家系統中的知識獲取瓶頸問題，人們一直在努力試圖採用機器學習的方法加以剋服。

學習能力是智能行為的一個非常重要的特征，但至今對學習的機理尚不清楚。人們曾對機器學習給出各種定義。

H.A.Simon 認為，學習是系統所作的適應性變化，使得系統在下一次完成同樣或類似的任務時更為有效。

R.s.Michalski 認為，學習是構造或修改對於所經歷事物的表示。

從事專家系統研製的人們則認為學習是知識的獲取。

這些觀點各有側重，第一種觀點強調學習的外部行為效果，第二種則強調學習的內部過程，而第三種主要是從知識工程的實用性角度出發的。

機器學習在人工智慧的研究中具有十分重要的地位。一個不具有學習能力的智能系

統難以稱得上是一個真正的智能系統，但是以往的智能系統都普遍缺少學習的能力。例如，它們遇到錯誤時不能自我校正；不會通過經驗改善自身的性能；不會自動獲取和發現所需要的知識。它們的推理僅限於演繹而缺少歸納，因此至多只能夠證明已存在事實、定理，而不能發現新的定理、定律和規則等。

隨著人工智慧的深入發展，這些局限性表現得愈加突出。正是在這種情形下，機器學習逐漸成為人工智慧研究的核心之一。

它的應用已遍及人工智慧的各個分支，如專家系統、自動推理、自然語言理解、模式識別、電腦視覺、智能機器人等領域。其中尤其典型的是專家系統中的知識獲取瓶頸問題，人們一直在努力試圖採用機器學習的方法加以剋服。

機器學習進入新階段的重要表現在下列諸方面：

(1) 機器學習已成為新的邊緣學科併形成一門課程。它綜合應用心理學、生物學和神經生理學以及數學、自動化和電腦科學形成機器學習理論基礎。

(2) 結合各種學習方法，取長補短的多種形式的集成學習系統研究正在興起。特別是連接學習符號學習的耦合可以更好地解決連續性信號處理中知識與技能的獲取與求精問題而受到重視。

(3) 機器學習與人工智慧各種基礎問題的統一性觀點正在形成。

(4) 例如學習與問題求解結合進行、知識表達便於學習的觀點產生了通用智能系統 SOAR 的組塊學習。類比學習與問題求解結合的基於案例方法已成為經驗學習的重要方向。

各種學習方法的應用範圍不斷擴大，一部分已形成商品。

歸納學習的知識獲取工具已在診斷分類型專家系統中廣泛使用。

連接學習在聲圖文識別中占優勢。

分析學習已用於設計綜合型專家系統。遺傳演算法與強化學習在工程式控制制中有較好的應用前景。

與符號系統耦合的神經網路連接學習將在企業的智能管理與智能機器人運動規劃中發揮作用。

生物科學技術

生物科學技術是以生命科學為基礎，應用生物學原理和現代工程技術，利用生物體系，加工人類所需要的各種產品的現代跨學科高技術，又叫生物科技。

生物科學技術的應用

對傳統農業的改造。

利用生物技術可以培育出更多的優良農作物品種、家畜品種。

隨著生物技術的開發和利用，生物技術首先將為解決糧食和副食問題開闢新的前景。

雖然生物技術在農業上的應用尚處於初級階段，但已可以預見到在本世紀必將出現一次新的"綠色革命"的曙光。目前，已能把外源基因，包括各種抗性基因（抗病蟲害、抗旱、抗寒、抗鹽鹼等）和蛋白質基因轉入某些植物，使之表達，並在再生株中傳代。採用組織培養、快速培養繁殖名貴花卉和瓜果苗木，已投入生產應用。

　　隨著生物技術的發展，可以預見將來的大田農業勞動，至少部分地被組織培養和大規模工業化培養植物細胞所更換；造成公害的農藥將被成本低、無污染的生物防治所取代；有些一年生作物可能被改變成多年生作物；動物品種將得到改良；良種牲畜將快速繁殖；鹽鹼地和沙漠改造成林的步伐將大大加快。

　　可以預計，由於生物技術的發展，21世紀整個農業生產的面貌可能發生根本的改觀。

　　醫藥衛生領域。

　　利用生物技術，可以通過工程菌和轉基因生物高效地生產各種高質量、低成本的生化藥品，如利用微生物發酵生產擾素，比從人血液中提取成本下降近百倍。

　　現在各國利用生物技術研製的藥物有：多肽激素及活性多肽、血液蛋白及治療血液藥物、表面抗原疫苗即合成多肽疫苗等。

　　生物技術正在開創藥品研製的新紀元。

　　基因診斷和基因治療是生物醫學最有前途的組成部分，它將給醫學帶來根本性的革命。

　　基因診斷主要是指對遺傳性疾病的診斷，當前主要是用脫氧核糖核酸探針技術。基因治療一般是指將正常的外源基因導人生物體靶細胞內以彌補缺失的基因，關閉或降低異常表面的基因，從而達到醫治遺傳性疾病的目的。

　　當前，還應用基因治療方法治療惡性腫瘤、傳染性疾病和心血管疾病等。

　　總的看來，基因治療研究雖然已取得了引人注目的成績，但仍處於探索階段。

　　無菸工業方面。近年來，生物技術在化學工業、食品工業、能源工業、採礦工業、電子工業以及環境保護方面都顯示出極大的應用潛力。

　　生物技術的開發和利用，使化學工業發生了嶄新的變化。工業酶的開發利用已成為化學工業的熱點之一，生物技術應用於能源的開發、節流，潛力很大。

　　生物量能源的開發利用，是目前世界能源結構進行戰略性轉變的一個重要方面。所謂生物量，是指生物體及其活動而生成的有機物質的總和，這些生物有機質是由太陽能轉化而來的。

　　生物技術興起以後，立即與微電子、自動化等現代技術綜合起來。

　　目前生物電子技術是一個研究的熱點。主要有生物傳感器、生物計算機、生物芯片等。

　　在環境保護、治理公害方面，生物技術也發揮著越來越大的作用，如利用生物反應器處理廢水，用微生物清除石油污染等。

生物科學技術的影響

生物科學技術推動社會物質文明的發展。

社會生產的物質財富是社會賴以生存和發展的物質基礎，也是精神文明能夠存在的物質基礎。

第二次世界大戰結束後，人類社會經歷了廣泛範圍的技術革命和產業革命，生產力以前所未有的速度提高，人們的物質生活也變得極大豐富，所有這一切都是與科學技術的飛速發展分不開的。

其中尤以信息技術、生物技術和新材料技術及其產業，在推動社會經濟發展中起著關鍵的作用。科學技術超前於生產，並對生產起著巨大的促進作用，這是科技社會生產的普遍現象。生物科學技術還可使人們物質生活和精神生活更豐富，生活質量有更大提高。

生物科學技術推動社會精神文明的發展。

精神世界只存在於人類社會。動物有無精神世界？實驗表明，高等動物如靈長類、鯨豚類動物，具有高級神經活動，能夠進行學習和記憶，甚至有愛憎的感情，但畢竟比人類低級得多，還不足形成完整的精神世界。精神世界只是物質世界的一種表現形式，是生命運動的一種高級形式。

生物科學技術是研究生命世界的理論體系和方法技術，它是人類對生命世界系統化的認識。

既然精神世界是生命運動的高級形式，一切精神文明成果也必然會涉及生命觀，受到生物科學的評價。

因此生命科學是科學價值觀形成的重要基礎。

農業技術

1. 農業生產技術措施的進步

2. 農業生產條件方面的技術進步

3. 農業管理技術的進步

4. 農業生產勞動者與管理者的技術進步

一、農業技術進步

依據開發對象的不同，農業技術進步基本上可以分成兩大類：機械性技術進步和生物性技術進步。

機械性技術進步又稱替代勞動型技術，是指對農業機械、農業生產設施等固定生產資料的開發改良，其顯著效果是縮短單位生產物的勞動時間，大幅度地提高勞動生產率。

生物性技術進步又稱替代土地型技術，是指對種子改良、化肥、農藥等流動性生產資料的開發，改善栽培、飼養方法，其明顯效果是提高土地生產率，穩定生產水平。農業技術進步的表現一切能促使農業高產、優質、高效，促進生態改善的技術都視為農業

技術進步的表現。具體包括：

（1） 農業技術推廣普及程度的提高。

一項農業科技成果必須通過推廣才能轉化為現實的生產力。農業科技推廣程度的高與低，直接影響到科技成果在生產實踐中發揮作用的大小。

（2） 農業生產經營、管理水平的提高。

農業生產經營管理水平的提高能促進農業產業結構的優化、農業資源的合理有效配置，促進科技與生產的有機結合，提高農業經濟效益。

（3） 動植物優良品種的選育，農作物栽培方法、施肥方法及畜、禽、水產品養殖方法的改進等。

簡言之，農業技術進步有三種表現形式：（1）給定同樣的投入可以生產更多的產出，即農業生產率的提高；（2）現有農產品質量的改進；（3）生產出全新的產品。

二、 農業技術進步的動力機制

（一）農業技術進步的內部動力

1. 產量目標的追求需要技術進步

2. 質量目標的追求需要技術進步

3. 利潤目標的追求需要技術進步

4. 提高農產品競爭力的目標追求需要技術進步

（二）農業技術進步的外部動力

1. 農村產業結構的變革引起對農業的技術進步

2. 城鎮化的發展推動農業的技術進步

3. 農業對外貿易的發展推動農業的技術進步

4. 農業現代化建設直接引發了農業的技術進步

5. 農業產業化經營的發展推進農業的技術進步

三、 農業技術進步的環境及變化趨勢

農業技術進步不是孤立的，是在特定的環境條件下進行的，並且也表現出特有的變化趨勢和規律。與農業技術進步關係比較密切的環境因素主要包括以下幾個方面。

經濟體制：

科技進步作為一種社會技術經濟活動，總是在一定的經濟體制下進行的。

經濟體制是科技進步系統最重要的環境變量，它為科技進步提供了一個特定的運行空間和基本織織與製度框架，對科技進步活動起著基本的、決定性的影響。

農業技術進步活動面臨著全新的約束和激勵條件，必須盡快適應新的體制環境。在計劃體制下，政府及其部門在國民經濟活動中處於中心地位，自然也在農業科技進步活

動中處於中心地位，科技組織只是在政府的計劃支配下被動地從事農業科技進步活動。

市場經濟體制下，科技組織的自主性、能動性和獨立性會逐步得以增強，市場的動力功能和資源配置功能會不斷強化，政府將集中發揮好宏觀調控的職能。

經濟發展水平：

經濟發展水平標誌著一個國家經濟的發展階段和實力積累，是影響科技進步的又一重要環境因素，很大程度上規定著科技進步的形式、內容、速度和質量。

科技進步需要一定的基礎條件，如科學技術基礎、經濟條件基礎、一定素質的勞動力資源、資金投入能力和有效的社會需求等，這些條件無一不與經濟發展水平息息相關。

這就要求我們加快科技進步，必須從實際出發，根據自身條件，循序漸進，走切實可行的路。

教育：

教育是科技進步的基礎。科技進步的最終主體是人，整個科技進步活動是人的主動的、自覺的行為，科技進步的結果最終取決於各相關科技進步主體人員的數量與素質，取決於技術進步相關人力資源潛能的有效發揮。

國際環境：

當今隨著國際經濟技術交流範圍的不斷擴大. 國際經濟一體化趨勢的不斷加深，國際環境對一個國家科學技術和經濟發展產生的影響越來越大。

科學技術發展日新月異，科技成果正以指數曲線迅速增加，科技成果轉化為現實生產力的周期也日益縮短，科學技術已經成為推動世界經濟發展的強大動力。

國際經濟競爭越來越表現為物化在商品中的科技水平競爭。國際競爭將成為影響科技進步的重要因素。

社會發展進步的步伐在不斷地加快，農業技術進步已面臨著新的機遇和挑戰。

適應經濟和社會結構調整的需要，許多國家的農業科技體系在不斷的改革和重組。有些國家加大了對生物技術的投資，有些則把自然資源的管理放到更加突出的位置，其它國家也在考慮如何調整今後的科研方向。

農業科技的發展趨勢

農業知識的需求變化：

農業問題與生態環境的關係日益密切，農村不但是農業的問題，而且對水資源供應、休閒和資源保護都關係極大。

發展中國家的資源退化從反面證明了農業的環境問題。要實現可持續發展，必須重視資源管理技術的研發。

農業競爭力的提高對農業科技提出了新要求，隨著國際化的深入，農業發展的前途在於專業化和拓寬外部市場，農業競爭力不再取決於生產成本，而取決於產品質量、及

時供應和滿足個性化需求，市場信息以及以市場需求為導向的研發將更加重要。傳統的研究集中在增產和降本，今後更要考慮到整個的供應鏈，包括生產者、貿易商、加工者、零售商等相關主體。

農業知識的供給變化：

農業生物技術研究日最重要，不僅能改進傳統研究技術的效率，而且可以克服傳統技術的約束，使農業技術研究進入一個新的時代。

基因標記和組織培養技術也已進入生產階段，生物技術的應用潛力目前還很難估計。技術研究同樣是改變農業面貌的重要力量，蘊藏著巨大的發展和應用潛力。

農業科技政策的變化：

主要是公共研究機構以及國有與民營科研機構之間分工的發展變化。

公共研究機構的效率和責任將得到關注和強化，儘管不能指望公共研究機構盈利，但它在使用公共資源上應當是有效率的、負責任的。

新的公共管理理論加強了公共活動目標和任務的細化，並相應加強目標評價機制。責任制管理意味著由投入為導向的管理轉向以產出為導向的管理，公共科技活動將實行項目制，明確活動的內容、目標和產出。

由於受到資源的約束，公共研究機構將收縮戰線，集中力量攻破重點，其它任務將分給民營機構承擔。

那些公共品性質比較明顯、屬於社會公益性質的科技任務將主要由公共科技機構承擔，國有與民營科技機構之間在任務分工上將處於一個動態均衡的過程中。

農業科技的計劃工作將日顯重要，科技機構不僅是高效率的，而且要對外部急速的發展變化，靈敏適度的作出反應。

制定科技計劃，要與科技組織的特點相適應。科技組織在內部管理上有一個效率問題，在適應外部環境上有一個適應性問題。

文化創意產業

主辦機關包括文化部、經濟部以及各直轄市、縣市政府文化局（處）。

根據臺灣文化創意產業推動服務網所公布的選定原則，文化創意產業有三項標準，包括：

就業人數多或參與人數多；

產值大或關聯效益大、成長潛力大；

原創性高或創新性高及附加價值高。

產業範疇

根據臺灣文化創意產業推動服務網所公布的選定原則，台灣的文化創意產業產業範圍包括：

文化部

視覺藝術產業：凡從事繪畫、雕塑及其他藝術品的創作、藝術品的拍賣零售、畫廊、藝術品展覽、藝術經紀代理、藝術品的公證鑑價、藝術品修復等之行業均屬之。

音樂與表演藝術產業：凡從事戲劇（劇本創作、戲劇訓練、表演等）、音樂劇及歌劇（樂曲創作、演奏訓練、表演等）、音樂的現場表演及作詞作曲、表演服裝設計與製作、表演造型設計、表演舞臺燈光設計、表演場地（大型劇院、小型劇院、音樂廳、露天舞臺等）、表演設施經營管理（劇院、音樂廳、露天廣場等）、表演藝術經紀代理、表演藝術硬體服務（道具製作與管理、舞臺搭設、燈光設備、音響工程等）、藝術節經營等之行業均屬之。

文化展演設施產業：凡從事美術館、博物館、藝術村等之行業均屬之。

工藝產業：凡從工藝創作、工藝設計、工藝品展售、工藝品鑑定製度等之行業均屬之。

電影產業：凡從事電影片創作、發行映演及電影周邊產製服務等之行業均屬之。

廣播電視產業：凡從事無線電、有線電、衛星廣播、電視經營及節目製作、供應之行業均屬之。

出版產業：凡從事新聞、雜誌（期刊）、書籍、唱片、錄音帶、電腦軟體等具有著作權商品發行之行業均屬之。但從事電影發行之行業應歸入 8520（電影片發行業）細類，從事廣播電視節目及錄影節目帶發行之行業應歸入 8630（廣播節目供應業）細類。

經濟部主辦

廣告產業：凡從各種媒體宣傳物之設計、繪製、攝影、模型、製作及裝置等行業均屬之。獨立經營分送廣告、招攬廣告之行業亦歸入本類。

產品設計產業：凡從事產品設計企劃、產品外觀設計、機構設計、原型與模型的製作、流行設計、專利商標設計、品牌視覺設計、平面視覺設計、包裝設計、網頁多媒體設計、設計諮詢顧問等之行業均屬之。

設計品牌時尚產業：凡從事以設計師為品牌之服飾設計、顧問、製造與流通之行業均屬之。

建築設計產業：凡從事建築設計、室內空間設計、展場設計、商場設計、指標設計、庭園設計、景觀設計、地景設計之行業均屬之。

創意生活產業：凡從事以創意整合生活產業之核心知識，提供具有深度體驗及高質美感之產業。

數位休閒娛樂產業：凡從事數位休閒娛樂設備、環境生態休閒服務及社會生活休閒服務等之行業均屬之。包括：

設備及服務：數位休閒娛樂設備--3DVR 設備、運動機臺、格鬥競賽機臺、導覽系統、電子販賣機臺、動感電影院設備等。

環境生態休閒服務--數位多媒體主題園區、動畫電影場景主題園區、博物展覽館等。

社會生活休閒服務--商場數位娛樂中心、社區數位娛樂中心、網路咖啡廳、親子娛樂學習中心、安親班／學校等。

第十五章 技術能力與技術來源

一、 技術及智慧財產權來源分析

NOTE

技術及智慧財產權來源分析：擬與業界、學術界及其他研究機構合作計畫。

顧問編列原則

☐ 國內顧問

（1）專任顧問：月酬勞請以 112,815 元編列為上限。

（2）兼任顧問：每月支領金額不超過 20 千元。

☐ 國外顧問

首先本表先提供給短期間顧問教授與副教授的每日薪酬參考，但以月計仍以顧問編列作撰寫依據。

項目	報酬（含生活費）		
	按日計酬	按月計酬	
級別	來台工作三個月以內者	來台工作三個月以上，不滿一年者	來台工作一年以上者
諾貝爾級	每人每日新台幣 13,080元	每人每月新台幣 279,260元	每人每月新台幣 252,665元
特聘講座	每人每日新台幣 9,810元	每人每月新台幣 212,770元	每人每月新台幣 199,470元
教授級	每人每日新台幣 8,175元	每人每月新台幣 172,875元	每人每月新台幣 159,580元
副教授級	每人每日新台幣 6,540元	每人每月新台幣 132,980元	每人每月新台幣 119,685元

EXAMPLE

本節主談智財權來源分析，並談及合作計劃，為了表達其具體內容，以表做說明較為恰當。

如下表，先說明顧問姓名或研究機構名稱，講明聘請或合作理由，次論及對本計劃重要性何在，簡單明瞭，此處仍敦請注意與其後編寫的預算和前面論述的技術含量提供須達一致性。

姓名	聘請理由	重要性
○○○	期望藉由○○○豐富之產官學經歷，…………： ①×××××× ②××××××	藉由○○○其豐富的學經歷………。
○○○	期望藉由○○○之品牌經營經驗，提供下列事項之輔導： ①××××××× ②×××××××	○○○不但是整合行銷傳播之專家，…………………。

說明顧問之重要著作、專利等相關成就，及擔任本計畫顧問是否影響目前任職單位或侵害他人智慧財產權等事項（檢附顧問之技術、學經歷及不違反智慧財產權保證等資料以為審查之依據）。

本章最後提供服務意向書範本（電子版），相關檔案及更多範例皆可在 **www.sbirme.org** 下載。

以下則是有關審查依據的說明範例，智財權部分有更須詳述分析部分後面章節，此處僅須簡單說明依據為何即可。

　　本計畫已取得顧問群「參與計畫同意書」，在擔任本計畫顧問期限內，將全力配合計畫之推行，所有因計畫所需而製作之文宣品等，智慧財產權歸 XXX 有限公司所有。

　　XXX 教授於五年內曾發表 11 篇 SCI 論文和 22 篇年會論文及 5 項發明專利。本次計劃微弧氧化鍍膜技術所使用之電源供應器，係使用高功率的脈衝波電源（方形波頻率 0.01-100,000Hz，正電壓/電流 +600V/+20A，負電壓/電流 -400/-20A），電解槽（500□300□600mm3）可控溫至-40C。此設備除了可作學術的製程研究外，也可作量產可行性的評估。目前國內學術界或研發單位僅有教授有此設備，而且該設備由教授利用國產設備自行組裝和自行開發的程式，且可完全程控和紀錄所有參數（Ton+，Toff+，Ton-，Toff-，V+，A+，V-，A-和溫度等），除了此製程設備楊教授於多年的表面處理理論基礎、研究和工廠實務經驗，將有助於本商業應用技術的開發，同時該實驗室已建立完整可靠的表面分析能力（膜厚、膜密度、膜微觀組織、膜微觀組織和化學成分及結晶結構等、光澤度、光反射率、色度、粗糙度、耐磨性、腐蝕性質、和疲勞特性等）。

　　本計劃是教授在經濟部中小企業處的『學界協助中小企業科技關懷計畫』下，協助完成。在本計畫研擬過程中曾委請教授做可行性評估，初步顯示在 7XXX 系列鋁合金利用微弧氧化技術處理的結果極為正面（耐磨性、耐腐蝕性），但仍有表面多孔層會造成刀具剪切時崩落或磨損的疑慮和不耐敲打等問題。因此需要委託教授就微弧氧化技術在工具刀具需求上（硬度高、韌性佳）做一系統完整的研究及探討利用複合膜（MAO/化學鎳、MAO/電鍍鎳等）來解決表面韌性不足問題的相關研究。

　　委託 XX 材料科技股份有限公司勞務項目為材料設計、板材熱機處理技術-----主要原因是此公司已申請多項關鍵專利與特殊板材技術能力與本計畫有關，例如；（1）台灣

/95119894（95 年專利申請中）具有奈米複合相之鋁合金技術：一種具有奈米複合相之鋁合金，其係包含重量百分比之錳 0.1%至 7.0%、鎂 1.0%至 6.0%、鈧 0.01%至 1.5%，及其餘為鋁。藉由在錳鎂鋁合金中加入鈧〔Sc〕元素，使該鋁合金中係形成長圓柱體之奈米複合相，進而相對提升該鋁合金之物理性質及機械性質。（2）台灣/097106713（97 年專利申請中）容易焊接之高強度鋁合金型材之製作方法。

說明合作方式、作法、權利歸屬、計價方式及可行性分析

這段請讀者先看以下表列式說明，合作方式本例是顧問，當然也可以是合夥聯盟、合股等，權利部分則如實撰寫，只是內容須與其後之計價基礎成對等對價關係呈現，可行性簡單回答即可，風險及因應這部分委員會有較高了解，請認真斟酌書寫，重要再讓委員採信本計劃得到的補助及所因應的風險是可預期可控制的範圍之中。

EXAMPLE

合作對象	合作方式	權利歸屬	計價基礎	可行性分析	風險及因應
○○○	顧問	所有權歸屬◎◎◎◎公司所有。	94.12~95.12 顧問費○○○仟元	高	簽署合作契約權利義務由雙方協商議定。
○○○	顧問	使用權歸屬◎◎◎◎公司所有。	94.12~95.12 顧問費○○○仟元	高	簽署合作契約權利義務由雙方協商議定。

表格式寫法外也可以條列式說明以下是範例：

EXAMPLE

A. 對象背景與合作方式：

　　1. 專利申請事項委託 XXXX`財產權事務所 代為申請 穿插機用：

　　　『有價證券驗偽及堆疊裝置』 新行專利申請案號 1XX203234 號。

　　2. 電路板設計好後 委託 XX 科技代為製板。

B. 國內首創 XXXXX 兩機合一，其智慧財產權已經送請申請專利。機構 外型均是自行設計。

表格式寫法也有再加起訖期間的必要，尤其在長期間與多對象合作的說明中，時間的起訖有時是重要關注的重點。

EXAMPLE

項　目	對象	經費	內容	起迄期間
技術及智慧財產權移轉	XXX生醫材料供應商	300	XXX材料之提供與檢測	
委託研究	SGS	70	進行各項力學測試	100/07~10
委託研究	XX生技	135	進行滅菌和包材完整性測試	100/10~101/01
委託研究	XXXX醫院創新育成中心		進行XXX產品試用	
委託勞務	中國XX	3	代為從事XXXX滅菌	100/09
委託勞務	XX企業	200	代為從事模具製作	100/03~04
委託勞務	XX科技	5	代為從事XXXX落菌檢測	100/07
委託勞務	XXX		產品之試製與小量試產	
委託勞務	專利申請		發明專利、新樣式專利申請	
委託設計	無	0		

註：各項引進計畫及委託研究計畫均應將明確對象註明，並附契約書、協議書或專利證書（如為外文請附中譯本）等相關必要資料影本，如尚未完成簽約，須附雙方簽署之合作意願書（備忘錄）。

EXAMPLE

項　目	對象	經費	內容	起迄期間
顧問諮詢		400千元	1. 技術教育訓練。餐飲產品開發及上市之市場分析及行銷策略。 2. 技術資料庫建立。掌控產量與技術之執行度。	自99年7月1日至100年4月30日
委託設計	智淵管理顧問有限公司	400千元	根據依統計方法，將結果數據製成回應表。依回應表作成回應圖分析結果，選定最佳之因素水準，並將選定之因素水準，進行製程平均推定。必要時針對因素，進行變異數與S/N 之分析，採製程平均推定、或S/N 分析。製程之最適條件產品。最適組合的配方產品。最適組合的配方產品。	自99年7月1日至100年4月30日

註：各項引進計畫及委託研究計畫均應將明確對象註明，並附契約書、協議書或專利證書（如為外文請附中譯本）等相關必要資料影本，如尚未完成簽約，須附雙方簽署之合作意願書（備忘錄）。

二、 技術及智慧財產權來源對象背景、技術及智慧財產權能力及合作方式說明

EXAMPLE

　　本研究計畫分別請智淵管理顧問有限公司聘用二位兼任研究助理，其中一位博士班兼任助理為目前江博士於中原大學工業工程與系統管理學系指導的博士班學生。另外一位碩士班兼任助理待聘中，預計於計畫主持人所指導的研究生中甄選。二位兼任研究助理透過本研究計畫的參與，將可深入學習服務系統設計與管理相關專業知識之外，同時亦可熟悉資料撿索，文獻收集，與襄助研究的經驗，以備將來獨立或共同研究之能力。本計畫之臨時人力將請主持人任教之大學部學生兼任之。該生透過本研究計畫的參與將可學習到研究設計與執行的方法，並支援資料登錄與檔案管理等工作。

EXAMPLE

研究團隊介紹

（一）團隊特色

　　台灣 XXXX 研究是由一群具有多年市場研究經驗的專業人員所組成，成員具有傳播、統計、科技管理、企管等專業背景，每位成員都擁有碩士學位，並且具有豐富的研究經驗，過去執行的專案涵蓋各類產業及產品，台灣 XXXX 研究以專業的知識和嚴謹的態度進行研究，並提供最精準的市場情報，滿足客戶的需求。

（二）團隊優勢

1. 精確掌握企業動態

　　台灣 XXXX 研究定位為國內產業發展 XXXX 之觀察者，因此特別投注相當之人力與資源，收集各產業之企業名錄及其經營績效，以備各種產業調查之用。此外，亦透過各種產業調查專案，持續更新企業資料庫，以使台灣 XXXX 研究所收集之企業名錄與營運基本資料得以隨時保持在最新之狀態。

2. 堅強的調查訪問團隊

　　台灣 XXXX 研究之訪員皆受過嚴格之調查訓練，並具備 10 年以上之商業性調查訪問經驗，曾經訪問之對象包含：企業經理人、醫生、學者、政府官員、民意代表、台商…等等，因此皆具有高度之應對進退能力及訪問技巧。

3. 專業的研究分析

　　台灣 XXXX 研究之成員皆具有多年市場研究與民意調查之經驗，無論是量化研究的問卷調查法、實驗法，抑或質化研究的深度訪談、焦點團體座談等各種方法，皆相當熟稔且能掌握箇中要點。除此之外，更結合各領域之學者、專家，以做為各種研究專案之智庫，進而提供客戶更具建設性之研究成果。

4. 熟悉數位學習產業調查

台灣 XXXX 研究之成員曾參與過去的企業導入數位學習調查,以及數位學習產業現況調查,因此熟悉數位學習產業,具備數位學習產業調查的豐富經驗,能確實掌握調查的執行情形,提供更深入的研究成果及研究建議。

(三)團隊調查研究經驗

1. 產業研究

數位學習產業、資訊系統產業、雜誌出版產業、油品產業、安全產業、肉品產業、衛浴產業、機械產業、電子製造業、觀光業、餐飲業、馬達產業、食品加工業、珠寶產業、醫療產業、音樂出版產業、會展產業、化工產業……等等。

2. 市場調查

婚戒消費行為調查、雜誌消費及閱讀行為調查、豬肉消費行為調查、調味料市場調查、零售通路市場調查、墨水匣市場調查、商圈開發計畫市場調查、遊客滿意度與遊客行為調查、企業儲存設備市場調查、ERP 市場調查、電子製造業顧客滿意度調查、醫療器材顧客滿意度調查、運動用品品牌認知度調查、背包品牌認知度調查、民眾文化消費行為調查、運輸系統潛在顧客調查、資源回收業市場調查……等等。

3. 民意調查

中央部會政風調查、各級地方政府政風調查、政府施政滿意度調查、公務機關服務滿意度調查、政府形象民意調查、電廠環境影響評估民意調查、碼頭環境影響評估民意調查、公路環境影響評估民意調查、兩岸政策民意調查、台商民意調查、公共建設回饋金民意調查……等等。

EXAMPLE

　　本計劃將產品製成之勞務委託予以 XXx 國際科技股份有限公司,由本公司自行完成研發與設計產品之規格後,由有製造醫療器材豐富經驗的 XXX 國際科技股份有限公司負責將產品實際的試作出樣品。本計劃將產品臨床研究之研究委託由 XXX 醫院之創新育成中心幫助本創新之 XX 產品進行實際的臨床效用,確保此商品能夠實際為病瘓帶來實際的生活功能改善。另外,本計畫已取得顧問群「參與計畫同意書」,在擔任本計畫顧問期限內,將全力配合計畫之推行,且智慧財產權歸 XXXXX 股份有限公司所有。

顧問人員一攬表

姓名	學歷	經歷	年資	目前任職單位及職稱	本計畫指導項目	指導期間	顧問費
蔡 XX				神經外科主任/XXXX 紀念醫院			
陳 XX				神經外科主治醫師/XXXX 紀念醫院			

經濟部 XXXXXXXXXXXXXXX 補（捐）助計畫
服務意向書（影本）

立意向書人：

_____XXXXXXX 國際有限公司_____ （申請企業；以下簡稱甲方）

_____XXXXXXX 大學_____ （知識服務機構；以下簡稱乙方）

　　雙方茲為 100 年度 XXX 創新 XXXX 補助計畫申請案及未來相關合作事宜，特議定本合作意向書（以下稱本意向書），以資遵循。

第一條　：合作緣起

　　　　XXXX 有限公司（甲方）因提案向經濟部 XXXX 處提案申請中小企業創新 XXXXX 補（捐）助計畫，進行創新服務相關研發活動，為有效運用研發資源而尋求客製化服務，雙方同意合作研提 XX 年 XXXXXXXXXXXXX 補助案，特簽訂本意向書。

第二條　：合作內容

　　　　XXXX 大學（乙方）提供的服務內容依計畫申請書內所陳述，並經甲乙雙方共識認可，取得補助計畫後同意依所陳內容執行，沒有異議。

第三條　：保密協定

一、本條所稱之「機密資訊」係指：揭露資訊之一方（揭露方）明文標示或經口頭指定為機密，或於各種情況下應當認定為機密資訊之各類資訊、文件或物品（包括但不限於基於本合作事宜由甲方所提供之軟體、雙方討論之合作內容、合作條件以及所取得或持有參與成員要求保密之所有資料與資訊。）

二、未經揭露方事先書面同意，接受資訊之一方（接受方）不得洩露前項之機密資訊於第三者，或私自複製及運作於其它作業，該等保密義務於本備忘錄失效或終止後亦同。

三、揭露方向接受方揭露之「機密資訊」，其所有權、專利權、著作權、營業秘密或技術秘竅（KNOW-HOW）係揭露方或其原授權人所有，接受方不得據為己有而申請專利權、著作權等其他智慧財產權，或使第三人申請前述權利。

四、接受方成員因可歸責於己之事由，違反本條款之規定致揭露方受有損害者，收受方應負賠償責任。

五、本條義務於本備忘錄屆期或終止後仍然有效，且接受方應依揭露方之要求銷毀或返還機密文件、物品、設備，不留存任何備份。

第四條　：智慧財產權

一、雙方不因本合作關係而當然授權或讓予任何專利權、著作權、商標、營業秘密、技術秘竅（KNOW-HOW）、其他智慧財產權或其他財產權予他方。

二、雙方保證其所提供之文件資訊絕無侵害任何第三人之智慧財產權，任一方因使用前述之文件資訊而導致被訴或被請求時，由可歸責之一方負責賠償（包括但不限於律師費、經判決確定之訴訟費與他方因此所受之損失）。

第五條　：效力

本意向書之有效期間自簽約日起生效，除因第六條終止本意向書外，於生效日起三個月內，雙方如未能議定正式合約，本意向書即失其效力。

第六條 ：終止

任一方擬終止本服務意向書，應以書面通知他方，惟本服務意向書終止後，並不影響第三條與第四條之效力。

第七條 ：費用與責任分擔方式

在本服務意向書有效期間內，任一方對於因可歸責於己之事由所發生的經費與責任，均應自行負擔。

第八條 ：爭議解決方式

本意向書未定事宜，雙方應本誠信原則及商業習慣共同協議解決，若仍有未盡事宜，依中華民國法律處理之。如因本意向書爭議涉訟時，應以台灣台北地方法院為第一審管轄法院。

第九條 ：附則

本意向書一式二份，由雙方各執正本一份。

立意向書人

甲方　XXXXXXX 公司
授權代表人：XXXXXXX
地　　　址：XXXXXXXXXXXXXXXXXXXXXXXXXXX
代表人（企業負責人）：XXXXXX
聯　絡　電話：0936XXXXXXXXX

乙方　XXXX 大學 XXX 系
代　表　人：XXXX
地　　　址：XXXXXXXXX
聯　絡　人：XXX
聯　絡　電話：29XXXXXXX

第十六章 量化非量化 預期效益

第一節 依計畫性質提出具體、量化之分析及產生效益之時間點、及產生效益之相關的必要配合措施。

量化具體之分析沒學過統計學的撰寫者在這部分真的是容易受挫的。甚至委員的詢問中涉及演算要求，那更是讓沒有這方面訓練基礎的人窘困不已。

由樣本推估母體的線性回歸分析是簡單又具說服力的解釋工具，先從時間序列預測模式說起。

具有成長及季節性因素的產品需求

時間序列預測模式

- 依照過去資料來預測未來

- 選擇預測模型的取決條件

- 預測的時間範圍

- 資料的取得性

- 需要的準確度

- 預測的預算之多寡

- 合格人員的取得

- 其他像是公司的彈性及預測錯誤的影響

量化之分析

1. 線性迴歸分析

    - 迴歸分析的定義為兩個或兩者以上相關（Correlated）變數的關係。

    - 線性回歸分析過程最好預先搭配散佈圖，配合相關係數 r 值（$-1 \leq r \leq 1$），觀察正相關與負相關趨勢。

    - 線性迴歸分析是迴歸分析法的特例，主要就是基於變數間的關係將形成一條直線的分佈。

    - 型式： $Y = a + bX$ 　　　目視法 　　　最小平方分析法

2. 目視法

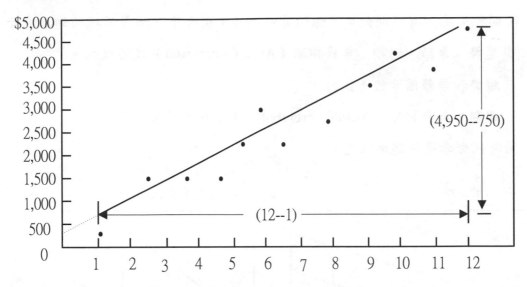

畫一條看起來似乎切合資料樣本分佈的直線（用尺即可）

決定截點 a 和斜率 b 的值

$$Y = 400 + 382X$$

3. 最小平方分析法

- 求出所有的資料點與它相對應之迴歸線對應點間垂直距離的平方加總之最小值。

- 標準差：代表直線和資料間的接近程度。

(1) x	(2) y	(3) xy	(4) x^2	(5) y^2	(6) Y
1	600	600	1	360,000	801.3
2	1,550	3,100	4	2,402,500	1,160.9
3	1,500	4,500	9	2,250,000	1,520.5
4	1,500	6,000	16	2,250,000	1,880.1
5	2,400	12,000	25	5,760,000	2,239.7
6	3,100	18,600	36	9,610,000	2,599.4
7	2,600	18,200	49	6,760,000	2,959.0
8	2,900	23,200	64	8,410,000	3,318.6
9	3,800	34,200	81	14,440,000	3,678.2
10	4,500	45,000	100	20,250,000	4,037.8
11	4,000	44,000	121	16,000,000	4,397.4
12	4,900	58,800	144	24,010,000	4,757.1
78	33,350	268,200	650	112,502,500	

$$Y = 441.66 + 359.6\ X$$

4. 時間數列的分解

- 時間數列為一有時間先後關係的資料，其中包含了一種或多種的需求因素。

    - 趨勢、季節、週期、自我相關（Auto Correlated）或隨機性。

    - 趨勢和季節因素較易找出。

    - 週期、自我相關（Auto Correlated）或隨機性不易找出。

- 同時包含季節與趨勢效應：

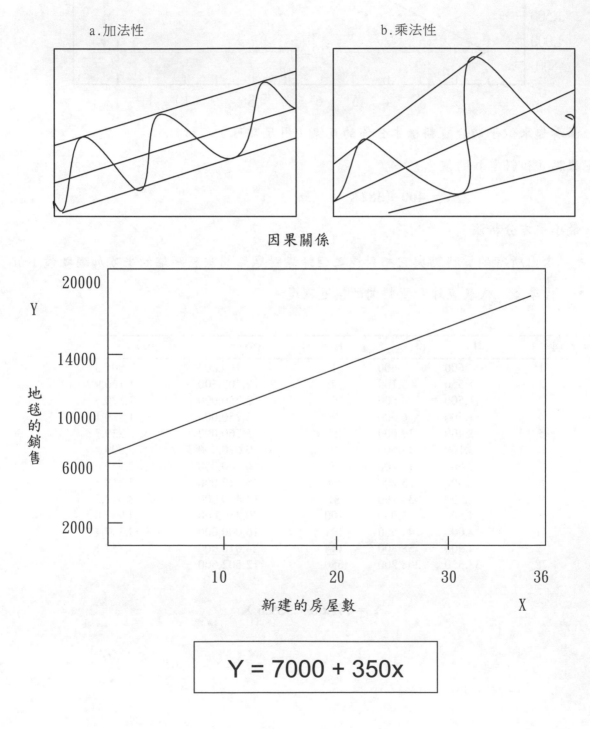

a.加法性　　　　　　　　　b.乘法性

因果關係

$$Y = 7000 + 350x$$

5. 多變量迴歸分析

- 多變量迴歸分析

  將所有可能產生影響作用的變數都列入考慮。

- 例題：

  $S=B+Bm（M）+Bh（H）+Bi（I）+Bt（T）$

S=年度總銷售量	H=年度新建房屋數
B=基本銷售額	I=年度可支配所得
M=年度結婚人數	T=時間趨勢

- 適用於許多變數會影響單一變數的預測

演算看不懂或不會操作沒關係，請聯繫作者排時間教授或就近請教會的人，仔細幫自己的產品產值演算一遍，其實仔細推敲以下所附範例應該不難理解。重點是委員口頭詢問，你得說出來龍去脈哦！！

此外補充一句，預期效益量化分析部份說得清楚，計畫幾乎有一半已取得整體可行的程度了。

對於本節的要求以下提供已表格是說明的範例，措施部分如為服務業則強調行銷、價格、管道與聯盟'的說明，細節在「研發策略、步驟、方法」章節有充分說明，請回頭研讀，加寫道配合措施與評估這裡。

此外以下名詞可參考寫入你的行銷：

- 訂閱模式（The subscription business model）

- 餌鉤模式（The razor and blades business model（bait and hook））

- 層壓式推銷模式（The pyramid scheme business model）

- 多層式推銷模式（The multi-level marketing business model）

- 網絡效應模式（The network effects business model）

- 壟斷模式（The monopolistic business model）

- 直銷模式（The cutting out the middleman model）

- 拍賣模式（The auction business model）

- 在線拍賣模式（The online auction business model）

- 特許經營模式（Franchising）

- 忠誠模式（The Loyalty business models）

- 集合模式（The Collective business models）

- 服務工業化模式（The industrialization of services business model）

- 產品服務化模式（The servitization of products business model）

- 低成本運送模式（The low-cost carrier business model）

- 在線內容模式（The online content business model）

網際網路行業的營運模式

- 門戶模式，如：Yahoo!

- C2C 模式，如：ebay

- 搜索模式，如：Google

- 實時搜索，如：Twitter

- 社交網絡，如：Facebook

- 社交+商務模式，如：Groupon

- 影片分享，如：YouTube

再次叮嚀，本範例具體量化分析部分在前面回歸演算部分不能少。

EXAMPLE

項次	完成工作	具體、量化分析	產生效益時間點	配合措施與評估
1	XXXX 韌體功能設計	配合軟體可以完成 XXXMS/s 取樣的功能。	2011 年 5 月	使用交錯的方式做取樣。
2	核心控制程式設計	可以控制硬體做 XXXMS/s 的取樣並讀取資料。	2011 年 8 月	使用 VC++做開發。
3	XXXX Place & Route	每個檔位的取樣率的資料與動作都正確且沒有突波。	2011 年 4 月	使用 10 台以上的機器做 24 小時以上的測試。
4	電源電路設計	最高取樣率時，總電源消耗在 XXXmA 以下。	2011 年 5 月	記錄各組電源的消耗電流與總電流。
5	增益控制電路設計	每個檔位電壓誤差在 2％以	2011 年 5 月	配合高精度電錶做驗證。

項次	完成工作	具體、量化分析	產生效益時間點	配合措施與評估
		下。		
6	倍頻取樣電路設計	達到取樣率 XXXMS/s。	2011 年 8 月	耗電流也要控制在範圍之內。
7	EMI 問題處理	符合 CE 與 FCC 標準。	2011 年 5 月	配合 XX 桃園分公司實驗室做測試。
8	使用者介面程式設計	完成使用者介面程式設計。	2011 年 7 月	使用 VC++ 做開發。
9	完整功能驗證與測試	全部軟硬體功能測試完成。	2011 年 8 月	除本公司自行測試外，另請客戶工程師試用。
10	CE 與 FCC 規範測試	得到 CE 與 FCC 認證。	2011 年 8 月	委託 XX 桃園分公司

6. 柯布-道格拉斯生產函數

柯布-道格拉斯生產函數的基本形式為：

$$Y = A（t）L\alpha K\beta\mu$$

式中 Y 是工業總產值，At 是綜合技術水平，L 是投入的勞動力數（單位是萬人或人），K 是投入的資本，一般指固定資產淨值（單位是億元或萬元，但必須與勞動力數的單位相對應，如勞動力用萬人作單位，固定資產淨值就用億元作單位），α 是勞動力產出的彈性係數，β 是資本產出的彈性係數，μ 表示隨機干擾的影響，μ≤1。從這個模型看出，決定工業系統發展水平的主要因素是投入的勞動力數、固定資產和綜合技術水平（包括經營管理水平、勞動力素質、引進先進技術等）。根據 α 和 β 的組合情況，它有三種類型：

1. α＋β>1，稱為遞增報酬型，表明按現有技術用擴大生產規模來增加產出是有利的。

2. α＋β<1，稱為遞減報酬型，表明按現有技術用擴大生產規模來增加產出是得不償失的。

3. α＋β＝1，稱為不變報酬型，表明生產效率並不會隨著生產規模的擴大而提高，只有提高技術水平，才會提高經濟效益。

美國經濟學家 RM 斯諾提出的中性技術模式即斯諾模型屬於不變報酬型。當 μ＝1 時，斯諾模型為：

$$Y=A(t)L_{1-\varepsilon}K_\varepsilon \quad 或$$

$A(t)$ 值越大，水平越高。

根據柯布-道格拉斯生產函數可以得到下列經濟參數（設 $\mu=1$）：

 （1）　勞動力邊際生產力表示在資產不變時增加單位勞動力所增加的產值。

 （2）　資產邊際生產力表示在勞動力不變時增加單位資產所增加的產值。

 （3）　勞力對資產的邊際代換率表示產值不變時增加單位勞動力所能減少的資產值。

 （4）　勞動力產出彈性係數，表示勞動力投入的變化引起產值的變化的速率。

 （5）　資產產出彈性係數，表示資產投入的變化引起產值變化的速率。國際上一般取 $\alpha=0.2\sim0.4$，$\beta=0.8\sim0.6$。

某企業近 10 年增加值與資本和勞動投入。

7.　回歸估計法

回歸估計法亦是在假定規模報酬不變（$\beta_1+\beta_2=1$）的條件下，利用最小二乘法估計參數 a、β_1 和 β_2，進而測定科技進步、資本增長、勞動增長對產出增長的貢獻率。柯布一道格拉斯生產函數兩邊取對數得：

$\lg y=\lg a+\beta_1 \lg_K+\beta_2 \lg_L$

$=\lg a+\beta_1 \lg_K+(1-\beta_1) \lg_L$

$\lg y-\lg_L=\lg a+\beta_1 (\lg_K-\lg_L)$

這是一個一元線性回歸模型，可用最小二乘法估計 $\lg a$ 和 β_1，用 $1-\beta_1$ 求得 β_2，進而可測定科技進步、資本增長、勞動增長對產出增長的貢獻率。

用最小二乘法估計的回歸模型為：

$$R=0.918；F=43.056；SE=0.0990$$

模型各項檢驗具有顯著性。據此可求得科技進步率 a=1.2503，資本產出彈性係數 $\beta_1=0.847$，勞動產出彈性係數 $\beta_2=0.153$，測定的科技進步、資本增長、勞動增長對產出增長的貢獻率分別為 15.75%、73.39% 和 9.06%。由於貢獻率之和不等於 100%，調整後分別為 16.04%、74.74% 和 9.22%

EXAMPLE

1. 提升我國產業水準方面而言：

（1）成本方面：

本公司已與專業電腦馬桶座開發廠商進行策略聯盟，掌握各項零組件之開發，相較於其他僅經營品牌的廠商，本公司具有成本優勢。

（2）服務方面：

結合集團資源，掌握完整的技術與維修團隊，可提供完整的商品售後服務。

2. 競爭優勢而言：

（1）品質優勢：

品牌已成功邁向國際舞台，市場足跡遍及歐、美、日，具有一定的品質優勢。

（2）環境優勢：

國人健康意識抬頭、環保意識抬頭、消費者意識抬頭，以及居家照護產業積極發展，健康檢查已成趨勢，提供本案產品相當有利的市場機會。

（3）公司定位優勢：

本公司定位於生活科技，成功轉型成為專業品牌經銷商，致力於以個人保健提升居家衛浴品質，該項定位易取得醫療健檢單位的支持。

EXAMPLE

（1）提升研發能量，建立機能性紡織品 － 長效型消臭及抗菌織物及新型複合機能紡織品之生產關鍵技術。

（2）增加機能性產品品項，產品由一般運動用紡織品延伸至戶外休閒運動用紡織品之範疇，擴大市場廣度。

（3）建立自有複合機能性紡織品品牌。

經濟效益	財務效益	*1.94 年度營業額 30546 仟元 95 年度營業額 50000 仟元	全公司營業額增加 19454 仟元
		*3.94 年度獲利率 0.5 % 95 年度獲利率 0.95 %	全公司獲利率增加 0.45%
		*5.增加投資額	9,500 仟元
	研發投資效益	*1.95 年度投入研發費用	5600 仟元
		*2.95 年度投入研發費用增加金額	3500 仟元
		*3.95 年度研發費用率(研發費用/營業額)	11.2%
		*4.95 年度因計畫增加採購之設備金額	4,600 仟元
	成本效益	1.成本降低	2500 仟元
		2.降低總工時	1 小時/week
		3.提高人年產值	900~1,000 仟元
	開創新事業	營業據點增加數	1 個

EXAMPLE

1. 企業內部

　（1）就業機會增加 13 個。

　（2）成立新單位 1 個（97 年 9 月於台中新成立研發與行銷中心，作為本公司之全球運籌中心）。

2. 企業外部

　（1）因本計畫提昇營業額 519.5 仟元。

　（2）投入研發經費 2,100 仟元。

EXAMPLE

1. 增加產值 10,237 千元：預計招募【錢多點理財網子網站】成立 15 家，每家財務顧問至少為 25 位，每位收費 27,300 元（99 年 10 月達成）。

2. 產出新產品或服務共 4 項：技術培訓、服務認證、行銷支援、KISS 軟體。（98 年 10 月達成）。

3. 衍生商品或服務數共 2 項：（98 年 10 月達成）。

   （1）教育訓練與台灣金融研訓院、文化大學合作，採專業分工方式互助。

   （2）軟體與廣媒宣傳搭配今周刊、鉅亨網合作，建立策略聯盟之雙贏關係。

4. 投入研發費用 3,800 千元：公司自籌款 2,000 千元，政府補助 1,800 千元。（98 年 10 月達成）。

5. 促成投資額 25,000 千元：目前資本額為 5,000 千元，預計於 99 年透過募資增資至 30,000 千元（99 年 10 月達成）。

6. 降低成本 18,225 千元：依據第一項子網站 15 家，每家財務顧問至少為 25 位，每位至少每月諮詢 3 次，而每次諮詢成本降低 50%以上，若以每次諮詢費為 2,700 元計算，則可降低 18,225 仟元，藉由成本大幅降低才能讓一般收入者更容易接觸理財顧問（99 年 10 月達成）。

7. 增加就業人數 375 人：依據第一項子網站 15 家，每家財務顧問至少為 25 位可得（99 年 10 月達成）。

8. 成立新公司 3 家：依據第一項子網站 15 家，預估其中新團隊（公司）佔 20%（99 年 10 月達成）。

9. 發明專利共 1 件：預計以網站平台營運模式申請發明專利一件（99 年 10 月達成）。

10. 新型、新式樣專利共 0 件。

11. 期刊論文共 2 篇。

12. 研討會論文共 2 篇。

EXAMPLE

預期效果及影響

一、預期效果

（一） 增進我國藝術與設計人才的質與量，提昇我國藝術與設計能力達國際水準，提供足夠發展文化創意產業的人才需求與素質。

（二） 建立國際專業人才顧問與網絡關係，成為台灣發展文化創意產業的助力與資源，拓展國際行銷與全球市場。

（三）　吸引大量國際專業人才來台進行各項活動，使台灣成為亞太地區藝術與設計的教育訓練與知識交流中心。厚植台灣未來文化創意產業的發展實力與國際競爭力。

（四）　透過本計畫人才的養成，可望對台灣文化產業的研發、創作、製作、技術等，帶來新創的動力與資源，厚植台灣未來文化創意產業的發展實力與國際競爭力。

（五）　提昇我國藝術與設計能力達國際水準，增加我國藝術與設計人才在國際舞台之曝光度，並在國際性比賽或競賽中獲獎項之類別與數量皆能顯著增加。

（六）　吸引跨國文化創意產業在台灣設立辦事處或區域總部，以增加我國相關產業之經濟產值與就業人口，提昇台灣產業競爭優勢。

（七）　鼓勵全民在日常生活中即注重藝術與設計美感經驗，藉由國際交流合作經驗，成為富有氣質與內涵的國際公民。

EXAMPLE

一、　藉由本計畫之建置，各類學習素材資源可透過 Podcast 的傳播方式，培育系（所）數位科技實務人才，回饋教師教學技術之提昇與教學效益，促進數位化教學之推展 。

二、　導入 Web 2.0 的 Podcast 的技術應用，建構相關平台，讓教學的影片、聲音、電子文件資料得以被有效的傳播與保存。

三、　建立 Web 2.0 的 Podcast 多媒體行動學習模式，讓學習不受時間與空間的限制，同學可以把校園生活與學校課程，隨身帶著走，未來同學可以選擇最佳狀態與環境來瀏覽學習，進而提高學習的成效。

四、　提供學生的參與機制平台，學生在管理自己的頻道的過程中得到：學習成就的自我肯定、同儕的合作與良性競爭。

五、　ICT 融入教學成果展示：

　　　igt 播客系統可提供老師建立專屬個人的頻道，在這個頻道內不論是影片、廣播、視覺影像、靜態圖文資料，老師都能將上述檔案內容上傳到自己的頻道，提供學生訂閱瀏覽學習與分享。

　　　在教材成果作品中，老師與教學助理（TA）從內容收集、腳本撰寫、口語表達、後製等過程經驗的累積，無形中培養 ICT（Information and Communication Technology）資訊與通訊科技能力。『igt 播客系統』不但提供老師建立自己個人媒體平台做為個人行銷，隨著老師的教材內容累積到播客系統，未來這些可攜式的數位教學內容也都將成為學校最珍貴的資產，同時有效幫助學校在招生宣導上，樹立更優質而專業的形象。

延伸目標效益：

- 學生能運用資訊科技增進學習與生活能力。（可開放學生建立頻道，學習 ict 技能）

- 教師能善用資訊科技提升教學品質。強化資訊科技應用於教學環境。

第二節　說明本計畫完成後

相較於量化分析，非量化部分好寫容易多了，層次注意邏輯性並看完例子大概就沒問題了。

先看下方圖例

層次上非量化的格式建議分三層次來撰寫，我們分別給予範例，相信讀者下筆不會有太大困難。

對公司之影響：

如研發能量建立、研發人員質/量提升、研發制度建立、跨高科技領域、技術升級、國際化或企業轉型......等。

EXAMPLE

1. 對公司之影響：如研發能量建立、研發人員質/量提升、研發制度建立、跨高科技領域、技術 升級、國際化或企業轉型......等。

    (1) 執行本計畫後，將可使企業由傳統加工粉圓產業轉換成粉圓的專業化製廠，對於研發人員素質的提昇、人才的培育皆有向上提升的力量，可促進產業技術升級。

    (2) 本公司原銷售通路多是飲料販賣業者和外銷至國外，提供生粉圓或是熟粉圓產品。本計畫執行後，不僅增加產品的品項多元化，更是提高銷售通路的廣度。

    (3) 透過與設計公司合作，開發設計出微波即可食用的粉圓飲品暨專屬杯，與一般市售的手搖杯粉圓飲品做出區隔，並透過珍珠奶茶在全球持續發燒的魅力加持，更可將此新形態設計的珍珠飲品外銷世界各國，創造更多商機，拓展外銷能力並提升產品競爭力。

EXAMPLE

1. 研發能量建立

本公司具備優秀研發人才，並申請多國專利，將有效提供研發資源，強化研發能量。

2. 研發人員質/量提升

研發單位多年來致力於更好、創新的關鍵技術做為研發的重心。

(1) 本公司將提昇公司營運績效及提供經營轉型之契機。

(2) 2 本計劃研發過程中，聘用相關研發人員，以提升研發品質並加速研發時程。

3. 研發制度建

經由多次研發經驗的累積公司得以建立較為健全的研發制度，有助於日後公司在進行創新技術開發時，能更為順利且有效的完成研發目標。

EXAMPLE

提昇研究開發能力：此項產品開發的過程中，將會累積可貴的研發經驗，提昇沛瑞科技的研究開發能力。

建立品牌知名度：本示波器開發完成後，最高取樣率是其他國內外類似產品的兩倍，因此必定是儀器市場上十分受矚目的產品，連帶的也打響沛瑞科技的名號。

提昇公司認同價值：開發出領先業界的產品，有助於公司內部士氣的建立，增加對公司的認同感與向心力。

提昇公司技術信任度：開發出指標性產品，對於事業剛起步的我們是很好的宣傳，有助於建立沛瑞科技的品牌價值與塑立領導形象。

對國內產業發展之影響及關連性：如替代進口值、提升上下游產業品質及技術、生態環境保護及污染防治、公安衛生防護……等。

EXAMPLE

1. 產值貢獻

本計劃技術的改良、研發、產業間的連結之連鎖效應，將會帶來可觀的數值，並藉由成本優勢及品質優勢將使技術留在台灣，使台灣產業茁壯發展。

2. 對產業技術研發水準之提昇

本計劃之創新技術，將為大眾提升生活的便利性及生活品質，預計將會有其他廠商提入相關研發，提昇產業之水準，增加良性競爭力。

3. 上下游產業的提升

本計畫產出之產品，必須運用許多相關原物料、儀器及零組件，因此本計劃除了增加公司營收外，也將提升其他廠商產值。

EXAMPLE

(1) 本計畫透過設計公司協助本公司，以其專長之粉圓生產技術來開發新產品。由於開發的重點在於結合新技術與素材，透過產品設計的手法，除了提升產品設計質感，也相對提升國內相關粉圓產品之設計水平，更提高粉圓產品的附加價值及競爭力。

(2) 微波即可食用之熟粉圓產品之研發成功是建立於許多傳統乾燥技術及機械設備上的突破，這些技術開發之成果提升了公司的研發及製造能力，與傳統食品加工產業做出區隔，且本計畫新型態的產品設計和新通路的開發，為市場帶來更多樣化消費性選擇。

(3) 黑心食品一直是大眾所關心的議題，藉由本計畫推出的新產品，完全不添加任何防腐劑，也能維持應有的產品品質，希望帶給消費者更健康、便利之粉圓飲品，擺脫傳統甜品添加防腐劑之負面形象，提高消費者的信賴度及購買意願。

其他社會貢獻：如對產業界、學術界、研究機構、公益團體、鄉鎮社區、偏遠地區、弱勢團體…等，增列社會公益之投入、建立平台作創新成果之擴散應用或結合研究機構、公益團體、產業界、弱勢族群、鄉鎮社區、偏遠地區等推廣活動或發表會、與學術界進行交流與研究並提供創新經驗與歷程或於學校講座進行演講…等。

EXAMPLE

　　本計畫委由專業設計公司設計外，同時還有台灣創意設計中心之輔導，本公司除了從協助本計畫進行外，並加強公司內部人員品牌行銷及設計等知識，有利於未來產品之推廣。

　　透過產學合作，增進產業對於創新設計的熟悉程度，提高未來產品應用範疇廣度。經由過程彼此互相討論交流，激發更多不同的設計構思與創意思維。

EXAMPLE

　　台灣高亮度 LED 已進入世界排名，全球競爭力大幅提升。台灣 LED 中下游的晶粒切割、封裝和應用產業結構完整，上游磊晶片的研發、生產也在快速成長中，將具有成為全球第一大 LED 生產國的實力，本計劃將研發添加有效之催化劑，不僅可以降低螢光粉的合成溫度，還可縮短螢光粉的合成時間，更可以有效提升螢光合成的百分比，**依本公司之研發經驗及研發人才將可找到合適的螢光粉催化劑，用以提升螢光粉的效率，以對台灣 LED 產業產生貢獻。**

EXAMPLE

1. **對公司之影響：**

　　建立研發能量建立、研發人員質/量提升、研發制度建立、跨高科技領域、技術升級、建立具有研究生產效率與規模的工廠。

2. **對國內產業發展之影響及關連性：**

　　架設獨立平台「創意餐飲廠商交流」，成立食品、飲品、生技、餐旅服務技術、專利申請（保護）等與產業合作的水平整合，廣徵意見建立起創意產品之聯結，透過每個月電子報，將國內外成果整理，而研究計畫報告結案之前，透過論壇平台公開發表。

　　國內有關 xxxxx 織物 xx 式染整製程產品應用之各項關鍵技術目前仍屬技術萌芽階段，市場潛力非常的大，xxxx 除了引進助劑供應製造商 xxxx 公司部分關鍵技術之外，還計劃對整個生產製程及流程，依據產品品質提昇及擴大市場需求，做設備的改良和加工技術的研發。本計劃中所提到的 xxxx 織物新式染整製程、加工、應用技術開發，將由 xxxx 與配合的協力廠商共同開發，不僅可提升國內紡織工業之新產品整體開發技術

能力，並將可超越國外廠商在 xxxx 織物 xx 式染整及應用開發技術領域上。本計畫一經開發完成後，不但可提昇國內染整業對 xxxxx 染整技術，更因產量的增加、品質的提升進而擴充國際市場的佔有率，使我國成為 xxxxx 織物的最大供應國；並且這種新式染整技術，由 xxxx 與配合的協力廠商共同開發，並無國外廠商技術壟斷的困擾，進一步可強化我國紡織產業之國際競爭力。

3. 其他社會貢獻：

過去的消費者對於預處理之餐點接受度不高，但隨外食比例增加、食品科技之導入和連鎖餐飲的發展，現代消費者對於運用食品科技生產之各項餐飲產品已有相當接受度，這種研究觀察有賴創意產品市場分析與創意產品感官品評技術之應用，可以協助業者掌握市場變化。

EXAMPLE

對工業而言，可藉由這一計畫的推動，針對不同合金系列，對應之模具設計、擠製溫度及擠速控制參數，建立鋁合金擠製相關的研發能量，並進一步拉近與國際大廠的差距。

1. 研發人員質/量提升：

藉由本計畫的執行，工業將可擁有更多鋁合金材料相關產業的人才，並將這些人才教育成了解鋁合金擠製各個環節的製程與合金設計對相關性質的影響。並經由系統化的實驗及分析技巧的訓練，經由內部教育訓練課程和與學界互動過程中，由點到面應用於生產製程，培育這些人才在未來成為公司重要的資產。

另外人員可清楚了解自己的工作執掌範圍、工作關係，建立一套控制機制，使員工了解其工作上的疏失對其他單位之影響，並且可能因此降低其績效表現，並使員工了解其行為對組織績效的影響力，正向強化了員工的工作動機與工作態度，對於士氣之提升與向心力之凝聚將產生正面的影響。同時三方面參與此計畫人員透過定期報告討論外，將延聘參與此計劃的研究生，以承接此技術。

2. 研發制度建立：

藉由這個計畫，並會將相關的研發管理制度引進工業，目前工業仍是屬中小企業的規模，透過不斷 PDCA 過程，使研發管理制度得以落實，有助於公司文化的建立，當工業成長以後，對於各種環節也都能駕輕就熟，人員的素質易相對提升。除此之外，研發管理制度的導入，有助於(1)作業標準化，減少作業變動性；(2)明確訂定工作職掌、有效分工凝聚員工對品質共識；(3)建立及累積管理資源、經驗，改進產品與服務質量，通過各種國外 QS 的認證，提升企業形象及與獲得國際肯定與顧客信賴。

3. 跨高科技領域、技術升級、國際化或企業轉型：

完成本計畫後，除了可以跨入國際性的市場，並可以為台灣鋁合金剪刃刀具產業做為開擴此一新市場的先驅，進而提高寶緯工業在國際性的能見度。除了在市場，在技術上工業亦可藉由此計畫跨入高級鋁合金的使用市場，每單位的鋁合金附加價值至少提升

1.5 倍以上。

4. **對產業、產業技術所具有之創造、加值、或流通之效益：**

（1） 產值貢獻

目前台灣此一產業無人跨入，當工業投入後，預計在初期（明年）板材能有 1,000 萬的產能及訂單，這一部份不包含相關周邊產業所帶來的產值，增加就業人數 2~10 人，亦會帶動周邊相關產業的投入，如五金業、表面處理產業、其它相關材料業及機構組裝業，有助於形成一群聚效應，形成一新興的產業。另外因節能減碳環保意識風潮下，環保節能產品更能讓企業賺錢，亦所謂「綠色商機」，將環境管理的思維納入企業永續經營的策略中，綠色企業可預期獲利於成本削減、降低風險、增加營收及無形中強化品牌，創造自己在市場中的環保優勢，塑造綠色企業的無限商機。

（2） 對產業技術研發水準之提昇

鋁合金表面處理運用「清潔生產」基礎理論，採用對環境衝擊影響較少之製造程序，減少原物料與能源耗用量，儘可能不使用有毒性之原料，並使廢氣、廢水及廢棄物等污染物自製程排出前，即減低其量及毒性，並將污染物質加上創新技術轉變成有價資源。

（3） 服務範圍家數之擴大

當工業跨入此一產業，亦會帶動周邊相關產業的投入，如五金業、表面處理產業、其它相關材料業及機構組裝業，有助於形成一群聚效應，形成一新興的產業。

EXAMPLE

（一） 具體效益

1. 獲利倍數成長：

目前市面上沒有任何功能的鈔卷穿插機出現，而銀行需要耗損大量人力在排列鈔票上，尤其新鈔容易沾黏更是容易讓 ATM 當機。此符合迫切需求性產品預計將可年度獲利成長 10 倍以上。

2. 拓展產品品項：

另有創新產品可應用於金融治安管理系統：可於交易時同時檢驗鈔票真偽、是否為問題鈔票、將交易時間與影像結合並儲存，共未來調閱影像資料用。

（服務末端模組產生交易時間資料及鈔票圖像資料，可與攝錄影機產生的影像訊號進行同步性整合並儲存，藉遠端伺服器的比對單元來比對圖像資料），可達到及時預防金融偽鈔事件。

另外可應用在智慧型金融事務機：本產品為金融票卷鑑別真偽、並結合搓鈔、點鈔、整鈔裝置之智慧型金融事務機。這些產品均為本公司未來發展重點產品。

3. 加速大量生產：

本公司所推出之產品市場潛力無限，以目前研發的穿插鈔票驗偽機，將到台銀展示，在在顯示產品已具備市場規模。藉由本計畫可望將製作設備升級，產量提高 5 倍以因應各大標的銀行的迫切需求。

（二）本計畫完成後

1. 對公司之影響

(1) 研發能量建立：

本公司原本即具備各類治具的研發能力，加上申請此穿插鈔卷驗偽機之專利，顯示在金融事務機之整合研發上亦具備創新能力，整體研發能量更加完備。

(2) 研發質量提升：

藉由本計畫的執行，本公司可開發具市場獨特性之產品，目前銀行迫切需求可以針對光影薄膜鈔卷厚度不一、需要人力排列等的問題。本公司可將本創新產品的相關機種廣泛應用在各種金融產業上，例如多功能智慧型驗鈔機等；還可擴大服務範圍，包括連結金融治安防治系統，加速開發具市場獨特性之產品。

(3) 開拓國際市場：

此創新研發產品可將台灣 MIT 優質產品特色再升級，有助於行銷國際市場。未來還可在國外參展，行銷推廣台灣創新產品，打響台灣品牌知名度。

2. 對國內產業之影響

(1) 提升產業創新水準：

本計畫是一般傳統治具產業與科技結合的創新典範，應用科技來達到產品與服務加值的理念，有助於突破傳統產業的限制，提升台灣驗鈔機創新水準。

(2) 提升上下游產業品質與技術：

本公司開發創新驗鈔穿插鈔卷機台，均為台灣本土自產研發，也是國際品牌目前尚且無法跟進效仿的創新研發。突破一般舊有點驗鈔機的功能限制而開發出創新驗偽技術，以及前所未有的穿插鈔卷功能。這不僅大大提升台灣產業品質，此創新技術更是可以作為台灣驗鈔典範。

EXAMPLE

　　為力求未來六年內能順利達成『挑戰 2008』的目標，建立一套完整且有效關於國際專業人才的延攬機制，無論是邀請國外的藝術創作家、設計者、經營決策者、行銷專家、研究學者、或是政策規劃者，來台擔任培訓與指導工作，借重國外成熟的經驗與技術，引進最新觀念與關鍵知識，是發展文化創意產業非常重要且必備的工作。

　　因此本計畫之規劃藍圖，乃希冀藉由邀請國際專業人才來台進行各項活動，大量而快速的培育本國相關文化創意人才，進而希望推動跨界域的夥伴關係，建構策略聯盟的平台，鼓勵跨界域人才交流，激發不同產業領域人才的工作創意，推動產業界創意的全面提升，創造台灣的競爭優勢。而欲達成上述理想，人才延攬、知識引進與學習成效必須能夠緊密結合，形成學習合作體系（learning collaboration）藍圖，如下圖所示：

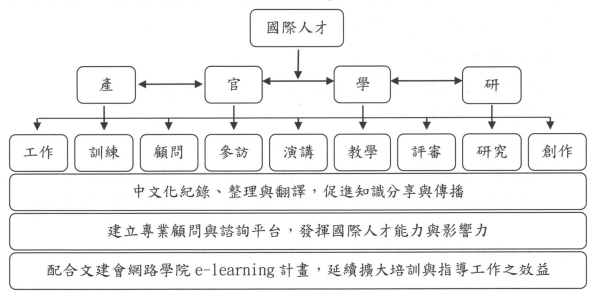

另外有關國際交流之預期影響臚列如下：

（一）　五年內鼓勵協助本國各藝術創作與創意設計相關人才參與國際競賽、展演、研討會、參訪等國際活動達 200 人次；並且在台舉辦大型國際性展覽與競賽活動及國際巡展每年至少各乙次，以增加本國專業人士參展（賽）經驗，並增加國際曝光率，進行國際推廣工作。

（二）　五年內至少與五大洲十個國家政府或民間組織，建立藝術創作與設計開發國際人才交換進駐機制，以拓展國際專業人才脈絡提昇國際視野與創意能量。

（三）　五年內開發建立全球進入亞洲華文市場最豐富之藝術與設計專業資料庫，包括書籍、雜誌、網站等傳播媒介之翻譯、出版與建置；並創辦中英文版之藝術與設計年鑑，蒐錄當代台灣藝術家與設計家之作品與介紹，主動將人才推向國際社會。

（四）　五年內建立地方政府或民間組織辦理國際藝術與創意人才交流制度，每年辦理交流活動至少達 5 個縣市，以協助各地方發展地方特色達國際水準，平

衡城鄉資源。

EXAMPLE

1. 對公司之影響：

（如研發能量建立、研發人員質/量提升、研發制度建立、跨高科技領域、技術升級、國際化或企業轉型……等。）

(1) 研發能量的建立

由原本短暫的 MV 相關文創，每一支 MV 在企劃過後往往在對公司本身是沒有延伸價值的，本過本計劃的運作，讓 MV 影片的文創設計必需要考量到未來更換主角或照片拍攝方式可能不同，所能運用的特效或編劇模式都跟以往單一次的 MV 影片文創研發是完全不相同的。

(2) 研發人員質/量的提升

希望透過本專案的執行，讓原本苦力式的代工型文創人員升級成必需動腦必需思考比較多的動腦型文創人員。

(3) 研發制度建立

原本公司都是文創類資料的建立，為來由於需考量到 MV 模版的重覆利用，故內部與委外人員都必需進行更多的教育訓練與學習，為了配合可能產生出的 MV 營運系統，會建立相關的 MV 影片生產之研發制度。

(4) 跨高科技領域

如果本階段順利執行，未來在計次、計費上，也希望能導入專業的 RFID 讀卡機、RFID 卡片，方便計次、計費、儲值等等的功能。甚至去發行相關的大台灣旅遊 MV 的卡片。甚至讓本卡片有更多的功能，如訂房、儲值、特色店家消費、折扣等等。

(5) 技術升級

期待透過本專案的進行，將本公司由傳統的 MV 影片拍攝公司慢慢跨足入包含原本 MV 專業，但又整合了高科技領域應用的公司。

(6) 國際化

如果本模式在台灣可行，當然要開始開發多國語言，邁入與國際合作。因為全世界有數不清的觀光景點。一般人也希望去一趟巴黎，就可帶回去巴黎玩的 MV 影片。然而，為了增加進入門檻，未來或第二期，本專案也希望能導入更完整的金流機制、RFID 機制、營運機制等等。且 MV 的影片與音樂是全世界可共通的語言，且觀光旅遊又是一般人工作一輩子的夢想，透過 MV 影片的呈現，遠比一般的影片更有吸引力。

(7) 企業轉型

本公司由傳統的 MV 影片公司，且原本並無長久的營運模式，若真能透過本計劃的協助，降低公司的市場試驗成本，再加上政府專案專業評審人員的指導，相信這對公司有莫大的幫助。可以讓本公司有機會轉型成觀光旅遊類具有影響力的 MV 影片平台營運公司，且具有連鎖加盟的題材。

2. 對國內產業發展之影響及關連性

（如替代進口值、提升上下游產業品質及技術、生態環境保護及污染防治、公安衛生防護……等。）

(1) 促進國內觀光旅遊景點的發展

透過感人肺腑、讓人一看再看的 MV 影片，最直接的就是 3-5mins 內就可以讓觀光客了解到該景點的特色，而想要去複製相同的旅遊經驗，擁有相同的 MV 影片。

(2) 促進國內特色民宿、旅館、飯店業的發展

透過本客制化觀光景點 MV 影片的傳遞、觀光客的主動推廣、散佈，會讓很多特色景點都突顯出來，光靠內需其實無法讓台灣人民富有，且台灣的觀光客人數跟東南亞相比差異過大，若能透過此具有特殊意義的 MV 影片紀念品讓觀光客自行回國宣傳、散佈，無形中對於國內觀光客人次的提升會有幫助，而有形的更會因為此 MV 影片大幅增加新訂房率與重覆來客數。

(3) 增加國內各觀光景點當地業者的就業率

由於台灣的景點很多、特色民宿也近萬間、觀光旅館、觀光飯店等等也非常多。在大陸觀光客自由行即將開放的同時，導入本系統之各觀光景點，讓觀光客有一個更有意義的紀念品。而這樣特殊有紀念意義的紀念品未來更有機會照成觀光客搶訂，這對於每一個觀光景點的參與業者的就業率會有相當大的幫助。

(4) 創造觀光旅遊回家伴手禮-觀光景點客制化 MV 影片

以往的伴手禮是有自己照片的相框、盤子，這個相框或盤子往往可以佔據家中觀賞用的櫃子多年。變成 MV 影片之後（當然 DVD 封面仍以用觀光 MV 影片與該主角為主）相信可以佔據家中的 DVD 很長的時間，也會成為茶餘飯後跟親朋好友展示的重點，也會成為重要節日或慶點撥放的重要影片。也可成為未來放在部落格、無名、FaceBook 中，成為一輩子重要的紀錄之一。

(5) 創造另類的 MV 影片連鎖加盟體系

本計劃最大的重點在於若成功則可以非常輕易的複制，可以增加非常龐大的就業率，是在傳統觀光景點相框銷售後延伸出來一個更科技化、更資訊化的商業營運模式。由於尾端的進入門檻低、成本低，所以很容易可以運用資訊化讓當地人民有因為懂電腦而產生營收的機會。

(6) 提升觀光景點類 MV 影片的另類製作模式

由傳統單次的 MV 影片制作模式，變成自動化更換男女主角照片，讓觀光，點 MV 影片跟觀光客間變成沒有距離。形成一種觀光客會主動推廣、主動行銷的

另類觀光旅遊行銷模式。

(7) 形成台灣推廣觀光旅遊的另一個新亮點

尤其對於同文同種的大陸觀光客會有非常大的吸引力，一個感人肺腑的客制化觀光旅遊 MV 影片，會讓多數的人想要去複製相同的旅遊經驗。未來或加值階段亦可成立大台灣觀光旅遊 MV 影片網，讓沒去過當地觀光的民眾點選自己想去的地方觀賞。

3. 其他社會貢獻

（如對產業界、學術界、研究機構、公益團體、鄉鎮社區、偏遠地區、弱勢團體…等，增列社會公益之投入、建立平台作創新成果之擴散應用或結合研究機構、公益團體、產業界、弱勢族群、鄉鎮社區、偏遠地區等推廣活動或發表會、與學術界進行交流與研究並提供創新經驗與歷程或於學校講座進行演講……等。）

(1) 對 MV 產業界的貢獻

對 MV 影片產業界，創造出一種長久的營運模式。未來其它的 MV 影片同業也希望在互動後，成為本平台提供版型的合作廠商。期待透過本平台，將本 MV 產業創造相互合作的機會。

(2) 對觀光旅遊產業界的貢獻

（a） 大幅增加來客率。

（b） 增加客戶舊地重遊的機會。

（c） 有效且會讓客戶主動散佈觀光旅遊的工具。

（d） 透過 MV 影片的分享，會讓更多人了解該景點的美麗與特色。

（e） 未來期待台灣的每個特色景點都有專屬於自己的影片、甚至自己的歌曲。

（f） 當地觀光景點 MV 影片的拍攝可結合當地的文化、當地的音樂、當地的特色。

(3) 對公益團體的貢獻

若經由政府專案的協助而讓本專案成功，未來希望再針對公益團體或育幼院等單位可免費提供客制化的 MV 影片製作。讓孩子們有更多的回憶、更多的夢想。甚至提供公益團體也可提供相關的版型，相對的營收則反饋給公益團體。

(4) 對鄉鎮社區的貢獻

很多的鄉鎮社區都缺乏介紹自己特色的行銷工具，本模式的創造，會讓許多想營運又愛鄉愛土的社區居民也期待能夠擁有自己社區的 MV 影片，把自己社區的風景、特色、民俗、節慶、農產品等等導入 MV 影片中，未來成為介紹自己社區最方便、最有趣的方式之一。比一般用很悶影片介紹社區的模式來的受歡迎許多。

(5) 對偏遠地區的貢獻

越是偏遠地區的風景與特色就越多，也就保留了更多的原始風貌，也更吸望能讓外人來了解該地方的文化、風土民情、特色景觀、生態、動植物等等。透過本 MV 影片的模版企劃，不僅可以讓該地區增加一種營運模式，也可以將偏遠地區的文化傳遞出去，讓更多人了解該地區，甚至增加外來觀光客的到訪。甚至不同的山地鄉有不同的山地歌曲，在無版權問題的情況下，也可用山地的音樂、山地的歌曲編撰企劃不同山地鄉、不同原住民文化的 MV 影片。不僅實質的可增加外來的觀光客，對於山地少數居民文化的保存也可能有相當大的貢獻。

- 發表會
- 本模式若受歡迎將至少舉辦 2-3 場的發表會，讓更多的人參與這個促進觀光與保留當地風土民情與文化價值的的新創營運模式。

EXAMPLE

1. 對公司之影響：

藉由商貿線上下單平台的升級完成，可提升本公司平台服務之經濟效益，將會帶來可觀的數值效應，更可提升台灣 B2B 產業茁壯成長。

本平台計畫之創新技術，可提升供應賣家與買家之前的交流加速，並以更安全的 XXXX 交易機制來保障買賣雙方的交易風險，並提升批護產業的水平，增加良性競爭。

2. 對國內產業發展之影響及關連性：

網路購物商機蓬勃發展，B2B 商機跟著繼續攀升。根據資策會 2009 年 B2B 報告內容，2008 年至 2013 年年複合成長率（CAGR）為 8.4%，就是網路 B2B 有著成長潛力的證明。

短期目標，以服務台灣地區為主及海外繁體中文用戶為輔，未來將加強吸引海外中文創業族群使用多商家多拆單即時計價網路商貿城平台。期能建立多商家多拆單即時計價網路商貿城的品牌價值就是華人 B2B 線上交易的最佳平台，以達到永續經營目的。

3. 其他社會貢獻：

平台的完成後，可提升就業率，幫助傳統 B2B 會員快速數位化及網路化，讓既有 B2B 廣告會員更快速成交。讓台灣的 B2B 廠商更容易做到海外華人買家生意，促進商貿發展。

EXAMPLE

1. 對公司之影響：如研發能量建立、研發人員質/量提升、研發制度建立、跨高科技領域、技術升級、國際化或企業轉型……等。
   - 本公司研發人員可藉由執行此專案，進而可以在軟體設計上更為提升。

- 為能使此專案執行的更順利，本公司預計聘請研發人員，讓系統設計更完善。

- 隨著加入會員的增加，對於本公司之形象有所提升。

2. 對國內產業發展之影響及關連性：如替代進口值、提升上下游產業品質及技術、生態環境保護及污染防治、公安衛生防護⋯⋯等。

- 藉由與廠商之合作中，將可幫助廠商增加訂單量。

- 與廠商長時間的合作下，進而開創更多的附加服務

- 本公司簡體版系統的建立，將可使國內產業拓展其市場。

3. 其他社會貢獻：如對產業界、學術界、研究機構、公益團體、鄉鎮社區、偏遠地區、弱勢團體...等，增列社會公益之投入、建立平臺作創新成果之擴散應用或結合研究機構、公益團體、產業界、弱勢族群、鄉鎮社區、偏遠地區等推廣活動或發表會、與學術界進行交流與研究並提供創新經驗與歷程或於學校講座進行演講...等。

- 對於現在大環境的低迷，使國人在家，經由加入此系統平臺，也可創造出自己的事業。

- 能提高國人的消費力，進而活絡市場。

EXAMPLE

持續進行創意餐飲產品之市場調查，以了解市場脈動，，期能開發出以市場為導向的產品。了解消費者對**XX創意XX餅**的使用需求，利用創意餐飲資訊搜集軟體，尋找出**XX創意XX餅**操作問題點，由製程及預備試驗設計出控制因子和水準：例如食鹽濃度（18%、24%、30%）、時間（小時）、及溫度（90℃、100℃、110℃），再測定其成品之色澤、硬度、接受度，運用回應圖表與信號雜音比（S/N）即可找出最適條件，並選取出最適組合配方，尋找出**XX創意XX餅**的設計重點，再將設計重點定義出構件需求型態，運用田口式品質設計方法，透過組合實驗、驗證出符合**XX創意XX餅**最佳組合，期以設計出符合消費者需求的**XX創意XX餅**。

1. 本公司研究人力培育配合措施：

現有5位專職技術人員。預計再增加研究員，因此將與現有研究人力整合共同培育技術並建立理論基礎及累積實務經驗，儲備本公司所需研究人才。

2. 妥善運用已開發設備，建立研究工廠：

為培養優秀而務實的產品開發人才並接軌之準備，研究生產設施將擴大並整合為實際量產設備，運用現有場地與空間規劃完善的生產路徑與流程，建立具有研究生產效率與規模的工廠。

3. 在技術研發及專利產出方面：

本計畫研發技術提出XX創意XX餅之最適條件產品。1件產品專利，此後每年將繼續提出XX創意XX餅產品1 件以上之專利申請。

第十七章　風險評估與因應對策

第一節　本計畫所開發之技術或服務，因產業變化或國內外相關法規變動

第一步應該分三層次撰寫，將其拆解的結果如下表：

	拆解分析與說明
第1條	技術或方案因產業變化可能性分析
第2條	技術或方案遭國內外政府干預可能性分析
第3條	產業變化與干預之因應對策

這裡先解述第1條，下列產業變化公式可參考。

產業變化

- 產業變化(1)個別產業特有風險
- 產業變化(2)**開發技術**
- 產業變化(3)競爭對手增減與同業動向
- 產業變化(4)原料的供應來源.價格的波動
- 產業變化(5)國際潮流趨勢演變

產業變化(1)個別產業特有風險

- 產業的技術來源
- 競爭對手增減與同業動向
- 原料的供應來源.價格的波動
- 出貨模式的改變
- 市場需求量難以成長

- 市場萎縮的風險
- 產品的價格走勢
- 有無季節性變動
- 產業的發展階段
- 投資金額的大小
- 銷貨對象的多寡

產業變化(2)開發技術

EXAMPE

- 生命週期
- 收集並分析50則以上之國外（包括美、日、歐）生物相關發明審查案例
- 建置技術專利資料庫與醫藥化學專利資料庫之軟體、硬體
- 培訓技術及智慧財產權跨領域人員

產業變化(4)原料的供應來源.價格的波動

- （1）供應鏈內生風險
- **1)道德風險**
- 2)信息傳遞風險
- 3)生產組織與採購風險
- 4)分銷商的選擇產生的風險。
- 5)物流運作風險。
- 6)企業文化差異產生的風險

- （2）供應鏈外來風險
- 1)市場需求不確定性風險
- 2)經濟周期風險
- 3)政策風險
- 4)法律風險
- 5)意外災禍風險

產業風險分類

(一)總體經濟風險	(二)個別產業風險
1. 景氣循環	1. 個別產業特有風險
2. 經濟成長率	2. 產業技術演進
3. 匯率	3. 消費者喜好轉變
4. 利率	4. 品牌、商標與專利權的爭議
5. 突發經濟(金融事件)	5. 國內外產業政策法令改變
6. 原油價格走勢	6. 國際潮流趨勢演變

例如：

6+1--產業鍊

香港著名經濟學家郎咸平教授提出的。"6"指的是：第一產品設計，第二原料採購，第三倉儲運輸，第四訂單處理，第五批發經營，第六零售；"1"指的是：產品製造。

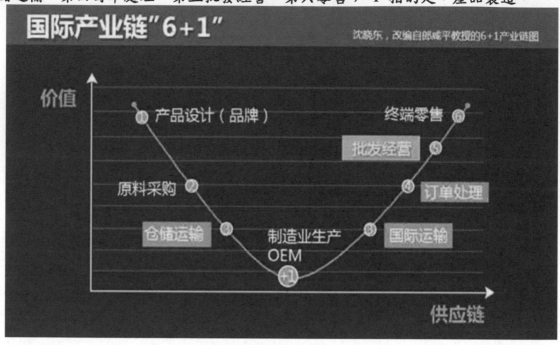

外貿工廠的不同階段，建議的跨境電商路徑：

1. 小型外貿工廠，與跨境電商經營者，形成戰略合作聯盟，外貿工廠聚焦高質量的產品生產、介入產品設計；

2. 中型外貿工廠，開始建設自己的品牌、跨境電商的直接銷售，同時為跨境電商代工；

3. 大型外貿工廠，繼續為國際知名品牌代工，通過高效率的產品設計、生產優勢，大力建設自營品牌（自己建立團隊，或是跨境電商代運營）。

EXAMPLE

競爭對手風險描述

近年來，隨著無線通信科技的進步，各式各樣的數位行動產品諸如手機、筆記型電腦、PDA...等等，實現了人類無線通訊的願望，擺脫了傳統有線電話的束縛，讓使用者更自由，也使人與人間的距離更近。然而，由於空間中能夠使用的頻率是固定的，再加上考慮鄰近干擾與旁波帶的影響，實際可用的頻率是相當有限的，所以對傳輸資料而言，頻寬是很寶貴的資源。

傳統上，對於同一頻寬範圍內欲增加所能傳送信號數量的方式主要有四種：

1. 第一種是將一較大頻寬切割成若干較小範圍不同頻寬，然後將複數訊號分別調

制到不同的頻寬範圍來同時傳送。例如，傳統電視與廣播電台的廣播訊號便是以此種方式進行。然而，由於有干擾與技術上之問題使得可切割的頻道數量有限，所以此種方式顯然無法解決頻寬不足的問題。

2. 第二種方式則是在相同傳輸頻率中以時間切割的方式，將複數訊號分別切割成小封包後，在不同時間以相同頻率傳輸，於訊號接收端再將各封包結合還原。例如傳統網路訊號傳輸便是用此一技術。然而此種方式顯然將使傳輸效率大幅降低，一旦同時所欲傳輸之訊號數量多到一定程度，將立即發生「網路壅塞」的現象。

3. 第三種方式是將上述第一種及第二種方法混合使用。

4. 第四種方式為OFDM法，其係利用抽樣函數或類似抽樣函數，在時間軸上分別移動不同時間單位後，所形成之函數族具有近似正交的特性，將此函數族當作承載函數的基底函數，在〔0， $T+\varepsilon$〕中積分，便可分別將所攜帶資料析出。然而這方法有三個缺點：（1）因基底函數僅為近似正交，解調時必會產生誤差，且基底函數愈多，誤差愈大；（2）每一基底函數之最小相位差不能太小，否則基底函數將無法近似正交，尤其當基底函數愈多，T有就愈大，將造成解調積分時間不會很小，這意味著傳輸資料所需的時間增加；（3）抽樣函數或類似抽樣函數所需的頻寬，事實上也相當大，其節省頻寬的功能有限。

因此，在中華民國發明專利證書號第117049號案（以下簡稱為049案）曾經揭露一種多種信號之混合與分離技術方法及其裝置，使頻寬不因信號種類的增減而改變。該案係利用線性獨立信號之可被分離特性，將多種信號分別擷取若干樣本分別乘上相異之線性獨立信號再予以相加而形成單一混合信號SM（t），以供傳送之用。該單一混合信號將只需使用到單一頻寬、而該頻寬可由所選取之iaj（t）中之最大頻寬所決定，因而為一可自由控制之頻寬，且該多種信號更是在同一時間被傳送出去，完全解決習用技術的困擾。

中華民國發明專利申請號第091124915號案（以下簡稱為915案），係針對049案作的改進，由於049案所傳送之信號可能有以下缺點：（1）不連續之斷點發生；（2）待傳送之信號太多時，則將會因各頻率之間差異太小而易受干擾或不易分離處理者；（3）使用解聯立方程式的方式來進行混合信號之分離，使得運算時間較長、生產成本較高。所以，915案除了混合信號SM（t）外，加入了含有W_0為基本角頻之斷點消除信號sin（pw0t）及同步信號sin（qw0t）產生一新的信號，以供傳送，可表示成。

由於同步信號係併入混合信號同時傳送而非分段傳送，所以不僅整個時間區段週期都可用於資訊信號的傳輸，且該信號將會在每一時間區段的降為0，而呈現無斷點之連續狀態。而在信號接收端亦可正確地將該同步信號分離出來。此外，對於選擇線性獨立信號iaj（t）之頻率範圍為：XXXXXX之間，可令各線性獨立信號iaj（t）之間均留有適當間隔之間隙，且該間隙範圍將隨著頻率的升高而增大，而增進信號處理之容易性。

然而，915案與049案一樣，都有頻寬的限制。舉一實例說明，在50-2,000Hz的頻寬中，為了避免干擾，會以50Hz作為間距，也就是說在50、100、150、200...2,000Hz等400個頻道可以同時傳輸資料。但在同一時間只能傳遞400個資料使得1,950Hz頻寬可載送Hz的信號，（T為一時間區段）。當然，可以藉由縮小間距來增進效率，但是縮小間距就必

需考量相鄰波道相互的干擾，因此就必需要增加處理干擾的電路，通常間距愈短，所需處理的電路就愈複雜，成本就會隨著成指數般地水漲船高。因此為了增加效率而縮短間距所需的成本相當高，不符合經濟效益。

此外，915案在實作時，會出現同步信號不好偵測的問題。由於實做電路難免會利用到許多被動性元件如電阻、電容、電感等，這些元件除了本身的誤差可達5-30%，範圍相當大，相乘之後誤差累積就更可觀，造成915案接收端所接受到的同步信號會產生相位差，此可表示成sin（qw0t+θ）。因此實作上需事先估計θ值，以抵消相位移的影響，才能精準地抓到。但是，由於誤差的變因太多，使得同步信號很難完全掌控，而讓實用性受到侷限。因此本專利技術主要目的是提供一種信號處理方法，用以解決傳輸頻寬及克服信號同步的問題。

EXAMPLE

A.清點：

目前市面上已有的驗鈔機專利如下：

專利名稱	點驗鈔機	公告日	2011/01/11
證書號	D138597	引證資料	TWD116669

如立體圖以及各視圖所示，本創作之點驗鈔機的機體係採取自後端朝前端向下弧曲的造形，並於弧曲狀的頂面設有顯示幕，於顯示幕後端形成弧形的凸塊相搭配，另於機體左側設有一個可上下旋轉的輔助顯示幕，如本創作的使用狀態圖所示；機體前端具有一斜向的支撐板，支撐板上形成V形的凹部。本創作藉由前述造型設計，使其具備異於現有點驗鈔機的特異視覺感，而為一創新的點驗鈔機新式樣設計。

前視圖

立體圖（代表圖）

右視圖

專利名稱	有價證券辨識裝置	國際分類號/IPC	G07D-007/12（2006.01）
引證資料	TW332690、TW449657、TW545659		

發明為有關一種有價證券辨識裝置，其主要於預設自動販賣機、兌幣機或紙幣辨識裝置內設有可傳送有價證券進入辨識裝置之傳送裝置，而該傳送裝置內部則形成有傳送通道，該傳送通道之上方設有發光二極體元件及第一透鏡，而傳送通道之下方則設有可接收光線之光電二極體及第二透鏡，因此當有價證券透過傳送裝置進入辨識裝置之傳送通道時，發光二極體元件則依續發出不同波長之脈衝光來照射於有價證券上的同一區域，並由有價證券之另一表面產生穿透之平行光，該穿透之平行光再由光電二極體接收，因此，預設微控制器可將內部之預設基準數值與光電二極體所收集到之不同光線的特性作一比較，藉此以提高有價證券辨識率及準確率之功效。【創作特點】是以，發明人有鑑於習用有價證券接收機內之偵測裝置並未具有利用不同波長之脈衝光來給予有價證券上同一位置之測試之特性，乃依其從事有價證券接收機之製造經驗和技術累積，針對上述缺失悉心研究各種解決的方法，在經過不斷的研究、實驗與改良後，終於開發設計出一種全新之有價證券辨識裝置的發明誕生者。

本發明之主要目的乃在於自動販賣機或兌幣機內所設之有價證券接收機是透過不同XXXXXXXXX來照射於有價證券同一位置上，並透過相對應的光電二極體來接收有價證券所穿透之光線來辨識有價證券的真偽，所以此種利用不同光源給予同一位置的偵測方式可使得整體之元件數目減少，使自動販賣機或兌幣機可降低購置成本以及減少元件佔用之體積。

本發明之次要目的乃在於有價證券接收機是以XXXXXXXXXX元件來進行光源之發射，而封裝於XXXXXXXX之發光二極體晶片所占有的體積小，可適用於自動販賣機或兌幣機內空間有限的有價證券接收機中，其整體構件並不複雜，而與第一透鏡之搭配也不需經過精密的光線照射角度調整，再加上發光XXXXXXXXX無需暖燈時間、反應速度快、耗電量低、污染低、高亮度及壽命長等特性，可增加判斷有價證券真偽之穩定性，以增加有價證券辨識率高及準確率高之功效。

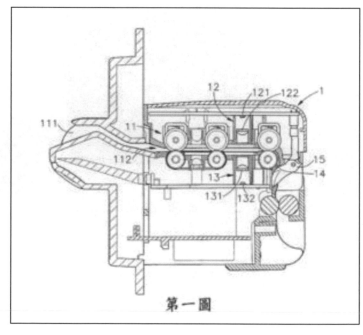

第一圖

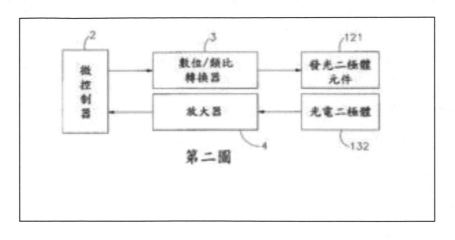

第二圖

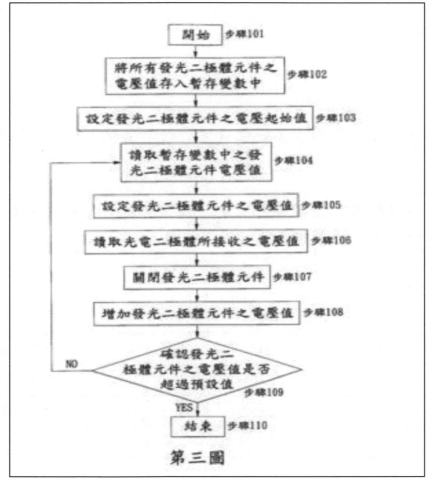

第三圖

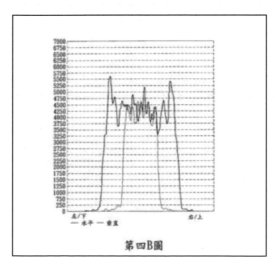

第四B圖

374

B. 評估：

本公司創新研發XXXX鈔槽：致令二疊不同OVD方向的千元新鈔券，分別放於兩個置鈔槽中，透過輸送裝置而自然方向會XXXX於收鈔槽中，如此就可省去銀行行員用人手去交互排疊，此機使用橫向入鈔設計。但本公司改進了檢驗方法光譜：

用ＲＧＢ三色LED，除了可XXXX也可知道受檢的鈔券顏色增加判讀磁性檢驗。

C. 開創：

本公司創新研發跳過他人專利：XX公司有一專利就是在磁性檢驗前方先置有一磁鐵，讓受檢鈔券先產生XX效應，再來檢測XXX位置。本公司團隊發現將磁鐵置於磁頭底下一樣會讓受XXX感測，但要抓住使用的磁鐵磁力強度質。若無此法，就得用XXXXX感應磁頭，如此成本會增加很多，此部分本公司也已申請了專利。

第2條 開發技術或方案因產業變化或遭國內外政府干預之可能性分析及因應對策。

這裡我們開始拆解第二條-政策干預之可能性分析，首先以經濟、利率或匯率政策現況切入，附圖解釋是個好的切入點。

景氣對策信號簡介

經濟成長率

	XXX GDP 成長%	XXX GDP 成長%
全球	-1.30%	1.90%
美國	-2.80%	無轉正跡象
台灣	-7.50%	0%
日本	-6.20%	0.50%
大陸	6.50%	7.50%
印度	4.50%	5.60%
歐元區	-4.20%	-0.40%

匯率

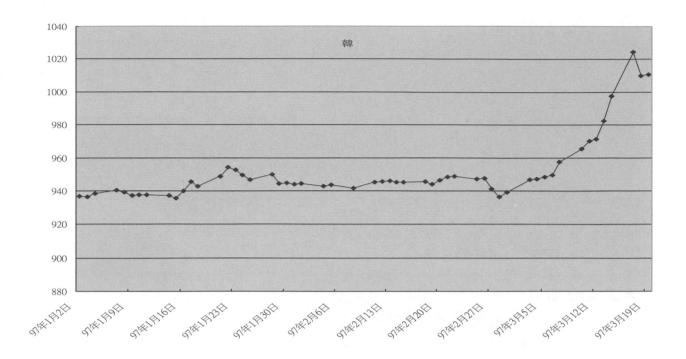

利率

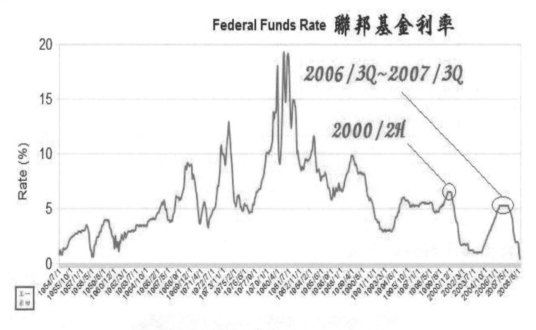

次之談及國內外政策相關時事與且與本計畫有密切相關主題，例如：突發經濟與金融事
件，當然，有文有圖更佳。

美國次級房貸風暴

- 兩岸小三通啟航
- 我成為WTO會員
- 319槍擊
- SARS
- 911恐怖攻擊事件
- 南亞強震與海嘯
- 華航五二五空難
- 台灣與中國一邊一國
- 原油OPEC一籃子參考價

產品生命週期

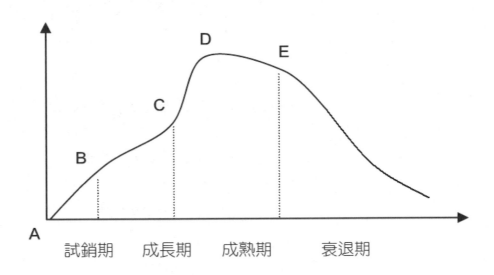

品牌、商標與專利權的爭議

EX：商標大戰，星巴克告壹咖啡敗訴，同為綠色底圖，圖案字體不同。

星巴克認為壹咖啡抄襲創意，於是提出行政訴訟，但是星巴克和壹咖啡的商標真的有這麼像嗎？兩家商標同樣都是綠色底圖，恍然一看確實很相似，但是星巴克商標中心圖案，是個長髮女性，壹咖啡則是咖啡杯，加上中英字體不同，台北高等法院於是判定星巴克敗訴。

具體政策開始引出

科技業工業 4.0、大數據、物聯網、「5+2」產業創新研發計畫都是創新政策重點，法令則參考以下。

國內外產業政策法令改變

- 促進產業升級條例的修改（政府重新檢討半導體製造業的優惠資格，提升為 um 製程）

- 東協加一、加三的威脅（受衝擊最大的產業-石化、機械、汽車零組件）

- 兩岸經濟合作架構協定 ECFA

- 大陸三階段家電下鄉計畫

臺灣物聯網相關政策

在以民為本、公私協力、創新施政的核心理念下，推動透明治理、智慧生活、網路經濟、智慧國土與完善基礎設施等 5 大構面 18 項子議題，進行動態調整。在基礎環境整備方面，包括虛擬世界法規調適、資通訊環境整備與網路資安隱私聯防與相關產業發展。智慧生活、網路經濟、智慧國土則是物聯網應用並導入民間創新應用的展現。

生產力 4.0 發展方案

透過優化領航產業智慧供應鏈生態系統、催生新創事業、促進產品與服務國產化、掌握關鍵技術自主能力、培育實務人才、與挹注產業政策工具等 6 項推動主軸，推動生產力 4.0 產業發展，以加速產業鏈垂直、水平數位化及智能化加值轉型。

在生產力 4.0 基礎環境布建下，將研發包括智慧感測、異質網路整合、物聯網應用開發平臺、CPS 應用服務平臺、巨量資料分析平臺等，並聚焦 7 大產業的物聯網智慧應用。

5 大產業創新研發計畫

在物聯網產業方面，將選定不同城市發展智慧城市，並優先投入智慧物流、交通與健康照護，作為物聯網與大數據應用的實驗場域。選定桃園成為亞洲矽谷基地，建構亞洲創新創業中心與青年創新 IPO 中心，透過創新研發與國際合作，尋找智慧商機。

國際潮流趨勢演變

WEEE.ROHS.REACH 等環保法案的實施...

（1）石化產業的風險分析

- 原油石化業最上游原料，因此當走勢過於激烈時，往往對塑膠石化產業產生很大的影響。

- 中東各國所蘊藏的原油佔全球原油蘊藏量的 6 成以上，由產油國所組成之石油輸出國組織 OPEC 網網主導原油的價格走勢。

（2）鋼鐵業

- 廢鐵、鐵礦砂之供需及行情

- 粗鋼之供需及行情

- 產能利用率

- 匯率及關稅

- 國內外市場情況

- 能源供應問題

- 環保問題

（3）運輸業

- 世界經濟成長率

- 世界貿易量成長率

- 原油價格的變動

- 機場、港口工人有無罷工發生

- 飛機、輪船運能成長率與營運需求變動情況

（4）汽車業

- 關稅、貨物稅

- 國產車、進口車市場佔率

- 自產率、設備利用率

- 匯率

- 油價

- 國民所得成長率

（5）IC 產業

- 業者製程技術的進展

- 國內外競爭業者資本支出（含擴廠與先進設備）的動向
- IC 產品的供需與價格走勢

（6） 紡織業

- 天然棉、人纖供需及單價變化
- 主要市場情況（美國、大陸）
- 匯率變動
- 關稅
- 主要競爭者，日韓、大陸或東南亞國家動向
- 出口被控訴傾銷
- 新技術產品開發

觀光風險分析

- 旅遊安全分析功能交通路段風險
- 旅遊公司的紀錄掌握
- 司機的風險
- 車輛的風險：車齡、定檢與維修記錄、煞車的檢核、出事記錄
- 冒險活動的風險分析
- 環境的風險

供應鏈管理因應

從過去的"精益產品導向"，轉向"對客戶的敏捷反應導向"。因此，供應鏈管理也從靜態轉向動態，通過集納全球營銷網絡的訂單，形成統一的"訂單信息流"，對採購、生產、庫存（原材料和成品）等形成一條內部的閉環形鏈條。其最大作用就是，控制了庫存，並最終形成"零庫存"。

挑戰與風險：全球消費市場仍處低谷，一方面要堅持以"訂單信息流"為主導的閉環式供應鏈模式，以規避庫存風險，但同時需要對訂單的隨時變動進行提前預測。

"運營儀表板（Dashboard）"監控系統，用於對倉儲運營的每個細節進行即時管控。

將繁複的缺貨率、周轉率、動銷率等，每天通過"運營儀表板"系統以報表形式體現出來，籍此，對電商競爭的關鍵—倉儲，進行精準的流程把握。

一筆訂單，往往是多種產品的組合，在進入倉儲環節中，要經歷揀貨、分揀、打包、出庫、換退貨等多個供應鏈環節。而每個環節的差錯率，几乎和訂單的增量密切有關，尤其是大促銷時期。

"運營儀表板"系統，為"爆倉"設置了一道防火牆。其功能就是：對進倉貨物，提示先進先出；對各種品類進行流動性排名分析。此舉，一方面，便於前台銷售安排促銷計劃，

380

避免某些貨物"呆死"在倉庫；另一方面，對揀貨、分揀等各倉儲動作加速的同時，保持差錯率的最低水平。

"運營儀表板"系統雖然為整條供應鏈提供了即時管理功能，必須在硬件上巨資投入。

建立數據模型，並結合海信提供的安全庫存量、現有庫存量，預測出每個節點的發貨品類、數量和地區。

搭建倉儲信息化平台、設立計劃與預測模型、對庫存進行優化設定、對訂單和運輸進行周期管理設定，以及庫位優化。

EXAMPLE

豪華汽車製造商保時捷（Porsche）和歐洲汽車生產龍頭福斯（Volkswagen）雙方同意合併成一個德國汽車大廠。此舉將讓全球汽車業變化加快速度。兩家公司董事會成員和大股東在奧地利薩爾斯堡（Salzburg）召開特別會議，已經花了 1 個月的時間討論合併事宜。保時捷曾尋求擴大掌控福斯汽車，它在一份聲明中說，這是該公司所謂的「密集協商」好幾個星期之後，才做出的決定。

由私人家族擁有的保時捷汽車公司說，該公司「一向主張建立一個整合的汽車製造集團」，如今將擁有 10 個不同的品牌，包括德國的奧迪（Audi）、福斯、保時捷，以及捷克斯科達（Skoda）、西班牙 Seat、義大利藍寶堅尼（Lamborghini）、英國 Bentley 和 Bugatti 等品牌。

保時捷在聲明中說，這些不同品牌的獨立性都會明確地被確保。「福斯和保時捷目前正透過一個共同工作小組，密切協商。目的在接下來 4 週，研擬出一個對新集團架構的決策共同基礎」，但未進一步說明細節。福斯汽車另外發表一份聲明，為保時捷公司以及擁有該公司的皮耶希（Piech）家族所提的購併計畫喝采。國際金融與經濟危機已經迫使全球汽車產業面臨巨大轉變，汽車需求量慘跌重創多家汽車製造商。

EXAMPLE

根據產業調查報告顯示，台灣光電產業持續迅速發展 97 年台灣光電材料產值約為新台幣 1,820 億元，預估 104 年將達新台幣 3,200 億元。此外，由於台灣光電產業發展模式大都由下游開始發展，進而推展至中上游，與國外產業由上而下發展差異甚大，國外上游光電材料大都為化工、紡織等傳統廠商，國內相關傳統化工、紡織業者對此較為陌生，故需藉由政府推動與扶持，協助傳統產業跨入光電材料業。

政府推動「提升平面顯示器材料自製率」三年計劃（96 年至 98 年），預計於今年全程結束，輔導廠商包括長興化工、宣茂、新光合纖、長春、亞洲化學等 20 餘家傳統化工紡織業者，投入 TAC 膜、保護膜等光學膜及原材料，本年度預計促進投資新台幣 59 億元，後續至 101 年擴增計劃將高達新台幣 212 億元。

藉由「主導性新產品開發計劃」，輔導台南紡織、寶成產業、台元紡織、長豐、新應

材等傳統業者跨入平面顯示器封裝材料，反射構裝材料及配向製程用等材料，以及開發觸控面板與 8.5 代平面顯示器所需之原材料，包括 ITO 膜與 ODF 框膠材料，目前有迎輝、嘉威及達興等廠商投入開發，預計投資金額達新台幣 20 億元。

藉由「環境共存型光電材料技術輔導與推廣」，輔導業者投入低耗能、低毒性、材料再生及環保型光電材料，預期未來 4 年內將設立 20 項以上關鍵技術，移轉至廠商進行量產規模，促進投資金額可達新台幣 10 億元。

此外，應用「光電材料產業環境建構計劃」規劃太陽光電產業整體發展策略，藉由「主導性新產品開發計劃」輔導國內廠商生產供應多項「太陽光電材料」，在多晶矽料源方面，國內現階段有山陽、元晶、福聚及科冠等公司刻正建廠中，至於相關上游原材料，如台玻公司「低鐵玻璃」與國碩公司「銀鋁膠」已量產供應，另台塑公司「EVA（聚乙烯醋酸乙烯醋）」與昇貿公司「銲接材料」等 2 家公司將於 99 年度開發完成進行量產，預期將投入新台幣 7 億元設立生產線。預計 99 年 6 月國內太陽光電材料，皆可由本土廠商直接供應。

雖然國內傳統廠商跨入光電領域時程較短，然因累積不少生產技術，藉由政府相關單位協助，順利轉型，不僅可補足國內「太陽光電材料」與「平面顯示器材料」之缺口，增加相關產業出口動能，預期至 101 年兩項產業之總投資金額可達新台幣 308 億元。

EXAMPLE

市場風險

全球 GPS 市場正在快速成長，目前最重要的市場是歐洲，2005 年全年需求總量超過 600 萬台，較原先市場預估的 400 萬台數字高出許多。另外，市場需求發展速度約較歐洲落後 2 年左右的美國，2005 年已開始出現明顯成長，2005 年總需求量大幅成長達 150 萬～200 萬台，和年初預估的 40 萬～50 萬台相較成長更大。據統計，2005 年全球 GPS 設備市場規模約達 168 億～183 億美元，2006 年全球 GPS 產值將可突破 200 億美元。

換句話說，GPS 將吸引眾多業者投入是很正常的，不過，在整個 GPS 產業鏈，軟體開發和創造新需求，才是最重要且最有意義的地方，科技希望將來能夠將心力投注在此。並且過去 IT 產業的銷售通路和運籌體系其實都已在改變，這些都可能是真正創造價值的地方。

產業風險

由於目前國內的 GPS 產業廠商多集中在生產中下游產品為主，缺乏晶片設計能力之上游廠商，所以目前主要晶片都是向國外大廠購買，要獲取超額利潤較不易。不過由於台灣廠商在 IT 產業的雄厚基礎，近幾年我國廠商在代工及自有品牌也都有不錯的表現，使得我國近幾年在 GPS 產業有優於產業平均的成長，在 2004 年 GPS 相關產品的產值較 2003 年成長 34%，較全球 GPS 市場多出近一倍，出貨量則更成長了 106%。由於休閒及車用導航需求持續提高，2005 年台灣 GPS 產業在產值上仍將會有 24%的成長，仍遠高於全球產業的 11%成長，若再進一步搭配資訊產業的雄厚基礎，以及結合行動通訊發

展的廣大商機，前景實在不可限量。

競爭風險

未來 GPS 產業含括相關應用面的成長，主要功能除導航外，因應用面增加，市場商機大，每年成長幅度應不只兩、三成。不過，快速成長的產業也有競爭風險，目前台灣許多電子大廠持續進入消費性產品市場，未來終端產品可能會殺價競爭，對以下游產品為主的本公司較不利。由於未來整合性產品當道，科技將以如何尋求差異化表現為目標，而非淪於殺價競爭。

匯率風險

由於科技銷貨收入多以美金計價，故匯率變動對本公司營業收入及獲利將產生影響，九十三年度因第四季台幣急昇，因而產生匯兌損失；九十四年度則因第四季台幣貶值，因而產生匯兌利得。科技匯率政策係盡可能以外幣債權、債務相抵銷產生自然避險效果，未來仍將加強對匯率走勢的研判，決定外幣兌換時間以期將匯率變動對公司獲利之影響降至最低，必要時亦將適度從事衍生性商品以規避匯率變動產生之風險。政策及法律變動風險科技除日常營運均依循國內外相關法令規範辦理外，並隨時注意國內外政策發展趨勢及法規變動情況，以充分掌握並因應市場環境變化，所以最近年度國內外政策及法律變動並未對科技財務業務產生重大影響。

EXAMPLE

由於本公司一向對於專利法規與智慧財產權保護的重視，這場專利侵權風波，終於平安落幕。而這次對於專利糾紛處理的細緻周全與快速反應，足可做為企業危機處理的良好範例。

公司因為成功開發具有專利權的新產品，目前已成為業界的領導廠商，因此對於智慧財產權保護的議題極為重視。每年花費在專利申請與保護的經費高達數百萬元，1997年更高達 1,200 萬元。一般研發部門只要有任何新的產品設計構想出現，一定會立即同步申請專利。雖然後來大部份的專利並未被具體運用在最後產品上，但這些專利也可以做為一種保護傘，阻止競爭者開發類似的產品。

雖然在世界各地擁有大量的專利，但類似產品被仿冒的情形仍是層出不窮。因此長期聘請理律事務所為法律顧問，並在公司內設有法務室，聘請一位具有豐富司法經驗的專職人員擔任。由於侵權官司極為耗費心力，因此對於許多小廠的仿冒侵權的行為一般也不會趕盡殺絕。

日本大廠曾數次願意付出數億元的經費來購買的技術專利使用權，但仍為本公司所拒絕。但為避免樹敵，樂於與國際大廠策略聯盟，為其提供這項專利產品的代工服務。使得國際廠商仍能運用這項專利技術來生產自有品牌的產品，但同時仍牢牢的掌握住這項獨家的專利技術，這也可以視為一種雙贏。

為防止專利技術與研發成果因為人員離職而流失，公司本公司一般均會親身參與重要的研發專案，並對於每一項的創新成果，無論是否具有商業價值，均會以自身名義申請

專利，顯示其善於利用專利與智慧財產權的保護手段，來排除任何可能的競爭威脅。在產品開發專案管理上，也會採取分工的方式，每位研發人員僅能接觸一部份的關鍵技術資料，並向董事長本人報告研發成果，因此只有董事長一人才能掌握全部的技術資料。如此縱然人員離職，也沒有能力開發類似的產品來造成競爭威脅。

當然對外合作研究與技術移轉的案子，也是由董事長來主持。為主導新產品開發案的方向，本公司也必須要掌握市場資訊，經常接觸重要客戶。因此目前他本人除了當任總經理職務外，同時兼任研發部門與業務部門的最高主管，幾乎公司重要的業務與決策，都是董事長本人親身參與。這樣的運作方式，雖然充分防止知識產權的外漏，但董事長本人的工作負荷異常繁重，也時也因分身乏術，而導致決策的延遲。

EXAMPLE

一、 評估國內市場策略：

醫療器材產業屬於高門檻，從研發開始到實際製成產品都必須清楚脊椎醫療相關知識和製造的流程與相關技術，才有可能順利實際進入醫療院所並上市販賣，尤其目前預計開發之可調節式椎體支架尚無本土廠商製出並販賣，產品被取代性機率應相當低。

二、 進軍國外市場策略：

擬申請美國 FDA 認證，強化本公司進軍國外市場的實力，積極維持市場競爭的自主品牌地位，在國際醫療展覽上展現國內研發實績，可有效使品牌知名度大增，進而增進台灣醫療器材的產值，避免全球醫療器材市場只被國外醫療器材大廠所盤據。

第二節 其他風險及因應對策

風險管理實做

如下圖，該風險管理流程需包含建立全景與文化（如：風險環境）、風險辨識、風險分析、風險評量、風險處理、風險管理監督、持續與利害關係人溝通和協商。

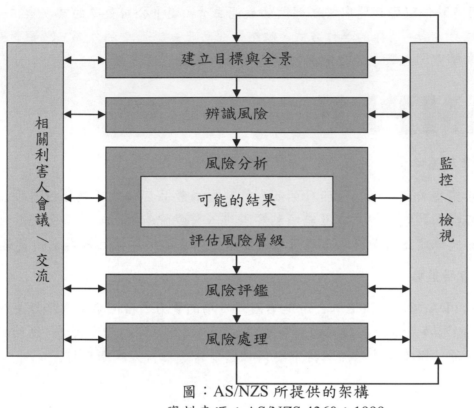

圖：AS/NZS 所提供的架構

資料來源：AS/NZS 4360：1999

風險管理技巧開發

整合式風險管理架構的知識與技術元件開發，主要是針對增加管理者和員工對風險管理應用程式的理解和使用技術，做出一系列的措施。當風險管理的方法日趨成熟後，其他相關活動學習也會因應而生，而在相關活動學習中，最初的學習策略的目標有下列三項：

（1）增加機構中管理者與工作人員對風險管理的體認

認知的提升對象是所有的管理者及工作人員，當風險管理架構的建置成熟時，就能透過一些入門活動來提升認知。

（2）機構中的風險管理架構需一致

將培訓視為應當的，提供機構中的管理部門與員工職能權責的風險管理訓練，培訓將專注在政策、流程以及風險管理樣版的使用。

（3）透過風險管理的應用來領導

機構可以舉辦論壇，使高階管理人能分享他們的相關經驗與知識，諸如：對於當

前與新出現的風險如何成功管理並達到所要求的產出，等等。

- 除了正規的學習活動之外，亦透過網路工具及方法論、各機構的客服服務、執行過程中初始階段人員的認知與培訓，以及專業風險顧問的專家建議與顧問指導等方法來協助學習計畫。

原料的供應來源、價格的波動

一、 供應鏈內生風險

（1） 道德風險

（2） 信息傳遞風險

（3） 生產組織與採購風險

（4） 分銷商的選擇產生的風險

（5） 物流運作風險

（6） 企業文化差異產生的風險

二、 供應鏈外來風險

（1） 市場需求不確定性風險

（2） 經濟周期風險

（3） 政策風險

（4） 法律風險

一、 鼓勵中小企業開發新技術推動計畫申請與審查重點

（一） 先期研究（Phase I）–技術創新重點

- 學理依據、創意來源、關鍵成功因素說明–研究人員能力
- 核心競爭力、研發比重、研發人員能力–技術與產業利益
- 技術及產品指標、潛在目標市場–預期產出
- 技術可行性、Know-How 建立

（二） 研究開發（Phase II）

- 技術創新重點
  - 技術可行性、關鍵成功因素說明
  - 計畫驅動與標竿比較分析-技術與功能創新
- 研究團隊能力
  - 核心競爭力、研發團隊能力、成功案例
- 技術與產業利益
  - 產品及技術指標、產品目標市場
- 行動方案與預期產出
  - 行動方案-人力、開發時程、查核點
  - 智慧財產權

二、 技術管理與有關的策略規劃

有鑑於研發與技術專利是創造競爭優勢的根源，因此極為重視技術管理與有關的策略規劃。該公司在技術策略方面有以下五點指導原則：

（1） 經由技術創新、引進、合作，並充分運用政府對於研發資源的各項補助，來豐富本身核心資源與技術能力，並做最佳化之發揮。

（2） 建立研發資源管理體系，強化技術資源管理的功能，提昇研發效率，並掌握產業技術趨勢的動態。

（3） 培育與延攬專業研發人才，運用產學研合作機會，提昇人員專業素質，建立學習性的研發組織。

（4） 強化智慧財產權之管理制度，保護公司權益及提昇競爭優勢。

（5） 強化零件標準化與模組化設計能力，提昇製程技術能力與生產自動化之開發。

在技術管理上的作法也有許多值得其他中小企業學習之處，包括：

（一） 在研究資訊收集方面：

（1） 長期訂閱專業期刊，設位專業圖書室，專人管理服務，提供研究技術工程師專業資訊資源蒐集，不斷增加新知。

（2） 參加國內外展覽與透過電腦網路，蒐集各類市場資料與競爭者之新產品訊息，以研究分析其競爭力。

（3） 與工研院，國內學術研究機構等充分合作，吸收最新相關知識，開發優良產品，並延聘外部顧問，提供有關專業技術與市場發展趨勢的資訊。

（4） 配合外部法律、智權顧問，隨時取得法律、專利相關資訊，提供情報，以利商機。

（二） 在研究人員培訓方面：

（1） 年度教育訓練：設有專賣之教育訓練單位，依據各部門主管或同仁之需求擬定年度教有訓練計畫，按職能別開辦各類訓練，針對研發技術人員，設計一系列專業性之課程，課程內容廣泛且循序漸進，並且分為內訓以及外訓，對於研發人員之專業知識及實務能力有極大的提昇與助益。

（2） 新進人員輔導訓練：設有新進人員學長輔導制度，由資深之同仁以一對一或分組由單位主管輔導新進同仁，提供其對工作環境之認識以及內部工作流程、公司組織以及工作上之指導，傳承研發技術以及執行系統之經驗。

（3） 在職人員訓練：完整之在職訓練，包括工作指導、輪調、支援、工作會報、專案指派、資料研讀、任務編組、新產品發表及報告等，訓練各人員在運作系統之經營理念，增加其領導統等能力。

（4） 外界專業訓練課程：安排參與外訓課程，增加專業知識吸收新知，並外聘專業顧問做技術研討及講解課程，結合理論與實務。

（5） 不定期的策略會議：在策略會議中透過高階層及各單位主管對產品的開發方向，功能、品質策略提出不同意見，讓研發工程師擴大思考範疇，提昇產品開發能力。

（6） 工作指導訓練：針對研發技術或行政人員其工作內容之專業知識隨時提供不同的資訊以及相關技術經驗。例如專利、安規、儀校、相關產業課程等，提昇其專業能力。

（三） 在研發激勵措施方面：

（1） 為激勵研發員工運用智態與心力，有效申請發明、新型、新式樣專利權或著作權者，在年終考核績效均以 A 級為績效，在晉升加調薪、分紅入股等優先考量作為其對公司貢獻程度的獎勵。

（2） 研發人員的薪資方面此其他部門人員平均高出 20%以上，提供最佳的環境與工作品質，使人員能在工作崗位上無後顧之憂，發揮最大的效能。

（3）　為激勵鼓舞研發團隊的研發成果公諸於世，凡提出研發成果構想或申請專利獲准的團隊或個人，均可依獎勵辦法中之規定獲得不同階段的獎金，予以鼓勵。亦激發研發人員的向心力與團隊精神。

　　我國資訊產品生產總值雖然已高居世界的第三位，其中如鍵盤、滑鼠、監視器、主機板、掃描器等產值更高居世界的第一位，但伴隨而來的，卻是國際大廠連續不斷的專利追索。截至目前為止，在個人電腦產品方面，IBM 已向國內 100 家以上廠商收取超過 1 億美金的權利金，微軟則每年至少向我國廠商收取 1 億美金的權利金，其他在監視器與主機板產品方面，我國廠商也每年各付出數百萬美金以上的權利金。由於在法律上，專利權人可以禁止任何未經授權之他人製造、銷售或使用含有該專利技術之產品，因此一般人皆認為專利係法律所賦予殺傷力最強的壟斷性武器。由於專利賦予壟斷的法律保障，具有強烈的排他性，因此是企業創造競爭優勢的最佳利器。

　　專利之意義及目的為積極鼓勵發明之公開，以提昇科技水準，及消極地賦予發明人就其發明創作享有一定期間的專屬排他性權利，以避免他人侵害而造成發明人權益之損失，間接影響發明人公開其技術創作之風氣。我國的專利權分為三種：**(1) 發明：**屬於高技術性的技術創作，其所應用之手段，在原理上必須為全新；**(2) 新型：**係指利用自然法則的技術思想表現於物品的空間型態，即對於物品之形狀、構造或裝置首先創作或改良；**(3) 新式樣：**屬於在外型設計上的創新，不包含其內部構造機械功能。發明、新型之專利權人享有排除他人未經其同意而製造、販賣、使用或為上述目的而進口該物品之權。

替代開發技術或方案之說明及因應對策

傳統上，對於 XXXXXXXXXXX 的方式主要有四種：

　　第一種是 XXXXXXXXXXX。例如，XXXXXXXXXXXXXX；

　　第二種方式則是 XXXXXXXXXXXXXX；

　　第三種方式是 XXXXXXXXXXX。

然而這方法有三個缺點：(1)、(2)、(3)

　　因此在中華民國發明專利證書號第 XXXXXXX 號案（以下簡稱為 049 案）曾經揭露多種 XXXXXXXXXXX 技術方法及其裝置。

　　智慧財產權保護架構之健全與完整，不僅對於科技研發成果之使用權力帶來最低限度之保障，同時也有益於研發成果經由使用、移轉、擴散，而增益其商業價值。為其充分發揮研發之智慧財產權效益，企業必須考慮建立有效的智慧財產權管理制度，此項工作對於高科技公司尤其重要。一般企業經常採行的保護措施包括：(1) 訂定雇傭契約；(2) 專利管理；(3) 營業秘密管理；(4) 技術作價；(5) 授權。

EXAMPLE

　　在台灣的中小企業多屬家族經營型態,比較困難委託專業經營與延攬高素質研發人才,因此不易自企業內部獨立發展出能夠領先創新的核心技術能力,而本公司也不例外。本公司是一家重視技術創新,並採取以產品創新來創造利潤的策略。雖然本公司在微型散熱風扇馬達構造上具有獨特的創新成果,但因為無法在技術能力上持續保證領先地位,因此本公司對於創新成果採行的是「發展防禦型」的技術策略。

　　本公司一向對於所有技術與產品創新成果都採取積極的專利保護手段,同時也不輕易對外進行技術授權或委外生產,以防止技術外洩或引進新的競爭對手。本公司對於生產製造與產品行銷的活動也採取垂直整合的經營策略,不但自設生產工廠,也大量投資發展自動化生產製程設備,而且極力自創品牌,佈建自有的行銷通路。雖然在周邊配套上的投資發展,對於中小企業而言是相當耗費資源,但本公司為了保護創新成果,防止他人模仿跟進分享利潤成果,因此在各項配套資源需求上也極力維持市場競爭的自主地位。

　　本公司並未如 JVC 一般放棄技術專屬性以換取市場主導規格地位,原因是由於散熱風扇屬於電腦周邊配件,主導規格訂定掌握在電腦品牌大廠的手上,本公司就算公開其產品構造專利,也無法主導產品技術的標準規格訂定。因此唯有採行強力競爭,才能分得較大的市場佔有率,這也是本公司以專利權極力保護技術專屬性的一個原因。

　　比較本公司與 JVC 在技術策略上的差異,前者採取防禦創新成果,維護創新利益的策略,後者則採取開放技術專利,爭取聯盟合作,已主導市場規格訂定的策略。而造成兩者策略差異的根本原因在於,本公司在技術資源能力上無法主導市場標準規格的走向,面對其下游顧客仍屬於競爭弱勢,因此僅能退求其次防禦其他潛在競爭者的可能威脅。因此發展防禦型的技術策略是處於技術資源弱勢之中小企業,在創新競爭中可能的最佳競爭策略。

　　但是這種發展防禦型的技術策略仍無法保障其長遠的市場地位,因此本公司近年來才積極轉進開發光碟機主軸馬達的新產品。顯示中小企業還是必須在技術資源與核心能力積累上持續努力投入,以發展在技術能力上更具有市場主導力的核心技術產品。

EXAMPLE

一、 研發能量對策：

在研發的過程中，勢必邀請相當多的專業顧問提供本公司諮詢和協助，擬簽訂保密協議確保本公司之創新研發能力受到保護，保障本公司之研發能量可以提升並維持。

二、 本土品牌價格對策：

醫療器材的市場品牌知名度一直是由國外大廠所盤據，也因此唯一需要擔憂的是國際大廠推出相似度高之產品，導致在全世界醫療器材市場因為品牌知名度而無法與其競爭，因此，本公司除了擁有優秀的研發人才之外，在市場的價格上也能夠以合理優惠的價格提供給醫院和病患，相信同時具備高品質和合理價格的醫療器材，能夠獲得醫療市場廣大的回應。

EXAMPLE

企業為求在科技快速變遷的年代掌握商機、增強競爭能力，莫不投入大量資源於研究開發新產品或新技術，在當研發一有成果時應盡速申請專利來加以保護本身的智慧財產權，同時也可造成其他同業的進入市場的障礙以確保公司的利益。所以在專利申請時如何將所要保護的專利要項擴大其範圍便成為一門相當重要的學問。但在「請求專利記載」時應先妥善思考要採用何種模式來加以撰寫申請，才能夠穫得最大專利保護範圍。

一般人常認為自己的創作發明已申請專利便受到政府法律保護，熟不知道其因所撰寫模式不同對於所能保護範圍便有所差異，發生侵權事項時又不能對侵權人提出法律行動，才在後悔當初怎麼會沒有申請保護到。所以在申請前妥善思考要採用何種模式來加以撰寫申請，才能確保自身權益。

EXAMPLE

在整體 GPS 架構方面，科技之「GPS 模組」技術整合能力目前是以營業秘密來保護；GPS 車機及人身安全之整體營運模式的專利正在申請中，申請案號為 095126643，其是將目前現有之架構模式及軟硬體方面作了些許修正，使得從 1-10 台之小數量監控抑或上千台大型系統皆可套用，更重要的是使用者所須負擔之費用大幅降低，讓新架構可達到建置簡單、管理容易及費用低廉，而已取得之專利"一種信號處理方法"，其主要應用在 I-TRAC（GPS 車機）與 P-TRAC（個人定位追蹤器）兩大產品項目。將達到減少傳送封包數，縮短傳輸時間的效益，所表現出的傳輸效率自是不可同日而語，有極顯著的差異。

市場的變化日新月異，競爭產品區隔愈來愈小，除了加快研發效率之外，降低生產與管銷成本，提供產品品質，保持經營優勢是公司治理的首要任務；危機意識與適當的風險管理機制與保險預防措施，可以減少災害和損失。

第十八章　智慧財產權檢索與管理

> **本節談及智財管理，在下筆前智財權定義為何？法律關係為何？一定要有初步的了解，因此，請花時間做以下閱讀。**

智慧財產權

　　依照一九六七年「成立世界智慧財產權組織公約」(Convention Establishing the World Intellectual Property Organization)第二條第八款所訂定的內容，所謂的智慧財產權，包括了下列各項權利：

1. 文學、藝術及科學之著作

2. 演藝人員之演出、錄音物以及廣播

3. 人類之任何發明

4. 科學上之發現

5. 產業上之新型及新式樣

6. 製造標章、商業標章及服務標章，以及商業名稱與營業標記

7. 不正競爭之防止

8. 其他由人類在工業、科學、文學或藝術領域內一切智慧創作所生之權利

　　關於智慧財產權的分類，可分見於 1883 年保護工業財產權巴黎同盟公約對「工業財產權」見解、1967 年簽署於 Stockholm 的世界智慧財產權組織創設公約對「智慧權」用語的定義、「關稅暨貿易總協定（General Agreement on Tariffs and Trade，GATT）」。

　　在一九九三年底，在關稅暨貿易總協定（GATT）所召開之「烏拉圭回合」(Uruguay Round Agreements Act，URAA)談判中，達成最終協議之「與貿易有關之智慧財產權協議」(Agreement onTrade-Related Aspects of Intellectual Property Rights, Including Trade in Counterfeit Goods，簡稱 Agreement on TRIPS)中，則將智慧財產權分別歸類如下：

1. 著作權及相關權利

2. 商標

3. 產地標示

4. 工業設計

5. 專利

6. 積體電路之電路布局

7. 未公開資訊之保護

8. 對授權契約中違反競爭行為之管理

人類已經從過去以體力付出為主的生產型態走向現在以智慧、精神活動為主的創作發明生產型態。更重要的是，將智慧的結晶從物體之中萃取出來，分別以專利權、商標權、著作權、營業秘密及積體電路布局法對工商業加以保護。

　　所謂智慧財產權的定義究竟是為何？Brooking（1996）認為智慧財產（Intellectual property assets）乃是智慧資產（Intellectual capital）中的一部份。智慧財產權的基本概念，是一種人類思維活動的結晶，利用此一結晶，可以生產製造某項產品，或提供特定勞務，在客觀上這種結晶具有金錢價值，得作為交易的標的。智慧財產權定義為只要是人類智慧的結晶，例如發明、設計、詩詞散文、戲曲、圖案標記、電腦與電腦軟體、甚至杜撰的人物造型如米老鼠、唐老鴨、東方不敗等，都是智慧財產權。智慧財產權係為鼓勵並保障人類運用其精神力從事創作活動，而對其創造的成果所賦予之權益的總稱。企業內任何和商業行為、和營運有關的構思（idea）或卓見（insight），只要是別人所不知，就是智慧財產，就應該全部加以保護。高科技智慧資產（High technology intellectual capital）意指所有能夠提昇高科技水準及生產力的因素。

　　綜合上述，智慧財產權定義為：智慧財產權乃是從人類思想、創意到成果一連串的智慧結晶，且具有無形或有形的價值，而透過智慧財產權的保護，他人無法以不正當的手段擁有或實行之。

智慧財產權之技術移轉特性

　　智慧財產權具有「無體財產權」之性質，因其保護之標的為精神上創作之成果，屬獨立於有形物之所有權以外而且與物之所有權無關之權利，並由法律所特別賦予其專屬性、排他性之權利，以實現其經濟利益。故其權利性質有別於傳統之有體財產權，權利移轉之方式亦有所差異。蓋傳統有體財產權在為所有權之移轉後即可為立即之使用與收益，但智慧財產權之移轉則不以有形物之交付為必要，其係透過技術讓與或技術授權之方式而為移轉，且在技術移轉後並無法為立即之使用與收益，該技術尚須經「技術商品化」（technology commercialization）之過程，藉由將該技術運用於生產之過程，使生產體系多樣化，進而提高生產力及創造更高品質之產品，如此方得以展現該技術之價值。

　　再者，在技術移轉之過程中，若接受移轉之對象沒有足夠之技術能力、技術人才及技術移轉機制，其將無法完全吸收與消化該技術所包含之技術價值，以致無法有效運用該技術以創造最大之收益。故技術移轉與傳統有體財產之移轉有極大之差異，一般財產權法之規定並不一定均得適用，且其技術移轉之難度及所承擔之風險都明顯較大，在為移轉之考量時需做不同觀點之思考，方得發揮技術移轉所得創造之潛在價值。

　　智慧財產乃人類智能之創作與心血之結晶。幾世紀以來，國際智慧財產法制經由不斷演進，已漸趨建立。營業秘密法體系，即為智慧財產法中，除專利法、商標法與著作權法外，新興之第四大領域。其發展雖遲，然而其重要性對工業界而言，則有凌駕專利法之勢。蓋就同為保護科技創作之法規範之立場言，無論從發明之特性、保護之期間、取得及享有權利所需之費用、權利之內容、司法之救濟、權利金之收取、反托拉斯法與強制實施及徵用等角度加以觀察，營業秘密所有人顯然較專利所有權人居於更有利之地位。此由美國企業界逐漸扭轉昔日「專利至上」之觀念，改以或考慮改以營業秘密法保護其發明一事，可獲得證明。美國可口可樂公司長久以來，均以營業秘密之方式，保護

其獨創之配方，良有以也。 （資料來源：http：//www.cjcu.edu.tw/ipr/rules.html）

技術性的營業秘密保護

臺灣工商業由於長期殫精竭慮，努力經營，在經濟上已見其成效。值此經貿發榮滋長之時，產業競爭轉趨激烈，各企業所特有之營業秘密，遂成商場致勝之鑰，而為公司之寶。凡寶物輒有遭盜之虞。目前臺灣企業界以高科技或資訊界對營業秘密之保護，最為關注。透過公司內部之規劃與管理，或則採取管制與監控措施，或則與員工或關係人簽訂保密合約。此等方式，雖可收部份預防之功，惟一旦糾紛橫生，和解不成，不免訴諸法。「法非從天下，非從地出，發於人間，合乎人心而已。」（慎子語）。然法發於人間尚易，合乎人心則難。營業秘密法之欲合乎人心則尤難。其故安在？以其涉及對離職員工之生存權、工作權與企業之財產權，均應予保障之憲法難題。兩者既難兼顧，立法如何衡酌，以安人心，實戛戛其難。或許在事者當置身利害之外，建言者當設身利害之中，以求圓滿。

一般而言，營業秘密可分成兩類，一是商業性又或者是經營性之營業秘密，一是技術性之營業秘密。而所謂商業性之營業秘密，其所牽涉到的是例如公司客戶的資料、公司未來中程或長程的發展計劃、公司的研發方向等等；就技術性之營業秘密來說，如果一家公司投下大量的資本、時間去研發一樣新的產品，而此產品如果在其還未申請專利保護前就被竊取，則此公司的研發恐怕就血本無歸。由此可知，技術性之營業秘密的重要性並不亞於商業性或經營性之營業秘密。

技術性的營業秘密可能可以取得專利而受到保護。惟專利保護之效力雖強，但其有一定的保護期限，且保護期間亦受到審查時間長短的影響。此外，專利的保護有一缺點，就是專利雖可擁有很強的權利，卻必須公開其技術，而公開技術就會容易被他人仿冒，要如何禁止他人仿冒就成為重要的問題。反之，營業秘密的特點在於其必須具備有秘密性，因此其可以避免仿冒的發生。因此營業秘密之保護的重要性是不亞於專利權的。

智慧財產權法有三類：

1. 鼓勵技術創新的智慧財產權，如專利法；

2. 與文化有關的智慧財產權，如著作權法；

3. 與交易秩序有關的，如商標法。

而維護交易秩序，除了商標法之外，公平交易法與營業秘密法也都具備此項功能。**營業秘密法**並不是對於營業秘密的製造者或創造者給予其權利去保護，而是給予其一個較低度的保護。所謂較低度的保護，係指營業祕密所有人可以禁止他人運用不正當的方法來取得其營業祕密。但是如果他人用正當的手段來取得相同之技術內容時，營業秘密法並不能禁止其使用該技術。此點與專利有很大的不同。

專利是有其申請先後順序的，意謂當某人先申請取得專利後，他人就不得以相同的技術取得專利，而且別人未經其同意原則上亦不能使用相同的技術，縱使別人是自行研發出相同的技術，專利權人亦能禁止其使用。但營業秘密法就不一樣，只要別人是以正當的方法譬如說用自行研發的方法，去得知秘密、發展技術，法律就不保障營業秘密的所有人有權利去禁止別人利用該營業祕密。這也是營業秘密法與其它智慧財產權間最大

的差別性。營業秘密法的保護，基本上其目的主要在於維護產業間之競爭的倫理，意即產業間必須依據社會上可接受的方式，從事良性的競爭，而不是去竊取他人的研發成果。因此，營業秘密法所享有的是一個受到保護的地位而不是一個權利。如認為營業秘密是一個權利，則此項權利就必須是具有排他性的權利才有意義，而非只是債權性質的權利。何謂排他性的權利，譬如專利、著作權等皆屬此權利。世界各國並不願賦予營業秘密一個很強的權利，使其享有像專利般地具有排他獨占的地位。只要他人以正當的方法得到相同的知識即可使用此技術，因此其並不享有真正獨占的地位。因此由此角度來看，營業秘密法並不是一個具有獨占效力或排他性的一個權利。然而非屬排他權並不就表示其即無經濟的價值。即使非屬排他權，但仍屬於財產的一種，具有財產的價值，仍然可以成為交易的個體，而且可以成為繼承之客體。

專利權範圍解釋

說明書上申請專利範圍之文字記載通常僅記載專利的必要構成元件，其「實質內容」應參酌說明書及圖式所揭示的目的、作用及效果而加以解釋之。分析申請專利範圍的目的，是要認定申請人所訴求之專利權範圍，並瞭解申請專利範圍與申請人之發明的關係。

依現行國內外學說及實務見解，專利的技術保護範圍應基於專利說明書之申請專利範圍而為判斷，亦即申請專利範圍是確定專利權範圍及其保護範圍之直接依據。解釋申請專利範圍之順序可歸納如下：

一、應以申請專利範圍中所描述的內容為準：非以文字記載為準。如說明書記載之創作範圍廣於申請專利範圍時，原則上應僅能以申請專利範圍定其技術範圍；申請專利範圍應記載創作必要構成要件（elements）之全部利範圍內記載複數要件時，不得就複數要件其中之一，主張獨立的技術範圍。

二、參酌說明書、圖式：申請專利範圍只是專利說明書所記載必要構成（不可欠缺）事項之簡潔記載，故為明確申請專利範圍所表示之實質內容，應當要參考說明書及圖式，包括創作構成要件之技術用語，創作之目的、功效、特點以確定技術範圍；3.參酌申請過程及相關主張：（類似禁反言原則（File Wrapper Estoppel））專利權人在專利申請過程中，為因應審查員（Examiner）的審查意見、核駁理由或第三人之異議理由，對自己的發明內容作某種自我設限，或為明確發明之特徵，就申請專利範圍或說明書，作補正或闡明時，當然不能在取得專利後，就限定補正或闡明前之技術範圍主張權利；其次，專利權人於申請說明書上將請求專利範圍之際有意的將說明書所載之創作事項排除於申請專利範圍之外，則該排除事項不屬於專利之技術範圍；又專利權人倘將其創作之申請專利範圍限於特定事項而排除其他事項，則專利之技術範圍僅限定於該特定事項上。

（一）專利法上權利保護

即現行專利法上明文承認之權利類型，可歸納有下列種類：

（1）專利申請權：指得依專利法申請專利之權利。第五條「稱專利申請權，係指得依本法申請專利之權利。」

（2）優先權：依專利法第二十四條「申請人就相同發明在與中華民國相互承

認優先權之外國第一次依法申請專利,並於第一次提出申請專利之次日起十二個月內,向中華民國提出申請專利者,得享有優先權。如申請人於一申請案中主張兩項以上優先權時,其優先權期間自最早之優先權日之次日起算。至於申請人為外國人者,以其所屬之國家承認中華民國國民優先權者為限。同樣的如有主張優先權者,其專利要件之審查,應以優先權日為準。主張優先權之申請人,應於申請專利同時提出聲明,並於申請書中載明在外國之申請日、申請案號數及受理該申請之國家。申請人應於申請之日起三個月內檢送經該國政府證明受理之申請文件,包括說明書、必要圖式、申請專利範圍及其他有關文件。未於申請時提出聲明或逾期未檢送者,喪失優先權。」

（3） 專利權：即專利權人依專利法所取之法定權利,內容上以專利權人專有排除他人,以製造、使用、販賣、陳列、進口為手段之獨占實施權為主,僅具財產性而非具有人格性,類型規範於專利法第一二三至一三〇條。

（4） 質權：第六條「專利申請權及專利權均得讓與或繼承。」「專利申請權,不得為質權之標的。」「以專利權為標的設定質權者,除契約另有訂定外,質權人不得實施該專利權。」由於專利權在性質上亦為財產權之一,故專利權人亦得處分其權利。

（5） 損害賠償請求權／侵害排除請求權／侵害防止請求權：第八十八條第一項「發明專利權受侵害時,專利權人得請求賠償損害,並得請求排除其侵害,有侵害之虞者,得請求防止之。」「專屬被授權人亦得為前項請求。但以專利權人經通知後而不為前項請求且契約無相反約定者為限。」

（6） 姓名表示權：發明人之姓名表示權受侵害時,得請求表示發明人之姓名或為其他回復名譽之必要處分。兼具財產權與人格權性質。

（7） 進口權：現行專利法第五十七條第一項第六款：「六、專利權人所製造或經其同意製造之專利物品販賣後,使用或再販賣該物品者。上述製造、販賣不以國內為限。」

（二） 專利權範圍

專利權範圍者,即為專利權人所得主張其專利權之技術範圍,依第五十六條第三項「發明專利權範圍,以說明書所載之申請專利範圍為準。必要時,得審酌說明書及圖式。」第一〇三條第二項「新型專利權範圍,以說明書所載之申請專利範圍為準。必要時,得審酌說明書及圖式。」第一一七條第二項「新式樣專利權範圍,以圖說所載之申請專利範圍為準；必要時,得審酌創作說明。」基本上三者所指之範圍皆相同。申請專利範圍為專利實務之核心,亦為專利權人主張權利之基礎,和專利權範圍有密不可分之關係。

依現行專利法第五十六條第一項「物品專利權人,除本法另有規定者外,專有排除他人未經其同意而製造、販賣、使用或為上述目的而進口該物品之權。」第二項「方法專利權人,除本法另有規定者外,專有排除他人未經其

同意而使用該方法及使用、販賣或為上述目的而進口該方法直接製成物品之權。」第一〇三條第一項「新型專利權人，除本法另有規定者外，專有排除他人未經其同意而製造、販賣、使用或為上述目的而進口該新型專利物品之權。」第一一七條第一項「新式樣專利權人就其指定新式樣所施予之物品，除本法另有規定者外，專有排除他人未經其同意而製造、販賣、使用或為上述目的而進口該新式樣及近似新式樣專利物品之權。」專利權人得主張就專利權範圍內之技術，在實施上，以製造、販賣、使用及進口為類型；在消極排他性上，得排除他人就同一專利之實施。特別提出者，新式樣專利權之範圍亦因明文新式樣專利權人得排除他人就近似新似樣專利物品之進口而較發明專利及新型專利之專利範圍為廣，亦即，發明與新型專利權之權利範圍乃申請專利範圍；而在新式樣專利權之專利權範圍不僅在專利權人之申請專利範圍，並擴及於相近似之新式樣。故只要通體觀察形狀相同或近似者，均為該新式樣專利權範圍所涵蓋。

（三）　專利權效力範圍

專利權之效力，即為專利權人在其保護範圍內所得享有之權利。由於專利權人得主張於專利權範圍內為專有製造、販賣、使用或進口其發明之排他權利。即在效力上，如物權私之支配權，具有直接實施其權利內容之積極效力及排除他人干涉之消極效力。但專利權範圍並非絕對等同於專利權效力範圍，亦即在法定狀況下，在專利權範圍內專利權效力仍受到限制。

就我國法而言，係採明文規定方式，即在

（一）　暫準專利：依第五十條第一項「申請專利之發明，經審定公告後暫準發生專利權之效力。」第一百條新型專利及第一〇九條新式樣專利亦同；

（二）　撤銷專利：第七十四條第二項「發明專利權經撤銷確定者，專利權之效力，視為自始即不存在。」；

（三）　專利權效力之例外：第五十七條第一項「發明專利權之效力不及於下列各款情事：一、為研究、教學或試驗實施其發明，而無營利行為者。二、申請前已在國內使用或已完成必須之準備者。但在申請前六個月內，於專利申請人處得知其製造方法，並經專利申請人聲明保留其專利權者，不在此限。三、申請前已存在國內之物品。四、僅由國境經過之交通工具或其裝置。五、非專利申請權人所得專利權，以專利權人舉發而撤銷時，其被授權人在舉發前以善意在國內使用或已完成必須之準備者。六、專利權人所製造或經其同意製造之專利物品販賣後，使用或再販賣該物品者。上述製造、販賣不以國內為限。」，第一一八條「新式樣專利權之效力不及於下列各款情事：一、申請前已在國內使用，或已完成必須之準備者。但在申請前六個月內，於專利申請人處得知其新式樣，並經專利申請人聲明保留其專利權者，不在此限。二、申請前已存在國內之物品。三、專利權人所製造或經專利權人同意製造之專利物品販賣後，使用或再販賣該物品者。上述製造、販賣不以國內為限。」

（四）　專利權保護範圍：所謂專利權保護範圍，係指專利權人根據其所取得之專利，

所能受到法律保護之範圍。就無體財產權之本質而言，由於無體性，故須藉由媒介以具體表彰其權利，由抽象文字以界定其權利範圍。基於上述原因，所有的無體財產權應就其本身之獨占實施權外另具有保護範圍。

（專利申請之專利說明書撰寫模式研究以新型說明書為例：黃國賢）

營業秘密之概念

「營業祕密」之概念在許多國家均略有不同，在美國侵權行為法整編（Restatement of Torts）第七百五十七條之規定，營業秘密包括任何公式、模式、裝置或資訊之編輯，其可為化學成分之公式、製造過程、原料處理或保存、機器之型式或裝置、或是客戶名單，只要其為營業上使用，並能提供競爭上之優勢，且具有秘密性，均得為營業秘密之客體；而依美國統一營業秘密法案第一條之規定，公式、型式、編輯、程式、裝置、方法、技術或過程等均得為營業秘密之客體，只要其具有秘密性，並有獨立之經濟價值，且秘密之持有人採取合理之保護措施以維護其秘密性。另外，依日本於一九九〇年六月通過之不正競爭防止法修正案，營業秘密包括所有對於生產過程、銷售方法或其他營業活動有用之技術上或營業上之資訊，只要其尚未公開且被業者當成機密加以保守者均屬之。而德國不正競爭防止法第十七條以下，對於營業秘密之概念雖未明文加以規定，惟依實務上及學術上之通說則認為營業秘密係指所有與營業有關且尚未公開之事實，只要秘密所有人對其有保密之意思，且該秘密之保持對秘密所有人而言有正當之經濟上利益。

我國營業秘密法第二條則明文規定：營業祕密，係指「方法、技術、製程、配方、程式、設計或其他可用於生產、銷售或經營之資訊，而符合下列要件者：(1)非一般涉及該類資訊之人所知者；(2)因其祕密性而具有實際或潛在之經濟價值者；(3)所有人已採取合理之保密措施者」。

由此可知，營業秘密本身是一種資訊，其可以是技術性之資訊，也可以是非技術性之商業資訊，只要其可用於生產、銷售或經營上，並符合上述要件，均可成為受保護之客體，至於方法、技術、製程、配方等，均只是例示之規定而已。詳言之，營業祕密受保護之要件，包括：

（一）必須是可用於生產、銷售或經營上之資訊

並非所有之資訊都是營業祕密法所保護之客體，營業祕密法之立法目的在於維護產業倫理與競爭秩序，因此如果一項秘密資訊與產業上之運用無關，並不能成為受保護之客體，例如國防機密、政黨之選戰策略等。

（二）必須具有秘密性

此為營業祕密本來就應具有之特質，知悉該祕密之人僅能限於特定而封閉之範圍內，如果已經成為公開之事實，則不再是祕密，自然不能再受到營業祕密法之保護，例如已經在期刊上發表過之技術或其他資訊。

（三）非一般涉及該類資訊之人所知者

如果一項資訊雖未達到公眾周知之程度，但卻為一般涉及該類資訊之人所知悉者，雖然可能實際知悉之人有限，然而其既為一般涉及該類資訊之人所

知悉，在未取得權利保護之前，原則上涉及該類資訊之人皆可自由使用，並無以營業祕密法特別加以保護之必要。值得注意者，有可能某項方法雖為一般人或涉及該類資訊之人所知悉，但以之實施運用其他產品，卻為其不易得知者，則此種情形其亦可能成為營業祕密而受保護。

（四）因其祕密性而具有實際或潛在之經濟價值

營業祕密法在於保護正當之競爭秩序，祕密之所有人在主觀上有將其當成營業祕密之意思，固然重要，然而如果該祕密在客觀上，並不具有競爭上之意義，並無加以保護之必要。所謂實際或潛在之經濟價值，係指保守該祕密，對於事業之競爭能力具有重要之意義，一旦該祕密被公開將會對相關事業之競爭能力造成影響。

（五）所有人已採取合理之保密措施

係指營業祕密之所有人，在客觀上已經為一定之行為，使人了解其有將該資訊當成祕密加以保守之意思，例如將公司機密文件設定等級、妥為存放（如上鎖、設定密碼）並對於接觸者加以管制、與員工簽訂保密合約、告知公司營業秘密之範圍等。至於保密措施是否已經達到「合理」之程度，應視該營業祕密之種類、事業之實際經營情形，以及社會之通念而定。

基於以上對營業祕密要件之了解，通常可以被認為屬於營業祕密者，例如顧客名單、樣品書、年度結算、財務報表、已經締結或將來欲締結之契約、行銷計畫、構造複雜之機器、價格之計算、保險公司之代理人目錄、電腦程式等均是。

「營業祕密法」之重要內容

行政院所提出之「營業祕密法營業祕密法」，係參酌世界各國有關營業祕密保護之相關規範後草擬而成，包括美國與加拿大之統一營業祕密法、德國、日本與韓國之不正競爭防止法，以及烏拉圭回合談判「與貿易有關之智慧財產權協議」（TRIPS）等。營業祕密法共計有十六個條文，其中重要之內容可以分為九項說明之。

（一）營業祕密之歸屬

營業祕密之產生可能是由事業內部人員所完成，亦可能係事業委請事業以外之人完成，此時該營業祕密究竟歸屬於雇主或受雇人，或者歸屬於出資人或受聘人，有時容易引起爭議，特別是在契約中就此未明文約定之情形，因此營業祕密法乃分別加以規定，就其所規定之內容觀之，較接近專利法所規定之歸屬原則（參照專利法第七、八條）。

（1）雇用關係

首先就雇傭關係下所產生之營業祕密，營業祕密法視其是否為受雇人職務上所研究或開發者，而分別為不同之規定。就職務上所產生之營業祕密而言，原則上歸屬於雇主，但契約另有約定者，從其約定（第三條一項）。至於非職務上之營業祕密，則歸受雇人所有，但若其營業祕密係利用雇用人之資源或經驗者，雇用人得於支付合理報酬後，於該事業使用其營業祕密（第三條

第二項）。

（2） 出資聘人完成

其次就出資聘人研究或開發之情形，營業祕密法規定原則上依契約之約定決定其歸屬；若未約定，則歸受聘人所有，但出資人得於業務上使用該營業祕密（第四條）。

（二） 營業祕密之讓與及授權

由於營業祕密具有財產價值，是以營業祕密法肯定其得成為交易之客體，所有人得將其全部或部分讓與他人或與他人共有（第六條第一項），亦得授權他人使用之，當事人得就授權使用之地域、時間、內容、使用方法等，自行加以約定，但被授權人原則上不得再為次授權，除非經營業祕密所有人同意（第六條第一、二項）。

營業祕密雖可以轉讓或授權，但營業祕密法禁止營業祕密設質或成為強制執行之標的（第八條），因若因設質或強制執行勢必涉及拍賣，將使營業祕密之祕密性喪失。

（三） 營業祕密之共有

營業祕密由於具有財產價值，因此亦有成立共有之可能性，而共有則會涉及應有部分多寡之問題，因此營業祕密法對於數人共同研究或開發之情形，規定其應有部分應依契約之約定，無約定者，則推定為均等（第五條）。

其次，數人共有之營業祕密應如何使用，亦有規範之必要。營業祕密法規定其使用、處分或授權，原則上應得共有人之全體同意，但各共有人無正當理由，不得拒絕同意（第六條第二項、第七條第三項）。共有人之一將其應有部分讓與他人，原則上亦須經其他共有人之同意（第六條第三項）。

（四） 特定身份者之保密義務

為確保營業祕密之祕密性，營業祕密法特別對於因承辦、偵查、審理或仲裁而知悉或持有他人營業祕密之人，包括公務員、當事人、代理人、辯護人、鑑定人、證人、仲裁人及其他相關之人，均要求其不得擅自使用或洩漏該營業祕密（第九條）。

（五） 營業祕密之侵害態樣

在營業祕密法中最重要者為對於侵害營業祕密之類型，參酌德國與日本之相關規範，詳細加以規定，使該法之規範更為具體。營業祕密法中所規定之侵害類型有下列五種（第十條）：

（1） 以不正當方法取得營業祕密者。

所謂「不正當方法」係指竊盜、詐欺、脅迫、賄賂、擅自重製、違反保密義務、引誘他人違反其保密義務或其他類似方法。

本款所涵蓋之範圍相當廣，只要涉及以不正當方法取得營業祕密者，不僅第

三人，甚至與營業祕密所有人有法律關係之人，均屬該條所規範之對象，例如員工竊取非屬其職掌範圍內之營業祕密。但是如果係以正當之方法取得營業祕密，例如經由對他人產品之分析研究，而得知其祕密者，則並不構成營業祕密之侵害，值得注意者，以「還原工程」（Reverse Engineering）之方法取得他人之營業祕密者，自營業祕密法之立法理由觀之，並不屬不正當之方法。由於法律並未賦予營業祕密所有人排他性之專屬使用權，因此以正當方法得知他人營業祕密者，使用該祕密之行為亦不構成營業祕密之侵害。

（2）知悉或因重大過失而不知其為前款之營業祕密，而取得、使用或洩漏者。

前款在於規範直接以不正當方法取得營業祕密之人，本款規範之對象則為前款營業祕密之轉得人。營業祕密之轉得人本身雖未以不正當方法取得營業祕密，但其既然事先明知或因重大過失而不知該營業祕密之來源不正當，卻仍然取得、使用或洩漏之，此種行為若不予禁止，將使不正當取得之營業祕密得以繼續被流傳出去，對於營業祕密之所有人相當不利，對其保護亦有欠周全，是以營業祕密法乃禁止之。

但是如果是善意不知其為不正當取得之營業祕密，而且就其不知並無過失或僅有輕過失，則其取得、使用或洩漏之行為，並不違法；除非其嗣後獲悉該營業祕密係被以不正當方法得到，則其自知悉時起即成為惡意，若仍然繼續使用或將其洩漏，則會構成下一款所禁止之違法行為。

（3）取得營業祕密後，知悉或因重大過失而不知其為第一款之營業祕密，而使用或洩漏者。

前款所規定者，為營業祕密之轉得人於「事先」即知悉該該營業祕密為不正當取得者，而本款所規定者，則為其於取得營業祕密之後，始「嗣後」知悉或因重大過失而不知該營業祕密之不正當性，為貫徹前款保障營業祕密之意旨，對於這種嗣後惡意之行為，亦應予以禁止。

（4）因法律行為取得營業祕密，而以不正當方法使用或洩漏者。

例如因僱傭、委任、承攬、授權等關係而取得營業祕密者，其取得之方式既是根據該等法律關係，自無不正當之可言。但是此種正當取得之營業祕密，卻有被以不正當之方法加以使用或洩漏之可能，例如員工於在職期間或離職後，違反保密義務，擅自使用該營業祕密或將其洩漏給他人，此種行為由於對營業祕密所有人可能造成之損害甚至較前述各款行為鉅大，亦有禁止之必要，以確保營業祕密所有人之利益。

（5）依法令有守營業祕密之義務，而使用或無故洩漏者。

此種情形其係依法有保密之義務而無使用之權利，則應禁止其擅自使用或洩漏該營業祕密，以保障營業祕密所有人之利益。

（六）受侵害之救濟方法

營業祕密受侵害時，依該營業祕密法之規定被害人僅得依民事救濟途徑受到保

護，至於刑事責任則本營業祕密法並無規定，而係由刑法與公平交易法加以規範。由於刑法與公平交易法僅對特別之侵害類型加以規範，是以嚴格言之，有許多營業祕密之侵害並無刑事責任，對於營業祕密保護之效果不免有所影響。

營業祕密法所規定之民事救濟方法，與一般智慧財產權受侵害所得主張於相同。被害人得請求排除侵害，對有侵害之虞者，得請求防止之，且得請求對於侵害行為作成之物或專供侵害所用之物，予以銷燬或為其他必要之處置（第十一條）。如果加害人有故意或過失不法侵害之行為，被害人尚得請求損害賠償，營業祕密法對於該損害賠償請求權之時效（第十二條第二項）與損害賠償範圍之計算亦明文予以規定，在故意侵害之情形，被害人甚至得請求法院酌定損害額以上之賠償，但不得超過已證明損害額之三倍（第十三條）。

（七）營業祕密案件之審理及不公開

基於營業祕密之專業性與祕密性，在法院訴訟程序中應有特殊之規範，以確保當事人之利益，是以營業祕密法規定法院得就營業祕密訴訟事件設立專業法庭或指定專人辦理，而且當事人對於涉及營業祕密之訴訟，得聲請法院不公開審理並限制閱覽訴訟資料（第十四條）。

（八）對外國人之保護採互惠原則

對於外國人營業祕密之保護營業祕密法係採互惠原則，即只要其所屬之國家與我國有相互保護之條約或協定，或其本國之法令對我國人民之營業祕密亦予保護，則對其亦予以保護；若無此等情事，則我國對其營業祕密「得」不與保護（第十五條）。

管理上讀完上述說明，本章整理以下 10 個標題可以初步構思寫法大智結構然後再讀附帶說明的相關法律判例。

業者如何有效管理營業祕密

就事業而言，如何作好營業祕密的管理，以避免洩漏祕密，極為重要，否則不僅給予競爭對手可乘之機，而且對公司之利益與未來發展將造成相當不利之影響。通常業者可以採取的營業祕密管理方法有：

1. 與員工訂立保密約款

2. 禁止營業競爭之約款

3. 員工離職時應採適當之措施

4. 影印份數之限制與追蹤管理

5. 機密文件之存放與管理

6. 重要區域之管制與監控

7. 資料之銷毀、廢棄垃圾之檢查

8. 與磋商或交易之相對人訂立保密約款

9. 網路之安全與管理

10. 實施門禁管制

相關保護法律之研討

一、民法

（一） 侵權行為

（1） 侵害營業秘密與侵權之法律本質

侵害他人之營業秘密，是否構成侵權行為？於此，吾人須先就何謂「侵權行為」，有所了解。侵權行為者，乃因故意或過失不法侵害他人之權利或利益，而應負損害賠償責任之行為也。揆諸民法第一八四條及第一八七條規定，可知一般侵權行為之成立要件，原則上有六：（1）須有加害行為；（2）行為須不法；（3）須侵害權利或利益；（4）須致生損害；（5）須有責任能力；（6）須有故意或過失（註九）。其中，最值得注意者，乃營業秘密是否為權利或利益？關於權利之本質，學說上雖有意思說、利益說及法力說三種主張，然以法力說為現今之有力學說。依此說，權利係法律為保護或充實個人之特定法益，而認有之一形態，亦即予人以特定之法律上之力，俾其藉以享受特定之利益（註十）。

基於上述，可知權利係由「特定利益」與「法律上之力」兩種因素所構成。而所謂「法律上之力」，以物權而言，係指「直接支配（標的物），而具有排他性。」就債權以觀，則指「請求（債務人）」。營業秘密既非法律所承認之權利形態，自無從以「權利」之方式，加以保護（註十一）。是以，民法第一八四條第一項前段規定：「因故意或過失，不法侵害他人權利者，負損害賠償責任。」自難作為侵害營業秘密時，請求賠償之依據。然而，營業秘密對其所有人而言，雖非一項權利，究不能謂非其商業上之競爭利益，如第三人故意盜取該秘密，對秘密所有人，無疑地將造成損害。本此認識，對該竊密行為，似應依前揭條文後段規定：「故意以背於善良風俗之方法，加損害於他人者亦同。」令負賠償之責。惟即便如此，於現行民法下，對於因過失而將他人之營業秘密洩露或加以使用者，仍無從令其為損害賠償，本法第十二條對此缺失，已補苴罅漏。

（2） 營業秘密所有人與物上請求權

關於營業秘密侵害事件，實務上臺灣新竹地方法院民事判決（七十七年度訴字第五七九號），於原告全友電腦股份有限公司與被告力捷電腦股份有限公司等之爭訟案件，表示如下見解：「惟查：『技術』（know-how） 應屬一種『知識』，無論其如何高深精密，均存在於人類之『思維活動』，亦非自然力（例如電、光、熱等），應不屬所有權之標的，原告主張其就系爭技術得享有所有權，於法尚屬無據，而所謂無體財產權、專利權及著作權，系爭技術利益並非上開法定無體財產權，亦非物權或債權，在現行法尚難承認其為財產權，應不生『行使其財產權之人，為準占有人』問題，從而原告主張依民法第七

百六十七條之所有權人物上請求權或依民法第九百六十六條第二項，準用民法第九百六十二條之占有人物上請求權，禁止被告使用系爭技術，於法尚難謂合。....」由本案判決，亦可知營業秘密之擁有，既無從認係「權利」，則欲以所有權人或準占有人之物上請求權為基礎，尋求法律上之救濟，自難認為合法。

（二） 契約規定

營業秘密被侵害，於世界上多數國家，均尚未發展出足資適用之法制，而現行之民事規定或法理，均有其要件及界限，未能滿足原告援引為救濟之方之需求。是以，工商企業逐漸體會「凡事慎乎始」之重要性，並擬就「保密合約」或「禁止競爭條款」，供員工於受僱之始，經同意而簽定之。此等保密條款，如未違反法律之強制或禁止規定、公共秩序或善良風俗者（參照民法第七十一條、第七十二條），均應承認其效力。

以美國為例，此等條款於司法上能否合法執行，常牽涉該禁止競業之期間長短、地域廣狹及活動項目之限制，是否合理（註十二）。其合法性且隨各州規定與實務而異，如加州、佛羅里達州、路易斯安那州及密西根州，即規定禁止競爭條款無效（註十三）。就臺灣而言，由於民法第一九九條第三項規定：「不作為亦得為給付。」故約定員工不得洩漏公司營業秘密或使用之以與公司競業，在法律上並非不可。蓋積極給付或消極給付，均得為債之標的。其所應注意者，僅係契約上所訂定不作為之內容，是否違背公序良俗？而此等判斷，並無絕對準則，實務上常由法院隨具體案件，為客觀之認定。通常企業與員工訂有保密或禁止競業之約定者，如其內容合法，則於一方違約時，他方即得本於契約，請求民事上之損害賠償。然而，由於損害賠償額不易舉證及估定，為免因此耗費不貲，美國企業界有採取事先於契約上載明違約金之方式者。

（三） 不當得利

民法第一百七十九條規定：「無法律上之原因而受利益，致他人受損害者，應返還其利益。雖有法律上之原因，而其後已不存在者，亦同。」理論上，營業秘密所有人亦可能本於不當得利返還請求權，請求不當得利者返還其利益。

二、刑法

（一） 洩漏（工商）秘密罪

（1） 洩漏業務上知悉之工商秘密

刑法第三一七條規定：「依法令或契約有守因業務知悉或持有工商秘密之義務，而無故洩漏之者，處一年以下有期徒刑、拘役或一千元以下罰金。」此即所謂「洩漏業務上知悉之工商秘密罪」。本罪之行為客體為工商秘密；行為主體限於非公務員或曾任公務員之人，且亦非醫師、藥師、藥商、助產士、宗教師、律師、辯護人、公證人、會計師或其業務上佐理或曾任此等職務之人。蓋若為公務人員或曾任公務員之人，應構成刑法第三一八條之罪；若為醫師等特定列舉之人，則係構成同法第三一六條之罪。須注意者，刑法第三一七條之罪，如非依法令或契約有守密之義務者，不適用之。所謂依「法令」有守密義務者，例如技師依技師法第十九條第一項第五款及第二項規定，於執

行業務（或停止執行業務後），無正當理由不得洩漏因業務所知悉或持有他人之秘密。蓋技師雖與律師、醫師等，同屬專門職業及技術人員，惟因不屬刑法第三一六條所列舉特定人之列，故應以刑法第三一七條規範之。

（2）洩漏業務上知悉之他人秘密

上述刑法第三一六條所列舉之人，無故洩漏因業務知悉或持有之他人秘密者，處一年以下有期徒刑、拘役或五百元以下罰金。乃所謂「洩漏業務上知悉之他人秘密罪」。本罪之行為客體為他人秘密，並不限於工商秘密，範圍較廣；行為主體則限於醫師等，該條所特定列舉之人。

（3）洩漏公務上知悉之工商秘密

刑法第三一八條則針對公務人員或曾任公務員之人而設，就其無故洩漏因職務知悉或持有他人之工商秘密者，處二年以下有期徒刑、拘役或二千元以下罰金。乃所謂「洩漏公務上知悉之工商秘密罪」。本罪之行為客體限於工商秘密；行為主體除公務員外，另包括曾為公務員之人，蓋公務員在服務法上原負有保密義務，如無故洩漏他人之工商秘密，無論發生於在職中或離職後，其情節均較嚴重，故於第三一七條之外，另設加重處罰之規定。

以上所述各罪，依刑法第三一九條規定，須告訴乃論。

不過，目前營業秘密法第九條將公務員；因司法機關偵查或審理而知悉或持有他人營業秘密之當事人、代理人、辯護人、鑑定人、證人及其他相關之人；因處理仲裁事件而知悉或持有他人營業秘密之仲裁人及其他相關之人，均明定其不得使用或無故洩漏他人營業秘密。故該等人亦屬於依法令有守密義務者。將來就具體個案之究竟符合刑法第三一六條、第三一七條或第三一八條中何一法條之犯罪構成要件，則須仔細斟酌，從重適用。

值得一提者，刑法前揭法條，均僅罰及「無故洩漏者」，對於「使用者」，則未提及。按「使用行為」在法律概念上，其惡性或可罰性未必輕於「洩漏行為」，如基於「罪刑法定主義」，僅令「無故洩漏者」負刑事責任，而不處罰「使用者」，是否得當，不無疑義。

（二）竊盜罪

營業秘密之盜取，是否構成刑法上之竊盜罪？此可分兩方面述之。

（1）竊取營業秘密本身按竊盜罪

乃以他人之財物為行為客體，而依羅馬法以來流行之觀念，此所謂財物係指動產而言。營業秘密本身並非動產，復無類似刑法第三二三條「電氣關於本章（按：指竊盜罪章）之罪，以動產論。」之擬制規定，故單純之竊取，例如藉由終端機、印表機或電話線路盜取他人資訊，不構成秘密資訊之竊盜罪。然因藉終端機等方式盜取資訊之結果，常須耗用他方之電氣，以運轉他方中央處理系統及其他相連之機器，此時即可能因而構成電氣之竊盜罪（註十四）。關於竊電之處罰，如電業法有特別規定者，應優先於刑法而為適用（註十五）。

（2）竊取營業秘密所附著之有體物

此又可分兩種情形述之：

(a) 竊取該有體物（如機密文件）而未歸還者，構成竊盜罪。按竊盜罪以他人財物為行為客體，而刑法上所保護之物，並不以具交易價值為必要，故除客觀價值之物外，即主觀價值（感情價值）之物，亦包括之。是以縱該物財產價值低微（例如一紙文件），亦可成為竊盜罪之客體，蓋法律保護財產，祇須適於為財產權標的之物，即應在保護之列，其價值之高低並非所問（註十六）。本此認識，則縱營業秘密所附著之有體物本身價值低微，亦不能阻其竊盜罪之成立，營業秘密即因之受到間接保護。

(b) 竊取該有體物，複製其內容後，歸還原物者，不構成竊盜罪。按以利用他人之物而於事後返還之意思，加以竊取者，學說上稱為「使用竊盜」。此等行為是否構成竊盜罪？學說上雖有認縱或意圖一時支配，亦不失為領得之意思，其基此意思而竊取他人之物者，就竊取之行為而言，亦應構成竊盜罪者。但就刑法第三二○條第一項所定「意圖為自己或第三人不法之所有」一語之涵意觀之，如以一時支配為目的，而非欲永久排除權利人者，實不得謂其具不法所有之意圖，而構成竊盜罪。基此觀點，前述使用竊盜之例，尚難遽以竊盜罪相繩。

（三） 侵占罪

刑法第三三五條第一項規定：「意圖為自己或第三人不法之所有，而侵占自己持有他人之物者，處五年以下有期徒刑、拘役或科或併科一千元以下罰金。」稱「持有他人之物」者，謂物為他人所有而在自己持有中。例如受寄人持有寄託物，而吞沒之，即構成本罪。至於持有之原因，並無限制，不論基於法令或契約，乃至由於無因管理，均屬之。是以，如行為人主觀上意圖排除權利人，而使自己或第三人以所有人自居，謀對營業秘密所附之物，加以使用、收益或處分，且客觀上行為人對其所持有之物已有足以表現此意圖之行為，即可構成侵占罪。例如受寄人擅自出售他人寄託之重要設計藍圖等密件。

關於公務員或企業員工對於公務上或業務上所持有之機關或公司之秘密文件，據為己有者，刑法第三三六條設有加重處罰之規定。

由於營業秘密常附著於有體物，處罰侵占他人之物之行為，亦可間接遏止營業秘密之盜取行為。

（四） 詐欺得利罪

設若有人假藉請求技術授權之名，行打探技術內容之實，藉洽商授權之機會，獲悉對方之技術秘密，而無意訂約。此種以詐術得財產上不法利益之行為，構成刑法第三三九條第二項之「詐欺得利」罪，依法處五年以下有期徒刑、拘役或科或併科一千元以下罰金。

（五） 背信罪

公司員工如藉工作上之便，得知公司之營業秘密，並違背保密義務，將之洩漏予他人，即可能構成背信罪。蓋刑法第三四二條第一項規定：「為他人處理事務，意圖為自己

或第三人不法之利益，或損害本人之利益，而為違背其任務之行為，致生損害於本人之財產或其他利益者，處五年以下有期徒刑、拘役或科或併科一千元以下罰金。」故公司員工（尤其是科技人員）如有業餘兼差，從事與公司同類業務，使用公司營業秘密以獲利者，對公司不能謂無損害，背信罪甚有可能因之而構成。

（六） 侵入住宅罪

盜用營業秘密之人欲取他人機密資料，常須潛入他人住宅、公司行號、機關等處，此種未經該處所之管理權人允許，無正當理由而侵入之行為，依刑法第三零六條規定：「無故侵入他人住宅、建築物或附連圍繞之土地或船艦者，處一年以下有期徒刑、拘役或三百元以下罰金。無故隱匿其內，或受退去之要求而仍留滯者，亦同。」惟本罪依同法第三零八條第一項規定，須告訴乃論。

三、公平交易法

（一） 概說

臺灣於八十年二月四日公布「公平交易法」。該法之立法本旨，在維護交易秩序與消費者利益，確保公平競爭，以促進經濟之安定繁榮。

營業秘密之盜取，即屬不公平競爭行為之一類型，而為本法規範之對象。根據本法第四十七條規定，未經認許之外國法人或團體，就本法規定事項得為告訴、自訴或提起民事訴訟。但以依條約或其本國法令、慣例，中華民國人民或團體得在該國享受同等權利者為限；其由團體或機構互訂保護之協議，經中央主管機關核准者亦同。此種互惠關係在同屬智慧財產法之專利法（第四條、第九十五條）、商標法（第三條、第七十條）及著作權法（第四條、第一百零二條）均有類似規定。

（二） 事業間竊密之法律責任

以不正當之方法獲取他事業之營業秘密，在法律上應負何種責任？本法第十九條第五款明文禁止事業於有防礙公平競爭之虞之情形，「以脅迫、利誘或其他不正當方法，獲取他事業之產銷機密、交易相對人資料或其他有關技術秘密之行為。」依其立法說明，刑法第三一七條洩漏業務上知悉工商秘密罪之處罰對象，僅限於「行為人」，本法則係規範不正當競爭行為，對於「事業」以脅迫、利誘或其他不正當方法取得「他事業」業務上機密之行為，因其有礙於公平競爭，故亦予以禁止。

關於因違反上述條款規定，所生之民事責任，同法規定於第五章（損害賠償章，即第三十條至第三十四條）。其中第三十三條對被害人之請求權設有消滅時效之規定，亦即自請求權人知有行為及賠償義務人時起，二年間不行使而消滅；自為行為時起，逾十年者亦同。故被害人欲請求民事損害賠償者，對此時效規定，應特加留意。至於對行為人之刑事處罰，本法則明定於第三十六條，處行為人二年以下有期徒刑、拘役或科或併科新臺幣五十萬元以下罰金。法人雖無從科以自由刑，惟如違反第十九條規定，對之亦科以第三十六條之罰金（參照本法第三十八條）。

然而以不正當方法，獲取他事業技術秘密者，依本法第三十六條及第四十一條規定，均應先由中央主管機關（公平交易委員會）命其停止其行為而不停止者，始得於司法上或行政上予懲處。實際上，營業秘密一旦遭盜用而公開，即喪失其秘密性，對營業秘密

所有人已造成損害，盜用者如得因遵命停止其行為，而免於處罰，顯失事理之平。論者對此迭有訾議。

　　上述立法，頗類似西德一九七五年修正之「不公平競爭防止法」第十七條至第二十條之規定。須注意者，根據本法第四十九條規定，本法自公布（即八十年二月四日）後一年施行，故在施行前，其訴訟上爭議之解決，僅能將本法以「法理」之地位，加以引用參酌（參照民法第一條），不得逕適用之。

四、 著作權法

　　營業秘密常以人類感官所能察覺之狀態存在。例如以文字、錄音、錄影或科技或工程設計圖形之方式表現之。此等著作之著作權人，按著作性質，依法專有重製之法定權利（著作權法第二十二條參照），此重製權即為著作財產權中最基本之權能。故如公司員工或第三人（如產業間諜），未經該企業之同意或授權而重製其物，亦即不變更著作形態而再現其內容，因而取得營業秘密者，亦構成重製權之侵害。此等侵害行為，不問下列情形如何，均可構成：（1）不問重製客體如何：例如對於文字、錄音、攝影等，均得重製。（2）不問重製方法如何：例如以影印、手抄、印刷、攝影等，均足當之。（3）不問重製範圍如何：例如全部或一部份重製。（4）不問重製物是否已公表。（5）不問重製物數目多寡：重製一份，亦屬重製。（6）不問侵害人有無獲利之意（註十七）。

智慧財產權檢索與管理

本計畫是否涉及他人智慧財產權？若有，應如何解決？是否已掌握關鍵之智慧財產權？

專利調查專利分析　EXAMPLE

中華民國發明專利申請號第091124915號案(以下簡稱為915案)，係針對049案作的改進，由於049案所傳送之信號可能有以下缺點：(1)不連續之斷點發生，...
然而，915案與049案一樣，都有頻寬的限制。舉一實例說明，在50-2000Hz的頻寬中，為了避免干擾，會以50Hz作為間距，也就是說在50、100、150、200...2000Hz等400個頻道可以同時傳輸資料。但在同一時間只能傳遞400個資料使得1950Hz頻寬可載送Hz的信號...
此外，915案在實作時，會出現同步信號不好偵測的問題。由於實做電路難免會利用到許多被動性元件如電阻、電容、電感等，...

應如何解決

1. 提出已查閱哪些與專利相關的服務網站(例：世界知識產權組織(WIPO)、歐洲專利局專利網站以及中華民國專利公報等)
   a. 專利查詢的關鍵字通常都是計畫的核心技術
2. 委託專利事務所
   a. 說明哪些相關業務已委託事務所，另已完成哪些查詢或規劃
3. 公司如何管理或保存研發過程中所產出之知識
   a. 簽定保密條款
   b. 研發紀錄簿撰寫
   c. 知識庫之建立
   d. 是否準備提出專利申請
4. 列表說明申請中、已獲得
   a. 專利應用
   b. 專利或智財權侵權糾紛處理

70

本計畫是否涉及他人智慧財產權？若有，應如何解決？

EXAMPLE

合作對象	智慧財產權	若涉及他人智財之解決之道
①××大學工設系	該校所設計之產品圖像，所有權歸屬◎◎◎◎公司所有，故均無涉及他人智慧財產權。	簽署合作契約權利義務由雙方協商議定。
②○○公司	針對本計畫所研究之結果，使用權歸屬◎◎◎◎公司所有，故均無涉及他人智慧財產權。	簽署合作契約權利義務由雙方協商議定。
③○○公司	針對本計畫所研究之結果，所有權歸屬◎◎◎◎公司所有，故均無涉及他人智慧財產權。	簽署合作契約權利義務由雙方協商議定。
④○○公司	針對本計畫所研究之結果，所有權歸屬◎◎◎◎公司所有，故均無涉及他人智慧財產權。	簽署合作契約權利義務由雙方協商議定。
⑤○○公司	該公司負責品牌經營等所有規劃、創意商品化之過程監督、行銷工具規劃等工作，所有因本計畫案而創作之文宣版權，歸屬◎◎◎◎公司所有，，故均無涉及他人智慧財產權。	簽署合作契約權利義務由雙方協商議定。

EXAMPLE

　　本公司計畫以實務研究為主，為使成果能符合實際需求，本計畫除透過蒐集整理大陸相關智財權資料，以瞭解大陸加入 WTO 後相關智財權保護政策、商標保護現況與執行情形、專利保護現況與執行情形、著作權保護現況與執行情形以及司法審判執行情形外；並經由美、歐、日等國對大陸有關 TRIPS 之檢討及意見、及美、歐、日商因應大陸智慧財產權侵害處理機制與措施、以及外商投資企業協會優質品牌保護委員會因應大陸智慧財產權侵害處理機制與措施等，除瞭解大陸加入 WTO 後相關智財權政策面、法制面、執行面、司法審判及邊境保護等現況與執行等情形外，並可供未來我國針對大陸台商智財權保護相關機制與措施之參考。

　　此外，再藉由整理大陸台商專利、營業秘密、商標、著作權判決等資料；及探討台商在大陸智財權糾紛常見類型及其爭議；以及針對大陸智財權政策法規與制度之滿意度、智財權申請與核准情形、專利與商標審查品質之滿意度、查緝仿冒盜版之力度、智財權糾紛及救濟情形、對大陸處理智財權糾紛之觀感、大陸台商智財權之管理與運用情形、大陸台商智財權保護狀況之產業與地域別比較等事項，進行「大陸台商智財權保護狀況」調查；另也經由訪視包括傳統產業及高科技產業、製造業、服務業及文化產業公司等方法，以多面向瞭解台商目前在大陸面臨哪些智慧財產權困境、最關切哪些智慧財產權問題、與最需兩岸協助解決之智慧財產權問題及優先順序等情形，以作為未來建立具體因應處理機制與措施之參考。

（資料來源　經濟部智慧財產局　　https：//www.tipo.gov.tw/mp.asp？mp=1）

是否已掌握關鍵之智慧財產權？

EXAMPLE

專利權名稱	一種信號處理方法		
專利權 內容摘要	一種信號處理方法，係將傳統利用切割頻率傳送資料的方式，轉換成利用承載函數的特性來傳送資料。也就是將藉由切割頻率的傳輸資料方式轉換到藉由一承載函數來傳輸資料方式的方法，本發明的一次所能攜帶的資料量由承載函數的基底函數的個數決定。		
專利權	取得方式	□自行研發　□授權　■移轉取得	
	研發投入經費		
	授權來源		
	移轉取得來源	XXX 科技股份有限公司	
	專利發明人	林 XX	
	專利所有權人	科技股份有限公司	
	中華民國專利證書號碼	I236820	
	國外專利家族	無	
	專利有效年限	2008/07/20	

專利權名稱		一種信號處理方法
	法律狀態（是否有舉發及訴訟進行）	否
	授權狀態（若無可不填）	無

1.須說明移轉單位與公司於計畫中所執行之工作項目
2.須載明移轉單位與公司於計畫經費中所佔金額與工作權重
3.若無移轉單位可只單獨呈現公司於計畫中之工作項目、經費與工作權重

EXAMPLE

序	公司名稱	產業類別	產業領域	統一編號	負責人
1	○○國際專利商標事務所	知識服務	商標、專利事務所	00000000	楊○○
2	○○○	知識服務	商標、專利事務所	00000000	沈○○
3	○○○○科技股份有限公司	知識服務	技術鑑價/技術交易	00000000	魏○○

EXAMPLE

商標權名稱		中文： ht 及圖 英文： ht and picture
商標權內容摘要		
商標權	商標註冊號碼	01196041
	商標類別	■圖□文□顏色□味道□聲音□立體物□前述之組合□其他_____

EXAMPLE

項目	對象	方式	內容	起迄期間
委託研究	①××大學工業設計學系暨學生	以委託研究方式，…………。	a.＋＋＋＋＋＋ b.＋＋＋＋＋＋。	94.12.4～95.12.15
	②○○公司	委託研究	＋＋＋＋＋＋＋	94.12.4～95.12.15
	③○○公司	委託研究	＋＋＋＋＋＋＋	94.12.4～95.12.15
	④○○公司	委託研究	＋＋＋＋＋＋＋	94.12.4～95.12.15
委託勞務	①○○公司	委託勞務	＋＋＋＋＋＋＋	94.12.4～95.12.15

Know how 移轉（合作）對象的背景說

一. 計畫執行能力

　　以企業核心能力分析計畫推動優勢；評估計畫等未來發展及其所預期之風險，並提出明確因應對策。

二. 智慧財產權及關鍵性

　　智慧財產權與 know how 移轉(合作)及主要關鍵性 Know how 來源分析，請說明申請廠商及合作研發廠商於計畫中所負責研發或研究項目，填列時須明確清楚。

NOTE

一、 研發顧問

- 以對於計畫執行有幫助者為考量
- 必須取得其工作單位同意函
- 顧問合約必須載明
  - 工作內容
  - 期間
  - 薪資
- 顧問與委外僅能有一項

技術合作對象	背景說明
①××大學工設系	×××××××××××
②○○公司	×××××××××××
③○○公司	×××××××××××
④○○公司	×××××××××××
⑤○○公司	×××××××××××

二、 說明進行 Know how 移轉（合作）之必要性及對本計畫之重要性

對象	對本計畫之重要性
①××大學工設系	×××××××××××
②○○公司	×××××××××××
③○○公司	×××××××××××
④○○公司	×××××××××××
⑤○○公司	×××××××××××

三、 說明選擇此一合作對象理由

(1) ××大學工設系：擁有豐富的金工研究人才與設備，且具有地關係。

(2) ○○公司：該公司配合此項計畫之意願強烈。

(3) ○○公司：該公司配合此項計畫之意願強烈。

(4) ○○公司：該公司配合此項計畫之意願強烈。

(5) ○○公司：本計畫之原創概念提供。

智慧財產權與 know how 來源項目表：包括合作之金額與內容、Know-how 移轉之背景、必要性與及對本計畫之重要性、選擇此合作對象之理由。

顧問指導：說明與顧問之合作方式及指導之內容。

說明合作方式、作法、權利歸屬、計價基礎、可行性分析、風險影響及因應之道

技術合作對象	合作方式	權利歸屬	計價基礎	可行性分析	風險及因應
①××大學工業設計學系暨學生	委託研究	該校所設計之產品圖像，所有權歸屬◎◎◎◎公司所有。	本公司出資◎◎◎◎元委託其研究。	高	簽署合作契約權利義務由雙方協商議定。
②○○公司	委託研究	針對本計畫所研究之結果，使用權歸屬◎◎◎◎公司所有。	本公司出資◎◎◎◎元委託其研究。	高	簽署合作契約權利義務由雙方協商議定。
③○○公司	委託研究	針對本計畫所研究之結果，所有權歸屬◎◎◎◎公司所有。	本公司出資◎◎◎◎元委託其研究。	高	簽署合作契約權利義務由雙方協商議定。
④○○公司	委託研究	針對本計畫所研究之結果，所有權歸屬◎◎◎◎公司所有。	本公司出資◎◎◎◎元委託其研究。	高	簽署合作契約權利義務由雙方協商議定。
⑤○○公司	委託勞務	該公司負責品牌經營等所有規劃、創意商品化之過程監督、行銷工具規劃等工作，所有因本計畫案而創作之文宣版權，歸屬◎◎◎◎公司所有。	本公司出資◎◎◎◎元委託其經營規劃並監督所有行銷工作之執行。	高	簽署合作契約權利義務由雙方協商議定。

EXAMPLE

主要關鍵性技術及其來源

1. 自行研發：所有經營知識與整合概念與新服務價值需求，由公司內部相關部門開會研討形成，並由內部資訊部門負責此系統的後端整合，並開發平台提供貨主查詢資訊。目前 xx 公司資訊部門已自行開發出倉儲管理系統、輸配送管理系統與供應鍊管理等系統，並且技轉維護知識管理系統與數位學習系統，該公司資訊部擁有完整的系統開發能力，可完全自行建立開發資訊平台。

2. 委外研究：委託和春技術學院創新育成中心開發「智慧型 xxxxx 車櫃元件」。

   （1）產學合作經驗

   　　與和春技術學院合作，增加產學的合作經驗，車機功能的應用面，也使溫度感測可被應用在新的產業，開創新的商機。

   （2）提升整體企業形象

   　　有效與 e 化及 M 化程度較低的同業區隔，並提高競爭門檻。

   （3）事故與品質責任判斷參考

   　　掌握司機在外的駕駛行蹤及行程，可使駕駛產生自我警惕作用，降低危害因子，提高配送效率。且如有意外事故或運送商品之品質有問題時，可透過歷史資料查看車速與溫度資訊，提供責任釐清的參考依據。

第十九章　經費需求與查核點說明

計畫執行查核點說明與經費需求

NOTE

計劃的執行進程表現就是看甘特圖，三個最重要的分別是：

　　（一）工作項目；

　　（二）進度；

　　（三）時間橫軸。

　　有關工作項目數量和排列順序必須和計劃書前面提到樹枝圖完全吻合，樹枝圖和魚骨圖是完全不同內容與層性撰寫工具，讀者必須完全分辨清楚如此才不會和甘特圖配合弄錯，其次談到權重，這行數據必須和人月數對稱，何謂人月薪必須分清楚，人月薪和月薪是有相當大的差異，待會解釋，看下圖說明，請注意，它必須和以下的預定查核表的查核點編列號完全對應，再者也必須明白地對應到研發人力之「參與分項計畫及工作項目」中。

　　時間橫軸年度，月、日相對工作項目的日期必須和預訂查核表完成時間吻合，完成時間點在期中報告前完成者，其中必須提出完成証明，如預期不能完成，在經濟部、文化部相關政府補助計畫需事前（查核日前一個月較佳）以公文說明請准延後查核。

(一)預定進度表

工作項目 \ 進度 (月份)	計畫權重%	預定投入人月	98年度 第二季 4	5	6	第三季 7	8	9
A ○○○○產業之○○資關鍵因素研究								
1.○○○○產業○○關鍵因素研究	11	4	2	1	1			
2.○○○○產業○○關鍵因素研究	8	3	1	1	1			

(二)預定查核點說明

查核點編號	預定完成時間	查核點內容	研發人員編號
A1	98.7.31	・ 完成銀行業者深入訪談 3 家　完成銀行對○○○○業者的○信評估準則調查 1 式	①⑤⑥
A2	98.7.3.	・ 完成創投業者深入訪談 3 家　完成創投對○○○○業者的○資評估標準調查 1 式	②③

編號	姓名	職稱	最高學歷(學校系所)	主要經歷	主要重要成就	本業年資	參與分項計畫及工作項目	投入月數
1	郭○○	計畫主持人	成功大學工學博士	-智財加值政策及技術研究 -歷任○○○○○技術部主任	-台北、桃園法院之上市公司重整監督人 -中華民國工程師獎章 -○○○○產業融投資開鍵研究計畫主持人 -○○○○化規劃百件以上	23	A1	1

註：
1. 各分項計畫每季至少應有一項查核點，查核點內容並應具體明確。
2. 依各分項計畫之工作項目順序填註，分項計畫與本案研發組織及人力應相對應。
3. 進度百分比請參照經費預算執行比例填寫。
4. 本表如不數使用，請自行依格式調整使用。

EXAMPLE

人月計算說明在下一章節，這裡簡單先說明，所謂人月薪是以實際發生工時作為計算基礎

分項計畫及工作項目	計畫權重%	投入人月數	1月	2月	3月	4月	5月	6月	7月	8月	9月	10月	11月	12月
			第一季			第二季			第三季			第四季		
A.圖稿	9.98													
A1.××××	5.98	4	1	1	1	1								
A2.××××	4	2				1		1						
B.創意商品化	20.51													
B1.××××	3.42	2				1		1						
B2.××××	6.84	4					1	1	1	1				
B3.××××	10.25	6				1	1		1	1		1	1	
C.行銷工具製作	64.10													
C1.××××	16.1	4	1	1		1	1							
C2.××××	23.5	6				2			2	1		1		
C3.××××	23.5	6	1			1	1		1			2		
D.國內外銷售點建立	6.41	2										1	1	
累積全程工作進度	100		20			45			75			100		
投入人月數合計	36		8			13			8			7		
經費分配比例	100		20%			25%			30%			25%		

NOTE

（SBIR）「計畫核定」：

由計畫辦公室彙整計畫審查建議結論，送經濟部指導會議確認並由經濟部核定後，函知審查結果。

經濟部指導會議審查重點：

1. 整體計畫方針貫徹。

2. 政府政策方向配合程度。

3. 整體資源分配之合理性。

4. 預期成果、成效、產業關聯效益等績效指標合理性。

5. 確認補助經費額度及相關權益之合理性。

SIIR 計畫管理

(一) 進度查核：

經濟部及計畫辦公室得不定期進行查證或查訪工作進度與經費支用情形，**必要時得委請專業人員協助進行計畫或帳務查核。**

必須明白地對應到研發人力之「參與分項計畫及工作項目」。

(二) 計畫變更：

業者於計畫執行期間，若契約所附全程計畫書所列事項需變更時，應由企業（異業結盟聯合研發計畫則由主導企業代表）敘明理由、變更內容及各項影響評估等，以**書面資料於 30 日內行文通知計畫辦公室**，再由計畫辦公室彙整評審委員意見後逕行核定，必要時得提請計畫審查會議審查。

(三) 異常管理：

1. 於計畫執行期間，若發現業者因本計畫之執行，與第三人間有相關權利爭訟事件發生時，或有違背契約規定者，計畫辦公室得要求業者限期改善。

2. 若業者於期限內完成改善並經評審委員確認核可後，始得繼續執行。未能於限期改善者，得由計畫辦公室提請計畫審查會議審議裁定。

3. **若異常情節輕微者，得予以現況結案方式中止計畫，其補助款之結算，以計畫審查會議決議日為結案日。情節重大者，得予以終止計畫及解除契約，並全數追回已撥付之補助款，且 3 年內不得再申請本計畫。**

4. 雙方當事人因天災或事變等不可抗力或不可歸責之事由致未能依時履約者，得經協議展延履約期限，不能履約者，雙方得免除契約責任。但主張不可抗力之一方，應於事件發生及結束後，立即檢具事證以書面通知他方。

(四) 後續追蹤：

業者於計畫結束後 2 年內，須配合經濟部及計畫辦公室，填報成效追蹤表，並參與相關成果發表與展示等活動。

CITD 計畫管理

(一) 進度查核

經濟部工業局及計畫辦公室，得不定期委請專業人員對獲補助個案計畫進行工作進度與經費支用情形之查核。

(二) 計畫變更

業者於計畫執行期間，若契約所附全程計畫書所列事項需變更時（包括人員、經費、期程及實質內容等），應敘明理由、變更內容及各項影響評估等，以書面資料於 30 日內行文通知計畫辦公室，再由計畫辦公室彙整評審委員意見後逕行核定，必要時得提請計畫審議會議審議。

(三) 異常管理

1. 於計畫執行期間，若發現有異常情況或違背契約規定者，計畫辦公室應要求業者限期改善。

2. 若業者於期限內完成改善並經評審委員確認核可後，始得繼續執行個案計畫。

3. 若業者未能於期限內改善或異常情節重大者，應由計畫辦公室提請計畫審議會審議。

4. 異常情節輕微者，得予以現況結案方式中止計畫，其補助款之結算，以計畫審議會決議日為結案日。

5. 異常情節重大者，得以解除契約方式終止計畫，並追回補助款，且列為三年內不得再申請本計畫之對象。

(四) 後續追蹤

業者於計畫結束後一年內，需配合經濟部工業局及計畫辦公室，填報成效追蹤表，並參與相關成果發表與展示等活動。

第二節　預定查核點說明

專案監控規劃

1. 目的

專案監控的目的是提供對專案進展的了解，當專案的執行與原定計畫產生重大偏離時，能採取適當的矯正措施。

2. 進度審查

每週舉行一次例行會議，專案成員皆參與，報告工作進度，專案監控人員須先收集整理好成員進度，同時監控以下項目：

要求及確認專案成員有參與教育訓練計畫。

當人員異動發生時，新舊人員將工作完整交接完成，並由其它專案執行人員教育新進人員相關的知識及技能。

計畫初期：

若有參與人員欲退出本計畫，需於一個月之前提出通知，同時計畫主持人需於一個月之內找到替代人選。

開發階段：

若有參與人員欲退出本計畫，需於二個月之前提出通知，計畫主持人需於一個月之內找到替代人選，替代人選需於加入計畫，一個月內交接完成。

完成階段：

若有參與人員欲退出本計畫，需於二個星期之前提出通知，計畫主持人需將退出人員之工作分派給其他成員。

3. 查核點審查

專案設查核點審查，為了確定審查能順利進行，於審查前設定一個監控點，監控審查項目是否能順利產出。

例如：雲端服務水準協議（Service Level Agreement；SLA）監控點效益評估：雲端服務水準（以目前對導入企業之雲端系統服務正常運作率、系統回應時間、問題回應時間..等相關「服務關鍵績效指標」實際執行狀況填寫下表（請參閱備註說明）。

指標	SLA執行現況
系統可用性 （system availability）	
系統回復性 （system recovery）	
系統回應時間 （system response）	
問題回應時間 （incident response）	
問題解決時間 （incident resolution）	
客服支援時段	

※備註-「服務關鍵績效指標」之說明如下：

指標	說明
系統可用性 （system availability）	客戶使用系統正常運作率會達到X%以上，一般會以月份為基準單位進行度量。
系統回復性 （system recovery）	系統中斷時會於X小時內回復正常運作。 系統資料會復原到發生中斷前X小時內的狀態。
系統回應時間 （system response）	系統反應時間不會超過X秒。
問題回應時間 （incident response）	系統發生問題後於X分鐘內回應，一般會將問題區分為不同優先等級並設定不同的回應時間標準。
問題解決時間 （incident resolution）	系統發生問題後於X小時內解決，一般會將問題區分為不同優先等級並設定不同的解決時間標準。
客服支援時段	支援小組可提供服務的方式和時段，例如周一到周五9：00~18：00。

　　一般人會犯以下這個案例的撰寫錯誤，看起來工作項目、查核點及備註說明條理分明，但實際上這不能讓委員在確切的時間點做務實性的點查。

　　重點在量化，查核點與說明部分務必量化以此例而言，行銷規劃書可加2式、展店規劃書2式，平台建置一式、使用說明手冊一式5本、前後台操作並加以記錄全年12月12份報告、演講3場，參與400人、行銷點擴展48點、經銷商完成加盟5家等…。

　　此外工作項目有 A1、A2 等編號須與甘特進度圖相符，以方便查核委員對照查照。

一般查核點相關資料準備說明：

若有上述相關之查核點，請於查訪時備齊相關文件。

期中查核點（103 年 12 月 31 日前）		
查核項目	查核時間（預定完成時間）	查核內容
A.1 白紗晚禮服製作	103 年/08 月/30 日	白紗9套，晚禮服13套製作完成。
A.2 婚紗飾品製作	103 年/08 月/30 日	婚紗飾品22組製作完成。
B.1 型錄,產品照拍攝以及包裝設計	103 年/10 月/30 日	兩系列婚紗晚禮服之型錄製作完成，包裝設計製作完成。
B.2 動態視覺影片拍攝	103 年/10 月/30 日	動態視覺影片製作完成。
B.3 服裝秀與展覽	103 年/12 月/30 日	服裝秀與展覽製作並展出完成。
C.1 參加展覽,尋找意業結盟合作	103 年/12 月/30 日	展覽，異業結盟合作成果查核。
C.2 發網路商店平台與網路行銷	103 年/12 月/30 日	網路商店平台，網路行銷成果查核。

期末查核點（104 年 12 月 31 日前）		
查核項目	查核時間（預定完成時間）	查核內容
A.1 白紗晚禮服製作	104 年/08 月/30 日	白紗 18 套，晚禮服 27 套製作完成。
A.2 婚紗飾品製作	104 年/08 月/30 日	婚紗飾品 45 組製作完成。
B.1 型錄，產品照拍攝以及包裝設計	104 年/10 月/30 日	兩系列婚紗晚禮服之型錄製作完成，包裝設計製作完成。
B.2 動態視覺影片拍攝	104 年/10 月/30 日	動態視覺影片製作完成。
B.3 服裝秀與展覽	104 年/12 月/30 日	服裝秀與展覽製作並展出完成。
C.1 參加展覽，尋找意業結盟合作	104 年/12 月/30 日	展覽，異業結盟合作成果查核。
C.2 開發網路商店平台與網路行銷	104 年/12 月/30 日	網路商店平台，網路行銷成果查核。

EXAMPLE

查核點編號	預定完成時間 年/月	查核點內容	研發人員編號
a. 分項計畫 技術教育訓練。	99 / 08至 99 / 09 2個月	1. 進行三天共二十四小時統計方法教育訓練。 2. 完成展場所需軟體教育訓練。	計畫共同主持人 研究人員 研究人員
b. 分項計畫 餐飲產品開發及上市之市場分析及行銷策略。	99 / 09至 99 / 11 2個月	1. 最適的配方產品創意需求組合。	計畫共同主持人 研究人員 研究人員
c. 分項計畫 • 技術資料庫建立。 • 分項計畫之執行。 • 產量與技術之執行。	99 / 11至 100 / 02 3個月	1. 最適的配方產品創意組合技術資料庫建立。	計畫共同主持人 研究人員 研究人員
d. 分項計畫 協助處理與本計畫相關中心之行政事務。	100 / 02至 100 / 04 3個月	1. 鼓勵輔導產商利用網站取得資訊。 2. 生產設備與原料準備。	總計畫主持人 研究人員
e. 分項計畫 根據依統計方法，將結果數據製成回應表。	100 /0 1至 100 / 05 6個月	1. 數據製成回應表。	總計畫主持人 研究人員
f. 分項計畫 依回應表作成回應圖分析結果必要時針對因素，進行變異數與S/N之分析。	100 / 01 至100 / 05 6個月	1. 採製程，選定最佳之因素水準，並將選定之因素水準，進行製程平均推定。 2. 平均推定、或S/N分析。	總計畫主持人 研究人員
g. 分項計畫 • XX 創意 XX 餅之最適條件產品 • XX 創意 XX 餅最適組合的配方產品	99 / 12至 100 / 05 7個月	1. 商品化評估。 最適組合的配方產品專利商品化評估10件。	總計畫主持人 計畫共同主持人 研究人員 研究人員

註：
1. 查核點應按時間先後與計畫順序依序填註，查核內容應係具體完成事項且可評估分析者，產出應有具體指標及規格並須量化。
2. 請配合預定進度表填註。
3. 研發人員編號請依參與計畫研究發展人員簡歷表填註。
4. 最後結案日應註明查核工作項目。

EXAMPLE

查核點編號	預定完成日期	查核內容概述
A1	95 年 4 月	……………………………………五件
A2	95 年 5 月	……………………………………二十件
B1	95 年 5 月	……………………………………共二十件
B2	95 年 9 月	………………約三十至五十件
B3	95 年 11 月	………………約三十至五十件
C1	95 年 5 月	×××××××××××××
C2	95 年 11 月	×××××××成品 □□□□□設計一式 □□□□□一式 2,000 本 □□□□□一式 2,000 本 □□□□□一式 1,000 個 □□□□□一式 1,000 張 □□□□□一式 □□□□□一式
C3	95 年 12 月	×××××××××××××× □□□□□規劃一套 □□□□□規劃暨設計一式 □□□□□設計一式 □□□□□設計一式 □□□□□設計一式 □□□□□規畫設計一式 □□□□□活動一場 □□□□□設計二式
D	95 年 12 月	◎◎◎◎◎◎資料 ◎◎◎◎◎◎證明

第三節 參與計畫研究發展人員簡歷表
（申請「產品設計」類別，僅填（一）計畫主持人資歷說明）

NOTE

計畫主持人背景說明

- 學歷背景
- 工作經驗
- 獲得榮耀（獎章...）
- 主力為研發人員
- 有領導特質

團隊組成重點

- 詳計畫書之研發團隊格式
- 公司研發部門成員為主
- 證明有足夠能力執行計畫
- 行政人員不屬於研發團隊（會計，人事，採購...）
- 研發人員學歷高低並不代表該員執行計畫能力
- 主要研發經歷及成就才是證明該員能否執行計畫

計畫主持人遴選

- 計畫主持人管控研發技術
- 計畫主持人彙編計畫書及管控預算
- 擁有足夠經驗領導研發計畫執行為對象
- 最好避免負責人/總經理為計畫主持人
  - 負責人/總經理是以經營公司為主要
  - 研發工作為雖為重要工作，但非全部工作
  - 必須是公司所屬之正式員工
- 計畫推動與執行的關鍵人物

EXAMPLE

（一）計畫主持人資歷說明：

姓名	xxx	性別	■ 男 □ 女	填表日期	
身份證字號	R123456789			出生年月日	65 年 43 月 21 日
企業名稱	中原大學			職稱	副教授
通訊處（O）	☒☒☒☒☒桃園縣中壢市中北路 200 號 中原大學工業與系統工程學系			電話	03-12345678
通訊處（H）	☒☒☒☒☒桃園縣中壢市中北路 200 號 中原大學工業與系統工程學系				
產業領域	工業工程學	單位外年資	6 年	單位年資	19 年

學歷	學校（大專以上）	時間	學位	科系
	克里夫蘭州立大學	1988 / 01 至 1991 / 06	博士	工業工程
	克里夫蘭州立大學	1986 / 09 至 1987 / 12	碩士	工業工程
	私立中原大學	1982 / 09 至 1985 / 06	學士	工業工程
	私立明志工專	1974 / 09 至 1979 / 06	文憑	機械工程

經歷	企業名稱	時間	部門	職稱
	美國克里夫蘭州立大學	1987 / 01 至 1991 / 06	工業工程研究所	研究助理
	美國太空總署	1989 / 07 至 1990 / 09	Lewis 研究中心	研究助理
	美國 Cleveland Clinic Found	1987 / 07 至 1987 / 09	工程管理部	研究助理
	美寧（Mattel）公司	1985 / 09 至 1986 / 07	工業工程部	IE 工程師

經歷	• Jiang, J. C., Sun P., （2009）, Application of 40 Principles For Public Sector, The 1st International Conference on Systematic Innovation.2009 The 1st International Conference on Systematic Innovation .ICSI 2010： January 22-25, 2010. National Tsing-Hua University, Hsinchu, Taiwan, R.O.C. • Jiang, J. C. & Sun P., （2009）, Innovation Parameters In A Six-Sigma Project By Applying TRIZ Theory, Submitted 2009 The 1st International Conference on Systematic Innovation .ICSI 2010： January 22-25, 2010. National Tsing-Hua University, Hsinchu, Taiwan, R.O.C. • Jiang, J. C., Sun P., Shie, A. J., （2009）, Six Cognitive gaps by using TRIZ and tools for service system design systems, Papers Presented at APIEMS 2009 Conference. Waseda University, Asia Pacific Industrial Engineering and Management（APIEMS）, Kitakyushu Science and Research Park （KSRP）, and City of Kitakyushu, 98 / 12/ 14-- 98 / 12 / 16, Industrial Engineering & Management Systems-An Official Journal of APIEMS & KIIE. • Jui-Chin Jiang, Yuan-Ju Chou, Paul Sun, （2010）, A New Method of Diagnosis and Improvement Design by using TRIZ for Government department Management. • Jiang, J. C., Sun P., （2010）, Solving Policy Networks Problems by Using TRIZ System Innovative Thinking through 40 Innovation Principles： A Case Study of Taiwan Flood Policy, Papers Presented at APIEMS 2010Conference. Waseda University, Asia Pacific Industrial Engineering and Management（APIEMS）, Kitakyushu Science and Research Park （KSRP）, and City of Kitakyushu, 98 / 12/ 14-- 98 / 12 / 16 Industrial Engineering & Management Systems-An Official Journal of APIEMS & KIIE. • Jui-Chin Jiang and Ming-Li Shiu and Mao-Hsiung Tu, （2007）, "Reconstruct QFD for Integrated Product and Process Development Management", TQM Magazine, Vol.19, No.5, pp.403-418. • Jui-Chin Jiang and Ming-Li Shiu and Mao-Hsiung Tu, （2007）, "Quality Function Deployment （QFD） Technology Designed for Contract Manufacturing", TQM Magazine, Vol.19, No.4, pp.291-307. • Jui-Chin Jiang, Tzu-Hao Lin, Yu-Cheng Tien, （2009）, November, "Base on APQP and DFSS to Construct A New Product Development Process－ Mobile Phone Contract Manufacturing Industry as An Example", International Symposium of Quality Management. • Jui-Chin Jiang, Feng-Yuan Hsiao, and Chun-An Chen, （2008）, August,

	"Applying SPC/EPC to Establish a MIMO Process Control System", Proceedings of the 2008 ISECS International Colloquium on Computing, Communication, Control, and Management, published by IEEE Computer Society, Volume II, pp. 3-7.（Guangzhou, China） • （2009），「建構設計品質保證之流程—以 3C 產業塑膠結構件為例」，品質學會第四十五屆年會品質管理實務研討會。 • 2006.08 起，「建構快速預測預防之 SPC 與 EPC 製程回饋控制系統」，中原大學研究發展處研究推動組補助教師研究計劃。

EXAMPLE

姓名	蕭 xx	性別	■ 男　□ 女	填表日期		
身份證字號	X120062845			出生年月日	50 年 02 月 28 日	
企業名稱	南亞技術學院			職稱	副教授	
通訊處（O）	桃園縣中壢市中山東路三段 414 號			電話	（03）4361070#4108	
通訊處（H）	桃園縣中壢市新中一街 67 號					
產業領域	工業工程		單位外年資	0.5 年	單位年資	22.5 年
學歷	學校（大專以上）	時間		學位	科系	
	私立中原大學	1998/09 至 2007/06		博士	工業工程	
	私立逢甲大學	1983/09 至 1985/06		碩士	紡織工程	
	私立逢甲大學	1979/09 至 1983/06		學士	紡織工程	
經歷	企業名稱	時間		部門	職稱	
	南亞技術學院	1991/08 至迄今		材料與纖維	副教授	
	中興紡織公司	1991/02 至 1991/07		紡織事業部	襄理	
	南亞工專	1987/08 至 1991/01		紡織工程	講師	
參與計畫	計畫名稱	時間		企業	主要任務	
重要成就						

> 1.請說明計畫主持人優越及適任理由。
> 2.參與本案人員簡歷填寫時應注意：
> （1）投入之人月與計畫研發進度表時程應相符。
> （2）人員職稱與投入人月數應合理相符。

EXAMPLE

計畫共同計畫主持人資歷說明

姓名	孫xx	性別	■ 男　□ 女	填表日期	99 年 6 月 25 日
身份證字號				出生年月日	年月 27 日
企業名稱				職稱	顧問
通訊處（O）	郵遞區號 330 桃市陽明十街 24 號 4 樓			電話	
通訊處（H）	郵遞區號 330 桃市陽明十街 24 號 4 樓				
產業領域	**工業工程學**	單位外年資	15 年	單位年資	15 年

<table>
<tr>
<td rowspan="7">重要成就</td>
<td>

- 孫xx，（2010），快速創新管理-TRIZ 理論應用，ISBN 978-986-82725-1， 龍璟文化事業股份有限公司。

- 孫xx，（2010），快速創新管理-TRIZ 理論應用（精華版），ISBN 978-986-82725-1-4，龍璟文化事業股份有限公司。

- 孫xx，（2010），快速創新管理-TRIZ 理論應用，ISBN 978-986-82725-1， 龍璟文化事業股份有限公司。

</td>
</tr>
</table>

- Jiang J. C., Sun P., （2009）, Application of 40 Principles For Public Sector, The 1st International Conference on Systematic Innovation.2009 The 1st International Conference on Systematic Innovation .ICSI 2010： January 22-25, 2010. National Tsing-Hua University, Hsinchu, Taiwan, R.O.C.

- Jiang J. C.& Sun P., （2009）, Innovation Parameters In A Six-Sigma Project By Applying TRIZ Theory, Submitted 2009 The 1st International Conference on Systematic Innovation .ICSI 2010： January 22-25, 2010. National Tsing-Hua University, Hsinchu, Taiwan, R.O.C.

- Jiang J. C., Sun P., and Shie A. J., （2009）, Six Cognitive gaps by using TRIZ and tools for service system design systems, Papers Presented at APIEMS 2009 Conference. Waseda University, Asia Pacific Industrial Engineering and Management （APIEMS）, Kitakyushu Science and

	Research Park（KSRP）, and City of Kitakyushu, 98 / 12/ 14-- 98 / 12 / 16, Industrial Engineering & Management Systems-An Official Journal of APIEMS & KIIE.
	• Jui-Chin Jiang, Yuan-Ju Chou, Paul Sun, （2010）, A New Method of Diagnosis and Improvement Design by using TRIZ for Government department Management.
	• Jiang J. C., Sun P., （2010）, Solving Policy Networks Problems by Using TRIZ System Innovative Thinking through 40 Innovation Principles： A Case Study of Taiwan Flood Policy, Papers Presented at APIEMS 2010Conference. Waseda University, Asia Pacific Industrial Engineering and Management（APIEMS）, Kitakyushu Science and Research Park （KSRP）, and City of Kitakyushu, 98 / 12/ 14-- 98 / 12 / 16 Industrial Engineering & Management Systems-An Official Journal of APIEMS & KIIE.

（二）關鍵人員能力分析表

NOTE

研發專案經理

研發專案經理負責專案從概念發展階段到結案階段的整體執行，由他來擔保專案的成功，專案經理角色與職責如下：

1. 建立專案達成事項（產品功能特色與品質、時間與成本）：專案經理要根據既定的專案範疇來確認並決定專案達成事項，並與專案出資者和利害關係人一起檢視這些項目，以確保大家達成協議，降低專案執行階段的意外變化。

2. 整體專規劃與執行：專案經理應該建立整體專案計畫、監督執行，並與子團隊的領導者一起支持計劃的進行。

3. 資源規劃與執行：儘管專案小組中有權值的核心組員，專案經理還是要持續追蹤，以確保資源符合專案計畫，充足無虞。

4. 預算控制與報告：專案經理應該要控制支出，並向公司主管報告進度。

5. 專案業務設計評估與報告：在專案執行階段，專案經理應該隨時更新專案業務計畫，並向主管報告重大變化。

6. 與利害關係人溝通：專案經理的重要角色之一，是和專案利害關係人保持溝通開放的溝通管道，若有重大變化出現，專案經理應該設法取得利害關係人的共識。

7. 與關鍵客戶溝通：確保客戶瞭解專案的變化和進度。

8. 與關鍵廠商和承包商溝通：若專案出現任何變化，專案經理應該傳達給廠商和承包商知道，這是確保廠商隨時瞭解最新變化，避免溝通不良情況發生。

9. 風險評估與預防措施：專案經理需要持續評估風險，確保採取適當的預防措施。

10. 向主管報告專案進度：專案經理應該持續向主管報告專案進度，並特別提出需要管理階層留意的重大問題。

EXAMPLE

編號	姓 名	性別	年次	公司職稱	公司年資	本業年資	最高學歷（含學校及科系所）	相當於計畫所列之職級	專精領域及主要經歷與成就	參與計畫及工作項目之主要工作內容（註2）
1	○○○	男	50	總經理	17	17	淡江大學企管系	計畫主持人	微膠囊製作，光變染料合成及應用，液晶材料合成及應用。	光變染料合成及應用
2	○○○	男	35	研發副總	6	7	成功大學化工所博士候選人	研究員	奈米微粒合成、微乳化製程、有機合成化學	奈米微粒合成
3	○○○	男	35	研究員	3	3	清華大學化學所碩士	研究員	微膠囊製程，氣體動力學	微膠囊製程
4	○○○	男	30	研究員	1	4	中興大學化學所碩士	研究員	無機螢光體開發，有機合成，程序控制	有機合成
5	○○○	男	30	副研究員	1	3	朝陽大學化學所碩士	副研究員	光變有機染料合成	有機合成
6	○○○	男	32	副研究員	1	10	松山工農電子科	副研究員	有機合成、高分子加工	有機合成

EXAMPLE

姓名	本計畫擔任職位	出生年月日	公司名稱/職稱	學歷	時間	經歷		本業經驗	重大成就（或曾執行計畫經驗）
						公司職稱	時間		
XX	計畫主持人	48年06月11日	中原大學	博士	19年	負責人	19年	工業工程	台北市全面品質及事證品質獎設計顧問及行政院研考會服務品質獎與經建會政府再造金斧獎評審。

註：
1. 請分項計畫主持人資料均應填註。
2. 至少應列出本計畫 2 名主要人員能力分析（最高學歷、經歷及可勝任之理由）。

EXAMPLE

姓名	本計畫擔任職位	出生年月日	公司名稱/職稱	學經歷/時間	本業經驗	重大技術成就（或曾執行計畫經驗）
吳 XX	研發副總經理	46.12.24	總經理	• 禾伸堂生技執行副總。 • Holygene Corp 執行副總。 • 禾利行新事業處長。 • 台灣莊臣全國經理。 • Sanofi 行銷經理。 • 台北醫學院藥學士。 • UK Leicester University MBA。	法規與認證 市場與行銷	國際市場開發 歐洲 biosimilar product 之動物實驗與人體臨床實驗。 美國 Biological product 之認證。
林 XX	研發部處長					
鄧 XX	技術處長	47.08.15	技術處長	• 先進基因/品質管理處長（民國 92-95）。 • 台灣 ZZ 製藥/品保經理（民國 86-91）。 • 台灣 XX 製藥廠長（民國 84-86）。 • XX 製藥/品管處長（民國 74-84）。 • 高雄醫學大學藥學系（民國 66-70）。	製程與品管方法建立	製程放大、分析方法建立、廠房規劃、GMP 系統建立與整合、驗證作業規劃與執行，技術移轉規劃、法規與工廠管理。
邱 XX	研發經理	63.09.13	研發經理	• 和康生物科技股份有限公司 技術發展處資深研究員（民國 97-98）。 • 國立成功大學臨床醫學研究所 博士後研究員（民國 96-97）。 • 國立陽明大學醫學工程研究所 博士畢業（民國 90-96）。	研發政策與方向之訂定與執行	• 抗沾黏材科專計畫。 • 骨填補材科專計畫。 • 奈米型計畫。 • 紡織綜合研究所產學計畫。 • 工研院生醫所產學計畫。
陳 XX	品保經理	65.01.18	品保經理	• XX 生技 QA 副理（民國 98）。 • XX 生技副研究員（民國 96-97）。 • XX 生技資深助理研究員（民國 92-96）。 • XX 生技知識系統專案管理師（民國 91）。 • 台灣大學動物研究所研究助理（民國 89-90）。 • 台灣大學漁業科學研究所（民國 87-89）。	研發品質之確認與管理	• SARS 疫苗開發科專計畫。 • 愛滋病抗體產程開發科專計畫。

姓名	本計畫擔任職位	出生年月日	公司名稱/職稱	學經歷/時間	本業經驗	重大技術成就（或曾執行計畫經驗）
邱XX	研發專員	66.02.14	研發專員	• XX 大藥廠研發部計畫主持人（民國98-99）。 • XX 大藥廠副研究員（民國98-99）。 • XX 大藥廠助理研究員（民國95-98）。 • XX 大藥廠研究助理（民國93-95）。 • 博登藥局藥師（民國91-93）。 • 敏盛醫院藥師（民國91）。 • 嘉南藥理科技大學藥學系（民國87-91）。	製程設計/文件報告	• RA Liposome 新劑型開發。 • 肺部吸入型 Insulin 開發計畫。 • 癌症止痛植入劑型開發計畫。 • 神經導管開發計畫。 • 學名藥開發計畫。 • 協助 PICS GMP 查廠。
李XX	研發副理	60.04.05	研發副理	• XX 生技/品保部確校主任（民國98）。 • 合利基因/品保部資深品保專員（民國95-97）。 • 先進基因/品管部副理（民國92-95）。 • 先進基因/品管部工程師（民國91-92）。 • 先進基因/技術開發部助理研究員（民國88-91）。 • 台灣區屏東肉品基金會技術員（民國85-88）。 • 國立屏東科技大學食品技術系（民國83-88）。	品質監控/文件報告	• 協助合作廠商改善 GMP 及生產製程的進行，以符合歐盟之要求。
吳XX	專案經理	67.12.07	專案經理	• XX 科技/研發部研究員（民國96-97）。 • 台北 XX 大學細胞分子生物研究所（民國93-95）。 • 羅東 XX 母醫院營養師（民國90-92）。 • 私立中山醫學大學營養系（民國86-90）。	資料收集/報告編撰	• 生物感測器、蛋白質晶片之研發計畫。 • 糖尿病患個案衛教管理計畫。

姓名	本計畫擔任職位	出生年月日	公司名稱/職稱	學經歷/時間	本業經驗	重大技術成就（或曾執行計畫經驗）
張XX	臨床/法規經理	62.08.17	臨床/法規經理	• 艾慕思生技/ 產品專員（民國96-97）。 • University of Sydney，Logistics Management（MA），master（民國93-95）。 • 高雄 XX 大學附設中和醫院/ 肝膽內科研究助理（民國89~91） • 美國 XX 藥廠/營養暨註冊專員（民國87~88）。 • 中國化學製藥/行銷專員（民國86-87）。 • 台北醫學大學保健營養學研究所（民國84-86）。	臨床試驗之計畫、申請與執行追蹤。	• 產品教育訓練講師。 • 特殊營養食品之查驗登記。 • 協助醫師進行國科會實驗數據分析及協助執行新藥對肝炎患者之療效等計畫相關事項。 • 產品教育訓練及客戶支援服務、辦理QSD、進口醫療器材之查驗登記。

註：
1. 請分項計畫主持人資料均應填註。
2. 至少應列出本計畫 4 名主要人員能力分析（最高學歷、經歷及可勝任之理由）。

EXAMPLE

姓名	公司職稱	最高學歷	主要經歷	本業年資	參與分項計畫及工作項目	投入月數
○○○	◎◎◎◎公司/負責人	南澳大學MBA	□□□□□□	20	計畫主持人	0
○○○	◎◎◎◎公司/開發總監	南澳大學MBA	□□□□□□	25	研發監督	12
○○○	◎◎◎◎公司/開發管理部經理	陸軍官校	□□□□□□	10	配合計畫執行……	12
○○○	◎◎◎◎公司/經理	專科	○○公司	30	配合計畫執行……	4
○○○	◎◎◎◎公司/經理	專科	○○公司	20	配合計畫執行……	4
代聘		最低學歷要求專科			配合計畫執行……	4
共計						36

註：
1. **每家公司之待聘人員不得超過投入研發人力之 30%為原則。**
2. 參與分項計畫及工作項目均應與預定進度表一致。
3. 本計畫全部投入研發人員均應列明。

EXAMPLE

<table>
<tr><td rowspan="6">基本資料</td><td>姓名</td><td>XXXX</td><td>性別</td><td colspan="2">■ 男　□ 女</td></tr>
<tr><td>服務機構</td><td>大同　大學
XXXXXXX　科系</td><td>電話</td><td colspan="2">（02）　XXXXXXXXXXX
分機 3610</td></tr>
<tr><td>E-mail</td><td>XXX@xxxu.edu.tw</td><td>傳真</td><td colspan="2">（　　02　　）
XXXXXXXXXXXXXXXXX</td></tr>
<tr><td>職稱</td><td colspan="4">□1.教授　□2.副教授　■3.助理教授　□4.講師　□5.其他：_____</td></tr>
<tr><td>地址</td><td colspan="4">104 台北市 XXXXXXXXX 路 X 段 xx0 號</td></tr>
</table>

主要學歷	國立xxxxxxxxxxx資訊系博士

專長領域	請依下頁行政院國家科學委員會學門專長分類表【附表1】，填寫專長類別及代碼（2碼） 專長類別名稱：　　XXXXXXXXX　　　　　專長代碼：　　xxx 說明：資訊系統再造、資料庫管理、資料採礦、資料倉儲、資料分析

（請依產學合作案件、專利、論文、著作等個別分類陳列）

國科會產業 研發計畫

行政院國家科學委員會補助技術及知識應用型產學合作計畫

計畫名稱：xXXXXXXXXXXXXXX

計畫期間：97 年　8 月 1 日 至 98 年　7　月 31 日

輔導單位：XXXXXXXXXXXX

業　　者：彥翔 xxxxxxxxx 訊有限公司

行政院國家科學委員會補助提升產業技術及人才培育研究計畫

計畫名稱：利用 web services 技 XXXXXXX 一資料庫移植平台　（NSC 96-2622-H-036-001-CC3）

計畫期間：XXXXXXXXXXX

輔導單位：xxxxxxxx

業　　者：xxxxxxxxx

國科會 一般型研究計畫

行政院國家科學委員會補助專題計畫

計畫名稱：E 化趨勢之數位網路鑑識研發與 xxxxxx 制整體研究--利用稽核軌跡紀錄進行電腦舞弊之偵測：資料採礦技術之應用　（NSC 97-XXXXXXXXE-036-014-）

計畫期間：XZXX

執行單位：XXX

	行政院國家科學委員會補助專題計畫 計畫名稱：利用資料庫軌跡協 xxxxxx 遵循測試 （NSC xxxxxxxxxx-H-036-001） 計畫期間：XXXXXX 執行單位：XXXXXXX **專案計畫包含：** 經濟部工業局九十二年度傳統 xxxxxx 計畫—升級轉型診斷輔導計畫 計畫名稱：文德光學 xxxxxxxx 與標準化行銷資訊之升級轉型診斷輔導計畫 計畫期間：xxxxxxxxxx 輔導單位：xxxxxxxxxxx 業　　者：xxxxxxxxx
重要 事蹟	經濟部工業局九十二年度傳統工業技術升級推廣與輔導計畫—升級轉型診斷輔導計畫 計畫名稱：三和化學纖 xxxxxxxxxx 與合理化制度建立之升級轉型診斷輔導 計畫期間：xxxxxxxxxxxxxxx 輔導單位：中正大學　製商整合研究中心 業　　者：三和化學纖維股份有限公司 經濟部工業局九十三年度傳統工業技術升級推廣與輔導計畫—技術升級專案輔導計畫 計畫名稱：倉管流程與銷售預測技術升級專案輔導計畫 計畫期間：93 年 7 月 21 日 至 93 年 11 月 30 日 輔導單位：中正大學　製商整合研究中心 業　　者：瑪得利服飾有限公司 經濟部工業局九十三年度傳統工業技術升級推廣與輔導計畫—技術升級專案輔導計畫 計畫名稱：興農建構企業入口網站協助企業推展電子商務並提昇企業內部辦公自動化技術升級專案輔導 計畫期間：93 年　7 月 21 日 至 93 年 11 月 30 日 輔導單位：中正大學　製商整合研究中心 業　　者：興農工業股份有限公司 行政院國家科學委員會補助提升產業技術及人才培育研究計畫 計畫名稱：利用資訊系統再造技術提升現有資訊系統品質之方法 計畫期間：93 年　11 月 1 日 至 94 年　10 月 31 日 輔導單位：中正大學　製商整合研究中心 業　　者：巨飛電腦科技有限公司

第四節 計畫研究發展人力統計

NOTE

可能的評論

指標	正面鼓勵	勉勵待加強
研發團隊	☺該公司研發團隊資歷完整且具有完整執行能力，值得鼓勵。 ☺研發團隊掌握核心關鍵技術，委外或引進部分亦具有承接能力。 ☺該公司具有研發實績，經驗與能力豐富。	☹研發團隊對於核心技術之掌握不夠明確，技術指標敘述亦未量化。 ☹本案主要技術內容均委外執行，且無明確承接規劃，自有技術能力不足。 ☹研發團隊之能力與經驗恐難以達成本計畫預期目標。

　　研究發展人力很少機率只有公司本身的技術能量，除非貴公司是擁有強大的 **RD** 部門，因此在人力上儘量寫明合作或聯盟關係的任何資源，公司名稱尤須寫清楚，方便委員查詢，下面範例簡單呈現寫法。

EXAMPLE

公司名稱	計畫研究發展人力								
	學歷				性別		平均年齡	平均年資	待聘人數
	博士	碩士	學士	專科（含）以下	男性	女性			
XX 餐飲股份有限公司			5	0	7	3	31	6	2
XX 管理顧問有限公司	3	1							
總計	3		5	0	7	3	31	6	2

註：

1. 會計科目編列原則請參閱各分項經費說明。
2. 除「技術引進及委託研究費」科目補助比例以 **40%** 為上限（補助款≦自籌款），其餘科目不受補助比例上限之限制。

EXAMPLE

公司名稱	計畫研究發展人力								
	學歷				性別		平均年齡	平均年資	待聘人數
	博士	碩士	學士	專科（含）以下	男性	女性			
XX 堂生技公司	2	4	3	0	4	5	40	3	2
XXX 科技研究所	1	1	3	0	3	2	30	2	0
XX 法人藥劑中心	1	0	0	0	1	0	35	5	0
總計	4	5	6	0	8	7	35	3	2

第二十章　會計規定與經費需求

第一節　經費需求

NOTE

撰寫計畫書易犯的毛病

1. 人事費指開發計畫所須支付研發人員之薪資，按公司職級之平均月薪編列經。

2. 消耗性器材及材料費不含模具夾具等屬固定資產之設備，亦不含事務性耗材，應依實際需求費編列，避免編列量產規模之需求。

3. 設備使用及維護費應依實際使用需求填報，避免列全時投入。

4. 國內、外差旅費只限研發人員前往技術單位所需之差旅費，且需按申請須知所列公式估算。

一、（SBIR）補助款編列原則

計畫期程及補助款編列原則：

　　廠商提送計畫之計畫總經費包括補助款及自籌款，編列範圍包括人事費、消耗性器材及原材料費、研發設備使用費、研發設備維護費、技術引進及委託研究費等科目。

　　補助款不得超過計畫總經費 50%，且為避免廠商因執行計畫造成公司財務困難，原則上，所申請之自籌款部分應小於公司實收資本額，或須提出適度之財務規劃以利計畫之執行。

申請計畫期程與補助款上限詳如下表：

計畫屬性	創新技術 / 創新服務					
申請階段	Phase 1		Phase 2		Phase 2+	
申請對象	個別申請	研發聯盟	個別申請	研發聯盟	個別申請	研發聯盟
計畫期程	以 6 個月為限。	以 9 個月為限。	以 2 年為限，但生技製藥計畫經審查同意者可延長至 3 年。	同左。	以 1 年為限，但生技製藥計畫經審查同意者可延長至 1.5 年。	同左。
補助上限	100 萬元。	500 萬元。	全程補助金額不超過 1,000 萬元，補助款上限依計畫期程按執行月數依比例遞減。撥付補助款每年不超過 500 萬元。先申請 Phase 1 且	全程補助金額以成員家數乘以 1,000 萬元 為上限，且最高不超過 5,000 萬元，補助款上限依計	全程補助金額不超過 500 萬元，補助款上限依計畫期程按執行月數依比例遞減。	全程補助金額以成員家數乘以 500 萬元為上限，且最高不

計畫屬性	創新技術 / 創新服務					
申請階段	Phase 1		Phase 2		Phase 2+	
申請對象	個別申請	研發聯盟	個別申請	研發聯盟	個別申請	研發聯
			經審查結案再申請 Phase 2 者，全程補助金額不超過 1,200 萬元，補助款上限依計畫期程按執行月數依比例遞減。撥付補助款每年不超過 600 萬元。	畫期程按執行月數依比例遞減。撥付補助款原則每年不超過成員家數乘以 500 萬元。		超過 2,500 萬元，補助款上限依計畫期程按執行月數依比例遞減。

註：申請 Phase 2 及 Phase 2+ 計畫之補助款上限計算方式，原則應與計畫期程成正比關係，以 Phase 2 計畫為例：

未執行過先期研究者，計畫期程為 18 個月，補助款上限為：1,000 萬元除以 24 個月再乘以 18 個月等於 750 萬元。

已執行過先期計畫者，計畫期程為 18 個月，補助款上限為：1,200 萬元除以 24 個月再乘以 18 個月等於 900 萬元。

二、CITD 計畫期程與補助經費上限

（一）計畫經費僅限定為研發經費，並依本計畫所訂「會計科目、編列原則及查核要點」規定，區分為政府補助款及業者自籌款二項，並均列入查核範圍。

（二）企業所提之計畫經費，其中政府補助款之上限，不得超過計畫總經費之 50%，且為避免企業因計畫執行造成財務調度困難等影響，所申請之自籌款部分應小於公司實收資本額（亦即補助款≦自籌款≦實收資本額），以利計畫之執行。

（三）若本計畫年度預算用罄，即停止受理申請補助。

補助類型	創新概念構想規劃計畫	業者創新研發計畫	異業結盟聯合研發計畫	加值創新應用計畫
計畫期程	1. 以 3 個月為限。 2. 於該結案年度之 11 月 30 日前完成結案。	1. 以 1 年為原則。 2. 於該結案年度之 11 月 30 日前完成結案。	1. 以 2 年為限。 2. 於該結案年度之 11 月 30 日前完成結案。	1. 以 2 年為限。 2. 於該結案年度之 11 月 30 日前完成結案。
補助上限	每案全程補助上限為新台幣 15 萬元。	每案全程補助上限為新台幣 250 萬元。	1. 每案全程補助上限為新台幣 2,000 萬元。 2. 每案每年度補助上限為新台幣 1,000 萬元整。 3. 主導企業每年度上限為	1. 每案全程補助上限為新台幣 500 萬元。 2. 每案每年度補助上限為新台幣 250 萬元。

補助類型	創新概念構想規劃計畫	業者創新 研發計畫	異業結盟聯合研發計畫	加值創新應用計畫
			新台幣 250 萬元，聯盟企業每年度上限為新台幣 200 萬元。	

三、CITD 申請須知

經費預算配置注意事項：

（一）各會計科目配置比例

補助類型 會計科目	最高上限		說明
	創新概念構想規劃計畫		業者創新研發計畫 異業結盟聯合研發計畫 加值創新應用計畫
人事費	限編列「研發人員」，且不得高於 50%	70%	**待聘人員不得超過總研發人數之 30%。**
消耗性器材及原材料費	X	25%	未明列之消耗性器材及原材料費不得超過本預算科目經費之 20%。
研發設備使用費	X	—	不得逾該設備購置成本之 30%。
研發設備維護費	X	—	不得逾該設備購置成本之 5%。
技術移轉費	限編列「顧問諮詢費」，且不能低於 40%	60%	1. 智慧財產或 Know how 購買不得超過研發計畫總經費之 30%。 2. 委託單一對象之勞務費達 10 萬元以上須簽訂勞務契約。
國內外差旅費	限編列「國內差旅費」	—	除至**技術移轉單位所須支出之國內外旅費得報支外**，其他差旅費政府經費不予補助。
首次行銷 廣宣費	X	20%	

註 1：「—」表無上限限制；「X」表不能編列。

註 2：
1. 各會計科目之政府經費不得佔 50%以上，且資本支出政府經費不予補助。
2. 申請經濟部相關補助或獎勵核定金額及本次申請計畫之補助款，3 年內之補助款總和上限為 3,000 萬元；聯合申請計畫則依個別業者核算補助上限。前項所稱 3 年內，係自計畫申請日起回溯計列。

CITD 補助經費上限：

業者申請政府補助之開發經費（即政府補助款），且不得超過個案計畫總經費之 50%。若本計畫年度預算用罄，即停止受理申請補助。

人月

人月就是一個人工作一個月的費用成本（大概解釋），不一定是派駐外面的通常會注意人月是因為通常一個案子下來，公司就會算他的成本跟利潤，案子再進行當中會要求參與的人每個月填月報，告知負責主管你這個月花了多少時間做這個案子，等一段時間或案子結束後，主管便會計算花了多少人月（即參與這個案子的人所花的成本及時間）及一些雜項開支等，來判斷到底案子下來到現在到底有沒有賺，所以對於人月會比較重視。

（SBIR）經費編列原則

- 人事費：不得超過個案計畫總經費之 60%；待聘人員不得超過總研發人數之 30%。

- 消耗性器材及原材料：（協助傳產）費用不得超過計畫總經費之 25%；其中本預算科目經費之 10% 得未明列項目及數量。（SBIR）以 150 千元/人年為編列上限。

- 設備使用費：（協助傳產）以五年折舊攤提，並依預計使用月數編列。舊設備以現值為基準，新設備以購買日之發票金額。（SBIR）（含）以後購入者折舊年數為四年。

- 維護費：每年研發設備自行維護的費用不得超過該設備購入成本之 5%。

- **技術移轉/委外研究費：不得超過計畫總經費之 30%。**

- 旅運費：（SBIR）上限 2 萬/人年。

- 委託單一對象之勞務費達 10 萬元以上須簽定勞務契約。

- 國內、外旅費：除因接受技術購買或技術移轉所須支出之國內、外差旅費外，其他差旅費政府經費不予補助。

- 新增設備保固期間內不得編列維護費資本支出及營業稅：政府經費不予補助。

EXAMPLE

會計科目		政府補助款	公司自籌款	合計	各科目補助比例%
1.人事費	(1)研發人員	675	735	1,410	
	(2)顧問	0	0	0	
	小　計	675	735	1,410	47.9%
2.消耗性器材及原材料費		0	0	0	0%
3.研發設備使用費		16	16	32	50%
4.研發設備維護費		4	4	8	50%
5.技術引進及委託研究費	(1)技術或智慧財產權購買費	0	0	0	
	(2)委託研究費	0	0	0	
	(3)委託勞務費	215	235	450	47.8%
	(4)顧問諮詢費	0	0	0	
	(5)委託設計費	0	0	0	
	小　計	215	235	450	47.8%
6.差旅費	(1)國內差旅費	0	0	0	
	(2)國外差旅費	0	0	0	
	小　計	0	0	0	0%
7.首次行銷廣宣費（限申請「ASSTD」業者填寫）		0	0	0	0%
合　計		910	990	1,900	47.9%
百　分　比		47.9%	52.1%	100%	

EXAMPLE

會計科目	政府補助款	業者配合款	合計	%
1.人事費				
（1）開發人員	528	594	1122	33
（2）顧問				
小　計	528	594	1122	33
2.消耗性器材及原材料費	240	270	510	15
3.開發設備使用費及維護費				
（1）設備使用費				
（2）設備維護費				
小　計				0
4.智慧財產或技術移轉費				
（1）智慧財產或技術購買費				0
（2）委託研究費	224	252	476	14
（3）委託勞務費	352	396	748	22
小　計	576	648	1224	36
5.首次行銷廣宣費	256	288	544	16
6.國內、外差旅費				
（1）國內差旅費			0	0
（2）國外差旅費			0	0
小　計				0
合　計	1,600	1,800	3,400	100

第二節 人事費

CITD 研發人員薪資

1. 專為開發計畫所須支付研發人員之薪資：

   - 本（底）薪或相類似之給付
   - 主管加給
   - 職務加給或技術津貼
   - 加班費

   惟所稱薪資需符合下列一般原則：

   - 公司訂有一定之計算標準及薪給制度
   - 定時、定額發放
   - 能提供完整工時記錄
   - 不含伙食費、退休金、退職金、資遣費及公司相對提列項目

     工時記錄通常依每日工時紀錄，附表在完成簽約後會開始由承辦單位教導。

2. 按計畫所須之人月數依不同職級人員月薪計算，**待聘人員不得超過總研發人數之 30%。**

3. 經營階層主管級人員，原則上應依預計投入之工作時數按比例計算。

4. 薪資各列支明細應於計畫書薪資預算表中敘明，以為審查之依據。

應注意事項

1. 所**列報人員應為公司正式人員**（數位內容計畫得包含兼職專業人員）且與本計畫原編列名單相符，如有**人員更替及待聘人員之聘用，應於半年報內**報備，如為專案計畫主持人變更應經核准。

2. 新增或異動人員其**學經歷背景與擔任本研究計畫工作**（以下簡稱專案計畫）**無不合理情形。**

3. **參與專案之人員，應提供工時記錄。**

4. 公司所提供之工時記錄經核對其內部請假記錄，無不合理情形。

5. 所**列報之薪資項目包含本薪、主管加給、職務加給、技術津貼或相類似之定時、定額現金給付項目、加班費及年終獎金，**但不含非固定薪資或津貼及伙食費、退休金、退職金、資遣費及勞健保等公司相對提列或提撥項目。

6. 所列報之薪資應與薪資清冊所載金額相符。薪資清冊之當月實領金額應與銀行轉帳之支付證明相符。並依投入專案計畫工時之比例計算。

7. 因專案需要延時加班發給之加班費應具備加班記錄，其加班事由應與專案有關，

並經計畫主持人核准，加班費之計算應與公司人事管理辦法所定加班費計算方式相符。

8. **年終獎金採按月提列方式列報，其提列數應小於或等於實發數並不得超過 2 個月月薪**，並應依投入專案計畫工時之比例計算。

9. 所列報之薪資與薪資扣繳相比其差異應具備合理解釋。

10. 非經變更同意，各年度投入人月數之列報以計畫原編列數為上限，超出核定部份應核減其相關薪資費用。

11. 經核定要求增聘的人力，查核後未補足者，應核減相關人力該期間之人事費。

顧問費

1. **顧問之聘用，以經審議委員會之審查核准者為限。**

2. **應提供顧問之技術背景、學經歷資料以為審查之依據。**

3. 聘用顧問之服務單位如**為技轉對象，則不得提列費用。**

   - 所聘顧問應為審議委員會審查核准列入執行計畫者。

   - 所列報之顧問費應與其原定酬勞相符。

   - 所列報之顧問費應與支付證明相符。

   - 收款收據（應書明受領事由、受領人名、地址、身分證編號，由受領人簽名或蓋章）。

   - 支票存根或銀行轉帳、匯款等支付證明。

應備妥之原始憑證

1. 薪資結構、加班費之計算發放、內部作業流程與人事管理辦法中之書面說明。

2. 薪資清冊。

3. 工時記錄。

4. 銀行轉帳記錄或印領清冊等足以證明支付金額之表單。

5. 薪資扣繳憑單。

6. 公司差勤記錄。

7. 新進或異動人員之學經歷資料。

以上資料皆有表單可供下載

NOTE

- 研發人員簡歷表，上面的研發人員薪資與經費預算中的人事費一定要吻合，可以有研發人員代聘，但比重要合理！

- 如果您的專案計畫是很佔研發薪資的，這部份一定要小心填寫。.

- **注意投保人員人數與人事費的關聯性。**

- 開發計畫費用如果是以薪資佔大金額的公司一定要小心這裡的規劃！

EXAMPLE

分項計畫及工作項目	計畫權重	開　　發　　人　　員				
		姓名	職級	投入人月數（A）	平均月薪（B）	人事費概算（AxB）
A.圖稿	20.51	○○○	經理	4	23.00	92.00
		○○○	經理	4	23.00	92.00
		○○○	總監	12	36.17	434.04
		○○○	經理	12	34.33	411.96
		○○○	經理	4	23.00	92.00
小　　計					36	1,122
合　　計						1,122

第三節　消耗性器材及原材料費

CITD 消耗性器材及原材料費

1. 專為執行開發計畫直接發生之消耗性器材及原材料費。惟**不含一般辦公所需之事務性耗材。**

2. 依計畫所需之項目、數量、金額編列，金額大或數量多者應逐項編列，較細微者可合併編列為其他項並註明。

3. 本項費用**不得超過計畫總經費之 25%。**

4. 在計畫書內未明列之消耗性器材及原材料費，不得超過該預算科目經費之 20%。

5. 消耗性器材及原材料之請（採）購、領用、有無依公司內部授權規定並經專案計畫負責人核准；**其計價方法應依一般公認會計原則擇定並一致適用。**

6. 消耗性器材及原材料費用於作業時，有無內部憑證並經其部門最高主管簽字。

7. 消耗器材及原材料之項目，金額應與原始憑證，分攤紀錄及支付證明相符。

8. 單據日期之確定依下列方式處理：

  領料者：領料日

  國內購買者：統一發票日

  國外購買者：進口報單之進口日

所稱材料費係指專為執行開發計畫所發生之消耗性器材及原材料費（數位內容案含硬碟儲存費用）。

惟不含模具、治具、夾具等屬固定資產之設備及辦公所需事務性耗材。

材料費應依計畫所需之項目、數量、單位、金額編列，金額大或數量多者應逐項編列，較細微者可合併編列為其他項並註明。

請至少詳列材料費中 70%之項目。

所申請計畫如屬產品開發類方可編列 PILOT RUN（小量試產）費用，惟 PILOT RUN（小量試產）費用與研發階段所需之費用應分開編列，補助款與自籌款需分開編列。

應注意事項

1. 消耗性器材及原材料之請（採）購、領用、應依公司內部授權規定並經計畫主持人核准；其計價方法應**依一般公認會計原則擇定並且一致適用。**

2. 消耗性器材及原材料費用於作業時，應有**內部憑證（明確標註與專案計畫之關連性）**並經計畫主持人簽字。

3. 消耗器材及原材料之項目，**金額應與原始憑證，分攤紀錄及支付證明等相符。**

4. 單據日期之確定依下列方式處理：領料者依領料日期；國內購買者依統一發票日期；國外購買者依進口報單之進口日期。

5. 供專案計畫研究或試驗之各項原料、物料、消耗性器材應具備研究實驗有關記錄，其未具備有關紀錄或混雜於當年度在製品、製成品成本內者，不予認定。

6. 消耗器材及原材料之項目及數量超過計畫用量時應經技術審查人員確認無異常情形。

應備妥之原始憑證

1. **為專案計畫採購者應提供統一發票、收據或進口結匯單據與 invoice、及內部轉帳傳票、請購單、採購單及驗收單及付款憑證，如水單、信用狀、匯款單、付款支票、銀行對帳單、零用金支付清單等足以證明之支付憑證。**

2. **自共通性器材領料應提供：領料單、材料明細帳或分攤表。**

3. **涉及外幣支付時應附當時之外幣匯率表。**

EXAMPLE

金額單位：千元

項　　目	單位	預估需求數量	預估單價	全程費用概算
化學材料	公斤	200	10	2,000
研發用坩鍋	Pcs	500	1	500
研發用燒杯	Pcs	100	0.2	20
研發用調棒	Pcs	100	0.1	10
高密度網篩	pcs	40	5	200
氣體	ml	400	3	1,200
合　　計				3,930

註：本項經費支出之憑證、發票等，其品名之填寫應完整，並與計畫書上所列一致，勿填列公司代號或簡稱。

EXAMPLE

金額單位：千元

項　　目	單位	預估需求數量	預估單價	全程費用概算
原材料：成品可食部分之構成材料，包括主原料、配料及食品添加物。	公斤	400	30-500	50
配料：主原料和食品添加物以外構成成品的次要材料。	公斤	80	200-1,600	50
食品添加物：指食品在製造、加工、調配、包裝、運送、貯存等過程中，用以著色、調味、防腐、漂白、乳化、增加香味、安定品質、促進發酵、增加稠度（甚至凝固）、增加營養、防止氧化或其他用途而添加或接觸於食品之物質。	公斤	300	200-1,600	50
實驗室：實驗耗材。		式	50	50
合　　計				200

註：本項經費支出之憑證、發票等，其品名之填寫應完整，並與計畫書上所列一致，勿填列公司代號或簡稱。

EXAMPLE

項　　目	單位	預估需求數量	預估單價	全程費用概算
‧‧‧‧‧‧	批	5	28.6	143
‧‧‧‧‧‧	批	3.5	20	70
‧‧‧‧‧‧	批	3	26	78
‧‧‧‧‧‧	批	15.875	0.8	12.7
‧‧‧‧‧‧	尺	5	22.5	112.5
‧‧‧‧‧‧	尺	7	13.4	93.8
合　　計	＊＊	＊＊＊＊	＊＊＊＊	510
1.政府補助款分攤數	＊＊	＊＊＊＊	＊＊＊＊	240
2.業者配合款分攤數	＊＊	＊＊＊＊	＊＊＊＊	270

第四節 研發設備使用費

設備使用費

　　所稱設備使用費係指為執行專案計畫所**必需使用之機器、儀器設備、軟體、軟體升級費用或雜項購置**，依雙方議定使用費計算式按實提列或分攤之設備使用費及研發所需實支之委外測試費屬之。

1. 研發設備應依新、舊設備逐項列示，在計畫開始日（含）後購入之設備為新設備，購入日期國內採購依統一發票日期，國外採購以進口報單上之進口日期為依據。

2. **每月使用費＝C/60，並依預計使用月數編列。**

   新設備：C＝購置成本

   舊設備：C＝計畫開始日時之帳面價值

3. **設備總數量與研發人數應相當，若數量過多者應詳加說明。**

4. **設備若兼具研發及生產共用之情形，應依研發時程及投入比例作為使用費之計算基礎，惟不得超過購置成本之 30%。**

5. **軟體未列入資產者不得編列設備使用費。**

6. 研發所需之委外測試費可編列於本科目並請註明委外單位、設備、時間、用途、及計價方式與預估金額。

7. 所申請計畫如屬產品開發類方可編列 PILOT RUN（小量試產）費用，惟 PILOT RUN（小量試產）費用與研發階段所需之費用應分開編列，補助款與自籌款需分開編列。

8. 資本租賃設備依一般公認會計原則所計算之成本計算其使用費。

應注意事項

1. 設備使用費之計算公式應符合編列原則。

2. 計畫新增設備之採購需經計畫主持人核准；帳列設備名稱、購入日期、購入成本與原始憑證（或與會計師簽證之財產目錄）及支付證明應相符。舊設備應核對至會計師簽證或報稅報表之財產目錄，並折算計畫起始日之帳面價值。

3. 所列報之設備項目、數量、使用月數應與計畫相符。

4. 設備投入比例應與設備使用記錄相符，其使用費應依實際使用月數計算費用。

5. 委外測試費所委託之對象應與計畫相符。

6. 委外測試費金額應與原始憑證如統一發票或收據相符。

應備妥之原始憑證

1. 請購單、採購單、驗收單、統一發票或收據、進口報關結匯單據與 INVOICE。

2.	財產目錄。

3.	研發設備使用記錄表。

4.	若為分攤，應附分攤表及原始憑證影本。

5.	涉及外幣支付時應附當時之外幣匯率表。

EXAMPLE

設備名稱 財產編號 （註2）	規格	購入時間 （年、月、日）	購入金額(A)或 帳面價值(B) （註3）	使用月數 (C)	設備使用費 [(A 或 B)/N]×C （註4）	設備維護費 （A 或 Bx0.05/12)×C （註2）
超音波淨機 (NP910430)	台	91/4/30	45	6	5	1.1
離心機 (NP920531)	台	92/5/31	286	6	29	7.2
電子天平 (NP910408)	台	91/4/8	37	6	4	0.9
反應槽 (NP911031)	22 liter*3	91/10/31	51	6	5	1.3
機械攪拌機 (NP910930)	兩組	91/9/30	89	6	9	2.2
高倍顯微鏡 (NP890220)	Olympus	89/2/20	800	4	53	13.3
恆溫控制 水浴槽 (NP890418)	Huber	89/4/18	350	4	23	5.8
高速均質 攪拌機 (NP890525)	IKA	89/5/25	120	4	8	2
紫外線強度 計+照度計 (NP931216)	1 組	93/12/16	21	8	3.5	0

EXAMPLE

金額單位：千元

設備名稱 （加註財產編號）	單套帳面價值 A	套數 B	月使用費 AxB/（剩餘使用年限 *12）	投入月數	使用費用估算
一、已有設備					
1. 桌上型電腦	40,000 元	6	2,400,000/60	10	公司配合金額
2. 雷射印表機	10,000 元	2	200,000/60	10	公司配合金額
3. minitab 軟體	公司配合金額	1	公司配合金額	10	公司配合金額
小　　　計					0
二、計畫新增設備					
設備名稱 （加註財產編號）	單套購置金額 A	套數 B	月使用費 AxB/60	投入月數	使用費用估算
1. 數位相機影像處理系統	50,000 元	1	公司配合金額	10	公司配合金額
2. 桌上型電腦資料建立及蒐集	30,000 元	3	公司配合金額	10	公司配合金額
3. 筆記型電腦設計與展示用	40,000 元	1	公司配合金額	10	公司配合金額
小　　　計					0
合　　　計					0

第五節　研發設備維護費

　　所稱維護費係指專案計畫下所核定機器及儀器設備（含軟體）依據研究發展設備維護合約，應按期分攤之維護費或實際支付之修繕費用。

1. **設備於保固期間內（至少以 1 年認定）不得編列維護費。**

2. 設備維護若與供應商或其他**提供維護勞務廠商簽訂年度維護合約者**，其維護費則依維護合約每月之維護費按該設備使用於專案計畫之比例編列。

3. 未簽訂年度維護合約之設備，則其每年所編列**維護費不得超過該設備購入成本之 20%。**

4. 所申請計畫**如屬產品開發類方可編列 PILOT RUN（小量試產）費用**，惟 PILOT RUN（小量試產）費用與研發階段所需之費用應分開編列，補助款與自籌款需分開編列。所列維護費之金額應與原始憑證、費用分攤表相符。

5. 新增設備保固期間內不得列報維護費。

6. 所報維護費核至請購或請修單、驗收單或領料單及維護記錄表等證明資料，其

所維修之設備為計畫核准項目。

7. 設備維修費應出具維修廠商憑證，若屬廠商自行維修，應請廠商提供成本記錄以憑認定。

8. 除簽訂年度維護合約之設備，其維護費應依維護合約每月之費用按該設備使用於專案計畫之比例計算，其餘設備之年維護費不得超出原購入成本之20%。

應備妥之原始憑證

1. 請購或請修單、驗收單、維護合約、發票或收據等。

2. 設備維修記錄表。

3. 若為分攤，應附分攤表及原始憑證影本。

4. 涉及外幣支付時應附當時之外幣匯率表。

EXAMPLE

金額單位：千元

設備名稱 （加註財產編號）	單套原購置金額	套數	維護費用估算
一、已有設備			
1.雷射印表機 文件列印使用	17,000 元	1	公司配合金額
2.數位相機照相	15,000 元	1	公司配合金額
3.數位攝影機	10,000 元	1	公司配合金額
4.桌上型電腦	30,000 元	5	公司配合金額
合　　計			0

NOTE

針對委員所提出的書面審查問題必須認真收集資料（或改善資料）正面回覆

- 針對口試當天的 PPT 與 Q&A 最好事先模擬與討論。

- 不管您是第幾場報告，最好都早個一場到，您可以感受一下那個氣氛與大家出來討論的問題，或許可以臨時惡補！

- 遵照主辦單位要求的程序，不要自作聰明，擅作主張，因為這個活動是委員在幫納稅人看管荷包，有他的標準程序要進行。

- 當天要帶過去簡報的電腦都已經事前跟單槍投影機連線測試過了，無線網路品質還是堪慮，如果需要上網簡報。

- 建議自己帶無線網卡，這些連線與測試的時間都算在簡報時間內，所以不要讓委員等太久！

- 簡報參與人員要帶身分證件，最好是身分証，千萬不要找匿名頂替的槍手！

- 如果時間只有 30 分鐘，事前充分安排下面這些議題的報告時間分配，這很重要，要花多點時間說服委員---你們的創意與創新可能帶來的效益！

- 委員的書審意見一定要正面回覆！

- 如果公司不大且人員也不多，計畫主持人與研發人員一定都要到位參加口試（3人為限），這是團隊精神的問題，如果公司有很多人，那就以核心報告人員為主，不用去那麼多人，但去的人一定要能彼此互補與互動回答問題！（非搶答問題）

- 要印出來的書面資料，一定要事先準備，不要急急忙忙找便利超商來印！如果您是第一次申請，建議請提早一天準備妥所有事情！

第六節 技術引進及委託研究費

CITD 技術移轉費（產品開發/研發聯盟類別適用）

- **技術購買費**
- **委託研究費**
- **委託勞務費**

1. 技術購買費用係指購入技術智慧財產權授權金或權利金，但不含生產階段之生產報酬。

2. 所稱之技術專利權或專門技術係指經審議委員會通過，並具有技術移轉合約者為限。

3. 其編列應述明技術提供者、移轉內容、經費及技術來源者背景資料，並需提供合約、草約或備忘錄。

4. 技術移轉費係指為計畫所需之委外研發、測試、設計、加工或服務之工作。

5. 委託研究費、委託勞務費及委外測試費可編列於本科目並請註明委外單位、設備、時間及合約。

6. **技術移轉費不得超過計畫總經費之 60%**，其中技術購買費不得超過計畫總經費之 30%。

7. 委託單一對象之費用達 10 萬元以上須簽訂勞務契約。

CITD 技術移轉費（產品設計類別適用）

- **委託設計費**
- **顧問諮詢費**

1. **技術移轉費包含委託設計費及顧問諮詢費，其至少須占計畫總經費之 75%。**

2. 技術移轉費其編列應述明技術提供者、委外單位名稱、移轉內容、經費及技

術來源者背景資料，並需提供合約、草約或備忘錄。

3. **委託設計費係指為計畫所需之技術購買、委託研究及委託勞務等工作，其至少須占計畫總經費之 70%。**

3.1. 術購買費用係指**購入技術智慧財產權授權金或權利金**，但不含生產階段之生產報酬。

3.2. 稱之**技術專利權或專門技術係指經審議委員會通過**，並具有技術移轉合約者為限。

顧問諮詢費包括計畫執行督導、提供市場設計資訊、調查分析、檢討溝通、實驗室之使用等工作，其至少須占計畫總經費之 5%。

編列原則

技術引進費　所稱技術引進費係指經由技術合作、技術授權、技術指導（設計、相關技術援助、技術訓練、技術諮詢、技術研究）等方式（數位內容案可含原創題材授權），以取得先進之技術引進費用（不包括生產階段技術報酬金之支付及設備與軟體之採購）。

1. 其編列應述明技術提供者、技術內容、經費及技術來源者背景資料，並需提供合約、草約或備忘錄。

2. 技術引進費用應於計畫結束後個月內完成付款（完成匯款或支票兌現），並於結案前舉證該款項已確實支付。

應注意事項

1. 技術引進費用之列支，其憑證應依公司授權規定經適當之核准始得認定為開發費用。

2. 所列之**技術專利權或專門技術應為技審會/聯席會審查認定**，並與計畫書所列相符。

3. 技術引進費之支付應與合約相符。

4. 技術引進時間應在廠商與技術人合約，及廠商與本部委託機構之專案契約書有效期間內。

5. 技術引進費用應於計畫結束後 3 個月內完成付款，並於結案前舉證該款項已確實支付。

應備妥之原始憑證

1. <u>**技術引進合約書。**</u>

2. <u>**統一發票（或收據）、或國外之 INVOICE （或 RECEIPT）及匯兌水單。**</u>

3. <u>**付款支票影本及銀行對帳單。**</u>

委託研究費

所稱委託研究費係指委託外界機構、單位專案研究之費用（不包括設備與軟體之採購）。

1. 其編列應述明委託研究之內容、經費及受委託者背景資料，並需提供合約、草約或備忘錄。

2. 轉委託項目視計畫需要**可編列人事費、差旅費、材料費、維護費、設備使用費、業務費及管理費。**

3. 申請計畫廠商進行臨床試驗研究者，其與轉委託單位簽訂契約之內容中，得明**訂經費支付方式，例如：執行計畫廠商直接支付轉委託單位之研究費僅包含「主持醫師費」、「臨床護士費用」**，另「受試者相關費用」則由廠商直接支付受測病人等，申請計畫屬數位內容案者，**委託內容可含原創題材授權及其必要之委外製作等。**

4. 委託研究費用應於計畫結束後 3 個月內完成付款，並於結案前舉證該款項已確實支付。

應注意事項

1. 委託研究費用之列支，其憑證應依公司授權規定經適當之核准始得認定為開發費用。

2. 所列之委託研究項目應經審查會議認定，並與計畫書所列相符。

3. 委託研究費之支付應與合約相符。

4. 委託研究時間應在廠商與技術人合約，及廠商與技術處合約有效期間內。

5. 委託研究費用應於計畫結束後 3 個月內完成付款，並於結案前舉證該款項已確實支付。

6. 申請計畫廠商進行臨床試驗研究者，其與轉委託單位簽訂契約之內容中，得明訂經費支付方式，例如：執行計畫廠商直接支付轉委託單位之研究費僅包含「主持醫師費」、「臨床護士費用」，另「受試者相關費用」則由廠商直接支付受測病人等。

應備妥之原始憑證

1. **委託研究合約書。**

2. **統一發票或收據。**

3. **付款支票影本及銀行對帳單。**

4. 若委託研究簽訂契約內容中明訂「受試者相關費用」由廠商直接支付受測病人者，經費查核時應備妥下列文件：

   (1) 查核受試同意書，以確定受試驗者之姓名。受試同意書（Informed Consent

457

）指由試驗主持人於試驗執行前向受試驗者或法定代理人述明研究狀況、試驗目的、參與試驗可能獲得之效益、可能產生之副作用及危險、目前其他可能的療法、與受試驗者的權利和責任後，由受試驗者簽署自願參加該臨床試驗的證明。受試驗者（Trial Subject）：指參加臨床試驗者（實驗組或對照組），包括：（a）參與試驗的健康自願者；（b）與疾病和試驗用藥品臨床使用目的無關的病患；（c）與疾病和試驗用藥品臨床使用目的相關的病患。

(2) 查核受試驗者之領款收據、公司轉帳付款憑證、扣繳憑單。以確定受試驗者是否有領款。

(3) 於接近結案時，查核個案報告表（Case Report Form），以確定受試驗者是否確實參與試驗。個案報告表（Case Report Form）指依試驗計畫書用來記錄每位受試驗者在試驗期間資料的表格。

EXAMPLE

技術移轉項目	合作單位	合作金額			
		第一期	第二期	第三期	合計
1.委託研究費	××大學	50	50	0	100
	○○公司	78	58	0	136
	○○公司	60	60	0	120
	○○公司	60	60	0	120
2.委託勞務費	○○公司	250	250	248	748
合　　　計		498	478	248	1,224
1.政府補助款分攤數		＊＊＊＊	＊＊＊＊		576
2.業者配合款分攤數		＊＊＊＊	＊＊＊＊		648

EXAMPLE

轉委託研究 (請自行加行列出所有案件資料)	期間	委託項目名稱及內容簡介	委託對象(註3)	金額
	94/8-95/7	檢測費(純度及光牢度)	SGS 或其他研究單位	175
	94/8-95/7	Indolenine 與 Benzoindolenine 衍生物開發	朝陽大學或其他研究單位	1,200
技術引進 (請自行加行列出所有案件資料)	期間	委託項目名稱及內容簡介	委託對象	金額
合　　　計				1,375

NOTE

實地審查心得

- 資料要準備完備（產品/技術），委員在意實際證據。（如合約、專利等）。

- 展示成果要選擇最有價值部份說明，不要長篇大論未著重點。

- 展現研發歷程、成果與未來發展方向。

- 說明對產業的示範性。

- 簡報一定要多練習，特別是要先模擬委員可能詢問的問題及如何有說服力的回答。

EXAMPLE

首次行銷廣宣費

金額單位：千元

項　　目	單位	預估需求數量	預估單價	全程費用概算
1. 報章雜誌之廣告刊登	式	2次	68	136
2. 廣告、傳單、海報或印有營利事業名稱之廣告品製作	式	a. ××××××	13.6	272
		b.××××一式：2,000本	68	
		c.××××一式：2,000本	68	
		d.××××一式：1,000份	81.6	
		e.××××一式：1,000份	40.8	
3. 行銷周邊工具製作	式	a.××××一式	68	136
		b.××××一式	68	
合　　計	**	****	****	544
1. 政府補助款分攤數	**	****	****	256
2. 業者配合款分攤數	**	****	****	288

差旅費

研發總經費預算表

CITD會計作業注意事項：

1. 專戶之設置：業者應在銀行開立以公司為戶名之乙存帳戶。

2. 本專戶係屬專款專用，款項採先撥款後核銷方式支用。

3. 各會計科目之支出，應依年度預算之政府補助款及業者自籌款比例核銷，核銷費用採未稅基礎，不含營業稅。

4. 各公司之專戶金額提款，應於每月月底結帳後，依個案計畫書中政府經費分攤比例核銷，其金額由專戶內提領或轉帳。

5. 各項經費支出之憑證、發票等，其品名之填寫應完整，並與個案計畫書上所列一致，勿填列公司代號或簡稱。

6. 專職或兼職開發人員之人事費編列，以個案計畫總經費60%為上限（考量產業特性，技術服務業以總經費70%為上限）。

7. 申請「產品設計」類別業者，技術移轉費（含委託設計費及顧問諮詢費）至少須占個案計畫總經費之75%，其中：

委託設計費：至少須占個案計畫總經費之70%。

顧問諮詢費：至少須占個案計畫總經費之5%。

8. 政府補助款專戶所孳生之全部利息，須繳交國庫。

9. 各年度之核銷事宜，應在當年11月30日前辦理完畢。

10. 個案計畫經費之會計科目、編列原則及查核準則，應符合附件三會計編列原則及查核準則之規定。

11. 經費預算配置注意事項：

伍、附件（得依計畫實際情況檢附）。

附件1：技術移轉合約。

附件2：顧問及國內外專家願任同意書/任職單位同意函。

附件3：專利證書。

附件4：其他參考資料（如：相關產品型錄或國外技轉公司背景資料等）。

（SBIR）申請作業注意事項

- **參與計畫之研發人員須為公司正式員工（具有該公司勞保身分者）**，未具參加勞工保險投保資格者（如年滿60歲以上）或公司人數為5人（不含）以下，須檢附證明文件（如身分證影本或僱用人數證明）。

- 本計畫原則上**優先支持先期研究**或以研發聯盟方式提出申請之計畫。

- 為確保審查作業之公平與保密性，本計畫辦公室與審查委員及相關人員均已簽署保密協定，遵守保密及利益迴避原則，所有審查結果均由計畫辦公室正式函知。

- 研究成果及所產生之智慧財產權，**歸屬申請者所有**（含其他計畫書上所載，除轉分包等履行輔助人以外之共同執行廠商），惟政府基於國家利益與社會公益，得為研究之目的，以無償、不可轉讓、非專屬實施該研究成果。

- 申請者所提供及填報之各項資料，皆應與申請者現況、事實相符，絕不可侵害他人專利權、著作權、商標權或營業秘密等相關智慧財產權，否則應負一切責任並接受處置。

- 同一廠商同時**執行不同之研發計畫時**，累計每年度總補助金額原則不得超過**500萬元**，但參與「研發聯盟」計畫部分排除計算。

- 以研發聯盟型式申請並執行計畫者，補助款**直接撥付聯盟之簽約代表廠商**，故共同執行之各廠商應預先協議**訂定分攤對應之自籌款**，並負連帶給付責任，且須列出各廠商負擔金額明細，作為契約書之附件。成員若於執行期間中途退出

時，其他繼續參與者應分攤退出者之自籌款。

- 申請「研發聯盟」計畫所進行之研發行為，如涉及公平交易法所稱之「聯合行為」，請另依規定向行政院公平交易委員會申請許可。

- 本辦法僅適用於公司新進行之研發計畫，若為已開發完成之技術或產品者，均不得申請，且不得以相同或類似計畫重複請領政府其他計畫補助。

- 簽約計畫如經查證已獲政府其他補助者，**除解除契約並退回全部補助款外，並自解約日起5年內不得申請本計畫之補助。**

- 申請人自投件申請日起即不得就申請行為、補助計畫、補助金額與申請人之其他商業行為作不當連結、進行不當宣傳或為其他使人誤導或混淆之行為。

- 廠商不得因申請本計畫補助，誇大研發成果，致第三人或相關大眾誤認經濟部保證研發成果或所製造產品之品質、安全與功能。

- 依據「經濟部促進企業研究發展補助辦法」第十七條：**受補助者於補助計畫之研發成果產生日起二年內，不得於我國管轄區域外生產該研發成果。**但經濟部核准或事先於補助契約另有約定者，不在此限但違反此項規定者，經濟部得終止補助契約，並限制其於五年內不得再申請補助。

申請注意事項

一、申請作業注意事項

（一）申請本補助之計畫僅適用公司新進行之研發計畫，若為已研發完成或已執行之計畫均不得申請。

（二）業者應自行確認並負責所研發標的並無侵犯他人智慧財產權。

（三）申請人自投件申請日起即不得就申請行為、補助計畫、補助金額與申請人之其他商業行為做不當連結、進行不當宣傳或為其他使人誤導或混淆之行為。

（四）申請人不得因申請本計畫補助，誇大研發成果，致第三人或相關大眾誤認為經濟部保證研發成果或所製造產品之品質、安全與功能。

（五）不得以相同或類似計畫重複申請政府其他計畫補助。簽約計畫如經查證已獲政府其他補助者，除解除契約並追回全部補助款外，並自解約日起5年內不得申請本計畫之補助。

（六）申請人所提供及填報之各項資料，皆應與申請者現況、事實相符，絕不可侵害他人專利權、著作權、商標權或營業秘密等相關智慧財產權，否則應負一切責任並接受處置。

（七）計畫開始之日期應以申請梯次收件截止日之翌日為準。

（八）**申請異業結盟聯合研發計畫者，應推派1家主導企業**，並應於計畫書內附聯合研發各企業之協議書，內容包括：聯合研發之工作、經費劃分之協議及其他權利義務說明。

462

（九） 申請加值創新應用計畫，如獲補助並完成簽約者，其結案時須對公司或關聯產業及經濟發展將有顯著貢獻，亦即可成為吸引公司增資或外來投資之對象。

（十） 若因經濟部所編列之年度補助預算被刪除或刪減等不可歸責之因素，致不足支應本計畫補助之研發計畫政府補助款時，得終止契約。

CITD申請作業注意事項

1. 本須知僅適用公司新進行之開發案（以下簡稱個案計畫），若為已開發完成或生產之產品均不得申請。

2. 業者應自行確認並負責所開發標的，無侵犯他人智慧財產權，並應具結保證其研發及生產不得對人體及環境造成傷害。

3. 申請業者對本局違約之舊案，無財務責任未清情況。每公司每梯次以申請一類別且一案，每年以補助一案為原則。

4. 個案計畫開始日期，以計畫審議會議通過之次日為準。

5. 申請人保證對補助之研發成果，不得進行誇大不實之宣導。

6. 研發聯盟案計畫書內，應檢附各參與業者之協議書，其內容包括：各參與開發業者協議之工作、經費劃分及其他相關權利義務等說明。

7. 個案計畫經費核銷，僅限開發所需相關支出（區分為政府補助款及業者自籌款二項），並依附件三所訂會計編列原則及查核準則編列。

8. 補助經費上限：

（1）業者申請政府補助之開發經費（即政府補助款）上限如下表，且不得超過個案計畫總經費之50%。

（2）若本計畫年度預算用罄，即停止受理申請補助。

產品開發

每個案補助上限為新台幣200萬元。

研發聯盟

(a) 個案總補助上限為新台幣1,000萬元。

(b) 主導業者補助上限為新台幣250萬元。其餘個別參與業者補助上限為新台幣200萬元。

產品設計

每個案補助上限為新台幣50萬元。

9. 個案計畫應指定專責之會計人員（專、兼職皆可），負責計畫相關會計作業事宜，該人員並需參與本計畫所舉辦之會計作業說明會。

10. **業者於個案計畫簽約後，請領政府補助款時，需檢附全程個案計畫政府補助款頭期款等額之銀行履約保證書，其保證期間至個案計畫截止日後三個月。**

11. 個案計畫執行期間，參與開發工作之關鍵人員，應撰寫研發紀錄簿；申請「產品設計」類別業者，除上述規範外，兩技術移轉單位應配合下列事項：

　　（1）委託設計單位：應紀錄產品設計開發過程中相關資料。

　　（2）顧問諮詢單位：每月應進行諮詢訪視並作成紀錄，以備查驗。

12. 不得以相同或類似之個案計畫，重複申請政府其他計畫補助。

13. 獲本計畫補助所開發之新產品外銷時，因故遭國外政府課徵平衡稅，不得向政府要求補償。

14. 個案計畫執行中，若因經濟部工業局所編列之年度補助預算被刪除或刪減等不可歸責之因素，致不足支應本計畫之個案計畫政府補助款時，本局得終止契約。

15. 本計畫補助所為之通知或要求，以現行通用之方式（包括：郵局掛號、快遞等）將正式書面送達申請書所列聯絡處所，即視為已送達當事人，並且不因實際住居所或營業地有所變更而受影響，如有拒收、遷址不明或其他原因至無法送達時，視為於郵寄時已送達。倘地址變更時，應以書面通知本局。

技術審查運作機制

- 計畫辦公室通知簡報日期。
- 計畫辦公室送委員審查意見。
    - 約為審查日期的一星期前。
    - 針對問題製作書面回答資料。
    - 與簡報時加入審查意見說明。
- 簡報內容約20~30分鐘。
- 回覆書面及當面問題約40~60分鐘。

與補助單位之互動

1. 確立與固定雙方窗口，並建立良好關係。

- 儘可能先自己找答案，真的有困難時再請教對方窗口；不確定的事情，務必與補助單位之窗口確認。
- 往來聯繫多以E-mail 為佳，避免重複或遺忘。

2. 隨時掌握各階段時間，並事前做好確認。

- 文件或人員往來均如是。
- 除計畫書之「預定進度」表以外，建議列出一張「各行政階段之查核時間與工作內容」點檢表。

執行應注意事項

1. 研究/ 工作記錄簿：依規定或說明。

封面— 保密標語、公司行號、簿本編號、部門、人員、領用日期。

領用/ 保管紀錄表—領用與管收之時間、人員簽章。

修改/ 黏貼/ 見證紀錄表—時間、人員簽章、頁碼簡述。

使用說明書、內頁格式......。

2. 申請官網帳號密碼。

3. 嚴密管控補助款之申報與領取。

4. 工作內容足以供審查時對應查核點。

5. 熟悉遊戲規則、隨時掌握進度。

第二十一章 完整範例計畫書

第二十一章 完整範例計畫書

計畫編號：

經濟部科技研究發展專案

☐協助傳統產業技術開發計畫
☐產品開發　☐產品設計　☐研發聯盟

☐協助服務業創新研究發展計畫
☐新服務商品　☐新經營模式　☐新行銷模式　☐新商業應用技術

☑小型企業創新研發計畫

☑創新技術　┌☐先期研究（Phase 1）/☐個別申請 ☐研發聯盟
（☐數位內容）├☑研究開發（Phase2）/☑個別申請☐研發聯盟
　　　　　　└☐加值應用（Phase 2+）/☐個別申請 ☐研發聯盟

☐創新服務　┌☐先期規畫（Phase 1）/☐個別申請 ☐研發聯盟
（☐設計）　├☐細部計畫（Phase 2）/☐個別申請 ☐研發聯盟
　　　　　　└☐加值應用（Phase 2$^+$）/☐個別申請 ☐研發聯盟

＜高精度低振動XXX馬達研發計畫＞

計畫期間：自 X 年 4 月 1 日至 X 年 X 月 X1 日止
（共十二個月）

公司名稱：XXX 驅動科技有限公司

計畫管理單位：

計畫主辦單位：經濟部技術處

中 華 民 國　1XX　年 4 月

計畫書撰寫說明

計畫申請表

註：送件地點請依所申請之計畫別勾選

☐協助傳統產業技術開發計畫　（XXX7）臺北市大安區信義路 X 段 41-X 號，經濟部工業局。

☐協助服務業創新研究發展計畫　（X1X）臺北市中正區福州街 1X 號，經濟部商業司 8 號櫃台。

☑小型企業創新研發計畫　（X7X）臺北市中正區重慶南路 2 段 X1 號 X 樓，SBIR 計畫辦公室。

申請公司基本資料表（申請公司均須檢附）

註：

1. 聯合申請者，請分別填寫此表格。
2. 製造業、營造業、礦業及土石採取業實收資本額在新臺幣八千萬元以下或經常僱用員工數未滿 X0 人者。
3. 除前款規定外之其他行業前一年營業額在新臺幣一億元以下或經常僱用員工數未滿 X 人者。
4. 員工人數請與加勞保人數（最近一期「勞保繳費清單之投保人數資料」）相符。

1. 產業領域別：（請依公司主要申請標的勾選一項）
2. 是否為六大新興產業領域之計畫：

   ☑0.不屬於六大新興產業領域之研發計畫

   ☐1.生物技術　☐2.精緻農業　☐X.健康照護☐4.綠色能源　☐X.文化創意　☐X.觀光
3. 是否為奈米科技領域之研發計畫：

   ☑0.否　☐1.是

建議迴避之人員清單

公司名稱：XXX 驅動科技有限公司

資料日期：

姓名	任職單位	職稱	具體應迴避理由及事證（請務必填寫）
無	無	無	無
無	無	無	無
無	無	無	無
無	無	無	無
無	無	無	無

註：1.若無建議迴避之人員，請於表格內填「無」。
2.須加蓋公司印鑑及負責人章。

公司印鑑：

（用印）

計畫審查意見及回覆說明

註：1.請將本表按審查時間先後順序，附加於計畫書目錄前。
2.計畫書內容有修正處，請將已修正文字以粗體+底線表示。

略

差異說明資料（首次申請免附）

註：1.「計畫內容」欄請註明計畫書章節（如：技術目標、預期效益、計畫架構......等）。
2.若技術項目不同，請概述本次及上次申請之技術內容，若相似，請說明計畫書

略

計　畫　摘　要

一、 公司簡介

(一) 公司名稱：略

(二) 創立日期：略

(三) 負責人：略

(四) 主要營業項目：經濟部登記之營業項目：

FXX0X　五金批發業	F11X0X　機械批發業
F11X0X　電器批發業	F11X0X0　精密儀器批發業
F11X0X0　事務性機器設備批發業	F1180X　資訊軟體批發業
F11X0X　電子材料批發業	F40XX　國際貿易業
ZZXXXXX　除許可業務外，得經營法令非禁止或限制之業務	

目前公司現階段開發之產品，計有 XXX 進馬達驅動器、XXX 馬達驅動器、AC 馬達速度控制器、DC 馬達速度控制器、振動盤變頻控制器、精密高速電阻表、自動化設備控制設計以及智慧型語音蔬果分級機等，除此仍不斷開發新產品。

二、 計畫摘要（請說明執行目標、創新重點）

1. 執行目標：

將原有兩、XXX 馬達控制系統的問題（振動大、精度低、失步，發熱…等問題）的徹底改善，本計畫之 XXX 馬達微步進驅動器所驅動的電機具有振動小、高精度、噪音低、高速性能好，高速輸出力矩大等優點，大有取代兩相與 XXX 馬達驅動器之勢，我們以系統簡單化設計，降低成本，提高控制效率，廣泛的被運用在半導體封裝，貼片機，LED、液晶顯示幕製造裝置，點膠機，醫療儀器，工業顯微鏡等工作機器方面。

2. 創新重點：

2.1 本計畫係以 CPLD 之晶片韌體架構，設計研發為 XXX 微步進馬達之驅動器。

2.2 CPLD、DSP、和 CPU 被稱為未來數位電路系統的三塊基石，也是目前硬體設計研發的重點。與傳統電路設計方法相比，CPLD 具有功能強大，研發時程投資小、週期短、可反覆編程修改、保密性能好、不會當機、開發工具智慧化等優點。特別是隨著電子技術的不斷改進，低成本 CPLD 器件推陳出新，這一切促使 CPLD 成為當今硬體設計的首選方式之一，也就是我們為何以 CPLD 之晶片為本計畫研發的目的。

2.3 步進馬達驅動器係依據脈波信號來控制步進馬達運轉的驅動元件，目前市場上 XXX 微步進驅動器之技術皆由日本-東方馬達公司，三洋，Micro Step 等公司所掌握。國內及大陸兩岸並無此自有技術及品牌，皆需仰賴日本進口。

2.4 本公司已完成之產品線已有二相之驅動器（1.8°/0.X°）、二相之微步進驅動器（X0s/r~X1X0s/r）及 XXX 之驅動器（0.72°/0.XX°），本著已有之核心技術為基礎，再藉由本計畫之執行，能夠研發出 XXX 馬達微步進驅動器，將我公司的產品線更完整的展現，進而可提供工業界廠商更多選擇產品的機會，以降低採購成本，並為台灣微步進馬達驅動器，繼日本之後提供國際技術領先的地位。

三、 執行優勢（請說明公司執行本計畫優勢為何？）

1. 團隊優勢：

   技術研發一向是我們的強項，無論是在軟硬體技術或者生產技術上都能保持台灣同業領先。對於市場需求的動態與變化，我們也始終能比人早一步掌握。目前在步進馬達驅動部分，高階微步進與 85Ｖ～260Ｖ 交換式電源自動切換的大電流機種，主導台灣與大陸市場；ＡＣ調速馬達的控制方面 ：無接點控制與高應答機種，我們持續開發並保持領先；ＤＣ馬達調速以獨特的外露式外型設計與平順的ＰＷＭ控制，頗受市場好評；振動盤變頻控制除了大電流機種以外，壓電式控制也在近程的生產進度之中。其他無論在測試儀表，客製化產品之設計研發或者與其他產業間的跨行合作，如自動、半自動農用機械等都有很好的表現與成果。

2. 技術規畫：

   硬體架構之規畫由公司已經相當成熟之"二相步進馬達微步進驅動器"為基礎，發展為本計畫可用之硬體架構。主要的關鍵技術在於 CPLD 韌體研發設計之相位微分切割，以及產生五個精準切割之仿正弦波輸出波形。還有準確之電流分割，使步進馬達每一步階走起來能夠大小均等，期能達到精度高、振動低之要求。

3. 系統成熟度：

   本公司已有的 "兩相微步進驅動器"之核心技術，加上產品線已供應業界多年，累積了業界功能的要求及產品的設計經驗，對於本計畫而言，整體系統的核心技術成熟度已相當的齊全。

4. 市場行銷：

   原有通路之客戶皆有此類產品之需求，礙於公司尚未有此產品線，尚失許多業績。本計畫完成，可補足公司整體的產品線，對於業績之成長有一定的幫助。

5. 產業經驗：

   從事此項相關產品之研發及銷售已累積有 1X 年以上之經驗，在業界也已經闖出一定的口碑。使用產品，就是品質的保證。

四、 本案產出預期效益

（一）量化效益

1.增加產值 1X,000 千元	2.產出新產品或服務共 1 項	X.衍生商品或服務數共 2 項
4.投入研發費用 X,000 千元	X.促成投資額 X,000 千元	X.降低成本 2 仟元
7.增加就業人數 X 人	8.成立新公司 0 家	X.發明專利共 1 件
X.新型、新式樣專利共 2 件	11.期刊論文共 2 篇	12.研討會論文共 2 篇

（二）非量化效益（請以敘述性方式說明，例如對公司的影響等）

1. 本產品線皆仰賴日本進口。不管交貨期、維修、價格…等皆由日方所掌握。本計畫完成後，可以減少日本之貿易逆差，台灣自有品牌，甚至於可行銷國際。

2. 本計畫完成後，國內獨一無二的核心技術及產品，可以取代日本公司在台灣達 X0%以上產品；相對也有無形的提升我公司在該領域的專業形象及品牌新占率。

3. 藉以宣示本公司推動產業創新研發，創造高附加價值產品所需的核心技術能力，投入創新研發工作而開發出具有核心技術之產品，以提升產業競爭力。

4. 增加公司對供應鏈及通路管道的掌握及整合能力，由於廠商對產品的多樣性以及交貨速度之需求甚為迫切，本計完成可以增加公司的運籌競爭力。

5. 擴大目標客戶及使用者的範圍以及產品服務內容與項目，以顧客導向為主，提供結合產品和服務的"bundled offering"，以提升企業和顧客的一致目標。從顧客親合度，以及廠商與客戶（或上下游互動）的角度設計價值主張，可以產生差異化競爭優勢和新的價值創造；以廠商的獨特核心能耐作為基礎，進而在客戶長時間使用的過程中提供他人所難以取代的延伸服務。

6. 台灣長期以來，電力電子人才一直求過於供。也因為人力培育不足，許多業者只好到大陸覓才，成立產品研發中心。本公司多年來都致力於馬達驅動器之研發及製造，之後提供電力電子方面的專長學生一個就業的管道。

填表說明：
      1. 本摘要得於政府相關網站上公開發佈。
      2. 請重點條列說明，並以一頁為原則。
      X. 請使用 12 點字撰寫本表。
      4. 量化效益應客觀評估，並作為本計畫驗收成果之參考，若無請填「0」。

計畫書目錄

附件五、顧問同意書價單

壹、公司概況

公司名稱：XXX 驅動科技有限公司

一、基本資料

（一）公司沿革（※曾獲殊榮及認證）

- 公司總經理 XX 先生於民國 74 年 7 月畢業於國立台灣科技大學，電子工程技術。
- 民國 XX 年 11 月經濟部中小企業處頒發「X2 年度創新研發績優廠商」獎牌乙座。
- XXX 科技於民國 XX 年 X 月轉投資 XXX 驅動科技有限公司。
- 民國 X4 年 X 月申請「視訊裝置固持器」之專利，專利號：新型 M2XX422。
- 民國 X4 年 8 月申請「組合式電源供應器」之專利，專利號：新型 M27X0X8。
- 民國 X4 年 X 月開發「AQ180 蔬果分級機」新產品。
- 民國 X4 年 X 月申請大陸「蔬果分級機」之專利，專利號：ZL X0X 2 012807X.X。
- 民國 X4 年 12 月申請「蔬果分級機」之專利，專利號：新型 M281722 號。
- 民國 XX 年 X 月購置桃園縣桃園市龍壽街 18X 號廠房，占地約有 X00 坪，一樓規畫為廠務部；二樓為管理部及展示中心；三樓為研發部及總經理室；四、五樓為庫房（含材料、半成品、成品）。
- 民國 XX 年 X 月申請日本「筆記型電腦之收納散熱墊」之專利，專利號：X127702。
- 民國 XX 年 X 月申請德國「筆記型電腦之收納散熱墊」之專利，專利號：XX0X 00X X24.1。
- 民國 XX 年 X 月振動盤控制器系列產品通過 CE 認證。
- 民國 XX 年 12 月二相步進馬達驅動器系列產品通過 CE 認證。
- 民國 XX 年 12 月 XXX 馬達驅動器系列產品通過 CE 認證。
- 民國 XX 年 1 月申請「筆記型電腦之收納散熱墊」之專利，專利號：新型 MX040X2。
- 民國 XX 年 X 月申請「應用於分級機之運輸結構」之專利，專利號：新型 MX07XXX。
- 民國 XX 年 X 月開發「PFX00 振動盤控制器」新產品。
- 民國 XX 年 7 月申請大陸「筆記型電腦之收納散熱墊」之專利，專利號：ZL X0X 2 0118X01.0。
- 民國 XX 年 8 月開發「RSDXX2 精密電阻測試儀錶」新產品。
- 民國 XX 年 12 月開發「MDC211X 二相微步進馬達驅動器」新產品。
- 民國 X7 年 2 月二相微步進馬達驅動器系列產品通過 CE 認證。
- 民國 X7 年 8 月開發「MDC2X1X 二相微步進馬達驅動器」新產品。
- 民國 X 年 X 月開發「PFX 振動盤變頻控制器」新產品。
- 鄧白氏企業認證證書生效日：X11.11.1 - X1X-1-X1

（二）主要股東及持股比例（列出持股前五大）

主要股東名稱	持有股份	持股比例
XXX	X,X00,000	XX%
XXX	8,X00,000	XX%
XXX	0	0%
XXX	0	0%
XXX	0	0%
XXX	0	0%
合　計	1X,000,000	100%

二、營運及財務狀況（申請「產品設計」類別，僅填（一）經營狀況）

（一）經營狀況：說明公司主要經營之產品項目、銷售業績及市場佔有率

金額單位：千元

公司主要產品項目	民國 XX 年			民國 X8 年			民國 X7 年		
	產量（台）	銷售額	市場佔有率	產量（台）	銷售額	市場佔有率	產量（台）	銷售額	市場佔有率
步進馬達驅動器	X,048	17,0XX	1X%	X,X42	X,0X8	1X%	X,XX2	7,X08	1X%
感應馬達控制器	4,XX8	4,00X	11%	4,X22	X,XXX	X%	2,8XX	X,X8X	X%
振動盤控制器	2X8	X24	8%	2X2	1,0X2	8%	X08	1,242	X%
測試儀表	1,X82	1X,174	XX%	1,8X1	8,X12	XX%	1228	X8X	XX%
合　計	11,22X	X8,XX		X,047	18,82X		7,0X4	21,744	
年度營業額（A）	X8,X11			18,XXX			2X,240		
年度研發費用（B）	2,7X0			1,2X0			1,7XX		
（B）/（A）%	7.1%			X.X%			7.X%		

註：　1.「市場佔有率」係指國內外市場，若低於0.1%免填。

　　　2.請將年度由近至遠，並自左向右序列。

三、經營團隊

（一）全公司組織圖及各部門工作執掌

　　　1. 全公司組織圖

（二）各部門主管學經歷及工作職責

部門別	職　稱	姓名	學歷	工作職責
	總經理	XXX	XXX	全公司經營規畫及運作
管理部	副總經理	XXX	XXX	財務規畫
研發部	經發部課長	XXX	XXX	產品硬體架構規畫
業務部	課長	XXX	XXX	拓展客戶及制定營業目標
廠務部	副課長	XXX	XXX	製程技術及品質管控

（三）全公司人力分析

職　別＼學　位	博　士	碩　士	學　士	專　科	其他	合　計
經理級主管			1	1		2
技術研發			1	X		4
行銷業務			1	2		X

財務會計				1		1
生產作業	1	1	1	X	4	X
合計	1	1	4	X	4	X

註：合計數應與員工人數相符。

四、研發能力與實績（申請「產品設計」類別免填）

（一）研發部門組織

1.組織圖

2.職稱及專長說明

序號	專職人員	職　稱	本業經驗	到職日（年資）	專　長
1	XXX	研發部經理	X	XX.07.27	產品設計及韌體寫作
2	XXX	研發部課長	18	XX.0X.01	產品硬體架構規畫
3	XXX	研發工程師	8	X7.X.01	PCB Layout 及說明書製作
4	XXX	機構工程師	X	X.0X.1X	機構設計及製圖
5	XXX	硬體工程師	X	X.X.0X	電子電路設計及維修
6	XXX	硬體工程師	7	XX.0X.1X	硬體電路製作實驗及維修

3.學歷說明

職　別 ＼ 學　位	博　士	碩　士	學　士	專　科	其　他	合　計
2 年以下						
2～3 年			1			1
3～5 年			1	2		3
5 年以上			1	1		2
合　計			3	3		6

4.研發目標

（1）製造出高精度、低振動之 XXX 馬達微步進驅動器新系列產品：

本產品可衍生之產品線有 DC 入力及 AC 入力，且有 1.4A 及 2.8A 之負載電流可供選擇。

（2）開發已有市場之客戶：

贏得客戶，但能不能留住客戶，決定權在於產品之品質之穩定度。經由長期配合之經銷商/代理商等宣告本產品之投入及本公司既有之服務的態度、效率、團隊配合、專業技能等等，可以讓多年來都是被日本進口商所壟斷，不管價格、交貨期、維修期皆由其掌握。本產品的導出，對於已有市場的客戶可以選擇國產品，且品質及價格不亞於進口品。

（3）建立自動化控制產業科技之基礎與模式：

自動化控制系統是整合電機、電子、感測、資訊、控制等各項專業領域的知識與技術所構建組成的機械系統，而工業控制器則是自動化控制系統中宛如人體大腦般不可或缺的關鍵核心零組件。

（4）提昇技術面和研發產品能力，有效進軍國際市場：

1X80 及 1XX0 年代，資訊與網路革命帶動了全球資訊電子產業的興起，台灣憑著創新的技術、優良的生產與管理，發展了晶圓、計算機、電子零組件等代工產業，在全球產業供應鏈中依然占有重要地位，[Made in Taiwan]招牌更為響亮。

5.研發策略

A.提高組織的創新方向：

企業的發展離不開組織變革，內外部環境的變化，企業資源的不斷整合與變動，都給企業帶來了機遇與挑戰，這就要求企業關註組織變革。XXX 公司為建立現代企業制度，及提高組織創新傾向可採行的方法包括真正做到"產權清晰、權責明確、政令公開、管理科學"。因此比須做到適度的分權、彈性化的矩陣組織、良好的內部溝通系統、充分的專業授權、人性化的管理機制及重視創新的企業文化等。

B.強化技術的策略規畫：

建構競爭大未來的策略企畫，研擬短、中、長期之技術發展藍圖，以引導技術資源流向重點核心能力的發展。我國中小企業過去以彈性靈活見長，較缺長遠發展的眼光，因此本公司未來有必要再強化技術上的策略規畫能力。

（1）在研究資訊收集方面：

a. 長期訂閱專業期刊，設位專業圖書專區，專人管理服務，提供研究技術工程師專業資訊資源蒐集，不斷增加新知。

b. 參加國內外展覽與透過電腦網路，蒐集各類市場資料與競爭者之新產品訊息，以研究分析其競爭力。

c. 與朝陽科技大學等國內學術研究機構等充分合作，吸收最新相關知識，開發優良產品，並延聘外部顧問，提供有關專業技術與市場發展趨勢的資訊。

d. 配合外部法律、智權顧問，隨時取得法律、專利相關資訊，提供情報，以利商機。

（2）產品開發策略方面：

做為產品發策略的起點，本公司主要的策略方向有下面幾個主要的產品開發策略性方向：上市時間，低成本，低開發成本，產品效能、技術 & 創新，品質、可靠度、穩健性，服務、回應速度 & 彈性。

C.重視研發人才的延攬與養成：

專業人才是知識經濟時代企業最寶貴的資源，本公司特重視研發團

隊的發展，這將有助於大幅度提昇技術創新的策略效果。

  a. 年度教育訓練：設有專責之教育訓練單位，依據各部門主管或同仁之需求擬定年度教有訓練計畫，按職能別開辦各類訓練，針對研發技術人員，設計一系列專業性之課程，課程內容廣泛且循序漸進，並且分為內訓以及外訓，對於研發人員之專業知識及實務能力有極大的提昇興助益。

  b. 新進人員輔導訓練：設有新進人員學長輔導制度，由資深之同仁以一對一或分組由單位主管輔導新進同仁,提供其對工作環境之認識以及內部工作流程、公司組織以及工作上之指導，傳承研發技術以及執行系統之經驗。

  c. 在職人員訓練：完整之在職訓練,包括工作指導、輪調、支援、工作會報、專案指派、資料研讀、任務編組、新產品發表及報告等,訓練各人員在運作系統之經營理念,增加其領導統等能力。

  d. 外界專業訓練課程：安排參與外訓課程,增加專業知識吸收新知,並外聘專業顧問做技術研討及講解課程,結合理論與實務。

  e. 不定期的策略會議：在策略會議中透過高階層及各單位主管對產品的開發方向,功能、品質策略提出不同意見,讓研發工程師擴大思考範疇,提昇產品開發能力。

  f. 工作指導訓練：針對研發技術或行政人員其工作內容之專業知識隨時提供不同的資訊以及相關技術經驗。例如專利、安規、儀校、相關產業課程等,提昇其專業能力。

D.形成持續技術開創能力：

  雖然自外部獲取技術的成本效率較高,運用保護創新手段也可帶來相當利益,,但形成持續的技術開創能力對於企業才是拉開競爭差距最有效的策略。技術開創能力的培養,要靠企業發展具創新傾向的組織文化,研擬具遠見的技術發展計畫,並持續不段的投入研發。

  a. 為激勵研發員工運用智態與心力,有效申請發明、新型、新式樣專利權或著作權者,在年終考核績效均以 A 級為績效,在晉升加調薪等優先考量作為其對公司貢獻程度的獎勵。

  b. 研發人員的薪資方面此其他部門人員平均高出 X% 以上,提供最佳的環境與工作品質,使人員能在工作崗位上無後顧之憂,發揮最大的效能。

  c. 為激勵鼓舞研發團隊的研發成果公諸於世,凡提出研發成果構想或申請專利獲准的團隊或個人,均可依獎勵辦法中之規定獲得不同階段的獎金,予以鼓勵。亦激發研發人員的向心力與團

隊精神。

E.重點發展核心能力：

唯有形成自主的核心能力，才能在價值網路中佔有優勢的地位，並分享較多的創新利潤。本公司經營的重點在發展核心能力，而非追求一時的利潤或市場至佔有率，因為發展核心能力才是報酬最豐富的研發投資。

F.主動發展策略聯盟：

在擁有核心競爭力的前提下，本公司採取雙贏的積極策略。主動與顧客、供應商、周邊配套廠商以及競爭者發展聯盟關係，以創造資源的槓桿效果，並大幅提昇技術創新的綜效。

6.研發重點項目

a.硬體架構之規畫：

由公司已經相當成熟之"二相步進馬達微步進驅動器"為基礎，發展為本計畫可用之硬體架構，CPLD 晶片電路、步階數選擇、AC→DC 轉換電路、XXX 五角形驅動電路、光隔離輸入/輸出電路、運轉電流大小切割輸入電路、LED 顯示電路等…。

- CPLD 晶片電路：選出 Altera 供應之晶片作為本計畫之控制核心技術。

- 步階數選擇：以 DIP 開關選擇步進馬達運轉之步階數。

- AC→DC 轉換電路：AC 輸入電壓從 X0~240V 範圍皆可動作之交換式電源電路

- 光隔離輸入/輸出電路：CW/CCW 選擇、Coff、Zero 及 Alarm..等

- 運轉電流大小切割輸入電路：RUN/Stop 切割電流電路

- LED 顯示電路：Power、Zero、Coff、M12、Alarm、CW、CCW 等

- 測試及控制開關：Smooth、1P/2P、H/I V、Test、ACD（Auto Current Down）

- XXX 五角形驅動電路：CPLD 提供 XXX 之控制波形藉由 IR211X 驅動晶片推動步進馬達之線圈。

- PWM 控制電路：自動檢知馬達運轉時之轉速快慢而決定控制脈衝之寬度。

b.軟體架構之規畫：

以 CPLD 之晶片，用 VHDL 硬體描述語言，接受輸入之信號（CW/CCW…..等）而產生 XXX 的仿正弦波輸出波形，並依輸入時鐘快慢產生平滑的效果輸出。並設計周邊保護電路（Alarm、ACD…），以達

成步進馬達最佳化之目標。

7.研發成果

本公司從創業之初，累積多年的技術研發能量，計開發以下數十種之機器。本公司亦接收自動化廠商之量製製品，並沒有詳列於後。

項次	年/月	內　容	實　體
1	84/X	XXX	
2	87/01	XXX	
3	87/7	XXX	
4	88/01	XXX	

項次	年/月	內　容	實　體
5	88/0X	XXX	
6	8X/2	XXX	
7	8X/4	XXX	
8	8X/4	XXX	

（二）研發成果、獲得獎項、專利（國別、年度、專利編號、專利名稱或內容）、發表論文明細及技術輸出或移轉收入說明

1. 專利

項次	年/月	地點	內　容	專利及專利證號
1	82/X	台灣	XXX	XXX
2	8X/0X	台灣	XXX	XXX
3	X1/X	台灣	XXX	XXX
4	X2/X	台灣	XXX	XXX
5	X4/X	台灣	XXX	XXX
6	X4/8	台灣	XXX	XXX
7	X4/X	大陸	XXX	XXX
8	X4/12	台灣	XXX	XXX
9	XX/X	日本	XXX	XXX

項次	年/月	地點	內　　容	專利及專利證號
10	XX/X	德國	XXX	XXX
11	XX/1	台灣	XXX	XXX
12	XX/X	台灣	XXX	XXX
13	XX/7	大陸	XXX	XXX

2. CE 認證

項次	年/月	內　　容
1	XX/X	XXX
2	XX/12	XXX
X	XX/12	XXX
4	X7/2	XXX

3. 獲得獎項

項次	年月	內　　容
1	X0/11	桃園縣工業頒發「績優廠商」獎牌乙座
2	X2/11	經濟部中小企業處頒發「X2 年度創新研發績優廠商」獎牌乙座

（三）重要之研究設備

設備名稱	規格及廠牌	數量	說明
XXX	SS-78X　IWATSU	2	信號測量
XXX	OS-X0X0　GOLDSTAR	2	信號測量，可儲存資料
XXX	TL21XX　ACUTE	1	信號分析
XXX	DS1X2 X0MHz ACUTE	1	增購，信號測量，可儲存資料
XXX	GPC-X0X0D　GW	4	直流電壓供給，0~1XVDC
XXX	TES-2XX 泰仕	X	電壓測量
XXX	EASY-NC　FORTH	2	提供驅動器之控制信號
XXX	IBM/Genuine/Asus	8	含 server，程式開發
XXX	Asus / Acer	X	程式開發
XXX	EPSON AL-CIX00	1	文件輸出，電路圖，程式..等
XXX	PT-XS　OPTEX	1	測量功率晶體之溫度
XXX	ALL-11　ALL/LAB　HI-LO	1	程式下載/燒錄至晶片上
XXX	S0X1X8X22　MAUSER	1	尺寸量測
XXX	IET	11	校驗用
XXX	KANETEC TM-70	1	磁場測量
XXX	AC 0~2X0V	2	改變交流電之電壓
XXX	TF-81X	4	測試用信號源
XXX	FG-EXX	2	測試用信號源
XXX	Agilent/HP XX12A	1	0.1Hz~1XMHz，測試用信號源
XXX	80X2U　DEEMAX	X	程式下載/燒錄至晶片上
XXX		2	程式下載/燒錄至晶片上

（四）曾經參與政府相關研發計畫之實績（請註明近6年曾經參與之下列計畫）
    A. 新傳四-協助傳統產業技術開發計畫（CITD計畫）
    B. 小型企業創新研發計畫（SBIR計畫）
    C. 協助服務業創新研究發展計畫（SIIR計畫）
    D. 其他研發計畫等（請說明計畫類型與計畫名稱，如：技術處業界開發產業技術計畫、技術處創新科技應用與服務計畫、工業局主導性新產品開發輔導計畫、工業局提升傳統工業產品競爭力計畫、科學工業園區創新技術研究發展計畫、新聞局、文建會或其他政府單位補助計畫...）。

計畫類別	計畫名稱	計畫執行期間年度	年度計畫經費（千元）						計畫人年數
			民國xx年		民國xx年		民國xxx年		
			政府補助款	計畫總經費	政府補助款	計畫總經費	政府補助款	計畫總經費	
A	XXX	XXX	XXX	XXX	XXX	XXX	XXX	XXX	XXX
B	XXX	XXX	XXX	XXX	XXX	XXX	XXX	XXX	XXX
C	XXX	XXX	XXX	XXX	XXX	XXX	XXX	XXX	XXX
D	XXX	XXX	XXX	XXX	XXX	XXX	XXX	XXX	XXX

註：1.計畫類別請以ＡＢＣＤ標明，計畫類別若為D選項，請說明計畫類型。
    2.請確實填寫曾參與政府相關研發計畫及補助經費，資料如有不實，經濟部得撤銷追回已核撥之補助款。

五、經營理念、策略及其他（申請「產品設計」類別免填）

1. 經營理念

　　我們不以目前的成就自滿，一定要不斷超越自我。首先在品質的確保上，除了必要的ＩＱＣ、ＱＣ與ＱＡ等標準程序以外，加上線上品檢與產銷回饋制度，務必要給客戶最安心的品質保證。在服務上，我們在公司內部推行禮貌運動，務必讓客戶感受到我們的服務熱忱，並且以最積極細心的態度，來滿足客戶不同的產品需求。無論是產品的售前或售後，一定讓客戶感受最流暢的服務內容。

2.經營策略

　　致力於研發步進馬達相關之驅動、運用發展工具和自創之研發平臺，期能提供業界更高精度定位控制之驅動器。經由鄧白氏企業認證（D&B D-U-N-S Registered™）可以幫助本公司在網際網路上宣揚公司的商業信用、可以有效增加本公司在網際網路上的能見度，並提升企業可信度與資訊透明度，幫助公司贏得更多的商機。鄧白氏企業認證標章（D&B D-U-N-S Registered™ logo）告訴潛在客戶、供應商、商業夥伴以及任何造訪網站的人。

　　目前公司主要的經營發展重點為[營運管理]、 [顧客管理]、 [創新管理]：
    a.營運管理
      →申請專利、保護智財及市場
      →確認各合作單位元合作模式/目標市場/價目/制度/促銷計畫
    b.顧客管理
      →儘速啟動顧客滿意度及需求要求。
      →儘速啟動通路系統
    c.創新管理
      →完成新產品之建置
      →完成標準化銷售流程/話術/輔銷工具/訓練計畫

→完成業務人員/財顧作業相關配套內容

貳、計畫內容與實施方式

一、背景與說明：計畫產生之緣起，如環境需求、問題分析、解決方案說明（若需詳細說明，請以附件表示。）

1. 公司概況：

本公司成立於 19X2 年，早期致力於研發被動元件之測試儀器，並從事自動化控制之設計，體認到機械自動化、數位化是未來工業應用的發展驅勢，為了提供市場更好的服務、更優良的產品選擇，我們開始積極投入步進馬達驅動器及各式馬達控制器的研發。然而新產品的誕生並非易事，除須克服技術上的問題，且須做深入的市場調查，才能開發出符合市場需求的產品，進而獲得市場上的認同與肯定。

因此，研發新品實際上是一件極具挑戰性的工作。幸而本公司所研發各項產品，管控嚴格，出廠嚴謹，品質媲美日系產品，尤以性能及扭力之表現與其他著名廠牌相較下，更是毫不遜色。此外，對外觀的設計也要求使其獨樹一格。因此，能行銷歐亞各大國家多年，並獲一致的肯定。

目前公司現階段開發之產品，計有二相步進馬達驅動器、XXX 馬達驅動器、AC 馬達速度控制器、DC 馬達速度控制器、振動盤變頻控制器、精密高速電阻表以及智慧型語音蔬果分級機等，除此仍不斷開發新產品。

2. 背景

選擇步進馬達還是伺服馬達系統？

其實，選擇什麼樣的馬達應根據具體應用情況而定，各有其特點。茲將選擇步進馬達或者伺服馬達驅動做一說明如下表之整理。

參　數	步進馬達系統	伺服馬達系統
力矩範圍	中小力矩（一般在 XNm 以下）	小中大，全範圍
速度範圍	低（一般在 X00RPM 以下，大力矩電機小於 X0RPM）	高（可達 X000RPM），直流伺服電機更可達 1~2 萬轉/分
控制方式	主要是位置控制	多樣化智慧化的控制方式，位置/轉速/轉矩方式
平滑性	低速時有振動（但用細分型驅動器則可明顯改善）	好，運行平滑
精　度	一般較低，細分型驅動時較高	高（具體要看回饋裝置的解析度）
矩頻特性	高速時，力矩下降快	力矩特性好，特性較硬
超載特性	超載時會失步	可 X~X 倍超載（短時）
回饋方式	大多數為開環控制，也可接編碼器	防止失步 閉環方式，編碼器回饋
編碼器類型	光電型旋轉編碼器	（增量型/絕對值型），旋轉變壓器型
回應速度	一般	快

耐振動	好	一般（旋轉變壓器型可耐振動）
溫　升	運行溫度高	一般
維護性	基本可以免維護	較好
價　格	低	高

　　步進馬達主要是依相數來做分類，而其中又以二相、XXX 馬達為目前市場上所廣泛採用。二相步進馬達每轉最細可分割為 400 等分，XXX 則可分割為 X0 等分，所以表現出來的特性以 XXX 馬達較佳、加減速時間較短、動態慣性較低。

　　二相/XXX 馬達差異比較：

	二相步進馬達	XXX 馬達
電機構造	8 個主極；4 相（2 相）4 極線圈	X 個主極；X 相 2 極線圈
分解能	1.8°/0.X°（X0、400 分割/圈）	0.72°/0.XX°（X00、X0 分割/圈）較二相步進馬達高出 2.X 倍分解能。
振動性	X-X0PPS 之間為低速共振領域，振動較大	無顯著共振點 低振動
速度—轉矩特性	於速度上不及 XXX 馬達	高速度、高轉矩

　　由上兩表得知，步進馬達及伺服馬達都有其產業領域的需求。但在 XXX 馬達微步進驅動器的產品，目前國內都沒有成熟的產品。以前國內有一家公司似曾研發過，但是沒有產品成功。況且現在的市場都仰賴日本進口。不管交貨期、維修、價格…等皆由日方所掌握。本計畫的研發完成後，可以減少日本之貿易逆差，台灣自有品牌，甚至於可行銷國際。再來，本計畫之研發完成後，國內獨一無二的核心技術及產品，可以取代日本公司達 X0%以上產品；相對也有無形的提升我公司在該領域的專業形象及品牌新占率。

二、國內外產業現況、發展趨勢及競爭力分析（請註明所引據資料來源）

（一）國內外發展方向、利益及發展策略分析

1. 台灣精密機械之發展、現況與未來

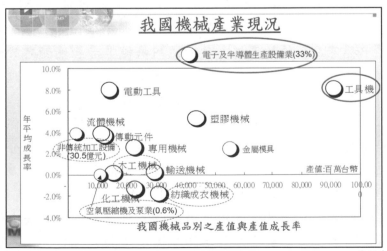

資料來源：工研院機械所

486

- **全球精密機械技術發展趨勢**

國外技術發展規劃

	Japan	China	Korea	USA	UK
Year	(2005-2025)	(2004-2019)	(2000-2025)	Early from 1960	1999-2004
Role of Governm't	・指導者	・規劃至執行者	・協調者與指導者	・主要動力源 －起草者(人造衛星) －目標設定者(Apollo) －系統製造者	・主要動力源 －指導者
Main Financial sources	・來自政府	・來自政府 (more than 90%)	・來自私人企業 (more than 60%)	・來自私人企業	・來自於政府
Focus Areas	・Information/ communication ・Electronics ・Life Science ・Health/Medical care/Welfare ・Energy/Resources ・Environment ・Nanotechnology/ Materials	・能源 ・資源環境 ・先進製造	・Information, electronics & communication ・Chemical, Production ・Agro, forestry ・Transportation ・Energy ・Atomic ・Urban.	・Mostly about defence and aerospace	・Built Environment and Transport ・Chemicals ・Defence, Aerospace and Systems ・Energy and Natural Environment ・Financial Services ・Chain and Crops for Industry

資料來源：工研院機械所

- **我國機器工業之發展趨勢與策略**

   - 布局規畫智慧型機器人產業，引領新興產業發展。

   - 建立平面顯示器廠商與設備廠商合作機制。

   - ★選定 2X 項平面顯示器設備為重點發展項目，並透過中心衛星工廠體系，提升平面顯示器製程設備自給率。

   - 開發高精度、複合化、智慧型、系統化的光資機電整合之工具機與產業機械設備。

   - 開發符合 XC、半導體、平面顯示器等產業需求的相關設備。

   - 提升產品精度，邁向以高品級、中價位為訴求目標的主流市場。

   - 建構全球性的機械設備行銷網路與能力，提升國際行銷競爭力。

- **XX 年台灣第二季機械產業的回顧與展望**

（1） 產值概況

　　XX 年第二季，我國整體機械產值為新台幣 1,4X8.X 億元，較 X0X 年同期成長 XX.X%（如表一所示），顯示機械業已從全球金融海嘯的影響中穩定且持續的復甦。目前國內機械業者普遍受惠於景氣回暖後，下游產業為了填補 X0X 年停滯的產能而補追訂單，因此機械業者在上半年到第三季有比較顯著的訂單及出貨的成長，但是第四季以後的訂單則尚未明朗，市場上對於歐美地區景氣復甦依舊採取相對保守的態度，無法帶動全球全面性的需求成長，目前僅有亞洲地區及部分新興國家的需求比較顯著回溫，但整體而言，機械產業在 XX 普遍認為仍將會有明顯復甦，預期在亞洲國家的景氣帶動下，XX 年機械工業有機會挑戰 X0% 以上的成長率，而歐美景氣復甦的腳步將會是追加成長力道重要關鍵。金屬切削工具機產業第二季產值為新台幣 18X.X 億元，與去年同期相比，

成長了 XX.8%；XX 年金屬切削工具機全年產值為新台幣億元，年成長率為 70.X%。

軸承與電子及半導體生產用機械設備，亦呈現較 X0X 年同期大幅成長的趨勢，估計軸承第二季產值為新台幣 2X.X 億元，與 X0X 年同期相比，成長 77.X%，電子及半導體生產用機械設備估計第二季產值為新台幣 1XX.X 億元，與 X0X 年同期相比，成長 1X0.X%。

在各機械行業中，XX 年第二季與 X0X 年同期相較下，產值成長較多的前三大行業依序為電子及半導體生產用機械設備、金屬切削工具機以及軸承等三個行業。

（2） 進出口概況

在進口的部份，估計 XX 年上半年機械進口金額達新台幣 2,XXX.X 億元，與 X0X 年同期相比，成長 XX.X%。在出口部份，XX 年上半年我國機械產業出口金額達新台幣 X,722 億元，與 X0X 年同期相比，成長 41.0%，預估 XX 年全年出口金額預估為新台幣 7,42X.7 億元，年成長 2X.X%。在各機械行業類別中，出口金額前三大行業依序為：事務機器排名第一，估計第上半年出口值為新台幣 1,X0X.1 億元，較 X0X 年同期成長 40.X%。其他通用設備排名第二，估計第上半年出口值為新台幣 80X.X 億元，較 X0X 年同期成長 X1.2%。金屬加工機械排名第三，估計第上半年出口值為新台幣 XXX.8 億元，較 X0X 年同期成長 4X.X%。

資料來源：海關進出口統計資料庫，工研院 IEK（XX/08）

電子與半導體生產設備個別產業分析：

半導體及面板場 XX 年擴建新廠動作積極，預估 XX 年第 X 季進入訂單入帳高峰，如台積電 12 吋廠、友達及奇美 8.X 吋廠等廠務訂單陸續裝包後，國內主要設備供應商已掌握大部份訂單。

未來展望

a. 由於中國大陸持續擴大公共投資以及全球電子與半導體業預估全年營收'亮眼的情況下，在 XX 年 Q2 有訂單明顯增加的跡象，最主要受益者為工具機產業和電子及半導體生產用機械設備（製程設備），未來在中國大陸資本支出持續擴張之下，加上中國工資上升導致中國製造業對於自動化的需求日益殷切，對於我國機械的未來發展實為一大利多。

b. X08 年底~X0X 年的金融風暴對向來以出口為主的機械產業而言有結構性變化，加上中國大陸對於機械設備的需求大增，電子與半導體產業預期營收亮眼等多利條件下，XX 年機械產業應能持續成長，產值有機會回復至金融風暴前的水準。XX 年年產值預估為 X,7X8.X 億元，年成長率 42.1%。

2. 中國大陸步進馬達市場總結分析及發展趨勢　　XX-7-1X

對於一些低功率應用、內在控制簡單的場合，微電機及驅動器、高密度轉矩步進系統構成了除伺服電機外可行的選擇。步進是唯一可以在開環情況下運行，而不需位置回饋的運動控制方法。這使得步進馬達系統比伺服運動系統簡單得多，成本較低也增添了步進馬達的吸引力。再加上其他不斷改進設計，如硬體小型化和高密度力矩，使得步進系統在很多要求較低速度和定位精度運動應用中保持著較強的競爭力。基於步進的運動系統可以達到0.7X 千瓦（1 馬力）的功率，但對大多數應用來說，都是在較低輸出功率中運行的。大批廠商關注于這個市場。

步進馬達優勢

體現美國 Parker Hannifin 公司觀點認為體積小和操作簡單是步進系統顯著的優點，價格便宜是步進系統與伺服運動競爭的又一優勢。"步進系統在不增加任何費用的情況下可以做的非常小。即便有一些迷你伺服系統，但它們並不那麼小，價格還更貴，且更多部件又需要加以微型化。"以"合理的價格"繼續改進尺寸並保持性能。Parker 指出這種趨勢和昂貴的高端步進系統是有所區別的，它不能和低價伺服系統相競爭。為了滿足尺寸和成本要求，Parke 的機電自動化部門正在引入步進驅動/控制器，它是一個微型步進單元，提供了可編程式控制器及集成輸入/輸出埠。

根據 Shinano Kenshi（日本信濃公司）的研究電機小型化，高密度轉矩和低噪音、低振動是保證步進運動控制相關的改進辦法。SKC 提出在進行這些方面的改進時，應控制（降低）步進馬達的價格。據稱，新的或重新設計的轉子和定子疊片已經優化了內部空間和 NEMA17、1X 步進系統的結構。

步進馬達發展趨勢

除了傳統的旋轉步進馬達，還存在線性步進馬達系統。Baldor Electric 公司表示，應用和設計工程師對這些線性運動產品越來越感興趣。它引用旋轉電機（伺服）的優點，如減少零部件，幾乎沒有磨損或維修，並且易於結合機器使用。"線性步進馬達是非常適合應用在輕負載的情況下，提供優良的開環性能等，較高的加速度和比旋轉更高的速度，日本東方馬達 Oriental Motor 公司稱，新的步進馬達和驅動系統的開發是"一個提高性能參數和整合各部件的過程"。該過程由好幾個趨勢組成：

（1）高密度轉矩：通過使用更高的能源產品（強度）的釹鐵硼（Nd-Fe-B）稀土永磁材料定期重新設計，加上結構上的改變，如較大的轉子直徑，已經提高了電機轉矩性能。獲益的 OM 產品包括高轉矩的 2 相 PK-HT 系列混合式步進馬達及 CRK 系列 X 相電機。

（2）改善步進角精度和傳動平穩性：一種先進的微步進方法是通過控制電流來獲得更高的步進精度。例如，Oriental Motor 的 RK 系列，XXX 微動驅動器結合一種特殊的 ASIC，專有軟體，和電流感測器在很寬的速

489

度範圍內控制電流。電流感測器和控制軟件還進一步保證了平滑驅動功能，在操作時抑制了振動和雜訊，獨立於驅動器的輸入頻率。

（3）　更多微型尺寸："小型化是開環步進馬達及其相關驅動器總的發展趨勢，可攜式醫療儀器和工業儀器在很多應用場合中需要使用較小的電機。" 為了滿足這一要求，OM 已經開發了 8inch 和 11inch 尺寸 CRKXXX 電機和 114in PK 兩相步進馬達。新的緊湊型 CRK 微步進驅動器尺寸僅為 0.X8 *1.77*2.XX in，並且在每一相位最大可控制 1.4A CRK 電機。

系統和市場分析

東方公司的另一打算是將各種步進馬達/驅動器部件組成一個系統解決方案。這包括安裝板、彈性聯軸器、減振器、控制器，這進一步增強了和伺服運動的競爭力。步進運動市場的總體規模，包括商業和汽車行業是相當大的。

據 Motion Tech Trends（MTT）最新的市場研究，核心工業部門－工廠自動化（FA）代表了一個相對小的但是穩固的市場， 在北美，步進馬達和控制年消費大約為 1XX 萬美元。FA 市場包括機床，機器人系統，各種 OEM 的生產設備（包括半導體設備，印刷，紡織，塑膠等）。

據 MTT 粗略估計，歐洲和日本分別占步進馬達市場的 1X%和 X0%，高於美國。MTT 分析師 Muhammad Mubee 的研究表明，兩種步進馬達的設計主導 FA 應用（見"市場"圖表）。它們分別是大量生產的 tin-can 型（又名 "can-stack"）和永磁步進馬達。

Berger Lahr 運動技術公司 （施耐德電氣子公司）認為：集成化，操作簡便，網路化工作是步進馬達的主要發展趨勢。減小驅動和電機尺寸有助於縮小控制櫃和機器空間的需求，而系統設置，可以在不到一個小時內通過設定 DIP 和旋轉開關來完成。專案經理 Sam Bandy 解釋說：步進驅動無需調試軟體。然而一些帶有嵌入功能的步進系統需要配置帶有螢幕的軟體系統用於資料登錄。可進行網路化工作的步進馬達通過開環，現場匯流排，乙太網等進行驅動，可多軸控制，與更高級別的控制器進行通信和系統狀態資料獲取。

與伺服系統競爭市場

Bandy 指出，結合了驅動電機的步進系統和伺服運動的不同在於它不需要調整。"它不需要專家對其進行調試而且減少了建立時間"Bandy 說，步進系統的另一個優點在於回應速度快。通過伺服技術，閉環 PID 控制，糾錯基於錯誤的內容，這是預設動作和實際狀態的區別。"採用被動的滯後跟蹤法獲取參考位置在一些應用中如貼標機中顯得太慢了"Bandy 說："在步進系統中沒有遲滯。主動回應不取決於實際狀態，可以由控制獨立執行"。

SKC 信濃公司的 Bergsma 認為步進運動系統和伺服運動系統的競爭在於電機的價格。"伺服電機仍不能和步進的價格相抗衡。 由於步進馬達的價

格在不斷下降,而他們可能永遠也不會"他說。此外步進馬達本身的產量高,從而降低了單位成本。它們所提供的商業價值優於伺服電機。他將"完整的作業系統"稱為需求,使用步進或伺服電機的數量是不多的。像這種使用一個或兩個電機的應用通常使用"黑匣子"驅動器/分度器控制器,有時會因功能過多而導致價格過高。相比之下,"現在的大部分電機都融入個性化和標準化的應用,這樣就需要大量的電機",Bergsma 說。大多數的運動都是靠步進系統驅動的,這些價格敏感的系統利用步進控制較低的生產成本,使用現有驅動晶片。"伺服驅動系統經常用於 OEM 設備中,但只是少量/中等數量,僅適用於閉環回饋和加速/減速,這些都是伺服可以做到的",Bergsma 補充說。步進馬達自身缺陷。

GE Fanuc 控制系統業務總監 Connie Chick,再次重申步進系統只適用于精度不高,最終定位精度不太重要的運動系統。對於一些簡單的軸,例如:進刀量,導軌,和終點擋板等標定系統,步進系統可以很好的運行。"伺服電機轉速快轉矩大,步進系統在精度要求高和轉矩大的高速機器中是不適用的"Chick 說。

中國步進馬達市場需求樂觀,廠商降低價格換來市場空間

關鍵字: stepping motor、步進馬達、step angle

步進馬達市場強勁增長的市場需求吸引了新廠商入行,也促使原有廠商擴大產能,降低產品價格以便保持其競爭力。在如此激烈的競爭環境下,許多中國步進馬達製造商預計今年步進馬達的價格會下跌 X0%。精達先進科技股份有限公司行銷總監 Ricky Hsiung 說:"全球步進馬達每年的需求量為 4-X 億隻,由於供應商數量眾多,價格戰在所難免。"但也有不同的意見,碧茂科技股份有限公司銷售主任 Maggie Lai 就認為今年已沒有降價空間。她說:"步進馬達的價格已經觸底,報價已不可能再降低。"常州市合泰電機電器有限公司銷售代表劉幹也補充說:"考慮到出口問題,本地步進馬達供應商必須在海外市場保持價格優勢。"然而供應的不斷增多很可能會加大市場的競爭壓力。大陸步進馬達廠商一般都增加了產量,而許多臺灣地區步進馬達廠商為了節約成本,已將其生產轉移到中國大陸。精達先進 X02 年第四季度在大陸建了新廠,從而將總月產能翻番,達 X0 萬隻。天盟電機股份有限公司也計畫今年在蘇州興建另一座工廠。還有些大陸廠商出於對需求的樂觀預測,已經開始擴大產能。常州雷利電器有限公司銷售代表章靜芳表示,該公司已將其產量從 X01 年的 X00 萬隻增加到

3. 日本精密小型馬達的最新市場動向

來源:X 翼離心風機 發佈時間:X11 年 12 月 24 日

對於需要驅動器的電器產品來說,馬達是不可缺少的器件。特別是隨著市場的需求,各 廠家的技術開發競爭越發激烈。本文從市場分析角度出發,重點展望了世界首屈一指的日本精密小馬達的現狀和動向。

小型馬達市場情況

馬達市場的價格急劇下降，令有關廠家大傷腦筋，特別是步進馬達、無電刷馬達、軸流風扇馬達等，X年間單價稅減一半。目前的狀況是，只靠改變生產體制，調整材料難以擺脫困境，還必須將車間成本降低1X-X％。對於馬達廠家，最不利的因素有四：

（1）　典型大型組裝廠的內制化；

（2）　培養以內制化為主體的外售領域；

（3）　材料廠家已在開發馬達事業；

（4）　組裝設備的大幅度下降。另外，馬達專業廠家本身也存在一些問題，如量的擴大，依賴於廠外訂貨，設備的投資，節省人力，自動化程度還不夠，在這種狀況下，馬達廠家將展開一場對戰，亦即以音響等民用馬達為主的廠家將參與辦公室自動化設備馬達市場競爭，而原來生產辦公室自動化設備用馬達的廠家將向汽車、家電、住宅設備領域進軍，然而，目前各馬達廠家的解決對策尚未具體化，估計達到具體化階段尚需X到X年。

未來展望

　　從目前的狀況來看，無調速馬達和電子調速馬達今後將會重點發展．生產據點不僅限於日本國內，還將擴大至亞洲其他國家，為了加強銷售網路，確定以准客戶為基礎的供給體制至關重要。以辦公室自動化設備領域為中心的步進馬達，無電刷馬達用以往的標準已難以適應每個用戶的要求，因此，應重點考慮前工序的標準化，以及材料、加工部件的標準化。從組裝廠向海外發展、部件靠進口這一點出發，海外據點生產體制的建立顯然是不可缺少的，在亞洲，進入VTR企業的也有。預計以無電刷馬達為中心的馬來西亞戰爭，具有很大比重，歐洲生產戰略今後也會展開，這對於投資i00億日元以下的專業馬達廠家來說，無疑是需要認真討論的問題。（包括過高地投資及發展形態等）。此外，應用新原理的超聲波馬達的開發，也將在今後X年內得到實際應用，並將廣泛用於照像機。東芝將其用之於幕軌。目前，有關廠家正考慮將之用於汽車、工業用機器人等領域。

　　對於需要驅動器的電機產品來說，馬達顯然是不可缺少的部件。然而，電機產品的壽命，可以說是與馬達的壽命密切相關。目前，隨著微型電腦的應用普及，人們感應馬達等交流馬達的功能要求已不僅僅是旋轉，而且，還應具備較好的控制性能。由此看來，小型馬達，半導體以及感測器的二者結合是極其重要的。

4. 本公司之發展策略分析

　　藉由持續強化公司治理、經營管理及風險控管能力，確保本公司能在競爭的外部環境之下追求營收及獲利的利基性、成長性、均衡性與穩定性，以提升整體獲利力，並將持續強化研發能量及業務之擴張。使用本公司產品，就是品質的保證。

（1）經營策略致力於研發步進馬達相關之驅動、運用發展工具和自創之研發平臺，期能提供業界更高精度定位控制之驅動器。

（2）強化研發、工程與技術開發的能力採用新的技術與高標準的製程設計與生產步進馬達驅動器。

（3）由於產業環境變化快速，產品生命週期縮短，配合客戶端的降價壓力，公司需不斷的提高自動化生產、降低成本，才能維持獲利。

（4）全球對環境保護意識的提高，公司需取得各項綠色環保（RoHS）認證，符合環保法規。

（5）總體經營環境：針對目前的經營環境，公司除積極控管成本及費用外，新產品的投產銷售及提昇獲利能力，期能有更穩固的成長茁壯以面對殘酷的外在挑戰。

（二）競爭力分析

公司有著多年來的新產品研發能力，提供自動化產業與電子電機產業兩大領域，不管是在經驗傳承或開創新產品方面，都具有優勢。針對本公司本身的企業競爭力，以 SWOT 分析，在優勢部分陳述本公司之優勢，在劣勢部分將陳述潛在競爭對手之優勢，在機會部分則說明有利於本公司執行的條件，在威脅部分則說明對本計畫不利之條件。

本公司自整體計畫策略角度出發，統整各項子計畫之關連性和協調合作。SWOT 矩陣策略表如下：

優勢（Strength） 本身優勢	劣勢（Weakness） 競爭對手優勢
• 使用 AC8XV~2XXV 電源入力，更適合高速高扭力運轉需求場合使用。 • 使用一般 XXX 馬達即可做微步進驅動。 • 可微步進到 12X，000 步/圈之解析度。 • 自動電流下降功能，可降低馬達溫度。 • 平滑度功能。 • 採新五角型驅動方式，低振動、低噪音，馬達運轉更平順。 • 具備電源保護機能，防止入電錯誤造成之事故損害。 • 具備自我檢測功能，降低事故判斷處理時間。 • 性價比高。	• 版圖無法擴張。 • 市場滲透性不足。 • 公司知名度不足。 • 品牌愛用者。
機會（Opportunity） 有利條件	威脅（Threat） 不利條件
• 日本 X11 年 X11 大地震後，核電廠爆炸，機器產品幅射量過高。日幣貶值，因此增加該項產品的成本。 • 兩岸簽署 ECFA 協定	• 日本供應商低價策略。 • 同類性質眾多。 • 原物料受匯率之影響。

項目 \ 公司名稱	本 公 司	日本 東方馬達公司	日本 山洋電氣公司	日本 Micro Step公司
1. 價 格 （ 單位： ）	8,000.-	1X,000.-	14,000.-	14,000.-
2. 產品/服務上市時間	X2年X月	在台已上市超過X年	在台已上市超過X年	在台已上市超過X年
3. 市場佔有率（％）	40%（預計）	X0%	1X%	XX%
4. 市場區隔	中低價位之市場	高價位	高價位	高價位
5. 行銷管道	現有通路	在台經銷商	在台經銷商	在台經銷商
6. 技術或服務優勢	技術相當，服務好			
7. 關鍵零組件之掌握	CPLD供應無虞；核心自主研發	自己開發之晶片	自己開發之晶片	自己開發之晶片
8. 品質優勢	A++與日本同等	A++	A	A+
9. 其他優勢	價錢低、供貨/維修期短	價錢最高、供貨/維修期長	價錢次高、供貨/維修期長	價錢次高、供貨/維修期長

2. 市場潛力可行性分析

　　步進馬達的應用面，舉凡產業自動化、機械自動化、縫紉機械、電子及半導體生產用設備…等皆能使用。以目前台灣微步進驅動器部份，本產品線（XXX馬達微步進驅動器）皆仰賴日本進口。所以不管是在交貨期、維修、價格…等皆由日方所掌握及壟斷。本計畫完成後，將可以減少日本之貿易逆差，台灣自有品牌，預計能投入本公司之產品線年營業額達 1 仟 X 萬元以上，甚至於可行銷於國際市場，其金額將達到 X 仟萬元以上。其市場潛力無窮。

3. 技術前景可行性分析

a. 硬體架構之規畫：

- CPLD 晶片規畫電路：選出 Altera 供應之晶片作為本計畫之控制核心技術。

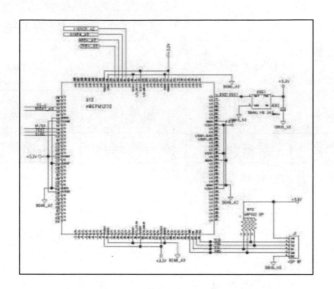

- 步階數選擇規畫電路：以 DIP 開關選擇步進馬達運轉之步階數。

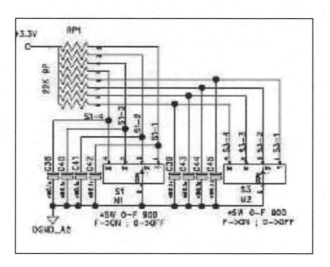

- 測試及控制開關規畫電路：Smooth、1P/2P、H/I V、Test、ACD（Auto Current Down）。

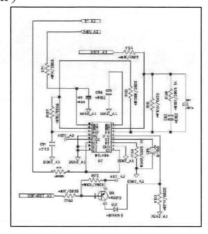

495

b. 軟體架構之規畫：

　　本計畫產生之軟體有二，一為 XXX 仿正弦波函數波形參數，另一為平滑參數功能。XXX 仿正弦波函數波形參數為本計畫之核心項目，必須熟悉 VHDL 硬體描述語言的編輯能力及下載燒錄。平滑參數功能為一增強步進馬達運動之平滑轉動，減少馬達因產生之機械振動而讓馬達運轉更平順。其運算方程式如下之敘述：

- XXX 仿正弦波函數波形參數：

　　依據外部輸入 Clock，循以下之公式分割及角度，循序產生 XXX 仿正弦波函數波形，其運算公式如下所示。

$$A相 = A \bullet \sin(\omega t)$$
$$B相 = A \bullet \sin(\omega t + 72°)$$
$$C相 = A \bullet \sin(\omega t + 2 \bullet 72°)$$
$$D相 = A \bullet \sin(\omega t + 3 \bullet 72°)$$
$$E相 = A \bullet \sin(\omega t + 4 \bullet 72°)$$

A：PWM Amplitude 大小；ω：微步進分割數； t：角度

- 平滑參數功能：

　　平滑驅動功能是一種無需變更脈波輸入設定，即能以全步級時相同之移動量、移動速度自動進行微步級驅動的控制功能。只需切換一個開關即可簡單實現微步級的低振動。

D：X00 分割平滑參數關係式：

$$D \propto PWM(HighDuty) + (X \bullet K)$$

K：平滑係數；PWM cycle is X2.XuS

X00~X00 分割以下及輸入頻率為 X，X＝XHz～2●R 才有此功能，R：解析度

　　本系統之規畫，硬體之架構沿用本公司已有之二相微步進驅動器之電路，擴展為 XXX 之電路使用，對於步進馬達驅動的技術已有相當的技術能量且能在預定之時間內完成。軟體之規畫設計，仍本計畫的重心，選用 CPLD 晶片，其能保密，又省電，程式又有更新的能力。本公司原已有二相微步進驅動器軟體之設計能力，相信對本計畫亦能得心應手，期盼本計畫的完成，能達市場對於高精度、低振動的高要求，媲美日本進口品，消除對日之貿易逆差。以高品質、低價位之優勢投入產業界。

4. 專利可行性分析

（資料來源：http：//www.sbirme.org）

經由智慧財產局查得有關步進馬達之專利項目，都沒有"XXX 馬達"相關的專利。只有一些相關之專利項目，茲向有關之項目列於下表，並將其有關專利之部分做一說明。

項次	專利號	內容說明	若涉及他人智財之解決之道
1	X0XX71XX	馬達控制電路及馬達控制方法： 本發明提供一種可謀求消耗電流之降低的馬達控制電路。步進馬達控制部（4X）係具備產生 A／B 相電流設定信號的 A／B 相電流設定信號產生部（440）；根據切換信號（SW）而輸出 A／B 相電流設定信號、與 A／B 相基準信號中任一者的第 1 及第 2 開關（471、472）；以及產生切換信號（SW）的間歇驅動控制部（4X0）。再者，步進馬達控制部（4X）係為了在步進馬達流通預定量的驅動電流，相對於輸出至步進馬達驅動器的 A／B 相電流設定信號，間歇性地輸出用以使步進馬達的驅動電流降低至比預定量更低作為電流降低信號的 A／B 相基準信號。	
	本公司優勢	XXX 微步進驅動器，比他們的優秀，而且技術門檻更高。	無
2	X0XX14XX	電流限制電路及馬達驅動電路： 本發明提供一種在檢測規定電流值之外附基準電壓產生電路故障時，防止過電流之發生，以保護功率電晶體，且得作為驅動積體電路（IC）繼續使用的電流限制電路及馬達驅動電路。於本發明中，係將輸出電流檢測電路與功率電晶體串聯而設，且具：比較器、第 1 基準電壓產生電路，及第 2 基準電壓產生電路，而於功率電晶體之輸出電流達到預定的規定值時，對應於由輸出電流檢測電路獲得之該檢測信號，與由第 1 基準電壓產生電路獲得之第 1 基準電壓，於比較器產生停止功率電晶體驅動預定期間之控制信號，且於功率電晶體之輸出電流超過規定值時，對應於輸出電流檢測電路獲得之檢測信號，與由第 2 基準電壓產生電路獲得的第 2 基準電壓，於上述比較器產生上述控制信號者。唯上述第 1 基準電壓產生電路係外附於上述積體電路，而將上述第 2 基準電壓產生電路內建於上述積體電路者。 	簽署合作契約權利義務由雙方協商議定
	本公司優勢	這種功能是設計所有驅動器的廠商都必須考慮的問題，不管是日本等先進國家亦須考量的電路保護裝置。我們	簽署合作契約權利

項次	專利號	內容說明	若涉及他人智財之解決之道
		的產品亦有過電流保護裝置,但我們的保護裝置比他們優良。	義務由雙方協商議定
3	IXX11XX	驅動電路、電壓位準移位單元以及馬達系統: 本發明為一種驅動電路,其包含:一輸入電壓源組,用以提供一輸入電壓組;一參考電壓源,用以提供一參考電壓;一電壓位準移位單元,用以將該輸入電壓組其中之一之位準提升至該參考電壓之位準;一運算單元,用以接受該參考電壓及該輸入電壓組,並選擇輸出一控制電壓;一安全單元,用以將該控制電壓導入一接地端;及一輸出電壓端,用以接收該控制電壓並輸出一輸出電壓。 第1圖　　第2圖	
	本公司優勢	XXX 微步進驅動器,比他們的優秀,而且技術門檻更高。	無
4	IXXX00X	步進馬達加減速的控制方法及其函數產生裝置: 一種步進馬達加減速的控制方法及其函數產生裝置。上述控制方法包括下列步驟。首先,依據一控制函數計算出多個加速間隔時間與多個減速間隔時間。利用上述加速間隔時間與上述減速間隔時間,調變步進馬達逐步移動的時間。藉此,本控制方法將有效降低步進馬達的傷害。 圖 1　　圖 2	簽署合作契約權利義務由雙方協商議定
	本公司優勢	XXX 微步進驅動器,比他們的優秀,而且技術門檻更高。	簽署合作契約權利義務由雙方協商議定
5	4X117X	步進馬達驅動裝置: 本發明係為要令步進馬達在高速旋轉時,不會引起失步(step out)現象,亦即自 CPU2 對著 STM 驅動器 2 施加用以決定 STM1 之激磁圖案所需之控制信號,而 STM 驅動器 X 則將按照激磁圖案之驅動電流施加於 STM1 令 STM1 旋轉之,通過 STM1 之激磁線圈之電流 i 則於電	簽署合作契約權利義務由雙方協商議定

項次	專利號	內容說明	若涉及他人智財之解決之道
		流檢測電路4被轉換為電壓，並回饋至CPU2。如果重點若擺在要防止振動的話，當通電電流 i 超過所定以上時，CPU2 則將 STMl 之激磁相位施予切換，再者，如果重點若擺在要獲得大轉矩的話，當通電電流 i 達到峰值的時候，就切換 STMl 之激磁相位（參照第1圖）。 	
	本公司優勢	我們的產品可以達到 X00KHz 以上的響應頻率，我們的特性及功能皆優於該項專利。	無
6	XXXXX	梯形加速度曲線之正弦波微步驅動器： 創作係關於一種梯形加速度曲線之正弦波微步驅動器，主要係由一微處理器產生一梯形加速曲線，經由正弦餘弦信號產生器轉換產生數位武之正弦與餘弦信號，又經一數位／類比轉換器將前述數位信號轉換為類比信號後，送至一H型橋式截波驅動器以驅動步進馬達；以前述設計可於正弦餘弦信號產生器處調整設定送至馬達線圈之電流大小及方向，用以將解析度由 200 步提升至 12,800 步，而達成微步驅動步進馬達之目的。	簽署合作契約權利義務由雙方協商議定

項次	專利號	內容說明	若涉及他人智財之解決之道
	本公司優勢	本項專利亦是 2 相步進馬達的控制方法。XXX 微步進驅動器,比他們的優秀,而且技術門檻更高。	無
7	2XXXX4	2 相步進馬達用之驅動控制方法與裝置: 一種 2 相雙繞線組步進馬達用之驅動控制方法與裝置,該裝置包括有控制電路與激磁驅動電路。該控制電路之控制方式係以 1-2 相驅動激磁控制電路之控制順序,予以特定之啟始相與終止相來控制驅動 2 相雙繞線組步進馬達,以得到更穩定及更精確之步進角位置。	簽署合作契約權利義務由雙方協商議定

項次	專利號	內容說明	若涉及他人智財之解決之道
	本公司優勢	本項專利亦是 2 相步進馬達的控制方法。我們的 XXX 微步進驅動門檻比較高	無

三、計畫目標與規格：

（一）計畫目標—計畫執行後之重要技術指標及產業變化

目標項目	計畫前狀況	完成後狀況
1. 技術或服務模式狀況	a. 關鍵性技術台灣目前都沒有任何一家廠商有投入經費研發，且關鍵技術都為日本人所控制。 b. 市場的需求同時亦被日本人所控制，因此價值、交貨期、售後服務均為其控制。	a. 關鍵性技術由台灣國內廠商自己掌握，增加台灣技術領先之地位。 b. 可減少產品的採購成本，交期，維修時間及客製化之靈活性。
2. 產業狀況	XXX 馬達之微步進驅動器市場上只有日本東方馬達公司、日本山洋電氣、日本 Micro Step 所掌握	本公司可以提供同等級之產品，可供產業界多一層的選用。採取低價策略與之抗衡

（二）創新性說明

1. 下圖左為步階數大，所以定位無法達到高精度。右圖為階梯數下降，因此可以達到高精度之定位功能。

2. XXX 馬達的構造如下圖所示。

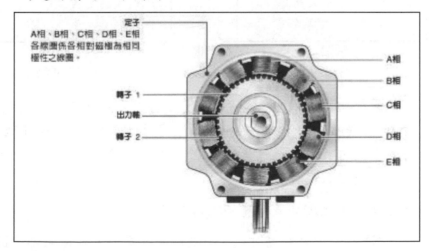

　　XXX 馬達中，定子上刻有 X 極磁極，各磁極的前端又刻有 4 個小齒，同時轉子的外緣上刻有 X0 個小齒。

502

3. XXX 馬達的構造及零件展開圖如下圖所示。

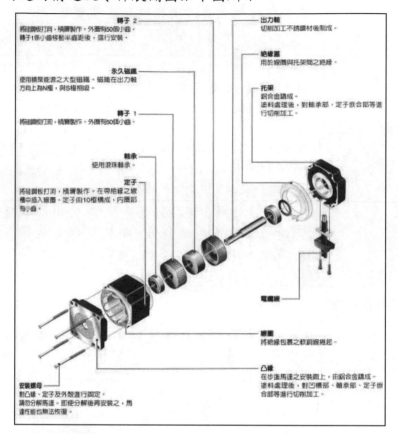

4. 電流方向與激磁方式：

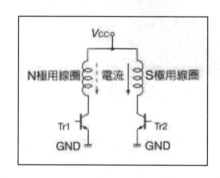

單極驅動方式　　　　　　　　　　雙極驅動方式

　　單極驅動方式中，馬達線圈1相需有2個電晶體，具有輸出回路簡單的優點，但是與雙極驅動方式相比，線圈利用率低，在低速領域的運轉特性差。雙極驅動方式中，馬達線圈1所需的電晶體增加到4個，具有低轉速時輸出負載轉矩較高等優點。

　　本計畫之創新是用雙極驅動方式。

　　XXX 馬達之驅動方式，一直以來有星形，單極驅動（圖一）、標準，雙極驅動（圖二）等方式，本計畫以創新之新五角形，雙極驅動（圖三）。採用新五角形，雙極驅動方式的 XXX 馬達僅需 X 個電晶體，即可實現驅動器的小型化及馬達配線的便利性等優點。

5. 定電流驅動方式：

　　　所謂定電流驅動方式，是使用定電流電源向步進馬達的線圈提供固定電流的方式。通常採用透過開關式迴路將比步進馬達的額定值高的電壓細分，然後提供給馬達線圈，以保持從低速運轉到高速運轉均為固定電流的方式。由於是以高電壓提供給線圈，因而電流上昇的速度加快，與定電壓驅動方式相比，高速運轉時的特性能有大幅度的改善。

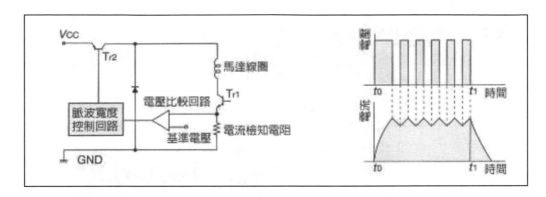

6. 驅動器的電源電壓：

　　　交流電源輸入在從低速運轉到高速運轉的全領域內，均呈現優異的轉矩特性，因此更適用於高速定位用途。

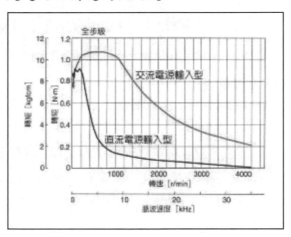

（三）　功能規格或服務模式

XXX 微步進馬達驅動器

特色：

- 使用 AC8XV~2XXV 電源入力。
- 可微步進到 12X，000 步/圈之解析度。
- 採用高速 CPLD 元件設計，提高產品穩定度。
- 採平滑減振功能，使馬達振動更低。

規格

- 使用電源 - 單相 AC8XV~2XXV，X0/X0Hz。
- 驅動方式 - 定電流橋式驅動。
- 輸出訊號 - 開集極迴路，24V，XmA（Max）。
- 雜訊隔離 - 光耦合器。
- 接線方式 - 可移式插槽。。

（四） 主要關鍵技術或服務、零組件及其來源

說明	來源
關鍵技術（軟體）	核心技術自我研發軟體 · XXX 仿正弦波函數波形參數： 依據外部輸入 Clock，循以下之公式分割及角度，循序產生 XXX 仿正弦波函數波形，其運算公式如下所示。 $$A相 = A \bullet \sin(\omega t)$$ $$B相 = A \bullet \sin(\omega t + 72°)$$ $$C相 = A \bullet \sin(\omega t + 2 \bullet 72°)$$ $$D相 = A \bullet \sin(\omega t + 3 \bullet 72°)$$ $$E相 = A \bullet \sin(\omega t + 4 \bullet 72°)$$ A：PWM Amplitude 大小；ω：微步進分割數；t：角度 · 平滑參數功能： D：X00 分割平滑參數關係式： $$D \propto PWM(HighDuty) + (X \bullet K)$$ K： 平滑係數； PWM cycle is X2.XuS X00~X00 分割以下及輸入頻率為 X，X＝XHz～2•R 才有此功能。R：解析度
關鍵技術（硬體）	自我研發

說明	來源

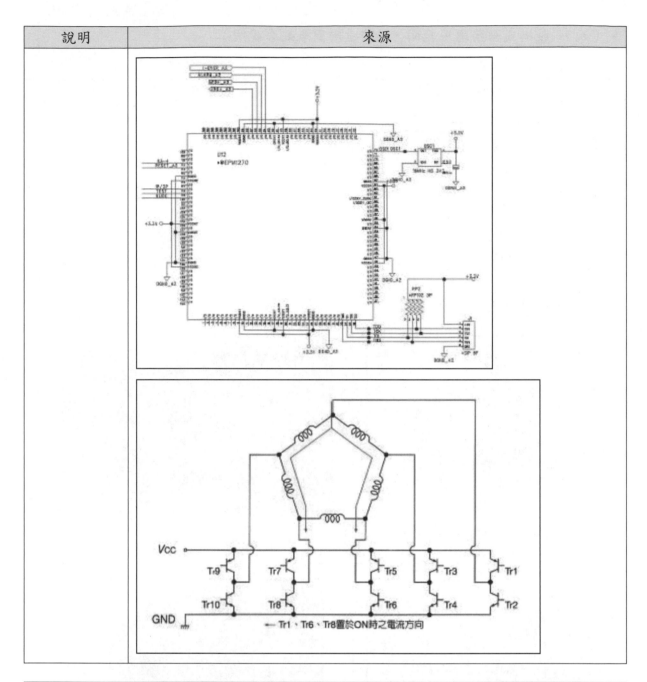

— Tr1、Tr6、Tr8置於ON時之電流方向

說明	來源
零組件（CPLD）	Altera 台灣代理商，茂倫企業
零組件（MOSFET）	IR（保章）、IXYS（慧橋）等經銷商
零組件（被動零件：chip 電阻、電容）	國巨，冠佳..等供應商

506

（五） 技術或服務應用範圍（請儘量附圖表配合說明）

應用範圍清單

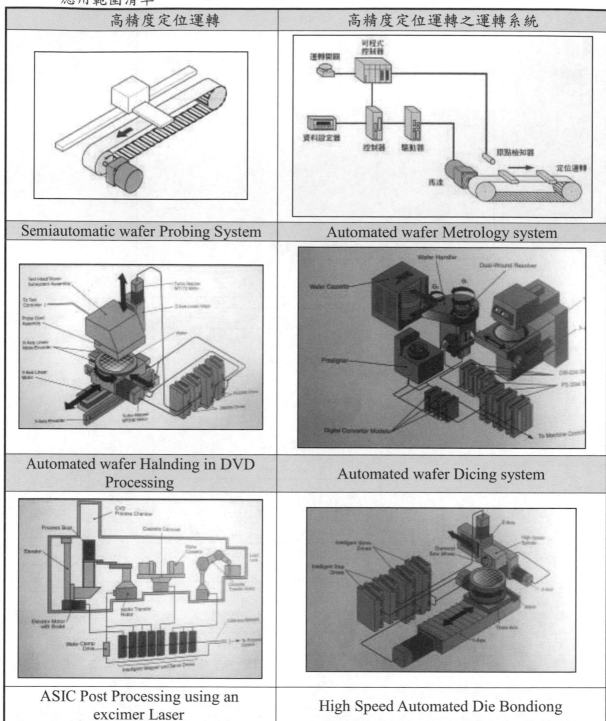

高精度定位運轉	高精度定位運轉之運轉系統
Semiautomatic wafer Probing System	Automated wafer Metrology system
Automated wafer Halnding in DVD Processing	Automated wafer Dicing system
ASIC Post Processing using an excimer Laser	High Speed Automated Die Bondiong

（六） **衍生產品或服務**

　　許多半導體廠商尚有提供單一晶片之 IC，供生產驅動器廠用，本計畫完成後可規畫單*賣"微步進馬達驅動晶片 IC"*的市場需求。

項次	公司	公司性質	晶片	晶片功能
1	XXX	專業混合式數位類比 IC 設計公司	步進馬達驅動晶片	一般、兩相
2	XXX		步進馬達驅動 IC	一般、兩相
3	XXX		VNH2SPX0TR-E	Automotive fully integrated H-bridge motor driver
4	XXX		UDN2XX4W	Full-Bridge PWM Motor Driver
5	XXX	馬達驅動器	XXX 微步進馬達驅動晶片	XXX、微步進

（七） **加值應用說明（申請 SBIR Phase2⁺申請階段必填，須敘明 Phase 2 計畫名稱、研發成果及如何加值應用）**

四、計畫架構與實施方式：
（一）計畫架構：請以樹枝圖撰寫（如有技術引進、委託研究等項目，併請註明）

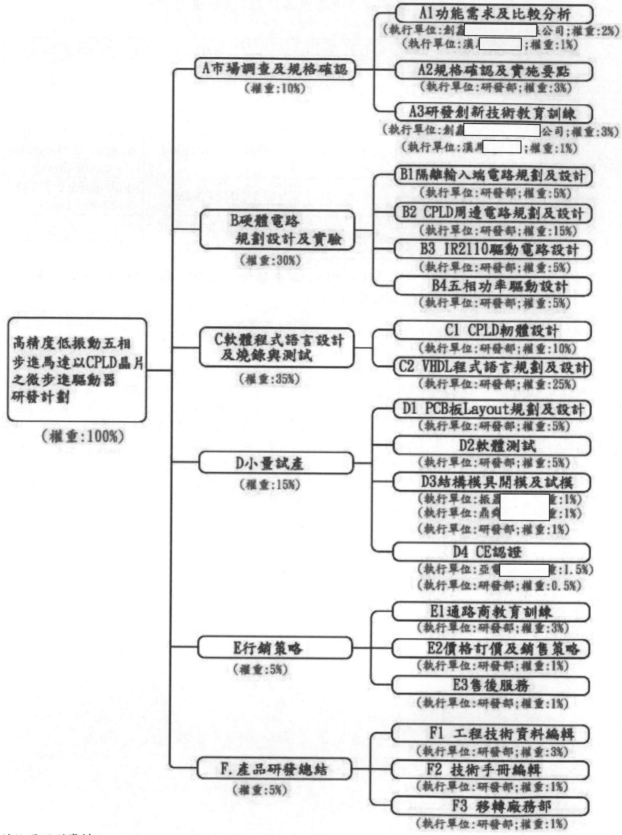

請註明下列資料：
　　1. 開發計畫中各分項計畫及所開發技術依開發經費占總開發費用之百分比。
　　2. 執行該分項計畫/開發技術之單位。
　　3. 若有委託研究或技術引進請單獨列出工作項目於計畫架構。

（二）實施方法

1. 推動策略（概述本計畫進行之步驟及方法）

（概述本計畫進行之步驟及方法）

高精度低振動 XXX 馬達以 CPLD 晶片之微步進驅動器研發計畫		
工作內容	預定完成目標	方法
A. 市場需求與規格確認	1. 功能需求與比較分析 2. 規格確認及實施要點 3. 研發創新技術教育訓練	1. 本項目以委外顧問公司研究及調查。 2. 經調查後之資料，比較分析各廠家之規格及客戶端的需求，訂定本計畫之規格及功能需求。 3. 研發創新之教育訓練，由委外顧問公司到廠內授課，全體員工皆需出席參加研習，並列入年度教育訓練考核。
B. 硬體電路規畫設計與實驗	1. 隔離輸入端電路規畫及設計 2. CPLD 周邊電路規畫及設計 3. IR21X 驅動電話設計 4. XXX 功率驅動設計	依前項之規格及需求，規畫硬體電路： 電路圖繪製以"Power Logic"軟體為繪製的軟件，並以此電路圖轉成 Layout 用之連接檔： 1. CPLD 晶片電路：選出 Altera 供應之晶片作為本計畫之控制核心技術。 2. 步階數選擇：以 DIP 開關選擇步進馬達運轉之步階數。 3. AC→DC 轉換電路：AC 輸入電壓從 X0～240V 範圍皆可動作之交換式電源電路。 4. 光隔離輸入/輸出電路：CW/CCW 選擇、Coff、Zero 及 Alarm.. 等。 5. 運轉電流大小切割輸入電路：RUN/Stop 切割電流電路。 6. LED 顯示電路：Power、Zero、Coff、M12、Alarm、CW、CCW 等。 7. 測試及控制開關：Smooth、1P/2P、H/I V、Test、ACD（Auto Current Down）。 8. XXX 稜形驅動電路：CPLD 提供 XXX 之控制波形藉由 IR21X 驅動晶片推動步進馬達之線圈。 9. PWM 控制電路：自動檢知馬達運轉時之轉速快慢而決定控制脈衝之寬度。
C. 軟體程式語言設計及燒錄與測試	1. CPLD 韌體設計 2. VHDL 程式語言規畫及設計	以 Altera 提供之開發平台（晶片供應商免費提供，亦可至原廠網站下載）： 以 CPLD 晶片產生以下三大部份之要求： 1. XXX 仿正弦波函數波形參數。 2. 平滑參數功能。 3. I/O 控制及保護電路。
D. 小量試產	1. PCB 板 Layout 規畫及設計 2. 軟體設計 3. 結構模具開模及試模 4. CE 認證申請	1. 當硬體電路規畫設計完成後，本公司研發人員將電路圖轉成 Layout 連接檔。並將 PCB 尺寸以最小的面積規畫大小，並須注意 CE 認證細部之要求。 2. PCB 送洗回來，組裝硬體組件，並做初步之硬體電路是否正確。 3. 轉交軟體工程師作軟體下載、燒錄及功能驗證。 4. 功能都確認完成後，結構開模及試模（委外製作） 5. 所有功能及結構完成，申請 CE 認證。 6. CE 認證：委外。

高精度低振動 XXX 馬達以 CPLD 晶片之微步進驅動器研發計畫		
工作內容	預定完成目標	方法
E. 行銷策略	1. 通路商教育訓練 2. 價格訂價及銷售策略 3. 售後服務	所有產品導出，做銷售策略之規畫 1. 招集原有通路商做產品發表會。 2. 售後服務人員之教育訓練。
F. 產品研發總結	1. 工程技術資料編輯 2. 技術手冊編輯 3. 移轉廠務部	1. 產品規格表。 2. 技術手冊。 3. 包裝標籤承認書。 4. 產品製造圖。 5. 總體檢驗紀錄表。 6. 試產專案結案報告。

註：加註符號說明。

『＊』表示我國已有之技術、服務或產品（並註明公司名稱）。

『＋』表示我國正在發展之技術、服務或產品（並註明公司名稱）。

『－』表示我國尚未發展之技術、服務或產品。

（三）技術及智慧財產權來源分析：擬與業界、學術界及其他研究機構合作計畫。

（1）項目表

A.非申請 CITD 計畫之「產品設計」業者填寫

項 目	單位名稱（請填寫全名）	經費（千元）	內容	起迄期間
技術及智慧財產權移轉	XXX			年/月/日~年/月/日
委託研究	XXX	X00	市場調查/創新研發教育訓練	X1年4月1日~X2年X月X1日
委託勞務	XXX	X0	鋁擠型底座	X1年12月1日~X2年1月X1日
	XXX	X0	上蓋	X1年12月1日~X2年1月X1日
	XXX	X0	CE認證	X2年1月1日~X2年2月28日
委託設計	XXX			年/月/日~年/月/日

註：各項引進計畫及委託研究計畫均應將明確對象註明，並附契約書、協議書或專利證書（如為外文請附中譯本）等相關必要資料影本，如尚未完成簽約，須附雙方簽署之合作意願書（備忘錄）。

B. 限申請「產品設計」業者填寫

項 目	單位名稱（請填寫全名）	經費（千元）	內容	起迄期間

註：各項引進計畫及委託研究計畫均應將明確對象註明，並附契約書、協議書或專利證書（如為外文請附中譯本）等相關必要資料影本，如尚未完成簽約，須附雙方簽署之合作意願書（備忘錄）。

（2）技術及智慧財產權來源對象背景、技術及智慧財產權能力及合作方式說明。

（3）說明顧問之重要著作、專利等相關成就及擔任本計畫顧問是否影響目前任職單位或侵害他人智慧財產權等事項（檢附顧問之技術學經歷及不違反智慧財產權保證等資料以為審查之依據）。

本計畫已取得顧問群[參與計畫同意書]，在擔任本計畫顧問期限內，將全力配合本計畫之推行，所有因計畫所需而製作之文宣品等，智慧財產權屬於 XXX 驅動科技有限公司所有。

顧問人員一覽表

姓名	學歷	經歷	年資	目前任職單位及職稱	本計畫指導項目	指導期間	顧問費
劉XX	國立交通大學電機與控	1. XXXX 科技大學副教授兼系主任 2. XXXX 科技大學教授	17	XXX	B 硬體電路規畫設計 C 軟體程式語言設計	X1.4~X2.X	無給職

姓名	學歷	經歷	年資	目前任職單位及職稱	本計畫指導項目	指導期間	顧問費
	制研究所博士	3. 優盛醫學科技股份有限公司顧問 4. 廣達電腦顧問					

說明特聘顧問之理由及對本計畫之重要性

姓名	特聘理由	重要性
劉XX	該顧問之專長在軟體之模糊設計理論及硬體電路	可以提供本公司重要的技術能量指導

待聘人員表

姓名	聘請理由	對本計畫之重要性
未知	軟體研發	軟體研發是本計畫中最重要的項目
未知	硬體研發	硬體研發是本計畫中最重要的項目

4.聯合開發/研發聯盟計畫分工及智財權管理（限申請「聯合開發/研發聯盟」類別填寫）

　　※請說明有關聯合開發間之專業分工、費用分攤及成果分享、成果使用等已協商獲致共識或處理原則。

議題	請簡要條列聯合開發/研發聯盟成員於該議題項下達成之共識，以及依會商共識所簽訂之契約或可據以解決研發階段相關權利義務爭議之共識性原則。相關檔請檢附為附件。
協議各廠商間分工的原則	個別廠商研究人員投入多寡、研究經費分配以及計畫分項由何廠商負責等事項形成之共識為何？
確立費用的分擔原則	合作研發如涉及個別廠商現有的智慧財產權或既有機器設備的使用，是否約定無條件供他方利用或其他計費方式？
研訂廠商間研發資料保密規定	合作廠商間之商業機密及研發成果之保密如何約定？
達成研發成果歸屬共識	專利權歸屬於分項計畫的執行廠商，抑或是各廠商共有？各廠商間是否已事先約定智財權的分享原則？是否依出資比例分享智財權？
釐清共同研發成果的實施方式	約定屬個別或部份廠商所有的智財權，其他成員可否使用？使用的條件為何？是否約定僅限於聯盟成員間有權使用計畫研發成果專利權，或限制擁有專利權廠商於一定期間內不得對外授權？
規範新成員加入聯盟要件	其中如部份執行廠商研發成果欠佳，財務或技術研發遭遇困難而中途退出，應如何處理？中途退出聯盟者應負擔何義務？聯盟成員同意其他廠商新加入聯盟之要件為何？新加入者之費用如何分擔？
其他	其他計畫執行互動過程討論議題請自行增列。

513

五、預期效益：
（一） 依計畫性質提出具體、量化之分析及產生效益之時間點、及產生效益之相關的必要配合措施。

本案產出預期效益

項　目	完成工作	具體、量化分析	產生效益時間點	配合措施與評估
1	完成小量試作樣品階段提出專利申請。	• 取得兩項專利。	X2，X，X1	智慧財產權檢索
2	產品導出後，投入量產。訓練經銷商/代理商產品銷售比較分析。	• 營收成長X%。 • XXX 馬達微步進驅動器市場佔有率X0%以上。 • 增加業務就業人口2人以上。	X2，X，X1	各國認證之相關法規之確認
3	產品導出後，投入量產。訓練經銷商/代理商產品銷售比較分析。	• 增加馬達供應商比價之機會。	X2，X，X1	非僅有日本廠牌
4	產品進行中，技術的交換與成長。	• 核心技術提升。	X2，X，X1	教育訓練與知識管理
5	與學術界合作發表期刊論文等。	• 期刊發表2篇以上 • 研討會發表 4 篇以上。	X2，X，X1	相關類似產品之研究報告分析

（二） 說明本計畫完成後

1. 對公司之影響：如研發能量建立、研發人員質/量提升、研發制度建立、跨高科技領域、技術升級、國際化或企業轉型……等。

• 研發能量建立

    – 本公司具備優秀研發人才，並申請多國專利，將有效提供發資源，強化研發能量。

• 研發人員質/量提升

    – 研發單位多年來致力於更好、創新的關鍵技術做為研發的重心。

    （1） 本公司將提昇公司營運績效及提供經營轉型之契機。

    （2） 本計畫研發過程中，聘用相關研發人員，以提供研發品質並加速研發時程。

• 研發制度建立

    – 經由多次研發經驗的累積公司得以建立較為健全的研發制度，有助於日後公司在進行創新技術開發時，能更為順利且有效的完成研發目標。

- 跨高科技領域
    - 微步進馬達驅動器有其高技術門檻，多年來都是日本方面所掌握，此計畫芝完成，可讓台灣走出去，更有助於本公司可誇越微步進馬達驅動器高科技領域的技術水準。無形中公司之技術隨著升級。

2. 對國內產業發展之影響及關連性：如替代進口值、提升上下游產業品質及技術、生態環境保護及污染防治、公安衛生防護……等。

- 替代進口值產值貢獻
    - 本計畫技術的發展、研發、自動化產業間的連結之連鎖效應，將會帶來可觀的數值，並藉由成本優勢及品值優勢將使技術留在台灣，使台灣自動化產業茁壯發展。

- 對產業技術研發水準之提升
    - 本計畫之創新研發技術，將為生產自動化設備廠商提供新的合作夥伴，預計將會有其他廠商投入相關研發產業之水準，增加良性競爭力。

- 上下游產業提升
    - 本計畫產出之產品，必須運用許多相關原物料、儀器及零組件，因此本計畫除了增加本公司營收外，也將提升其他廠商產值。

3. 其他社會貢獻：如對產業界、學術界、研究機構、公益團體、鄉鎮社區、偏遠地區、弱勢團體…等，增列社會公益之投入、建立平臺作創新成果之擴散應用或結合研究機構、公益團體、產業界、弱勢族群、鄉鎮社區、偏遠地區等推廣活動或發表會、與學術界進行交流與研究並提供創新經驗與歷程或於學校講座進行演講…等。

- 擴大與學術界交流的機會
    - 本計畫與朝陽科技大學等教授之指導，可擴大與學術界的交流，期刊研討會的舉辦。

- 增加就業人口之機會
    - 本公司位於南桃園市較偏遠之地，本公司在擴大產能之際，必定會增加人手，創造就業人口的機會。

參、風險評估與因應對策

一、風險評估與因應對策（申請 CITD 計畫之「產品設計」類別免填）

（一）可能替代開發技術或方案之說明及因應對策。

步進馬達（Stepping motor）在當今資訊工業社會中，所扮演的角色日趨重要，尤以電腦週邊的一些裝置更是不可或缺的，如磁碟機、列表機、繪圖機等，又如 CNC 工具機、機械人、順序控制系統等各種資訊工業產品中，無不以步進馬達作為其傳動的重心。茲將步進的特性說明如下：

1. 步進馬達必須加驅動電路才能轉動，驅動電路的信號輸出端，必須輸入脈波信號，若無脈波輸入時，則轉子保持一定的位置，維持靜止狀態；反之，若加入適當的脈波信號時，則轉子是以一定的角度（稱為步角）轉動。故若加入連續脈波時，則轉子旋轉的角度與脈波頻率成正比。

2. 步進馬達的一步角一般為 1.8 度，及一周為 XX0 度，需要 X0 步進數才完成 1 轉。

3. 步進馬達具有瞬間啟動與急速停止之優越特性。

4. 改變線圈激磁的順序，可以較輕易的改變馬達的轉動方向。

步進馬達依照靜子線圈的相數多寡可分為單相、雙相、三相、四相和 XXX 等。一般小型的步進馬達以四相式為準，這類的馬達在定字上有四組相對應的線圈，分別提供相差 X0 度相位的電力。當馬達單相激磁時，這四組線圈可在各相的對應處停住轉子，當下一個脈衝來到時，轉子轉動一個角度，這種角度稱為步進角。步進角的計算公式如下：

步進角＝XX0 度/ 寸動數＝XX0 度 / （相數 X 轉子齒數）

寸動數：步進馬達每週所轉動的步數，就是相數和轉子齒數的乘積。

◎步進馬達特徵

• 具保持力

由於步進馬達在激磁狀態停止時，具有很大的保持力，因此即使不使用機械式剎車亦 可以保持停止位置（具有激磁狀態停止時，與馬達電流成比例的保持力）。在停電時步進馬達不具有保持力，因此停電時若需有保持力，請使用附電磁剎車機種。藉由馬達的高精度加工，可實現步進馬達高精度定位功能。解析度是取決於馬達的構造，一般的 HYPRID 型 X 相步進馬達為 1 步級 0.72°精度是取決於馬達的加工精度而定，無負載時的停止精度誤差為±X 分（±0.0X°）。

• 角度控制、速度控制簡單

步進馬達為與輸入的脈波成正比，一次以一步級角運轉（0.72 度）。

• 高轉矩，高響應性

步進馬達雖然體積小但在低速運轉時皆可獲得高轉矩輸出。因此在加

速性、響應性頻繁的起動及停止皆可發揮很大的威力。

- 高分解能、高精度定位

    X 相步進馬達在全步級時 0.72°（1 回轉 X00 分割），半步級時 0.XX°（1 回轉 X0　分割）。停止定位精度為±X 分（±0.0X°），所以並不會有角度累積誤差。

- 步進馬達與 AC 感應或伺服馬達等，有相當大的差異，並具有下列的特徵：

    - 與輸入脈波同期，以步級方式運轉。

    - 以開回路方式即可完成高精度定位。

    - 起動、停止的響應性優越。

    - 停止時不會有累積角度誤差。

    - 因為馬達構造簡單，所以保養容易。

    - 要驅動步進馬達必須要有控制器，只需向驅動器輸入脈波即可簡單的以開回路方式進行。

經由智慧財產局查得有關步進馬達之專利項目，都沒有"XXX 馬達"相關的專利。

項次	專利號	內容	本公司優勢	若涉及他人智財之解決之道
1	X0XX71XX	XXX	XXX 微步進驅動器，比他們的優秀，而且技術門檻更高。	無
2	X0XX14XX	XXX	這種功能是設計所有驅動器的廠商都必須考慮的問題，不管是日本等先進國家亦須考量的電路保護裝置。我們的產品亦有過電流保護裝置，但我們的保護裝置比他們優良。	簽署合作契約權利義務由雙方協商議定。
3	IXX11XX	XXX	XXX 微步進驅動器，比他們的優秀，而且技術門檻更高。	無
4	IXXX00X	XXX	XXX 微步進驅動器，比他們的優秀，而且技術門檻更高。	簽署合作契約權利義務由雙方協商議定。
5	4X117X	XXX	我們的產品可以達到 X00KHz 以上的響應頻率，我們的特性及功能皆優於該項專利。	無
6	XXXXX	XXX	本項專利亦是二相步進馬達的控制方法。	無
7	2XXXX4	XXX	本項專利亦是二相步進馬達的控制方法。我們的 XXX 微步進驅動門檻比較高，比他們的優秀，而且技術門檻更高。	無

1. 經專利局清點項目有 7 項專利跟步進馬達有關的專利。其比較說明如上表。
    從上表中得知，對於 XXX 微步進驅動器，沒有任何一家有此產品的專利。唯

第 X、X 項有些相似度，但其說 明內容都偏重在 2 相步進馬達的發明。因此本計畫導出的產品，皆無涉及他人智財的侵權問題，風險極低，市場機會大。

2. 從本計畫當中，我們公司能夠不斷的從事內部的技術創新，以自立增加公司技術資源的質與量。並往學習者組織的風氣邁進，不斷的累積研發能量，開創新的技術及產品。並能"使用產品，就是品質的保證"。 在技術資源與核心能力累積上持續努力投入，以發展在核心技術產品。

3. 為了監督保衛技術領域及智慧財產權，維持及傳承技術人才與技能，本項產品將申請至少二個的專利。以避免他人涉及我們的產品，以專利來保護我們新研發的成果，減少市面上產品的競爭對手能力。並且採取開放技術專利，爭取聯盟合作機會。

4. 本公司在管理或保存研發過程中所產出之知識因應對策：

a. 簽定保密條款

與研發人員簽定保密條款，以確保創新研發之技術不外流。

b. 研發紀錄簿撰寫

研發過程中之日報表，以為之後有專利衝突之用。

c. 知識庫之建立

將軟體之隱性智慧以充份的知識交流、分享該技術的精華。

d. 準備提出專利申請

（二）開發技術或方案因產業變化或遭國內外政府干預之可能性分析及因應對策。

1. X07 年－X11 年全球金融危機對公司損益之影響及未來因應措施

　　X07 年－X11 年全球金融危機，又稱世界金融危機、次貸危機、信用危機，更於 X08 年起名為金融海嘯及華爾街海嘯等，英國稱其為信貸緊縮，是一場在 X07 年 8 月 X 日開始浮現的金融危機。自次級房屋信貸危機爆發後，投資者開始對抵押證券的價值失去信心，引發流動性危機。即使多國中央銀行多次向金融市場注入巨額資金,也無法阻止這場金融危機的爆發。直到 X08 年 X 月，這場金融危機開始失控，並導致多間相當大型的金融機構倒閉或被政府接管。

　　本公司於 X0X 年亦受到很大的影響，業績突然間萎縮 X0%以上，造成公司經營上的困難。本公司本著以和為貴的精神，不得不與員工達成協議放所謂的"無薪假"以因應對公司的負擔。XX 年後景氣回溫，無薪假的實施也告一段落。

2. 最近年度研發計畫、未完成研發計畫之目前進度、須再投入之研發費用、預計完成量產時間、未來影響研發成功之主要因素。

本公司在各項產品的研發計畫一直都以符合客戶的需求為準，目前本公司客戶的產品應用包括了資訊電腦、半導體產業、機械自動化、消費性電子產品等各個方面；本公司最近年度研發計畫、未完成研發計畫之目前進度均以滿足客戶在各個領域之需求為主，尤其最近本公司更投入"無刷馬達"之實體與 DC 無刷馬達驅動器之研發，以期滿足更多產業的需求。目前的進度均為已順利的進行當中，概估本公司每年投入之研發費用約為 400~X00 萬元，而預估完成量產時間則均為短期內。影響研發成功之主要因素則為研發人才之培育與訓練，研發人才之經驗傳承與技術累積更形重要，本公司雖然是小企業，但對於研發的重視，從來不會放棄。目前擁有 X 來位經驗豐富之研發人才（含兼職人員），是影響研發成功之主要因素。

3. 最近年度國內外重要政策及法律變動對公司財務業務之影響及因應措施。

（1） 兩岸加入 WTO：

　　　對電子、資訊、半導體及通訊產業而言，加入世界貿易組織是利多於弊。由於各國或各國經濟貿易地區的關稅降低，對於以出口為導向的我國電子零組件業，將是一個有利的契機。

（2） 兩岸簽署 ECFA：

　　　依據中華經濟研究院以 GTAP 模型研究，兩岸簽署 ECFA 對台灣經濟之影響，研究結果顯示簽署後對台灣 GDP、出進口、貿易條件、社會福利均呈現正成長，對總體經濟有明顯正面效益此外，簽署後對台灣的利益還包括：

a. 取得領先競爭對手國進入中國大陸市場之優勢：台灣銷往中國大陸大部分工業產品之關稅降為零；台灣將較日韓等競爭對手國更早取得進入中國大陸市場之優勢，進而取代日韓之地位。

b. 成為外商進入中國大陸市場之優先合作夥伴及門戶：因台灣銷往中國大陸之貨品享有關稅優惠、台灣對智慧財產權保護較為周全等因素，將有助於歐美日企業選擇將台灣作為進入中國大陸市場之門戶，並可吸引外人來台投資，有利台灣經濟結構轉型。

c. 有助於產業供應鏈根留台灣：一旦中國大陸大部分工業產品關稅降為零後，藉由兩岸直航之便利性，有助於整體供應鏈根留台灣。

d. 有助於中國大陸台商增加對台採購及產業競爭力：中國大陸進口關稅降為零後，自台灣進口相對成本降低，台商自可增加自台灣採購之數量，同時因品質較佳及成本降低將有助於台商在中國大陸競爭力之提升。

e. 加速台灣發展成為產業運籌中心：由於大三通貨物及人員流通之便利性，配合雙邊貨品關稅降低及非關稅障礙消除等貿易自由化效果，將可重新塑造台灣成為兼具轉口、物流配銷、終端產品加工等全功能運籌中心之機會。搭配政府放寬台商赴大陸投資之限制、鼓勵台商回台上市等激勵措施，將可促成台灣成為台商運籌帷幄之「營運總部」。

4. 最近年度科技改變對公司財務業務之影響及因應措施。

　　　科技的日新月異使得人類社會及生活型態都為之改變，連帶的也使得公司業務上的拓展也受到影響。以支援內部經營決策分析以及即時內部資源分享訊息的 ERP （Enterprise Resources Planning）系統來說，這項科技的改變即為公司帶來了極大的影響。藉由 ERP 的協助，公司內部資源得以即時反應呈現在經營者的眼前，對於應收帳款、應付帳款，以及存貨的情形能確切的掌握，也藉由 ERP 的執行，使得本公司能有效的管理倉庫，對於客戶的服務也就能夠更盡完善，對於業務的拓展也有莫大的幫助。

（三）其他風險及因應對策。

- 大陸機械工業對台灣機械工業威脅加劇

　　　大陸近年來經濟成長率多屬全球第一，在外資大量擁入與製造業蓬勃發展的情況下，使得其機械工業能快速增長，在進出口方面已成為全球成長最快速，及消費能力最大之市場。但相對的，大陸的快速成長，不僅造成全球經濟的多重影響，台灣更受到明顯的衝擊。最佳的因應之道，就是不斷的自我提昇，將對手遠遠的拋諸於後。

- 在台灣的中小企業多屬家庭經營型態，比較困難委託專業經營與延攬高素質研發人才，因此不易自企業內部獨立發展出能夠領先創新的核心技術能力。但本公司是一家重視技術創新，並採取以產品創新來創造利潤的策略。本公司一向對於所有技術與產品創新成果都採取積極的專利保護手段，同時也不輕易對外進行技術授權或委外生產，以防止技術外洩或引進新的競爭對手。本公司對於生產製造與產品行銷的活動也採取垂直整合的經營策略，不但自設生產工廠，也大量投資發展自動化生產製造設備及熱機設備，而且極力自創品牌，佈建自有的行銷通路。本公司為了保護創新成果，防止他人模仿跟進分享利潤成果，因此各項配套資源需求上也極力維持市場競爭的自主地位。

二、智慧財產權說明

（一）本計畫是否涉及他人智慧財產權？若有，應如何解決？

技術項目	智慧財產權	進行方式	若涉及他人智財之解決之道
硬體電路	針對本計畫所研究之成果，使用權歸屬 XXX 驅動科技有限公司所有，故均無涉及他人智慧財產權。	本公司研發部硬體工程師自行規畫及設計實驗等方式。	簽署合作契約權利義務由雙方協商議定。
軟體程式設計	針對本計畫所研究之結果，所有權歸屬 XXX 驅動科技有限公司所有，故均無涉及他人智慧財產權。	本公司研發部軟體工程師自行規畫及設計實驗等方式。	簽署合作契約權利義務由雙方協商議定。
市場研究及行銷策略規畫	該公司負責品牌經營等所有規畫、創意商品化之過程監督、行銷工具規畫等工作，所有因	委託創鑫國際顧問公司。	簽署合作契約權利義務由雙方協商議定。

	本計畫案而創作之文宣版權，歸屬 XXX 驅動科技有限公司所有，故均無涉及他人智慧財產權。		

（二）是否已掌握關鍵之智慧財產權？

　　本公司經過多年之研究發展，目前已獲得十三項專利，並投入自主研發的團隊，提高產品的價值及穩定的品質。並且擁有充足切且豐富之開發新產品經驗，因而掌握自動化產業產業設備供應商及其系統之開發能力。

對於研發人員採取的營業秘密管理方法有：

（1）與員工訂立保密約款

　　對於研發人員訂有雙方保密及跳槽等條款，以保護公司智慧財產權。

（2）員工離職時應採適當之措施

　　跳槽條款中為防止其進入競爭或者同行等情事。

（3）機密文件之存放與管理

　　專人專區存放。調閱時需開立申請單經總經理核準後始可攜出或者複製。

（4）資料之銷毀、廢棄垃圾之檢查

　　a. 未成案之輸出文件，一經討論後，紙張須經銷毀機銷毀。

　　b. 上班時禁止攜帶個人之行動碟或磁碟片等可以複製資料的裝置。

（5）網路之安全與管理

　　為防止資料透過網路資源外流，因此研發部僅保有一台電腦管制上網。使用時需提出申請，說明使用原因、目的等情事。

技術項目	技術/服務來源	智慧財產權	進行方式	若涉及他人智財之解決之道
硬體電路	☑自行研發 □合作研究 □委託開發 □技術引進	針對本計畫所研究之成果，使用權歸屬 XXX 驅動科技有限公司所有，故均無涉及他人智慧財產權。	本公司研發部硬體工程師自行規畫及設計實驗等方式。所有知識與整合與新服務價值需求，由公司內部相關部門開會研討形成，並由內部負責此系統的後端整合。	簽署合作契約權利義務由雙方協商議定
軟體程式設計	☑自行研發 □合作研究 □委託開發 □技術引進	針對本計畫所研究之結果，所有權歸屬 XXX 驅動科技有限公司所有，故均無涉及他人智慧財產權。	本公司研發部軟體工程師自行規畫及設計實驗等方式。	簽署合作契約權利義務由雙方協商議定
市場	□自行研發	該公司負責品牌經營等	委託創鑫國際顧問	簽署合作契約

521

技術項目	技術/服務來源	智慧財產權	進行方式	若涉及他人智財之解決之道
研究及行銷策略規畫	☑合作研究 ☐委託開發 ☐技術引進	所有規畫、創意商品化之過程監督、行銷工具規畫等工作，所有因本計畫案而創作之文宣版權，歸屬 XXX 驅動科技有限公司所有，故均無涉及他人智慧財產權。	公司。	權利義務由雙方協商議定。

（三）其他事項。

　　蓋傳統有體財產權在為所有權之移轉後即可為立即之使用與收益，但智慧財產權之移轉則不以有形之交付為必要，其係透過技術讓與或技術授權之方式而為移轉，且在技術移轉後並無法為立即之使用與收益，該技術尚須經[技術商品化]（technology commercialization） 過程，藉由將該技術運用於生產之過程，使生產體系多樣化，進而提高生產力及創造更高品質之產品，如此方得以展現該技術之價值。

　　再者，在技術移轉之過程中，若接受移轉之對象沒有足夠之技術能力、技術人才及技術移轉機制，其將無法完全吸收與消化該技術所包含之技術價值，以致無法有效運用該技術以創造最大之收益。故技術移轉與傳統有體財產之移轉有極大之差異，一般財產權法之規定並不一定均得適用，且其技術移轉之難度及所承擔之風險都明顯較大，在為移轉之考量時需做不同觀點之思考，方得發揮技術移轉所得創造之潛在價值。

　　本公司體認到這些，因此幾年下來，無不積極投入研發能量，創造更多的新產品機會，使公司的產品多樣化，創造更多的就業機會。

肆、計畫執行查核點說明與經費需求

一、預定進度及查核點

（一）預定進度表

工作項目	計劃權重(%)	預定投入人月	第一年度 第二季 4月	5月	6月	第三季 7月	8月	9月	第四季 10月	11月	12月	第二年度 第一季 1月	2月	3月
A市場調查及規格確認	10%	2	▓											
A1功能需求及比較分析	3%	0.5	.5											
A2規格確認及實施要點	3%	0.5	.5											
A3研發創新技術教育訓練	4%	1	1											
B硬體電路規劃設計及實驗	30%	25												
B1隔離輸入端電路規劃及設計	5%	3	1	2										
B2 CPLD周邊電路規劃及設計	15%	14	2	2	2	2	3	3						
B3 IR2110驅動電路設計	5%	4				2	2							
B4五相功率驅動設計	5%	4					2	2						
C軟體程式語言設計及燒錄與測試	35%	40												
C1 CPLD韌體設計	10%	15					3	3	3	3	3			
C2 VHDL程式語言規劃及設計	25%	25		3	3	3	3	3	3	3	4			
D小量試產	15%	30												
D1 PCB板Layout規劃及設計	5%	10						2	2	2	2	2		
D2軟體測試	5%	10							2	2	2	2	2	
D3結構模具開模及試模	3%	5										2.5	2.5	
D4 CE認證	2%	5											2.5	2.5
E行銷策略	5%	2												
E1通路商教育訓練	3%	1												1
E2價格訂價及銷售策略	1%	0.5												.5
E3售後服務	1%	0.5												.5
F產品研發總結	5%	4												
F1工程技術資料編輯	3%	2											1	1
F2技術手冊編輯	1%	1												1
F3移轉廠務部	1%	1												1
計劃權重/投入人月	100%	103	16			31			32.5			23.5		
工作進度表(%)			11%			39%			35%			15%		
經費進度百分比(%)			19%			29%			30%			22%		

註：

1. 各分項計畫每季至少應有一項查核點，查核點內容並應具體明確。
2. 依各分項計畫之工作項目順序填註，分項計畫與本案研發組織及人力應相對應。
3. 工作進度百分比請參照經費預算執行比例填寫。
4. 本表如不敷使用，請自行依格式調整使用。
5. 如有技術合作，每一合作項目應視為一分項計畫，列出進度與查核點，人力則不計入計畫總人力；投入人月數小計應與人事費之研發人員（不含聘任顧問）人月數小計相符。

6. 如有聘任顧問，其投入人月不計入計畫總人力。
7. 計畫中各分項計畫之計畫權重依開發經費占總開發費用之百分比計算。
8. 工作及經費百分比，請依每季所佔之比例填寫（非累計）。

（二）預定查核點說明

查核點編號	預定完成時間	查核點內容	研發人員編號
A.1 功能需求及比較分析	X1 年 4 月 X0 日	委外市調及比較； 1.提供現有使用者，以訪談的調查法，整理一份對公司發展最佳的建議。 2.競爭對手產品的分析及比較。	1，2，X
A.2 規格確認及實施要點	X1 年 4 月 X0 日	● 使用電源 - 單相 AC8XV~2XXV，X0/X0Hz ● 驅動方式 - 定電流橋式驅動 ● 最高可微步到 12X，000 步 ● 輸出訊號 - 開集極迴路，24V，XmA（Max） ● 雜訊隔離 - 光耦合器	1，2，X，X，11，12
A.3 研發創新技術教育訓練	X1 年 4 月 X0 日	委外顧問公司教育訓練，公司內所有成員皆需參加，研發人員需全程參予，並於結束後提出心得報告。	1，2，X，4，X，X，8，X
B.1 隔離輸入端電路規畫及設計	X1 年 X 月 X1 日	電路圖繪製—PowerLogic 軟體	2，X，X，X，X，，12
B.2 CPLD 周邊電路規畫及設計	X1 年 X 月 X0 日	電路圖繪製—PowerLogic 軟體	2，X，X，X，X，12
B.3 IR21X 驅動電路設計	X1 年 7 月 X1 日	電路圖繪製—PowerLogic 軟體	2，X，X，X，X，12
B.4 XXX 功率驅動設計	X1 年 8 月 X1 日	電路圖繪製—PowerLogic 軟體	2，X，X，X，X，12
C.1 CPLD 韌體設計	X1 年 12 月 X1 日	1. Altera 提供發展環境-Maxplus II 2. 韌體規畫設計及演算法	1，7，8，X，X，11
C.2 VHDL 程式語言規畫及設計	X1 年 X 月 1 日 至 X2 年 1 月 X1 日	1. Altera 提供發展環境-Maxplus II 2. 韌體規畫設計及演算法	1，7，8，X，X，11
D.1 PCB 板 Layout 規畫及設計	X2 年 1 月 X1 日	以 PowerLogic 之電子檔轉成 PCB 之連接檔	X，X
D.2 軟體測試	X2 年 2 月 28 日	程式轉檔及下載燒錄及測試	1，7，8，X，X，11
D.3 結構模具開模及試模	X2 年 1 月 X1 日	1. 委外開模：鋁擠型底座--鼎舜；上蓋---振晟 2. 結構圖繪製--Autocad	4
D.4 CE 認證	X2 年 2 月 28 日	委外 XXX 認證	1，2，X
E.1 通路商教育訓練	X2 年 X 月 7 日	1. 產品發表活動 2. 競爭對手產品比較分析說明	1，2，X

查核點編號	預定完成時間	查核點內容	研發人員編號
E.2 價格訂價及銷售策略	X2 年 X 月 X1 日	定價及銷售策略說明	1，2
E.3 售後服務	X2 年 X 月 1X 日	1. 對經銷商簡易維修訓練 2. 廠務部維修人員在職訓練	2，X，X
F.1 工程技術資料編輯	X2 年 X 月 X 日	1. 詳細規格；2. 系統組裝圖；3. 零件清單 4. 生產及品管測試資料；5. 特殊零件規格 6. 線路圖版次一覽表；7. 機構圖版次一覽表 8.PC 板版次一覽表	2，X，X
F.2 技術手冊編輯	X2 年 X 月 X1 日	1.安裝；2.使用方法；3.簡易故障排除方法	2，X，X
F.3 移轉廠務部	X2 年 X 月 X1 日	1. 廠務部在職訓練 2. 移交工程技術資料	2，X，X

註：

1. 查核點應按時間先後與計畫順序依序填註，查核內容應係具體完成事項且可評估分析者，產出應具具體指標及規格並須量化。
2. 查核點編號與預定完成時間應與（一）預定進度表內容所示一致。
3. 研發人員編號請依參與計畫研究發展人員簡歷表填註。
4. 最後結案日應註明查核工作項目。

二、參與計畫研究發展人員簡歷表

（申請 CITD 計畫之「產品設計」類別，僅填（一）計畫主持人資歷說明）

（一）計畫主持人資歷說明

姓名	林 XX	性別	☑ 男 □ 女	填表日期	XX 年 X 月 1 日		
身份證字號	L1XX7X07X			出生年月日	XX 年 1 月 27 日		
企業名稱	XXX 驅動科技有限公司			職稱	總經理		
通訊處（O）	（			電話			
通訊處（H）							
產業領域	電子電機自動化		單位外年資	1X 年	單位年資		8 年
重要成就	1. 國內第一家自主研發 XX 2. 民國 XX 年 11 月桃園縣工業頒發「績優廠商」獎牌乙座。 3. 民國 XX 年 11 月經濟部中小企業處頒發「X2 年度創新研發績優廠商」獎牌乙座。						
學歷	學校（大專以上）		時間		學位	科系	
	國立台灣科技大學		70 年 X 月~ 74 年 X 月		電子工程技術	電子工程技術系	
			年/月~年/月				
經歷	企業名稱		時間		部門	職稱	
	XX 科技有限公司		7X 年~7X 年		研發部	經理	
	XXX 科技有限公司		81 年 X 月~XX 年 2 月			總經理	
	XXX 驅動科技有限公司		XX 年 X 月~至今			總經理	
參與計畫	計畫名稱		時間		企業	主要任務	
	無		年/月~年/月		無	無	

		無	年/月~年/月				無		無

（二）關鍵人員能力分析表

編號	姓名	本計畫擔任職級	出生年月日	職稱	學歷		經歷		本業經驗	重大成就（或曾執行計畫經驗）
					學位	時間	公司名稱/職稱	時間		
1	XXX	計畫主持人	X0/1/27	總經理	學士	70~74	XXX科技有限公司	81年~XX年	X	無
2	XXX	研究助理員級	X2/X/8	研發課長	專科	7X~7X	XXX科技有限公司	88年~XX年	18	無

註：1.請分項計畫主持人資料均應填註。

　　2.至少應列出本計畫2名主要人員能力分析（最高學歷、經歷及可勝任之理由）。

　　3.職級請參考附件C「會計科目及編列原則」之各級研究員定義。

（三）參與計畫研究發展人員簡歷表

公司名稱：<u>XXX 驅動科技有限公司</u>

編號	姓名	職稱	最高學歷（學校系所）	主要經歷	重要成就	本業年資	參與分項計畫及工作項目	投入月數
1	林xx	總經理	國立台灣科技大學 電子工程技術系	XXX科技	創辦XXX科技	X	A1-AX，C1，C2，D2，D4，E1，E2	4
2	高xx	研發部課長	亞東技術學院電子工程系	XXX科技	產品硬體架構規畫	18	A1-AX，B1-B4，D4，E1-EX，F1-FX	X
3	詹xxx	研發工程師	清雲科技大學電子工程系	XXX科技	PCB Layout及說明書製作	8	A1，A2，AX，B1-B4，D1，E1，EX，F1-FX	X
4	王xx	機構工程師	清雲科技大學電子工程系	XXX科技	機構設計及製圖	X	DX	X
5	王xx	硬體工程師	清雲科技大學電子工程系	XXX科技	電子電路設計及維修	X	AX，B1-B4，D4，EX，F1-FX	X
6	周XX	硬體工程師	清雲科技大學電子工程系	XXX科技	硬體電路製作實驗及維修	7	AX，B1-B4，D1，F1-FX	X
7	徐xx	軟體工程師	亞東技術學院電子工程系	XXX科技	產品設計及軟體寫作	12	C1，C2，D2	X
8	吳xx	軟體工程師	亞東技術學院電子工程系	XXX科技	產品設計及軟體寫作	22	C1，C2，D2	X
9	簡xx	軟體工程師	國立成功大學研究所 電子工程系	XXX科技	產品設計及軟體寫作	11	C1，C2，D2	X
10	待聘一人	軟體工程師	學士/碩士，電子電機系所		產品設計及軟體寫作	X	A2，C1，C2，D2	X
11	待聘一人	硬體工程師	學士/碩士，電子電機系所		產品硬體設計	X	A2，B1-B4，D1，D3	X

註：

1. 如為多家公司聯合申請，各公司均應分別填列，每家公司之待聘人員不得超過投入研發人力之X0%為原則。
2. 參與分項計畫及工作項目均應與預定進度表一致。
3. 本計畫全部投入研發人員均應列明。
4. 本計畫如有聘任顧問，請提供原任職單位之說明，職稱請填「現任職單位與職稱」。
5. 若有待聘人員，請填入待聘人員資料，最高學歷欄請填期望之學歷（如：專科/大學以上○○相關科系）。

（四） 計畫研究發展人力統計

公司名稱	計畫研究發展人力（單位：人次）						平均年齡	平均年資	待聘人數
	學歷				性別				
	博士	碩士	學士	專科（含）以下	男性	女性			
XXX驅動科技有限公司	1	X	X	8	1	42	12	2	
總計	1	X	X	8	1	42	12	2	

姓名	生日	最高學歷	經歷	目前任職單位及職稱	專長

XXX	XX 年 4 月 2 日	國立交通大學電機與控制研究所博士	5. XXXX 科技大學副教授兼系主任 6. XXXX 科技大學教授 7. 優盛醫學科技股份有限公司顧問 8. 廣達電腦顧問	XX	1.電子電路 2.模糊類神經網路控制 3.嵌入式系統設計
著作／論文					

著作／論文	1. XXX arterial unloaded situation in oscillometric blood pressure waveform measurement using fuzzy logic control," *Journal of Medical and Biological Engineering*, Vol. 21, No. 2, pp. XX-X4, X01. （EI）
獲獎	1. 第二屆 TIC X科技創新競賽 "多功能生理記錄器"，優等獎，X00 2. X十一年度微電腦應用系統設計製作競賽 "藍芽式動態心率監測儀"，大學組優等獎。 3. X十一年度教育部北區技職院校專題製作競賽 "藍芽式動態心率監測儀"，佳作獎。 4. X十四年度微電腦應用系統設計製作競賽 "可攜式血養濃度計"，大學組第三名。 5. 健康台灣X0X：醫護及健康管理產學論壇暨技專校院創新研發大展學生創新競賽 "以MSP4X0 建構輕變型可評估呼吸功能的監測儀" 醫工器材類第一名 6. X十五年度教育部技職院校專題製作競賽 "以MSP4X0 建構輕變型可評估呼吸功能的監測儀"，電子類佳作獎。 7. X07 生物醫學科技和健康管理研討會-學生論文競賽 "以MSP4X0 建構家護式心血管監測儀" 第一名。 8. X07「Journal of Medical and Biological Engineering」年度論文競賽優良獎 9. The Xth Virtual Instrumentation Paper Contest X07， 產業組佳作。 10. XX 全國大學校院數位生活科技與創意應用競賽"綠色節能商品價目標示系統"佳作。
專書及技術報告	1. 劉省宏 "醫用電子實習" 全華科技圖書 1XXX。 2. 技術轉移 "多功能生理記錄系統" 3. 技術轉移 "生理訊號測量發展平臺"
專利	1. 中華民國發明專利，「三軸脈診儀及其診脈方法」劉省宏、陳建仲、田莒昌，字號：發明第 I X0XX7X。 2. 中華民國發明專利，「壓振式血流量測裝置」劉省宏，申請第0X71424X4 號。 3. 中華民國發明專利，「去除生理訊號的晃動雜訊技術之架構及其方法」劉省宏，申請第0X81XX708 號。 4. 中華民國新型專利，「具同軸轉動之手握心跳感測裝置」劉省宏，新型M 40772X 號 5. 中華人民共合國新型專利，「具同軸轉動之手握心跳感測裝置」劉省宏，新型CN XXX4X7 U 號

執行之研究計畫	簡易型心血管功能檢測系統 NSC XX-2221-E-X24 -001 X	主持人	XX.08~X.07	國科會
	一KL-7X 多功能生理記錄系統-測量模組擴充計畫 NSC XX-2X22-E-X24 -007 -CCX	主持人	XX.11~X.1 0	國科會 掌宇股份有限公司
	以綠能無線感測網路為基礎之智慧型健康監測與照護系統研究NSC XX-2XX2-E-X24 -001 -MYX	分項主持人	XX.08~X2.07	國科會
	以氣囊臂帶測量肱動脈的體積和血流量變化 NSC X-2221-E-X24 -01X -MY2	主持人	X.08~X2.0 7	國科會
	可攜式的動脈狀況檢測儀 UTX-DTJ4-0-001	主持人	X.11~X2.1 0	映泰股份有限公司

三、總人力與經費需求

研發總經費預算表

金額單位：千元

會計科目		政府補助款	公司自籌款	合計	各科目補助比例%
1. 人事費	（1）研發人員	1,XX0	1,700	X,XX0	
	（2）顧問	0	0	0	
	小計	1,XX0	1,700	X,XX0	4X.8%
2.消耗性器材及原材料費		2X	222	442	4X.7%
3.研發設備使用費		1X	12X	24X	48.2%
4.研發設備維護費		0	0	0	0%
5. 技術引進及委託研究費	（1）技術或智慧財產權購買費	0	0	0	
	（2）委託研究費	1X0	1X0	X00	
	（3）委託勞務費	X00	X00	X00	
	（4）顧問諮詢費（限申請CITD「產品設計」計畫填寫）	0	0	0	
	（5）委託設計費	0	0	0	
	小計	4X0	4X0	X00	X0%
6.國內差旅費		0	0	0	
7.首次行銷廣宣費（限申請「SIIR」業者填寫）		0	0	0	0
合　計		2,480	2,X01	4,X81	

529

會計科目	政府補助款	公司自籌款	合計	各科目補助比例%
百 分 比	4X.8%	X0.2%	100%	

註：
1. 會計科目編列原則請參閱各分項經費說明。
2. 申請 SBIR 計畫者：
   （1）除「技術引進及委託研究費」科目補助比例以 50%為上限（補助款≦自籌款），其餘科目不受補助比例上限之限制。
   （2）第 5 項會計科目名稱請修改為「技術引進及委託研究費」，且不得編列顧問諮詢費；顧問費用請編列於人事費中。
   （3）由法人單位輔導並依「推動法人認養各縣市產業聚落規畫案」推動之 SBIR 計畫之研發聯盟計畫，可增列 8.「計畫整合及管理費」科目，此會計科目僅限法人單位為計畫聯盟成員時方可編列，並全額補助，且不得再編列「技術引進及委託究費」。

(一)人事費

金額單位：千元

職務別	平均月薪（A）	人月數（B）	人事費概算（A×B）
1.研發人員			
林XX（計畫主持人）	XX.2X	4	22X
高 XX（研究助理級）	XX	X	XX0
詹 XX（研究助理級）	XX	X	XX0
王 XX（研究助理級）	XX	X	X1X
王 XX（研究助理級）	XX	X	XX0
周 XX（研究助理級）	XX	X	XX0
徐 XX（研究助理級）	2X	X	2X0
吳 XX（研究助理級）	2X	X	2X0
簡 XX（研究助理級）	2X	X	2X0
待聘（研究助理級）	XX	X	XX0
待聘（研究助理級）	XX	X	XX0
小　　計		XX	X,XX0
小　　計			0
合　　計			X,XX0

註：職級請參考附件 C「會計科目及編列原則」之各級研究員定義。

(一) 消耗性器材及原材料費

金額單位：千元

項　　目	單位	預估需求數量	預估單價	全程費用概算
晶片電阻、晶片電容	批	80,000	0.0002X	X
四層 PCB 板製作	片	40	X	1X
四層 PCB 板製作-修改	片	X	X	X0
CPLD	個	X	0.X	X0
MOSFET	個	X0	0.12	1X
IR21XS	個	X00	0.04X	22
焊錫	捲	X	0.X	X
超音波清洗	次	X0	0.1	X
金屬外殼	個	X	X.X	XX
高壓電容	個	X0	0.1	X
合　　計				442

註：本項經費支出之憑證、發票等，其品名之填寫應完整，並與計畫書上所列一致，勿填列公司代號或簡稱。

(三)研發設備使用費

金額單位：千元

設備名稱	財產編號	單套帳面價值 A	套數 B	剩餘使用年限	月使用費 AxB/（剩餘使用年限*12）	投入月數	使用費用估算
一、已有設備							
1. 類比式示波器	881XX-01	X7	1	1	X	X	18
2. 數位儲存示波器	8X0X24-01	XX	1	1	X	8	2X
3. PC Base 邏輯分析儀	X70417-01	2X	1	1	2	8	1X
4. 直流電源供應器	XX0724-01 X0XX1-01 XX0X08-01	X	X	4.X	0.X	X	X
5. 掌上型數位電表	XX021X-01/02 X0XX-01/02	1	4	1X	0.02	8	1
6. 控制器	XX82X-01 XX0411-01	4	2	1	0.X	X	X
7. 桌上型電腦	X70X22-01 XX1127-01	2X	2	4	2	12	2X
8. 筆記型電腦	X70X22-01 X80X11-01	X0	2	X	X	12	40
9.數位式溫度計	XX0X2X-01	1X	1	1	1.2	X	12
10.彩色雷射列表機	XX0XX-01	X	1	X	0.2	12	2
11.燒錄器	8X121X-01	18	1	0	0	X	0
12.遊標尺	X0X1-01	X	1	8.8X	0.0X	X	1

設備名稱	財產編號	單套帳面價值 A	套數 B	剩餘使用年限	月使用費 AxB/（剩餘使用年限*12）	投入月數	使用費用估算
13.自耦變壓器	XX0817-01 X70128-01	4	2	1.2X	0.X	X	X
14.函數信號產生器	X80X11-01 X80X21-01	X	2	X	0.1X7	8	1
15.函數波形產生器	X71X7-01	18	1	1.7X	0.8X7	8	7
16.萬用型燒錄器	XX121X-01	28.X	1	1	2.X7X	X	14
17.XXX 馬達	X70X1/XX0821	1X	一批	X	X.XXX	X	XX
小　　計							2X

二、計畫新增設備

設備名稱	財產編號	單套購置金額 A	套數 B	月使用費 AxB/X0	投入月數	使用費用估算
1. XX 數位儲存示波器		1X	1	2	12	24
2.XX 煞車控制器—磁粉式		1X0	1	2	X	1X
小　　計						XX
合　　計						24X

註：每月使用費＝A/（剩餘使用年限 x 12），並依預計使用月數編列。

A＝新購設備為購置成本，舊有設備為計畫開始日之帳面價值或未折減餘額。

(四)研發設備維護費

金額單位：千元

設備名稱	財產編號	單套原購置金額	套數	維護費用估算
一、已有設備				
1.				
2.				
合　　計				

（五）技術引進及委託研究費

技術或智慧財產權移轉項目	合作單位	合作金額（不含稅）		
		第一期	第二期	合計
1. 技術或智慧財產權購買費				
2. 委託研究費	XX 國際管理顧問	1X0	1X0	X00
3. 委託勞務費	XX 金屬有限公司	X	X	X0
	XX 工業（股）公司	X	X	X0
	XX 科技（股）公司	X	X	X0
4. 顧問諮詢費				
5. 委託設計費				
合　計		4X0	4X0	X00

國家圖書館出版品預行編目(CIP)資料

SBIR、SIIR、CITD 產業創新研發計畫撰寫秘笈與範例大全：
標案建議書 文化部 農委會 經濟部 適用
IOT、TRIZ、QFD、FMEA、PMP、ANOVA、DOE 創新方法與
工具
孫保瑞編著.
-- 第五版 -- 台北市：台灣學者弱勢關懷協會 2017.10
ISBN 978-986-95662-0-9 (全套：平裝)

1.企業策略 2.企劃書 3.研發 4.創造性思考

SBIR 聖經撰寫秘笈與範例大全

編著者：孫保瑞

發 行 人：台灣學者弱勢關懷協會
地　　址：台北市中正區忠孝西路一段 7 號五樓 500 室
執行編輯：林泰穎、孫善堂
編　　輯：紀秀鳳、戴嘉熙
訂購電話、讀者服務信箱、LINE ID：

孫保瑞 博士	0915-011-390	paul0938803@hotmail.com	paulsun2
林泰穎 博士	0932-567-068	lty0858@gmail.com	0932567068
紀秀鳳 秘書	0917-372-255	nico0917372255@gmail.com	nicole5647
戴嘉熙 老師	0903-069-355	justwantfree@hotmail.com	justwantfree
孫善堂 老師	0921-417-921	a3635134@gmail.com	json0523

著 作 權：孫保瑞、林泰穎、紀秀鳳、戴嘉熙、孫善堂
ＩＳＢＮ：978-986-95662-0-9
建議售價：1,950 元

Date.

Date.

Date.

Date.

Date.